中等职业教育国家规划教材
全国中等职业教育教材审定委员会审定
全国建设行业中等职业教育推荐教材

安装工程识图与制图

(建筑设备安装专业)

主　　编　季　敏
责任主审　李德英
审　　稿　傅刚毅　邵宗义

中国建筑工业出版社

图书在版编目（CIP）数据

安装工程识图与制图/季敏主编. —北京：中国建筑工业出版社，2003（2023.9 重印）
中等职业教育国家规划教材. 建筑设备安装专业
ISBN 978-7-112-05410-7

Ⅰ. 安... Ⅱ. 季... Ⅲ.①建筑安装工程—识图—专业学校—教材 ②建筑安装工程—制图—专业学校—教材 Ⅳ.TU204

中国版本图书馆 CIP 数据核字（2003）第 027762 号

本书分 3 篇 11 章。第一篇为安装工程识图基础，包括制图的基本知识、投影原理及建筑形体的投影 3 章。第二篇为专业识图，包括房屋建筑施工图、结构施工图、室内给水排水施工图、室内采暖与空调工程图及室内电气施工图和建筑零件图与装配图的基本知识 6 章。第三篇为计算机绘图，包括计算机绘图的基本知识和计算机绘专业工程图 2 章。

本书写作依据最新规范、内容系统全面，提纲挈领，易懂易记，具有较强的实用性、借鉴性和资料性。

中 等 职 业 教 育 国 家 规 划 教 材
全国中等职业教育教材审定委员会审定
全国建设行业中等职业教育推荐教材

安装工程识图与制图
（建筑设备安装专业）

主　编　季　敏
责任主审　李德英
审　稿　傅刚毅　邵宗义

*

中国建筑工业出版社出版、发行（北京西郊百万庄）
各地新华书店、建筑书店经销
廊坊市海涛印刷有限公司印刷

*

开本：787×1092毫米　1/16　印张：26¾　字数：514千字
2003年6月第一版　2023年9月第十五次印刷
定价：45.00元（含习题集）
ISBN 978-7-112-05410-7
(21677)

版权所有　翻印必究
如有印装质量问题，可寄本社退换
（邮政编码100037）

中等职业教育国家规划教材出版说明

　　为了贯彻《中共中央国务院关于深化教育改革全面推进素质教育的决定》精神，落实《面向 21 世纪教育振兴行动计划》中提出的职业教育课程改革和教材建设规划，根据教育部关于《中等职业教育国家规划教材申报、立项及管理意见》（教职成〔2001〕1 号）的精神，我们组织力量对实现中等职业教育培养目标和保证基本教学规格起保障作用的德育课程、文化基础课程、专业技术基础课程和 80 个重点建设专业主干课程的教材进行了规划和编写，从 2001 年秋季开学起，国家规划教材将陆续提供给各类中等职业学校选用。

　　国家规划教材是根据教育部最新颁布的德育课程、文化基础课程、专业技术基础课程和 80 个重点建设专业主干课程的教学大纲（课程教学基本要求）编写，并经全国中等职业教育教材审定委员会审定。新教材全面贯彻素质教育思想，从社会发展对高素质劳动者和中初级专门人才需要的实际出发，注重对学生的创新精神和实践能力的培养。新教材在理论体系、组织结构和阐述方法等方面均作了一些新的尝试。新教材实行一纲多本，努力为教材选用提供比较和选择，满足不同学制、不同专业和不同办学条件的教学需要。

　　希望各地、各部门积极推广和选用国家规划教材，并在使用过程中，注意总结经验，及时提出修改意见和建议，使之不断完善和提高。

教育部职业教育与成人教育司
2002 年 10 月

前 言

本书为中等职业教育国家规划教材建筑设备安装专业系列教材之一。

本书共分3部分：安装工程识图基础、专业识图、计算机绘图，共11章。第一篇安装工程识图基础部分中主要介绍建筑制图的国家标准、基本绘图工具的使用。绘图的基本步骤和平面几何作图的基本方法。介绍投影基本知识，包括有正投影、轴测投影的作图方法。以及常见建筑形体的剖面图、断面图等的作图方法。第二篇专业识图部分中主要介绍了房屋建筑施工图的作用以及有关的国家制图标准的规定。同时还介绍了建筑施工图、结构施工图、给水排水施工图、采暖通风施工图以及燃气管道施工图、室内电气施工图等图的图示种类、图示特点及读图方法。第三篇计算机绘图部分中主要介绍了利用计算机这一先进的绘图工具来绘制专业图的基本原理及基本技巧。

本书从总体结构和内容安排上力求做到从中等专业学校的教学特点和学生的实际情况出发。符合教学计划的要求和"少而精"的原则，重点突出了对建筑工程图识读的系统训练。书中专业图采用实际房屋的施工图为例进行讲解。注重了教材的系统性和实用性。在图例及文字处理上也注意了简明形象、直观通俗、有较强的专业针对性。习题集中还配有制图专用周所用的施工图，增强了实践性教学环节。

本教材主要适用于建筑设备安装工程、给排水和供暖通风工程及相关的专业技术人员适用教材。本书还配有《安装工程识图与制图习题集》供练习使 用。

本书由湖南城建职业技术学院季敏主编，参加本教材编写的有湖南城建职业技术学院季敏（第一、二、五、六、七章）、刘小聪（第三、四章）、谭伟健（第八、九章）、王柯（第十一章）、浙江信息工程学校 江学平（第十章）。全书最后由潘力治审定。

由于作者水平有限。书中难免有欠妥之处，祈望读者予以指正。

目 录

第一篇 安装工程识图基础

第一章 制图的基本知识 ... 1
- 第一节 概述 ... 1
- 第二节 建筑制图国家标准简介 ... 2
- 第三节 制图工具与用品 ... 9
- 第四节 几何作图方法与制图步骤 ... 13

第二章 投影原理 ... 17
- 第一节 投影的基本知识 ... 17
- 第二节 正投影作图方法 ... 20
- 第三节 轴测投影作图方法 ... 22
- 第四节 点、直线、平面的正投影 ... 26

第三章 建筑形体的投影 ... 34
- 第一节 基本形体的投影 ... 34
- 第二节 截断体与相贯体的投影 ... 45
- 第三节 组合体的投影 ... 56
- 第四节 体的剖切 ... 60

第二篇 专 业 识 图

第四章 房屋建筑施工图 ... 64
- 第一节 概述 ... 64
- 第二节 首页图和建筑总平面图的识读 ... 71
- 第三节 建筑平面图的识读 ... 76
- 第四节 建筑立面图的识读 ... 80
- 第五节 建筑剖面图的识读 ... 83
- 第六节 建筑详图的识读 ... 85
- 第七节 建筑施工图的绘制方法 ... 90

第五章 结构施工图 ... 97
- 第一节 概述 ... 97
- 第二节 基础图的识读 ... 100
- 第三节 楼层、屋面结构平面布置图的识读 ... 103
- 第四节 钢筋混凝土结构构件详图的识读 ... 107

第六章 室内给水排水工程图 ... 110
- 第一节 概述 ... 110
- 第二节 室内给排水工程图的识读 ... 113
- 第三节 管道构配件详图 ... 119

第七章　室内采暖与空调工程图 122
第一节　概述 122
第二节　室内采暖工程图的识读 126
第三节　空调工程图的识读 133

第八章　室内电气施工图的识读 140
第一节　室内电气照明施工图 140
第二节　室内弱电施工图 146

第九章　机械零件图与装配图的基本知识 155
第一节　零件图的内容 155
第二节　标准件与常用件的识读 162
第三节　零件图的识读 175
第四节　装配图的识读 176

第三篇　计算机绘图

第十章　计算机绘图的基本知识 180
第一节　概述 180
第二节　基本绘图及编辑命令 193
第三节　高级绘图和编辑命令 202

第十一章　计算机绘专业工程图 220
第一节　建筑工程图的绘制 220
第二节　给水排水工程图的绘制 232
第三节　室内照明工程图的绘制 237

第一篇　安装工程识图基础

第一章　制图的基本知识

第一节　概　　述

一、建筑图样在生产中的作用

我们把供人们生活居住、工作学习、娱乐和从事生产的房屋称为建筑物。而把想象的或具体的某种建筑物的形状、尺寸做法等根据投影方法及国家建筑制图标准规定的基本画法绘制出来的图样又称为房屋建筑图。房屋建筑图贯穿于任何一项建筑工程的全过程。如：设计者要通过绘制建筑图来表达房屋的设计意图和设计内容；施工者要通过建筑施工图的识读来了解房屋的设计要求，以指导工程施工；使用和维修者也要通过建筑图样来了解房屋的结构、性能和质量要求。此外，在工程预算、材料准备、竣工验收和技术交流等活动中，建筑图样都是不可缺少的重要文件。由此可见，建筑图样是表达设计意图、交流技术思想的重要工具，是生产施工中的重要文件。在建筑工程上被喻为工程界的"语言"。

二、建筑制图的发展概况

制图在我国古代建筑历史上占有光辉的一页。早在三千年前，我国劳动人民就创造了"规、矩、绳、悬、水"等制图工具。宋代刊印的《营造法式》是我国较早的建筑典籍之一。书中印有大量的建筑图样，这些图样与近代建筑图样的表达方法基本相似。

随着科学技术的进步，制图理论与技术也得到很大发展。如今电脑绘图以其快捷、准确、优质的表现形式已被广大的技术人员所采纳。相信随着科学技术的不断进步，制图的方法和手段也将越来越先进。

三、建筑制图的学习方法及要求

建筑制图是一门介绍建筑图样的形成原理，培养绘图技术、提高空间思维能力及识图能力的学科。要求我们能准确掌握绘图工具的使用、掌握正投影的基本原理及作图方法。能够正确地识读房屋建筑图。为达到此目的我们在学习中应做到：课前预习、课中认真听讲，课后及时复习并多做练习。有意识地培养空间想像力。培养认真负责的工作作风和一丝不苟的学习态度。平时要多注意观察周围的建筑物，积累一定的感性认识，培养自学能力。适当地阅读一些与本教材相关的参考书，以拓宽自己的知识面。

第二节 建筑制图国家标准简介

本节主要介绍国家制订的《房屋建筑制图统一标准》(以下简称国标 GB/T50001—2001)中有关图幅、图线、字体及比例和尺寸标注的一些规定。

一、图幅及格式

(一) 图幅

图幅也就是图纸的大小。为了便于图纸的装订、存档,国标中规定了以下几种常见的图纸规格。如表 1-1 所示为幅面及图框尺寸。若建筑图形较复杂且形式特殊,还可以采用特殊幅面的图纸绘制。

幅面及图框尺寸(mm) 表 1-1

尺寸代号 \ 幅面代号	A0	A1	A2	A3	A4
$b \times l$	841×1189	594×841	420×594	297×420	210×297
c	10	10	10	5	5
a	25	25	25	25	25

(二) 图纸的格式

图纸的摆放格式有横式与竖式两种。如图 1-1 所示。其中,A4 图幅常用竖式。图纸的右下角一栏称为图纸的标题栏,用来填写图名、图号以及设计人、制图人、审批人的签名和日期。需要会签的图纸,在图纸的左侧上方图框线外有会签栏。图标中标题栏和会签栏的格式、内容在国标中均有规定,如图 1-2(a),见图 1-3(b) 所示。通常在学校所用的制图作业标题栏均由各学校制订,且制图作业不用会签栏。

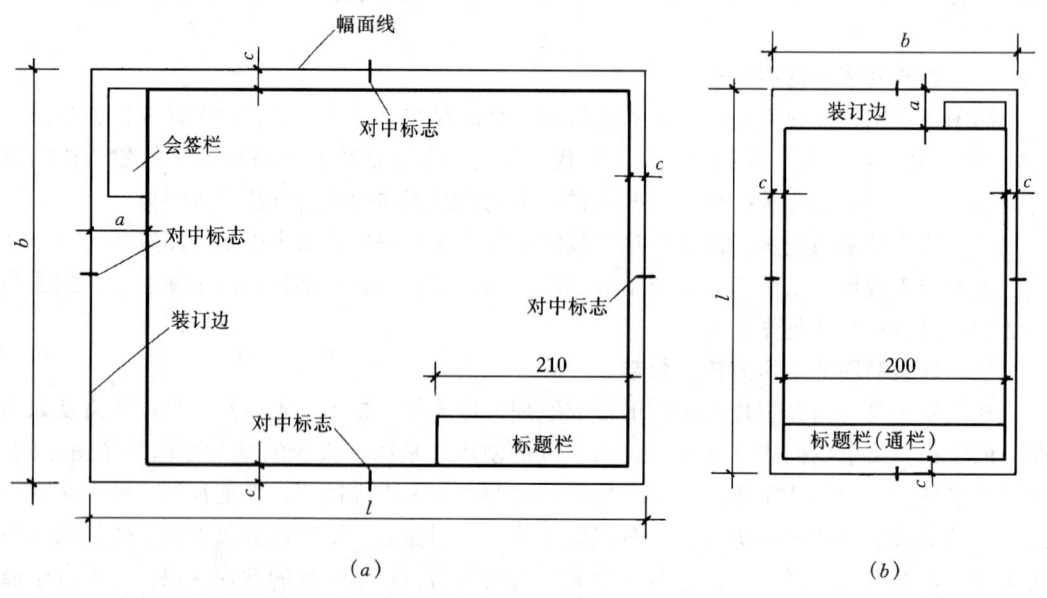

图 1-1 图纸的摆放格式
(a) A0~A3 横式幅面;(b) A4 立式幅面

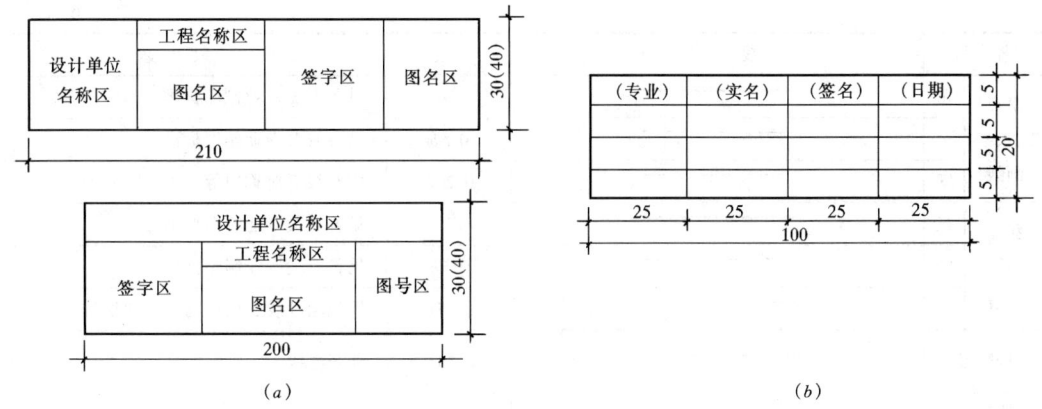

图 1-2 图标中标题栏及会签栏
（a）标题栏；（b）会签栏

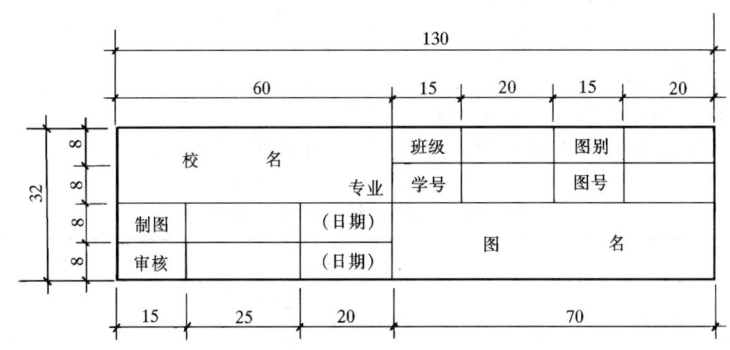

图 1-3 制图作业的标题栏格式

二、图线

（一）线型与线宽

绘图要采用不同的线宽和不同的线型来表示图中不同的内容。国标中规定了常用的几种图线的名称、线型、线宽和它的一般用途。图线见表 1-2 所示。在画图时可根据图纸幅面的不同、图样的复杂程度及比例的不同选择适当的线宽组，可有利于图样的表达，线宽组见表 1-3 及图框线、标题栏的宽度见表 1-4 所示。

图 线　　　　　　表 1-2

名 称		线 型	线 宽	一 般 用 途
实线	粗	————	b	主要可见轮廓线
	中	————	$0.5b$	可见轮廓线
	细	————	$0.25b$	可见轮廓线、图例线
虚线	粗	- - - -	b	见各有关专业制图标准
	中	- - - -	$0.5b$	不可见轮廓线
	细	- - - -	$0.25b$	不可见轮廓线、图例线

续表

名称		线型	线宽	一般用途
单点长画线	粗	—·—·—	b	见各有关专业制图标准
	中	—·—·—	$0.5b$	见各有关专业制图标准
	细	—·—·—	$0.25b$	中心线、对称线等
双点长画线	粗	—··—··—	b	见各有关专业制图标准
	中	—··—··—	$0.5b$	见各有关专业制图标准
	细	—··—··—	$0.25b$	假想轮廓线、成型前原始轮廓线
折断线		⌇	$0.25b$	断开界线
波浪线		～	$0.25b$	断开界线

线宽组（mm）　　　　　　　　　　　　　　　　　　　　　表 1-3

线宽比	线宽组					
b	2.0	1.4	1.0	0.7	0.5	0.25
$0.5b$	1.0	0.7	0.5	0.35	0.25	0.18
$0.25b$	0.5	0.35	0.25	0.18		

注：1. 需要微缩的图纸，不宜采用 0.18mm 及更细的线宽。
　　2. 同一张图纸内，各不同线宽中的细线，可统一采用较细的线宽组的细线。

图框线、标题栏线的宽度（mm）　　　　　　　　　　　　　表 1-4

幅面代号	图框线	标题栏外框线	标题栏分格线、会签栏线
A0、A1	1.4	0.7	0.35
A2、A3、A4	1.0	0.7	0.35

（二）图线相交的画法

绘图时，图线经常纵横交错。为使图线能更准确、更清晰地表达空间物体各部分的关系，线型相交时画法尤其值得注意。图线相交的正误对比如表 1-5 所示。

图线相交的正误对比　　　　　　　　　　　　　　　　　　表 1-5

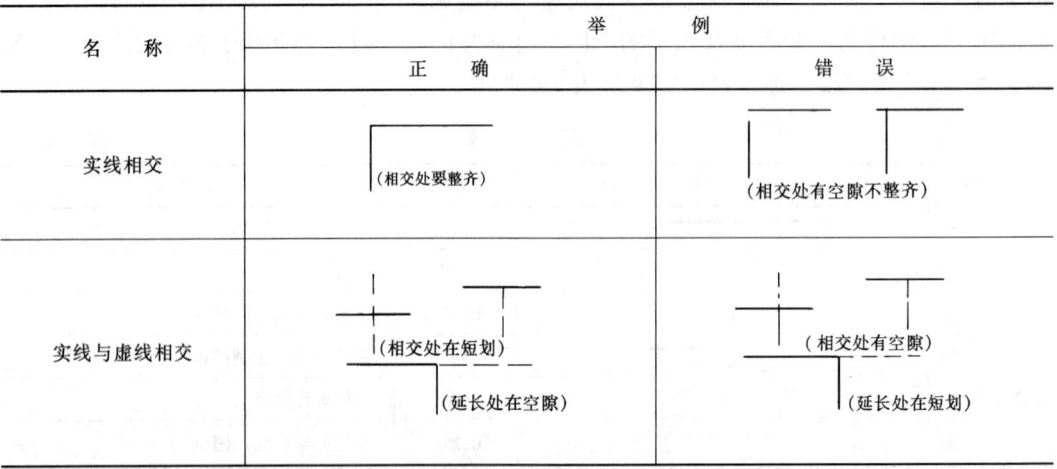

续表

名 称	举 例	
	正确	错误
实线与点画线相交	（相交处在线段）	（相交处有空隙）
两虚线相交	（相交处在短划）	（相交处有空隙）
虚线与点画线相交	（相交处在线段）	（相交处有空隙）
两点画线相交	（相交处在线段）	（相交处有空隙）
实线圆与中心线相交（圆直径小于 12mm 时，以细实线作中心线）	$D<12\text{mm}$（相交处在线段）	（相交处有空隙）

三、字体

工程图样上的各种字，如汉字、数字、字母，一般均用黑墨水书写，且要求做到：字体端正、笔画清楚、排列整齐、间隔均匀、不得潦草，这样可以保证图样的规范性和通用性，避免发生误认而造成的工程损失。下面分别介绍上述各种字的书写规格。

（一）汉字

国标中规定：图样上书写的汉字应写成长仿宋体，并采用国家正式公布的简化字。

1. 仿宋字的规格

长仿宋字有以下 7 种规格，20 号、14 号、10 号、7 号、5 号、3.5 号以及 2.5 号。每种规格的号数均指其字体的高度。而字宽与高度之比为 2∶3，长仿宋字高宽关系见表 1-6 所示。其中 2.5 号字不宜写汉字。

长仿宋字高宽关系（mm） 表 1-6

字高	20	14	10	7	5	3.5
字宽	14	10	7	5	3.5	2.5

2. 仿宋字的书写要领

基本要领是：横平竖直、起落有锋、布局均匀、填满方格。根据汉字的构字特点可分为两个部分进行书写练习。

（1）基本笔画的书写

由于汉字笔画大致可以分为以下几种基本笔画，因此，首先应掌握这些基本笔画的书写方法。长仿宋字基本笔画示例见表1-7所示。

长仿宋字基本笔画示例　　　　　　　表1-7

名称	横	竖	撇	捺	挑	点	钩
形状	一	丨	丿	丶	ノ一	八	亅乚
笔法	一	丨	丿	丶	ノ一	八	亅乚

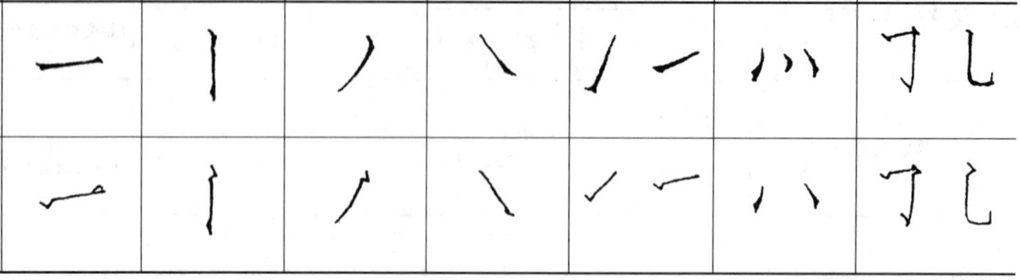

（2）汉字的结构构架的书写

汉字的字体构架可分为独体字和组合字，正确地掌握它们的比例、尺度及组合方式等是写好汉字的基础。图1-4所示，为汉字书写示例。

10号 给排水暖通电气照明设备施工

5号 栏杆消防材料绝缘层温度砌墙宿舍预留孔洞

图1-4　汉字书写示例

直体：1234567890

斜体：75° 1234567890 IVXφ

ABCDEFGHIJKLMNOPQRSTUVWXYZ

abcdefghijklmnopqrstuvwxyz

75° ABCDEFGHIJKL

abcdefghijkl

图1-5　数字、字母示例

（二）数字及字母

数字及字母可写成斜体和直体。斜体字的字头向右倾斜，与水平成75°角。见图1-5所示。

总之，图样中文字书写的优劣，对图面质量影响很大，在学习中应认真练习，持之以恒。

四、比例与尺寸标注

（一）比例

图样不可能按建筑物的实际大小绘制，常常需要按比例缩小。图样的比例指图形与实物的线性尺寸之比。如1:200即表示将实物的线性尺寸缩小200倍进行绘制。如图1-6所示为不同比例绘制的门的立面图。国标中规定了建筑图中常用的比例，如表1-8所示。

建筑图中常用的比例　　表1-8

图　名	常用比例
总 平 面	1:500，1:1000，1:2000
平面、立面、剖面图	1:50，1:100，1:200
次要平面图	1:300，1:400
详　图	1:1，1:2，1:5，1:10，1:20，1:25，1:50

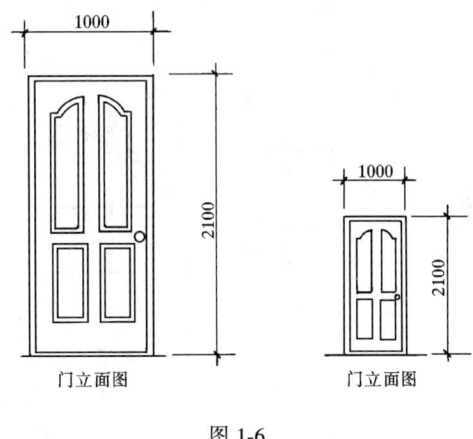

图 1-6

（二）尺寸标注

图样中的图形不论按何种比例绘制，但尺寸仍须按物体实际的尺寸数值注写。尺寸数字是图样的重要组成部分。

1. 线性尺寸的标注方法

线性尺寸是指专门用来标注工程图样中直线段的尺寸。

线性尺寸的标注是由尺寸界线、尺寸线、尺寸起止符号及尺寸数字四部分构成。其中尺寸界线、尺寸线应用细实线绘制，而尺寸起止符号应用中粗斜短线绘制，其倾斜方向应与尺寸界线成顺时针45°角。长度宜为2～3mm。如图1-7所示为线性尺寸的标注示例。

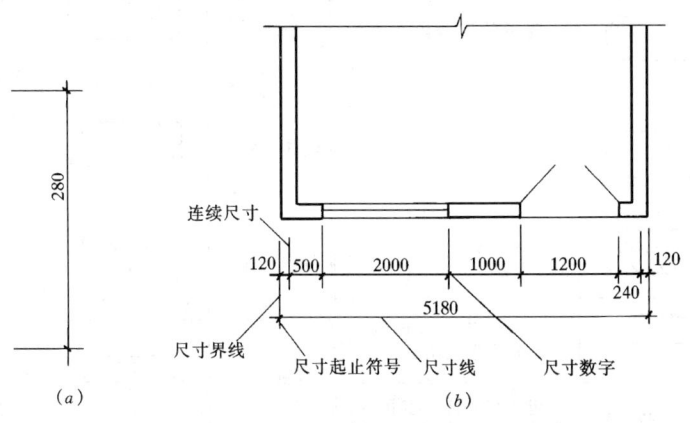

图1-7　线性尺寸标注

（a）垂直尺寸；（b）水平尺寸和连续标注尺寸

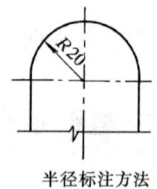 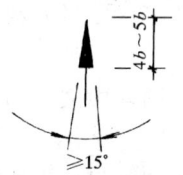

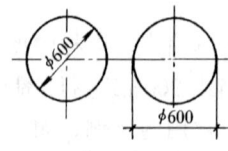 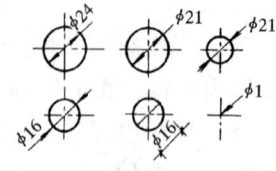 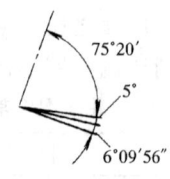

半径标注方法　　　　　箭头尺寸起止符号

圆直径的标注方法　　小圆直径的标注方法　　角度标注方法

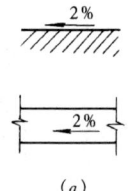 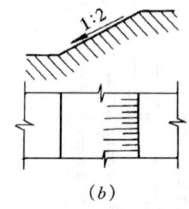 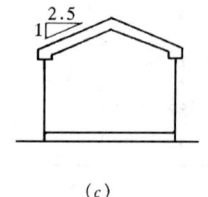

(a)　　　　　(b)　　　　　(c)

图 1-8　直径、半径、角度、坡度及箭头的表示方法
(a) 平面；(b) 坡度；(c) 屋面

常用建筑材料图例　　　　　　　　　　　　　　表 1-9

名　称	图　例	备　注	名　称	图　例	备　注
自然土壤		包括各种自然土壤	饰面砖		包括铺地砖、陶瓷锦砖（马赛克）、人造大理石等
夯实土壤			焦渣、矿渣		包括与水泥、石灰等混合而成的材料
砂、灰土		靠近轮廓线绘较密的点	混凝土		1. 本图例指能承重的混凝土及钢筋混凝土 2. 包括各种强度等级、骨料、添加剂的混凝土 3. 在剖面图上画出钢筋时，不画图例线 4. 断面图形小，不易画出图例线时，可涂黑
砂砾石、碎砖三合土			钢筋混凝土		
石　材			金　属		1. 包括各种金属 2. 图形小时，可涂墨
防水材料		构造层次多或比例大时，采用上面图例	纤维材料		包括矿棉、岩棉、玻璃棉、麻丝、木丝板、纤维板等
普通砖		包括实心砖、多孔砖、砌块等砌体，断面较窄不易绘出图例线时，可涂红	泡沫塑料材料		包括聚苯乙烯、聚乙烯、聚氨酯等多孔聚合物类材料

2. 直径、半径、角度及坡度的尺寸标注

通常半径、直径、角度均用箭头作为尺寸起止符来标注其尺寸。注意角度数字应一律水平书写。

通常坡度可用直角三角形表示。当坡度较小时可用比值或换算百分比表示。一般斜坡方向应画上下坡箭头。如图1-8所示为直径、半径、角度、坡度及箭头的表示方法。

五、建筑材料图例

在建筑工程中，建筑材料的名称除了要用文字说明以外，还要画出它们在标准中规定的图例。表1-9列出了几种常用建筑材料图例，其余的可查《建筑制图标准》。

第三节 制图工具与用品

一、制图工具

（一）图板

图板的作用是用来固定图纸的。其规格有0号（900mm×1200mm）、1号（600mm×900mm）、2号（420mm×600mm）、3号（300mm×420mm）。

图板通常用胶合板作成板面，并在四周镶硬木条，使板面质地轻软、有弹性、光滑无节，图板的边端平整、角边垂直。图板不能受潮或暴晒，以防变形。不用时应以竖放保管为宜。

（二）丁字尺

丁字尺是由尺头和尺身组成。尺身的工作边有刻度。必须保证工作边的尺身光滑、平整、无缺口。尺头与尺身可固定成90°角。丁字尺与图板配合主要用来画水平线。应当注意，画水平线时，尺头内侧与图板左边框应靠紧。如图1-9所示。

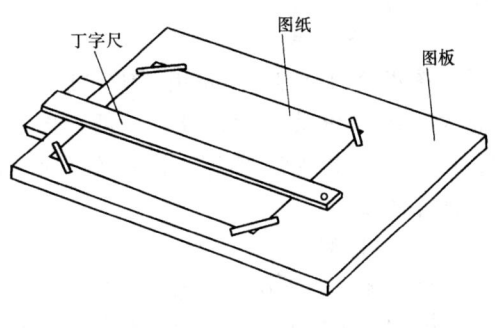

图1-9 丁字尺

（三）三角板

三角板有30°和45°两种规格，三角板的刻度应清晰、尺身光滑无缺口。三角板与丁字尺配合主要用来画垂直线及特殊角度的斜线。如图1-10所示。

图1-11，为图板、丁字尺、三角板配合画线的示例。

图1-9 图板与丁字尺配合（画水平线）图1-10 丁字尺与三角板配合（画特殊角度直线）。

（四）曲线板

曲线板是用来画非圆曲线的工具。绘图时，先定好要画的曲线上的若干点，用铅笔徒

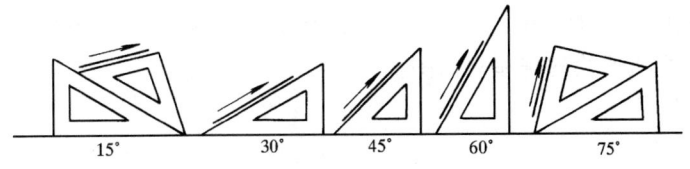

图1-10 三角板

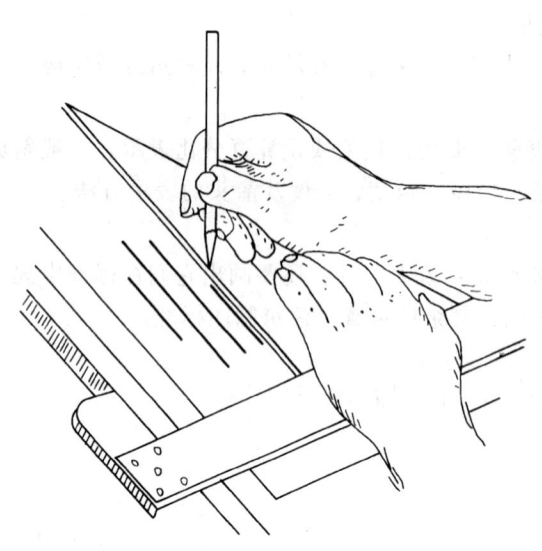

手顺着各点轻轻而流畅地画出曲线，然后选用曲线板上曲率合适的部分，分几段逐步描深。每段至少应有三个以上的点与曲线板吻合。曲线板及其使用方法如图1-12所示。

（五）圆规

圆规是画圆或圆弧的工具。画圆时，圆规应稍向运动方向倾斜，当画较大圆时，应使圆规两脚均与纸面垂直。加深图线时，圆规的铅芯硬度应比画直线的铅芯软一级，以保证图线深浅一致。如图1-13（a）、（b）所示。

（六）分规

分规是截量长度和等分线段的工具。分规两脚并拢时其针尖应密合对齐。如图1-14所示为分规的使用。

图1-11 图板、丁字尺、三角板配合（画垂直线）

（七）绘图铅笔

绘图铅笔的铅芯硬度是用"H""B"字母标明。H为硬且数字越大越硬。B为软且数字越大越软。HB为中等硬度。一般作图时，打底稿选用较硬的H、2H铅笔，加深图线时，可用HB、B或2B铅笔。铅笔的削法有锥形和楔形两种。如图1-15所示。楔形铅笔多用于加深图线。

（八）绘图墨水笔

绘图墨水笔有存碳素墨水的笔胆，笔头用细不锈钢管制成。每支绘图笔只能画出一种宽度的线型。画图时，笔尖可倾斜10°～15°，且不能重压笔尖。长期不用时，应洗净针管中残存的墨水。用针管笔绘图时应注意要将尺身与图纸之间留出一点空隙以防墨水连带出来弄脏图纸。如图1-16所示。

（九）计算机

目前计算机绘图已成为社会上广泛采用的绘图工具。计算机主要分硬件和软件两部组成。它除了有计算能力以外，还有产生图形的能力。

计算机绘图系统的硬件一般是指计算机及其他外部设备，包括图形输入和图形输出设备。如图1-17所示为简单的微型计算机绘图系统硬件设备的配置示例。其中数字化仪为图形输入设备而绘图仪为图形输出设备。

计算机绘图系统的软件目前土建专业中广泛采用的有Auto CAD R14.0、Auto CAD2000以及各种在CAD平台上开发的专业设计软件。

熟练掌握这些软件的应用方法，可大大提高绘图的速度、绘图的准确性和绘图的质量。图1-18为计算机所绘的房屋立面图。

二、制图用品

（一）图纸

绘图应选用专用的绘图纸，分为白纸和透明纸（又叫硫酸描图纸）两种，其颜色洁

图 1-12　曲线板及其使用方法

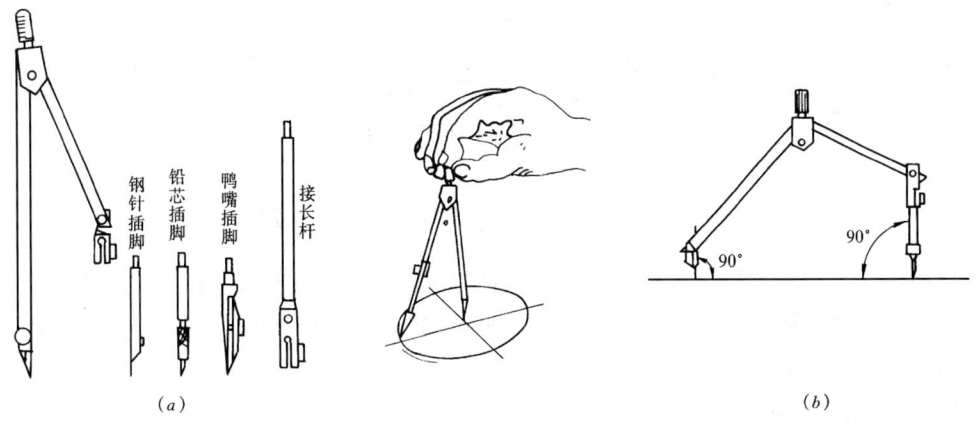

图 1-13　圆规的使用
（a）四件大圆规的使用；（b）画大圆时的用法

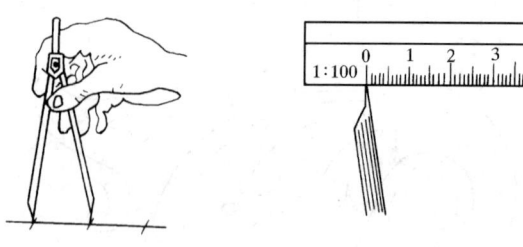

图 1-14 分规的使用

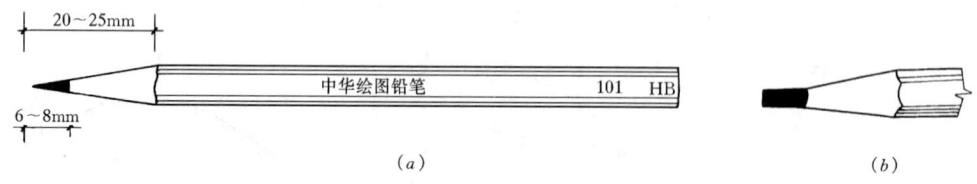

图 1-15 铅笔的削法

（a）锥形；（b）楔形

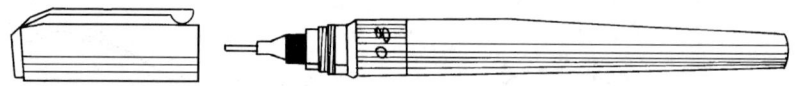

图 1-16 绘图墨水笔

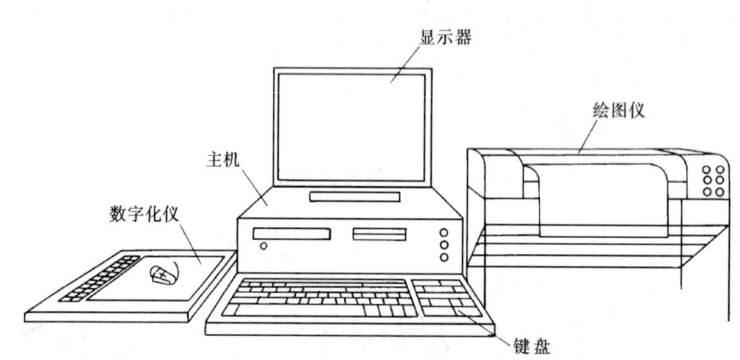

图 1-17 简单的微型计算机绘图系统硬件设备的配置示例

白，质地坚韧，用橡皮擦拭不易起毛。当用针管笔绘图时，常绘在描图纸上，并以此复制蓝图。描图纸其透明度好，表面平整挺刮。但要注意其防潮变皱。工程图常用硫酸描图纸，然后再复制成蓝图。

（二）其他制图用品

为方便绘图还需以下一些用品。如：修正错误用的绘图橡皮及擦图片；削铅笔用的刀片；粘贴图纸用的透明胶；有许多常见建筑图形符号的建筑模板等。如图 1-19 所示为擦图片。

图 1-18 计算机所绘的房屋立面图

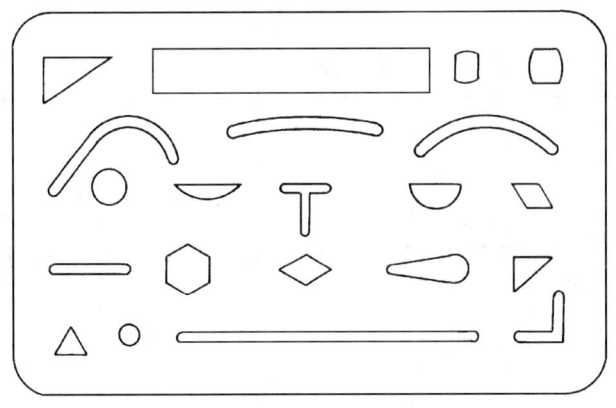

图 1-19 擦图片

第四节 几何作图方法与制图步骤

一、几何作图方法

几何作图是图样的主要组成部分,必须正确掌握它们的作图技巧,才能确保图形的准确性和提高作图效率及保证图面质量。

(一)直线的等分

工程上绘图时常需将某一直线作任意等分或将已知两平行线间距作任意等分。图1-20是线段等分的画法。

(二)圆弧的等分

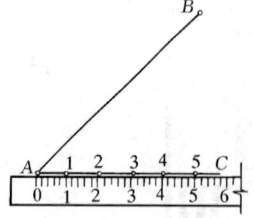
a)过 A 点作任意直线 AC,用尺在 AC 上截取所要求的等分数(本例为 5 等分),得 1、2、3、4、5 点;

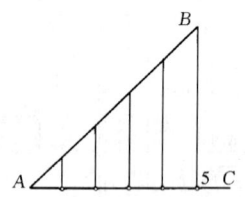
b)连 B5,过其余点分别作 B5 的平行线,它们与 AB 的交点就是所求的等分点。

(a)

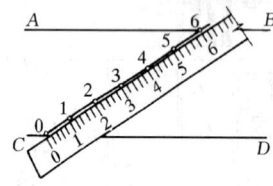

(b)

图 1-20 线段等分的画法
(a)等分已知线段 AB;(b)绘楼梯踏步

工程上常有将已知圆弧作若干等分的情况,本例是将已知圆弧作五等分的作图步骤。表 1-10 为作图步骤。

作 图 步 骤　　　　　　　　　　　表 1-10

圆内接正五边形	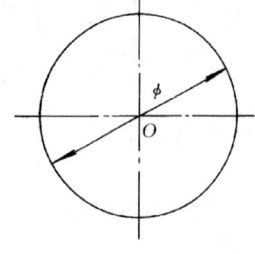 (1)已知条件,圆的直径为 ϕ,圆心为 O,作圆内接正五边形	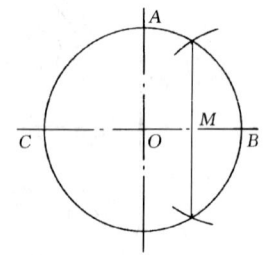 (2)作 BO 的中垂线,交 BO 于 M 点
	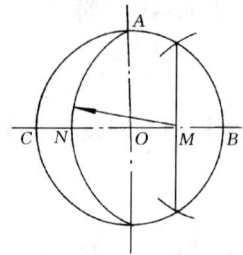 (3)以 M 为圆心以 AM 为半径交 OC 线于 N 点	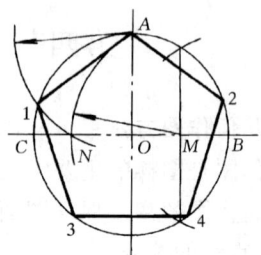 (4)以 A 为圆心,AN 为半径画圆弧交圆周为 1,2 点,以 1,2 点为圆心,以 AN 为半径画弧交圆周于 3,4 点,连接各点即可

（三）椭圆的画法

当已知椭圆的长轴及短轴之后，工程上常用四心法作近似的椭圆。表 1-11 是椭圆画法的作图步骤。

椭圆画法的作图步骤　　　　　　　　　　表 1-11

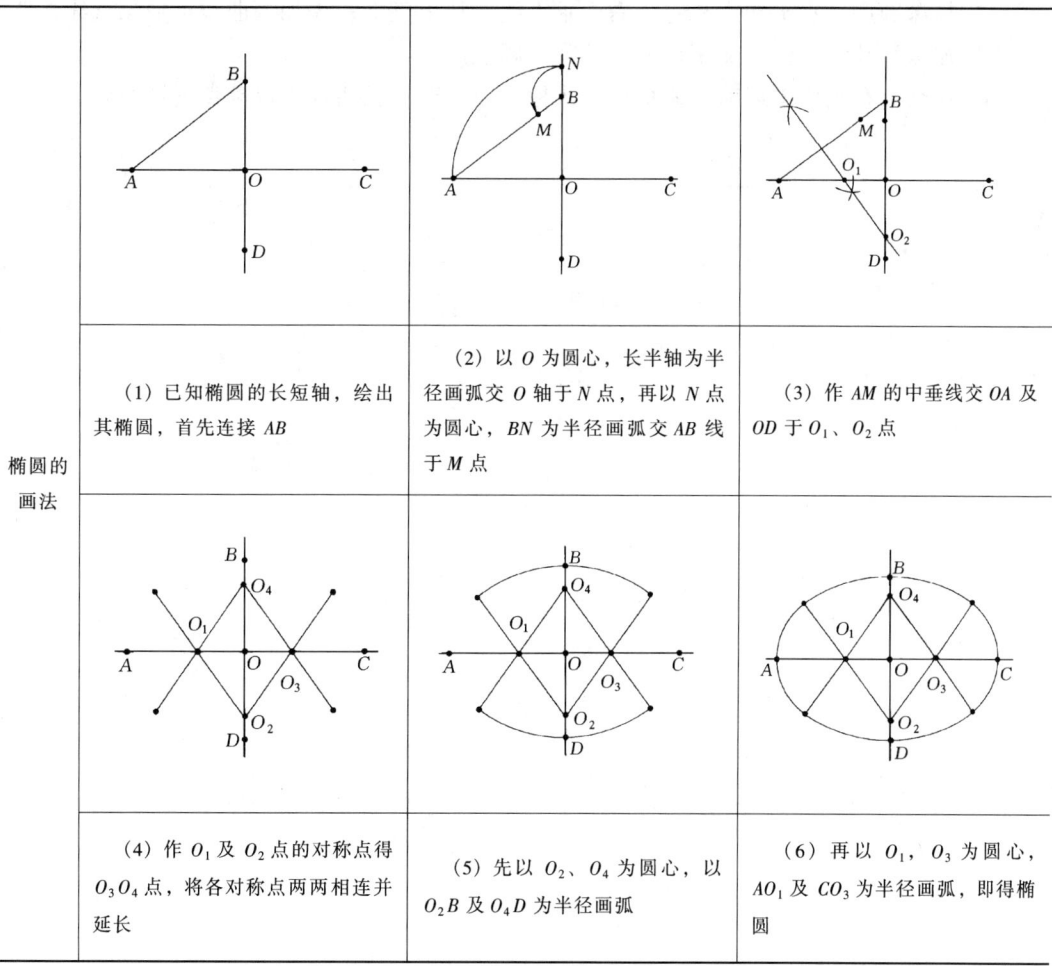

椭圆的画法	（1）已知椭圆的长短轴，绘出其椭圆，首先连接 AB	（2）以 O 为圆心，长半轴为半径画弧交 O 轴于 N 点，再以 N 点为圆心，BN 为半径画弧交 AB 线于 M 点	（3）作 AM 的中垂线交 OA 及 OD 于 O_1、O_2 点
	（4）作 O_1 及 O_2 点的对称点得 $O_3 O_4$ 点，将各对称点两两相连并延长	（5）先以 O_2、O_4 为圆心，以 $O_2 B$ 及 $O_4 D$ 为半径画弧	（6）再以 O_1、O_3 为圆心，AO_1 及 CO_3 为半径画弧，即得椭圆

二、制图步骤与要求

（一）制图前的准备工作

1．对所绘图样进行阅读了解，做到心中有数。

2．将绘图工具准备好，并保证工具干净，绘图环境应光线充足。

3．铺好图纸并用胶带纸固定。

（二）画底图

用 H 或 2H 铅笔。

1．根据制图要求，画好图框、图标。

2．依据所画图形的大小，选择好比例，布好图面，要求图面适中、匀称，以获得良好的图面效果，绘出底图。

3．绘出尺寸线并注写尺寸及文字说明等。

4．检查底图并及时修正。

（三）加深图线（HB、B 或 2B 铅笔或用针管笔）

1．加深的图线要求线条光滑、流畅、连接处均匀不能露出接头，并且线型要标准，线宽要分明，保证线条黑、光、亮且同类图线要保证粗细线的深浅一致。

2．加深顺序：水平线应从左至右；垂直线应从上至下；先加深曲线再加深直线。

3．加深尺寸线，注写文字说明，填写标题栏。

4．检查。在完成图以前，做最后一次检查，及时更正错误。以确保图样的质量。

第二章 投影原理

第一节 投影的基本知识

一、投影图的形成

如图2-1（a）所示，在光线照射下，物体在地面或墙面上会出现影子。影子的形状大小会随着光线的角度或距离的变化而变化，这一现象就称为投影现象。人们从这些现象中认识到光线、物体和影子之间的关系并加以抽象分析和科学总结产生了投影原理。即投影线投射一形体，在投影面上产生投影图形。而在平面（纸）上绘出形体的投影图，以表示其形状大小的方法，称为投影法，如图2-1（b）所示。

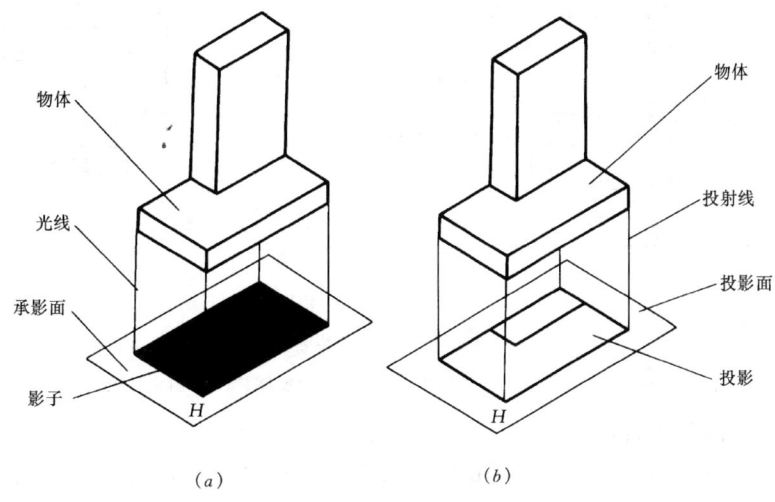

图2-1 投影图的形成
（a）影子；（b）投影

二、投影的分类

如图2-2，投影法可分为中心投影法和平行投影法两大类。而平行投影法又可分为正投影法和斜投影法两种。

1. 中心投影法：指投射线由一点引出，对形体进行投影的方法。用中心投影法绘出的图，在工程上也称透视投影图。如图2-2（a）所示。

2. 正投影法：（1）指投射线相互平行且与投影面垂直，对形体进行投影的方法。也称正投影图。如图2-2（b）所示为形体的三面正投影图。

当只绘出形体的水平正投影图并在其上加注标高时又称标高投影图，如图2-2（c）所示。工程上常用于绘地形图。

(2) 指投射线相互平行且与投影面倾斜,对形体进行的投影方法。又称斜投影图,如图2-2(d)所示。

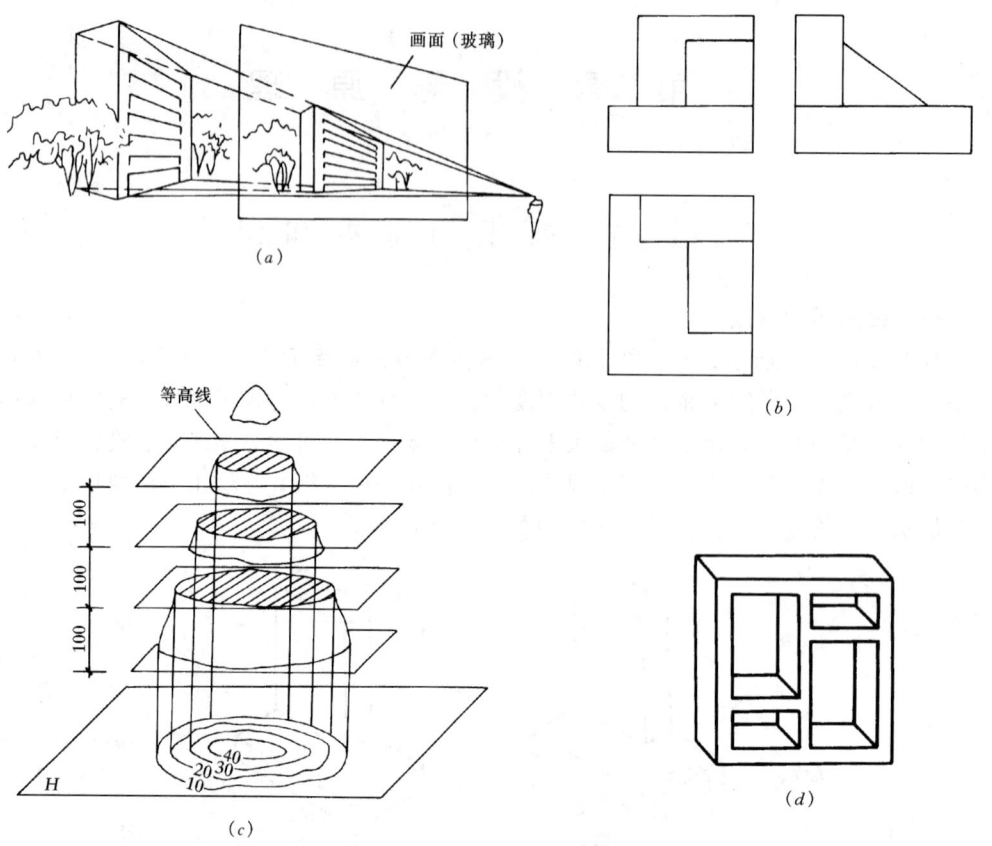

图2-2 投影的分类
(a) 透视图;(b) 正投影图;(c) 标高投影图;(d) 斜投影图

三、正投影的基本特性

从投影的分类中不难发现,正投影图是能获得形体某个面的真实形状和尺度的图形。因而正投影图便于度量尺寸,便于画图,是工程上最常采用的一种图示方法。但它也有直观性较差的缺点,故需经过一定的训练才能够读懂。

下面我们以直线及平面在空间不同位置的正投影图为例,阐述正投影的基本特性。如图2-3所示。

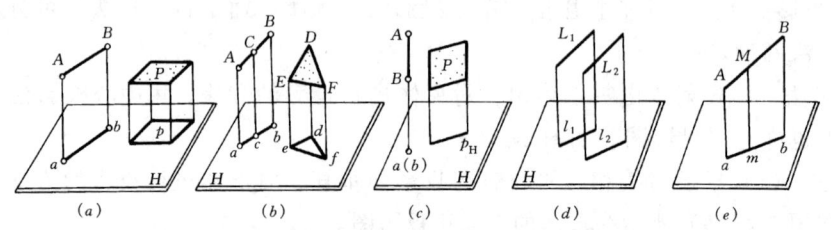

图2-3 正投影的基本特性
(a) 真实性;(b) 类似性;(c) 积聚性;(d) 平行性;(e) 定比性

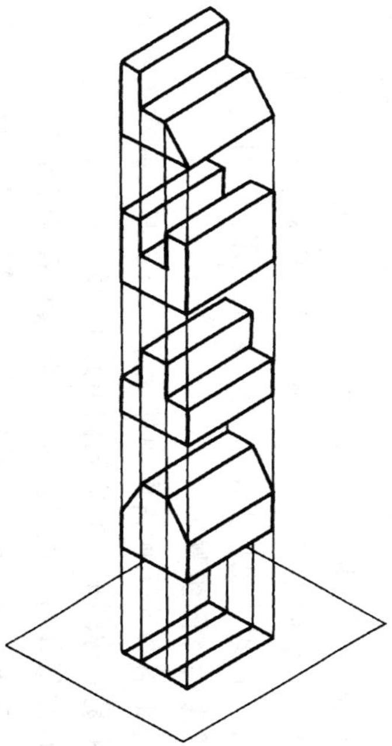

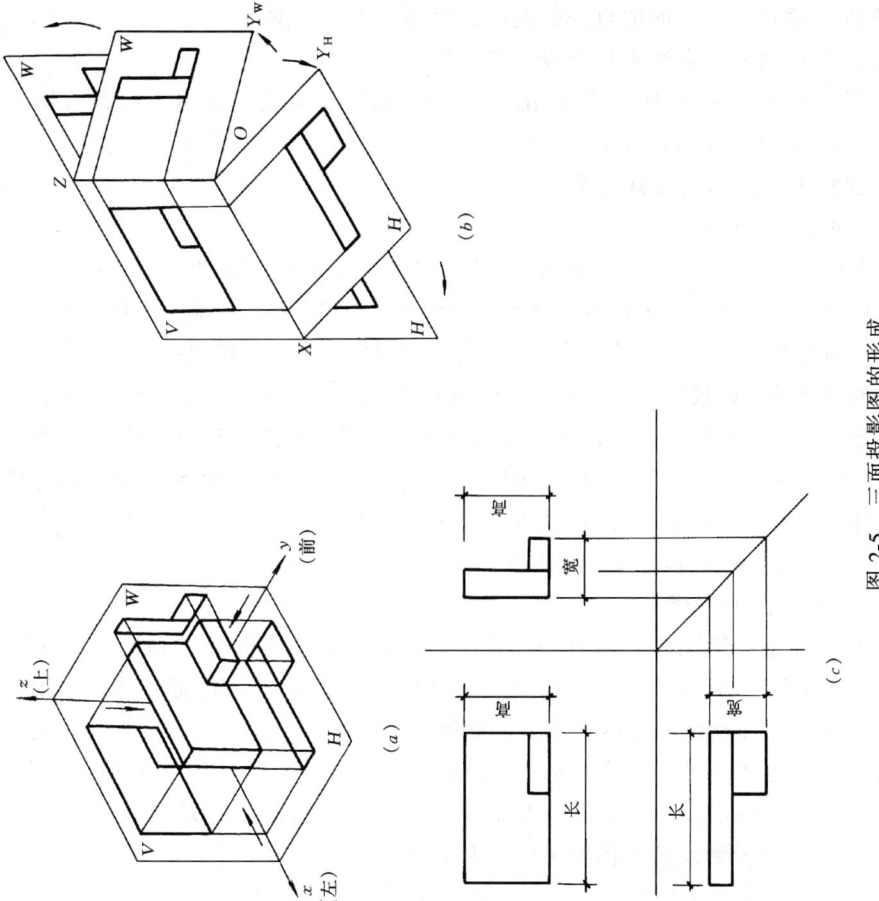

图 2-5 三面投影图的形成

图 2-4 有相同投影图的不同空间形体

1．真实性：平行于投影面的直线的投影反映实长。图（a）
2．类似性：倾斜于投影面的平面其投影仍为一平面图形，且与空间平面图形是类似形。图（b）（又称变形性）
3．积聚性：垂直于投影面的直线的投影积聚为一个点。图（c）
4．平行性：空间两条直线平行其投影仍平行。图（d）
5．定比性：直线上一点 M 分线段 AB 为一定比值，则其投影仍分该线段投影为同样的比值。即：$AM:MB = am:mb$。图（e）

四、三面投影图的形成及其规律

（一）三面投影图的形成

如图 2-4 所示，不难发现空间形体虽然不同，但却有着相同的正投影图。由此可见，仅凭形体的单面投影是不足以确定形体的空间形状和大小的。因此，一般需要从几个方向对形体作投影图并且综合起来识读，才能确定形体惟一的形状和大小。现在我们建立了由三个相互垂直的平面组成的三面投影体系。如图 2-5（a）所示，然后将形体放在该体系中，并使形体的主要面分别与三个投影面平行，由前向后投影得正面投影图（V 面投影），由上向下投影得水平投影图（H 面投影），由左向右投影得侧面投影图（W 面投影）。为作图方便，还需将该投影体系作展开，展开方法如图 2-5（b）所示。即 V 面不动，H 面绕 X 轴向下旋转 90°。W 面绕 Z 轴向右旋转 90°。使其展开在一个平面上。如图 2-5（c）所示。

（二）三面投影图的规律

从图 2-5（c）正投影图中分析可知：V 面、H 面投影左右对齐，并同时反映形体的长度。V 面、W 面上下对齐，并同时反映形体的高度。H 面、W 面前后对齐，并同时反映形体宽度。上述三面投影的基本规律可以概括为：长对正、高平齐、宽相等的关系。

形体投影图上还能反映形体的方向。我们规定以 X 轴正向表示左、Y 轴正向表示前、Z 轴正向表示上。则得出：V 面投影反映形体的上下、左右关系；H 面投影反映形体前后、左右关系；W 面投影反映形体的前后、上下关系。

善于在投影图上识别形体的方向，对画图和识图都十分重要。

第二节　正投影作图方法

一、三面投影图的作图要求

作形体投影图时，通常使正面投影较明显的反映形体的特征（有时也选择形体长度及高度方向平行 V 面）。并照顾到 H 面、W 面投影图中的虚线尽量少。箭头方向为 V 面投影方向。该形体的前后面平行 V 面，反映实形，形体的其他表面垂直 V 面，反映积聚性，得出 V 面投影图。同理，也可得出 H 面、W 面投影图。如图 2-6 所示。

二、三面投影的作图步骤

1．根据形体的各投影图所占图幅的大小，选定好比例在图纸上适当地安排好三个投影的位置，如果是对称图形，则应先做出其中心线。
2．从最能反映形体特征的投影画起，注意底稿应轻而淡。
3．根据"长对正、高平齐、宽相等"的"三等"关系，再做出其余两个面的正投影图。
4．检查所绘形体的三面投影与空间形体的对齐关系。

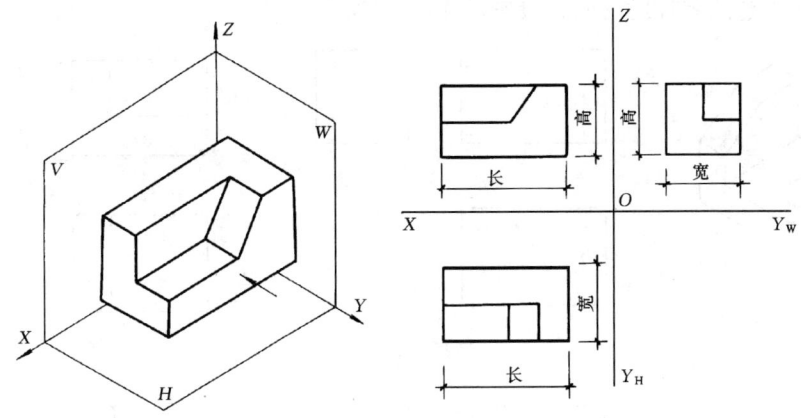

图 2-6 三面投影图作图要求

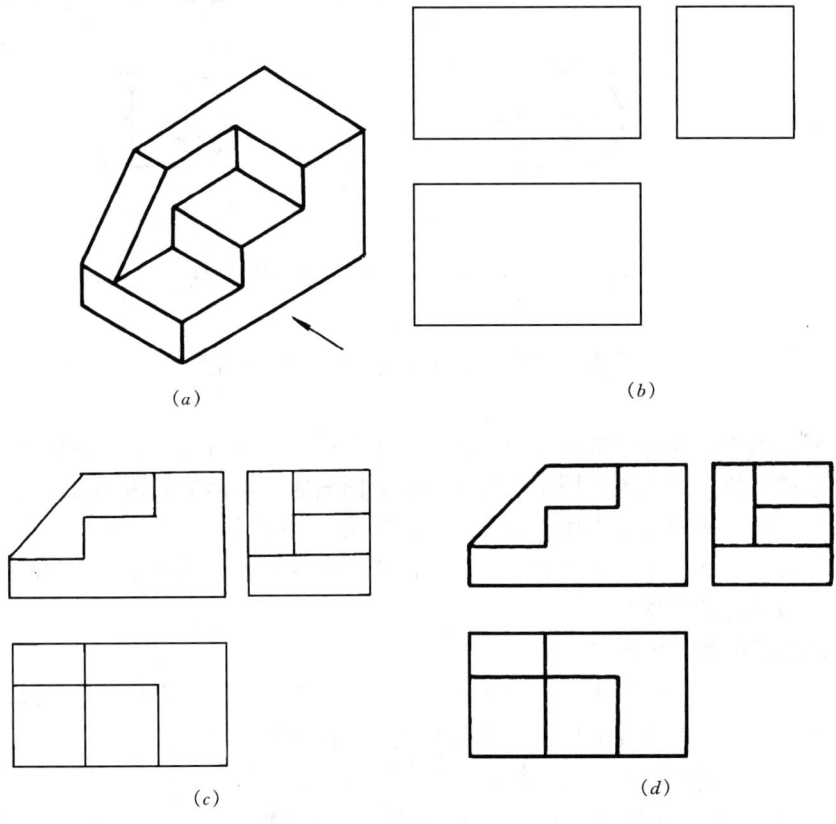

图 2-7 台阶模型的作图步骤

（a）立体图；（b）作长方体投影；（c）切去两个长方体及三棱柱体后的形状；（d）擦去多余线条，加粗加深线型

5. 加深图形轮廓线，完成全图。

【例 1】 作某台阶的三面正投影图。

如图 2-7 为台阶模型的作图步骤。

【例 2】 作某建筑零件的三面正投影图。

图 2-8 为建筑零件的三面正投影图作图步骤。

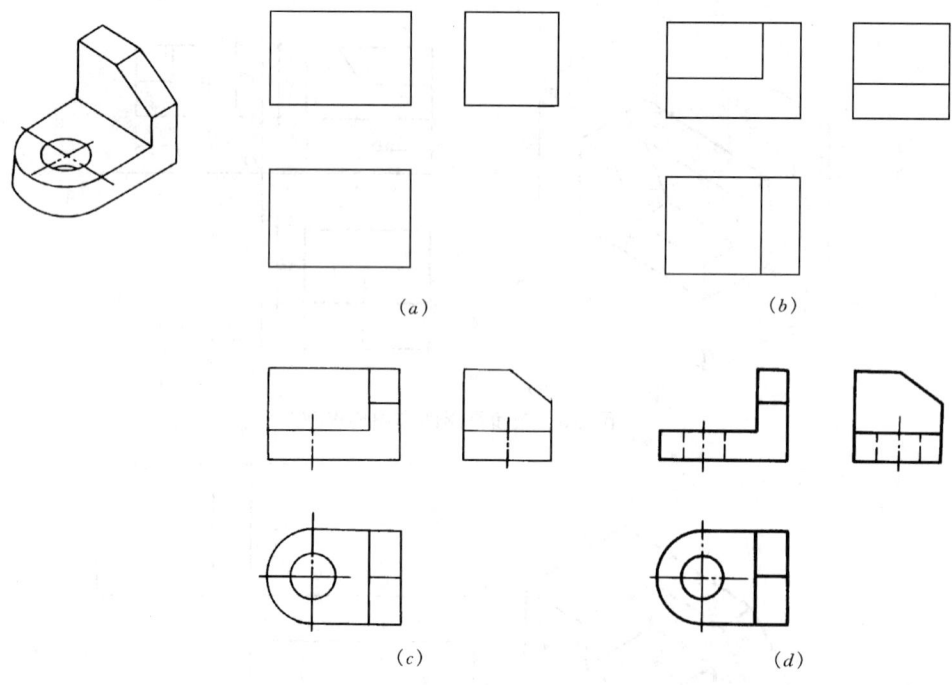

图 2-8 建筑零件的三面正投影图作图步骤

第三节 轴测投影作图方法

在工程实践中，我们一般用正投影图来表达形体的形状与大小，这是因为正投影图度量性好，绘图简便，但正投影图中的每一个投影图只能反映形体的两个向度，因而立体感不强，不易看懂。而轴测投影图中它在一个投影图里同时反映了形体的长、宽、高三个向度，因此具有立体感，在工程上常用作辅助图样。近些年来，轴测投影在产品的广告画及展览画中的应用已越来越多。

一、轴测投影的基本特性

轴测投影是根据平行投影原理而作出的一种立体图，因此，它具有平行投影的一切特性。利用下面两个基本特性能更快、更准确地绘出轴测投影图。

1. 平行性：空间相互平行的直线，它们的轴测投影仍然相互平行。因此，形体上平行于投影坐标轴的线段，在投影图上都分别平行相应的坐标轴。如图 2-9 所示的 $B_0E_0 \parallel BE$。

2. 定比性：形体上平行于坐标轴的线段其投影尺度的变化率与相应投影轴的变化率相同。根据定比性，我们分别取 X、Y、Z 各轴的变化率为 p、q、r。则 $p = A_0D_0/AD$，$q = D_0B_0/DB$，$r = C_0B_0/CB$。

由于变化率的计算很麻烦，故在作图时，常取简化的变形系数或不考虑变形系数。如 $p = q = r = 1$。

二、轴测投影的分类

轴测投影由于投射线的方向及形体摆放的位置不同，又分为以下两种图。

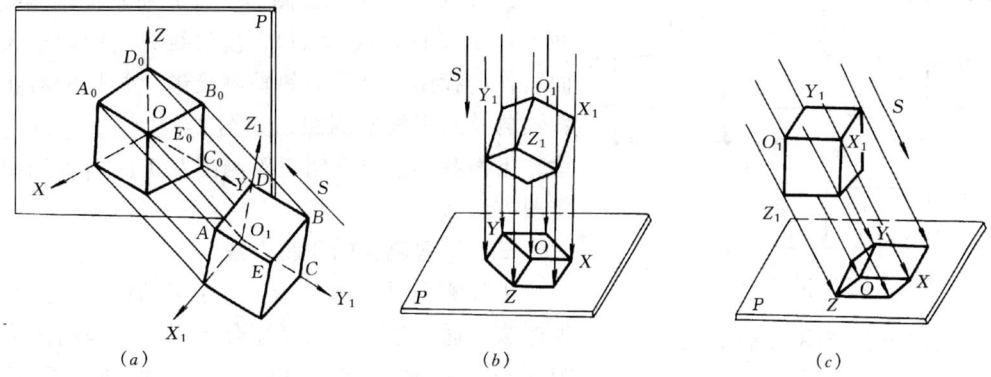

图 2-9 轴测投影图的形成

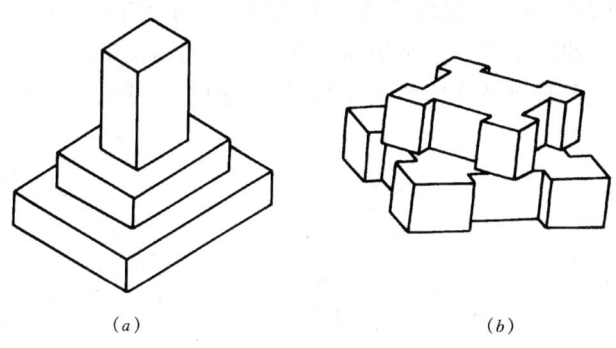

图 2-10 正等测投影图
（a）正等测；（b）正二测

1. 正轴测投影：如图 2-9（b），将形体斜放，使立体图上互相垂直的三个轴均与 P 面倾斜，用垂直于 P 面的 S 方向进行投影，又称为正轴测投影。常见有正等测及正二测投影图。如图 2-10（a）、（b）所示。

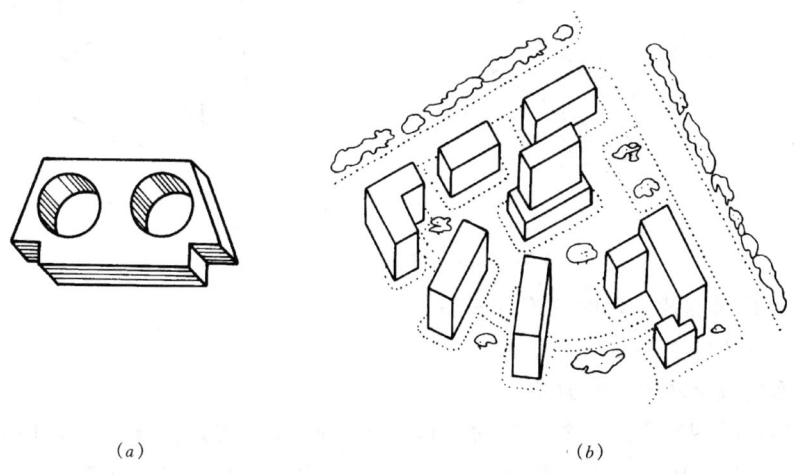

图 2-11 斜轴测投影图
（a）正面斜轴测；（b）水平斜轴测

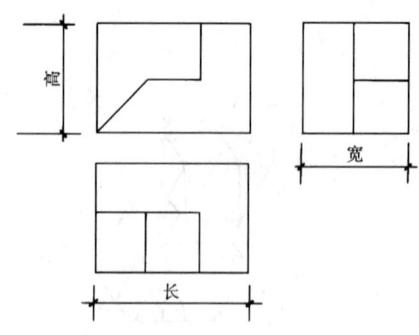

图 2-12 形体三面投影图

2．斜轴测投影：如图 2-9（c）所示使轴测投影面平行于 V 面（或 H 面），投射线方向倾斜于投影面所作的投影，又称为斜轴测投影。常见的有正面斜轴测及水平斜轴测图，如图 2-11（a）、（b）所示，下面我们主要介绍正等测图及正面斜轴测图的作图方法。

三、正等测图的作图方法

正等测图基本画法有三种：叠加法、切割法、坐标法，通常这些方法可综合运用。正等测图形体的三个坐标轴均互成 120° 夹角。轴向变形系数 $p = q = r = 1$。

【例3】 如图 2-12 所示。已知形体三面投影图，作其正等测图。

分析：据已知正投影图中了解到形体的长、高、宽的尺度，用坐标尺寸及轴测投影的平行性、定比性做出各顶点及线段的正等测图。作图步骤见图 2-13 所示。

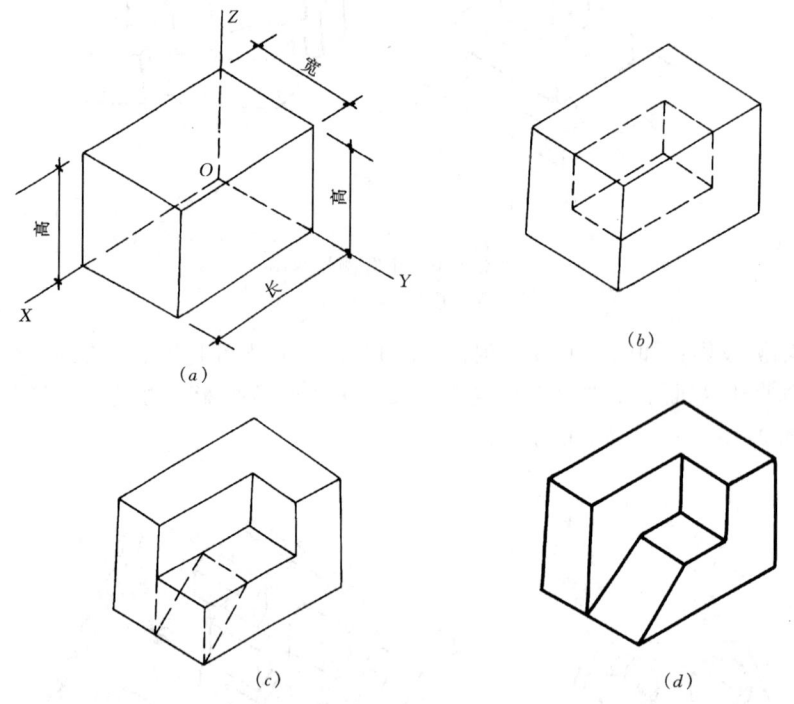

图 2-13 正等测作图步骤（切割法）

【例4】 作某四棱锥台的正等测图。

正等测作图步骤如图 2-14。

四、正面斜轴测图的作图方法

正面斜轴测图其形体的三个坐标轴夹角关系如图 2-15 所示。其 X、Z 轴方向的变形系数 $p = r = 1$。而 Y 轴方向的变形系数 $q = 1$ 时又称斜等测图，这种轴测图在建筑工程上的管道系统图中广泛采用如图 2-16 所示，为某一住宅的给水管道系统图。而 Y 轴方向的

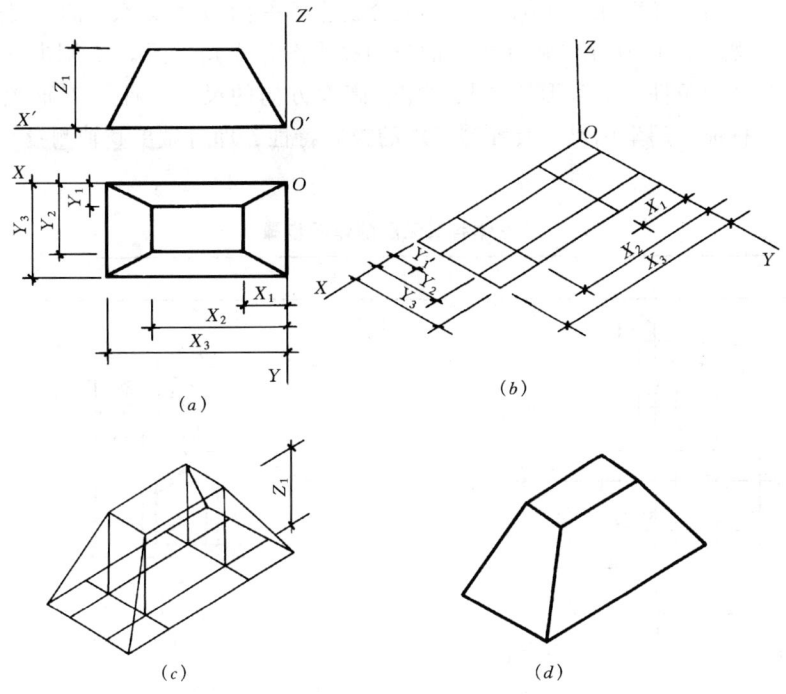

图 2-14 正等测作图步骤（坐标法）

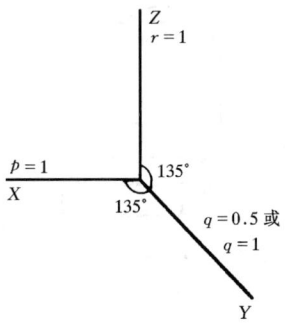

图 2-15 正面斜轴测坐标轴

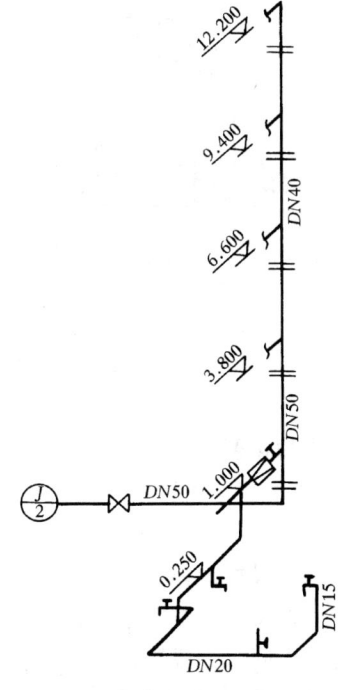

图 2-16 某住宅给水管道系统图（斜等测图）

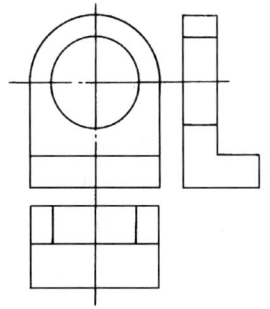

图 2-17 形体的三面投影图

变形系数 $q=0.5$ 时，又称斜二测图，它特别适合表达某一个面形状复杂或曲线较多的形体。

【例5】 如图2-17所示。已知形体的三面投影图，作其正面斜二测图。

分析：据已知条件，了解形体的长、宽、高度方向的尺寸，且从 V 面投影图中反映了形体的基本特征。用坐标尺寸及轴测投影的投影特性，即可做出其轴测投影图。作图步骤见表2-1。

形体斜二测图的作图步骤　　　　　　　　表 2-1

作 图 步 骤	
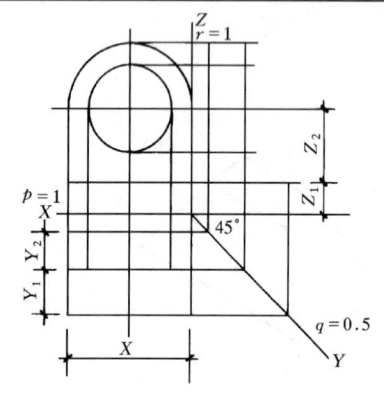 (1) 建立坐标体系，绘出其 V 面投影图	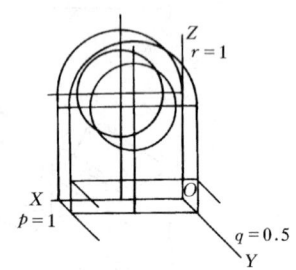 (2) 取 $Y_2/2$ 再绘其 Y 面投影，并在两圆之间做出平行于 Y 轴的公切线。
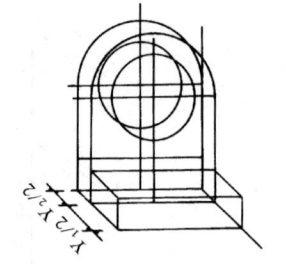 (3) 取 $Y_1/2$ 绘出挑出的 L 形板	 (4) 擦去多余线加深其轮廓线

第四节　点、直线、平面的正投影

一、点的投影

（一）点的三面投影及其规律

如图2-18所示，为空间点 A 的三面投影及展开图。总结其展开图的投影规律，可以得出点的三面投影规律：$a_x a' \perp ox$，$a_z a'' \perp oz$，$a_x a = a_z a''$。上述这个规律是空间点的三面投影必须保持的基本关系，也是画点的投影及识读点的投影必须遵循的基本法则。

同时，空间点到投影面的距离在投影图也可得到反映。

(1) 点 A 到 H 面的距离 $= Aa = a'a_x = a''a_y = z$

(2) 点 A 到 V 面的距离 $= Aa' = aa_x = a''a_z = y$

(3) 点 A 到 W 面的距离 $= Aa'' = a'a_z = aa_y = x$

有时，我们也用坐标值来确定空间点。如 $A(x、y、z)$

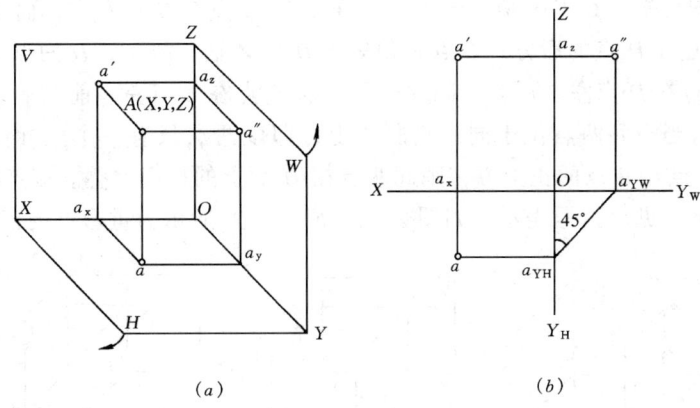

(a)　　　　　　　　　　(b)

图 2-18　点的三面投影规律
(a) 点的空间位置；(b) 点的投影的展开图

如图 2-18 中，A 点的坐标值为 (15、10、20)。

【例 6】　从图 2-19 (a) 中量取坐标值，画出它们的展开图并填下表。

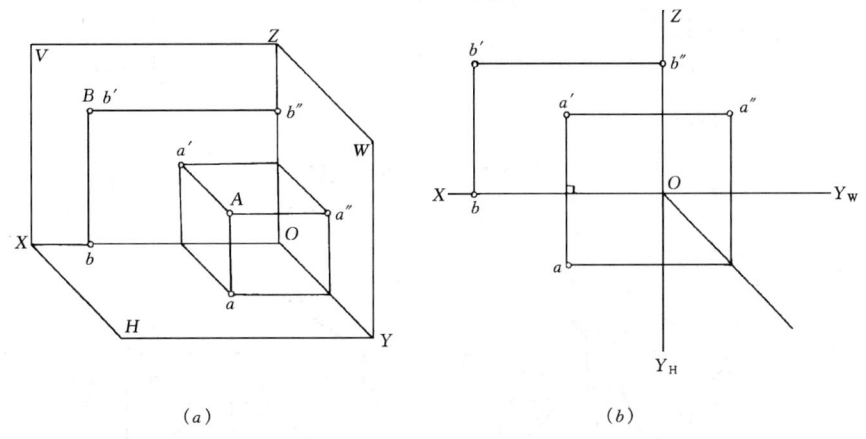

(a)　　　　　　　　　　(b)

图 2-19　作点的三面正投影图
(a) 已知条件；(b) 作图步骤 Q

单位 mm

	距 V 面	距 H 面	距 W 面	点的坐标 (X、Y、Z)	空间位置
A	11	12	15	(15,11,12)	在空间
B	0	20	30	(30,0,20)	在 V 面上

(二) 两点的相对位置

空间点的位置是根据它们对三个坐标轴的位置而定的。我们分别以 X 轴、Y 轴、Z 轴的正向表示左、前、上方。依此规定，则可确定两点的相对位置。

【例 7】　如图 2-20 所示，已知 C、D、E 三点的三面投影图，试判别它们之间的相对位置关系。

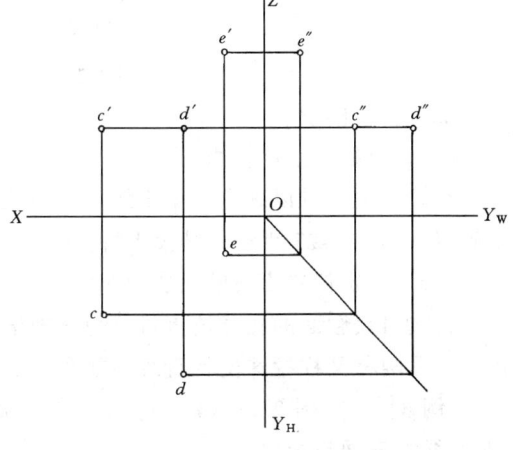

图 2-20　判别两点的相对位置

分析：如图可知，C 点 X 值大于 D 点 X 值，故 C 点在 D 点左方，而 C 点 Y 值小于 D 点 Y 值，故 C 点在 D 点的后方；C 点 Z 值等于 D 点 Z 轴，故 C、D 两点无上下之分。综合判别：则 C 点在 D 点左、后方。同理也可判别 C 点在 E 点左、前、下方。D 点在 E 点前、左、下方。当空间两点位于同一投影线上，即该两点只有一个坐标值不同时，如图 2-21（a）如 A 点在 B 点的正上方，则此两点在 H 面上的投影重叠。该点即为重影点，B 点的水平投影不可见用括号表示。如图 2-21（b）、（c）所示为重影点的正投影图。

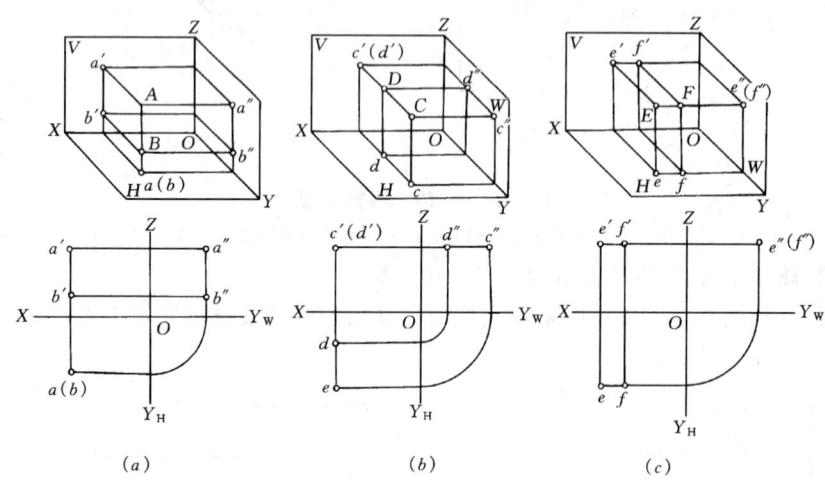

图 2-21 重影点的投影

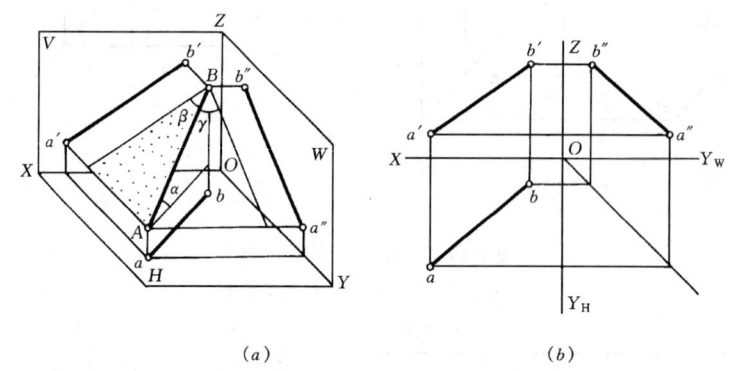

图 2-22 一般位置直线的投影

二、直线的投影

（一）直线的三面投影图

空间的两点可以确定一条直线段。因此，直线的三面投影可由其两端点的三面投影图来确定。如图 2-22 所示，其投影特性为在三个投影面上均反映类似性。

（二）特殊位置直线的投影

直线对投影面的相对位置可分为三种情况：一般位置直线，投影面垂直线，投影面平行线。后两种又称特殊位置直线。如表 2-2、表 2-3 所示投影面平行、垂直线。

【例 8】 如图 2-23（a）所示，已知 $AB//W$ 面，$AB = 25$mm 及 b、b'、$\beta = 60°$，求 AB 直线的三面投影。

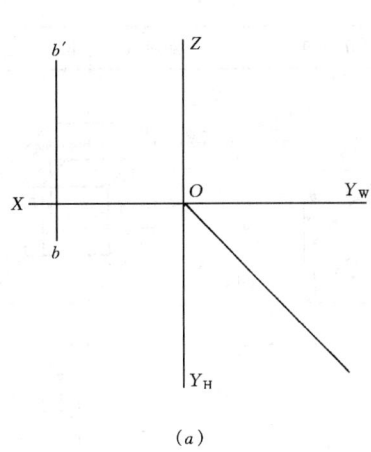
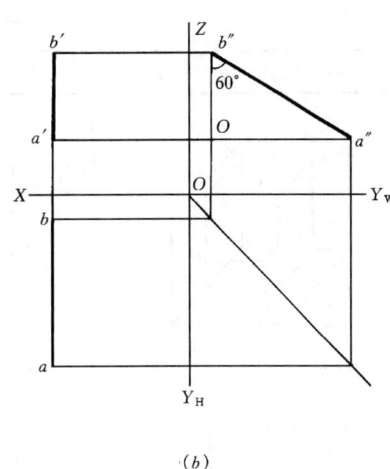

(a)   (b)

图 2-23 直线的投影

分析：据已知条件，AB 为侧平线，投影特性是两平一斜线，斜线反映真实性。首先根据点的投影求出 b''，又因 AB 线在 W 面上的投影等于 25mm。斜线与 Z 轴夹角应为 $60°$，则可求出 a'' 点，再利用侧平线的投影特性，则可求出 a'、a 点，连接 $a'b'$，ab 即可。作图步骤见图 2-23（b）所示。

投影面平行线   表 2-2

名称	水平线（$//H$，对 V、W 倾斜）	正平线（$//V$，对 H、W 倾斜）	侧平线（$//W$，对 H、V 倾斜）
轴测图			
投影图			
投影特性	1. 水平投影 $ab = AB$； 2. 正面投影 $a'b' // OX$，侧面投影 $a''b'' // OY_W$； 3. ab 与 OX、OY_H 的夹角 β、γ 等于 AB 对 V、W 面的倾角。	1. 正面投影 $c'd' = CD$； 2. 水平投影 $cd // OX$，侧面投影 $c''d'' // OZ$； 3. $c'd'$ 与 OX、OZ 的夹角 α、γ 等于 CD 对 H、W 面的倾角。	1. 侧面投影 $e''f'' = EF$； 2. 水平投影 $ef // OY_H$，正面投影 $e'f' // OZ$； 3. $e''f''$ 与 OY_W、OZ 的夹角 α、β 等于 EF 对 H、V 面的倾角。

表 2-3 投影面垂直线

名称	铅垂线（⊥H，//V 和 W）	正垂线（⊥V，//H 和 W）	侧垂线（⊥W，//H 和 V）
轴测图	（图）	（图）	（图）
投影图	（图）	（图）	（图）
投影特性	1. 水平投影 a（b）积聚为一点； 2. $a'b' = a''b'' = AB$； 3. $a'b' \perp OX$，$a''b'' \perp OY_W$。	1. 正面投影 c'（d'）积聚为一点； 2. $cd = c''d'' = CD$； 3. $cd \perp OX$，$c''d'' \perp OZ$。	1. 侧面投影 e''（f''）积聚为一点； 2. $ef = e'f' = EF$； 3. $ef \perp OY_H$，$e'f' \perp OZ$。

（三）直线上的点

如前所述正投影特性"定比性"中已知：点在直线上，其各投影必在直线的同名投影上，且该点分割线段的比值与投影线段中的比值相同。如图 2-24 所示。

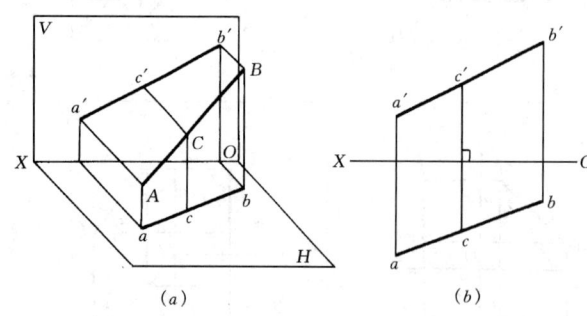

图 2-24 直线上点的投影特性

【例 9】 如图 2-25（a）所示，已知 E 是 CD 线上的点，求 e

解法一：利用投影规律，先求出直线 $c''d''$，再求出 e''，最后可求出 e 点。如图（b）所示。

解法二：利用定比性，$c'e'/e'd' = ce/ed$ 则可求出 e 点。如图（c）所示。

三、平面的投影

空间平面按其在三面投影体系中所处的位置也分三种情况：一般位置平面、投影面垂直面、投影面平行面。后两种又称为特殊位置平面。表 2-4、表 2-5 所示其投影特性。

（一）一般位置平面的投影

一般位置平面的投影：即与三个投影面均倾斜的平面，其投影特性为三个投影均反映类似性。如图 2-26 所示。

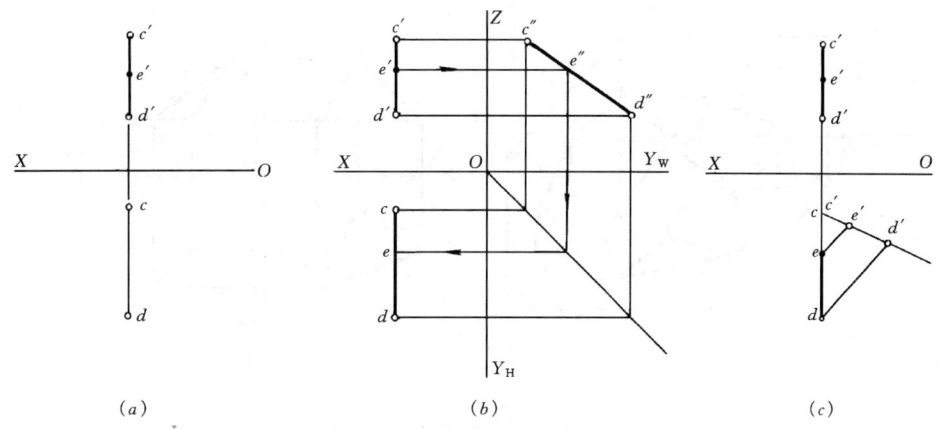

图 2-25 求直线上的点

(二) 特殊位置平面的投影

投影面平行、垂直面见表 2-4、表 2-5 所示。

投影面平行面　　　　　　　　　　　　　　　　表 2-4

名称	水平面 ($//H$, $\perp V$ 和 W)	正平面 ($//V$, $\perp H$ 和 W)	侧平面 ($//W$, $\perp H$ 和 V)
轴测图			
投影图			
投影特性	1. 水平投影表达实形； 2. 正面投影积聚为直线，且 $//OX$； 3. 侧面投影积聚为直线，且 $//OY_W$。	1. 正面投影表达实形； 2. 水平投影积聚为直线，且 $//OX$； 3. 侧面投影积聚为直线，且 $//OZ$。	1. 侧面投影表达实形； 2. 水平投影积聚为直线，且 $//OY_H$； 3. 正面投影积聚为直线，且 $//OZ$。

31

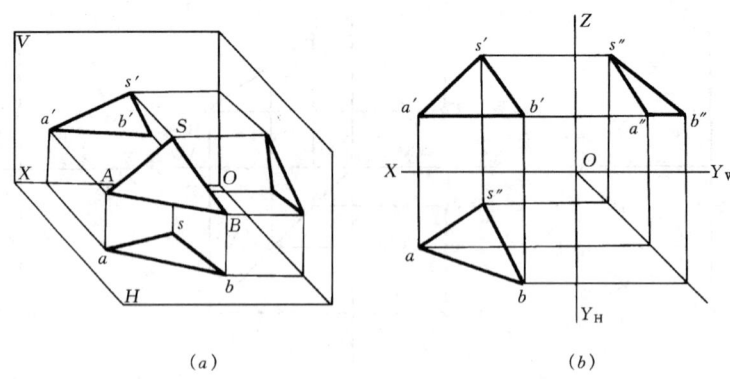

(a)　　　　　　　　　　　　(b)

图 2-26　一般位置平面的投影

投影面垂直面　　　　　　　　　　　　　　　　表 2-5

名称	铅垂面（⊥H，对 V、W 倾斜）	正垂面（⊥V，对 H、W 倾斜）	侧垂面（⊥W，对 H、V 倾斜）
轴测图			
投影图			
投影特性	1. 水平投影积聚为直线（或水平迹线代表平面的积聚投影）； 2. 水平投影与 OX、OY_H 的夹角即为 β、γ； 3. 正面和侧面投影为空间平面图形的类似形。	1. 正面投影积聚为直线（或正面迹线代表平面的积聚投影）； 2. 正面投影与 OX、OZ 的夹角即为 α、γ； 3. 水平和侧面投影为空间平面图形的类似形。	1. 侧面投影积聚为直线（或侧面迹线代表平面的积聚投影）； 2. 侧面投影与 OY_W、OZ 的夹角即为 α、β； 3. 水平和正面投影为空间平面图形的类似形。

（三）平面上的点或直线

1. 直线点在平面上的几何条件：如图 2-27 所示。

（1）若直线通过平面上的两个点，则此直线在该平面上。见图中所示的 L 在三角形 ABC 平面上。

(2)若直线通过平面上的一点,且平行该平面上的另一条直线,则此直线必在该平面上。见图中所示 N 直线平行 AB,且过 C 点。N 直线也在三角形 ABC 平面上。

2.点在平面上的几何条件:点如果在平面中的任一直线上,则此点必在该平面上。D 点在三角形 ABC 平面上。

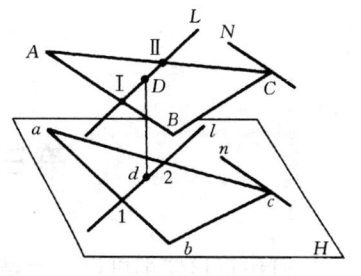

图 2-27 直线、点在平面上的几何条件

【例 10】 在三角形 ABC 平面中做水平线及正平线。如图 2-28（a）

分析:据水平线的投影特征在 V 面中任做一条平行 OX 轴的直线如 a'd',求出 d 点,连接 ad 即得水平线,如图 2-28（b）。同理可求出正平线。如图 2-28（c）所示。

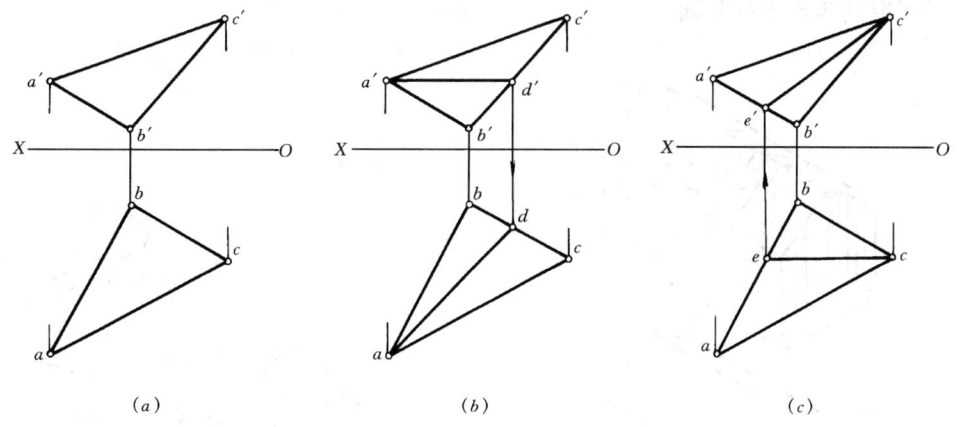

图 2-28 在平面上作水平线和正平线

【例 11】 补全平面图形,如图 2-29（a）所示。

分析:可利用平面上找点的方法,依次求出 C、D 点。

作图步骤:如图 2-29（b）,连接 e'b'、a'd'、a'c'得交点 1'、2',求出交点 1、2。连接 a1 并延长得 d 点,连接 a2 并延长得 c 点,加深图形线即可。

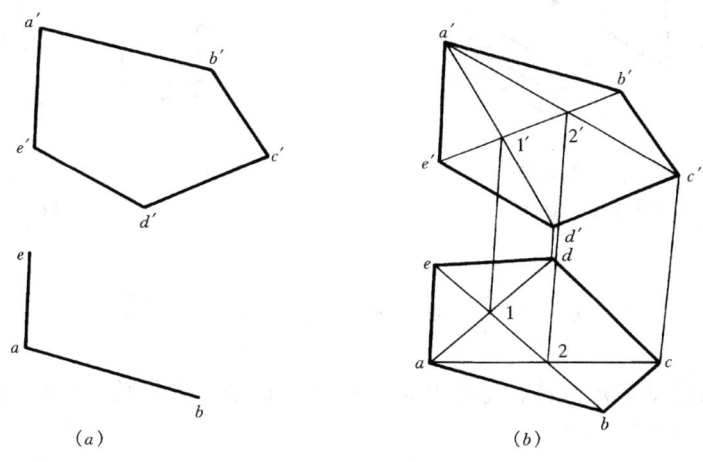

图 2-29 补全平面图形

第三章 建筑形体的投影

任何建筑形体都可以看成是由若干基本形体按照某一种方式组合而成的组合体。在研究物体的投影时，我们只考虑空间物体的形状和大小，而不涉及物体的材料、重量等物理性质。这种只反映空间形状的物体，简称为形体。建筑物、构筑物和一般工程部件，都可看做是一些比较复杂的形体，但它们都可以分解为若干基本形体，如图3-1、图3-2所示为建、构筑物的形体分析。正确分析基本形体表面的性质、构造特点，准确地画出投影图，是研究建筑形体的基础。

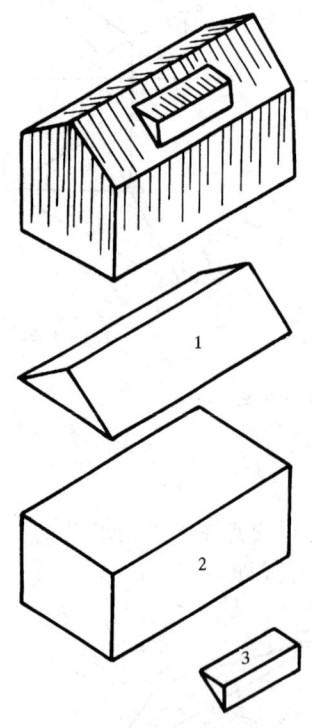

图 3-1 建筑物的形体分析
1、3—三棱柱；2—四棱柱

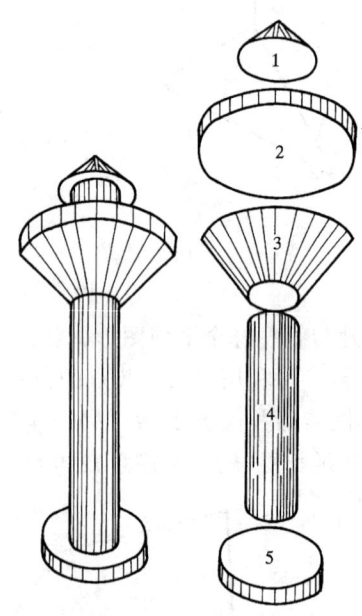

图 3-2 构筑物的形体分析
1—圆锥；2、4、5—圆柱；3—圆锥台

第一节 基本形体的投影

基本形体又称基本几何体，基本几何体按其表面的几何性质，可分为平面体和曲面体。

一、平面体的投影

平面体是由若干平面而围成的立体,有棱柱体和棱锥体之分。组成平面体的表面称为棱面(侧面)和底面,各面的交线称为棱线,棱线的交点称为顶点。当底面为多边形,棱线垂直于底面时称为直棱柱体,当底面为多边形,棱线相交于一点时称为棱锥体,棱柱体和棱锥体的名称以底面的形状而命名,如图3-3所示,四棱柱、五棱柱、三棱锥、六棱锥等。当锥顶被平行于底面的平面截去时,称为棱锥台,例如图3-3(e)五棱锥台。

由于平面体的表面是由平面多边形围成,故求作平面体的投影,就是做出围成该形体的各个表面或其表面与表面相交所得棱线或顶点的投影,因而体的投影仍然符合点、线、面的正投影规律。作图之前,首先应分析形体特征,然后选择形体的安放位置,并采用合适的比例。作图时应注意重影性和可见性的判别及图形轮廓的清晰。

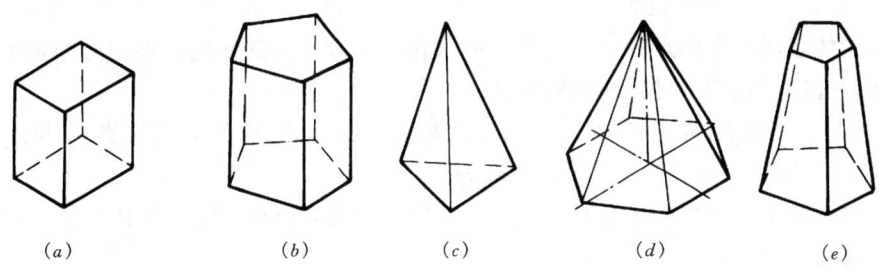

图 3-3 平面立体

(a)四棱柱;(b)五棱柱;(c)三棱锥;(d)六棱锥;(e)五棱锥台

(一)棱柱体

1.棱柱体的投影

【例3-1】 如图3-4(a)所示五棱柱体,求作其三面投影。

解:(1)分析:1)用直线的投影特点分析:图中 AB、A_1B_1、BC、B_1C_1 的为侧平线,它们在 W 面上的投影反映线段实长,在其余两个面上的投影都小于线段实长;而其余所有的线均为投影面的垂直线,它们在所垂直的投影面上的投影均积聚为一点,另外两

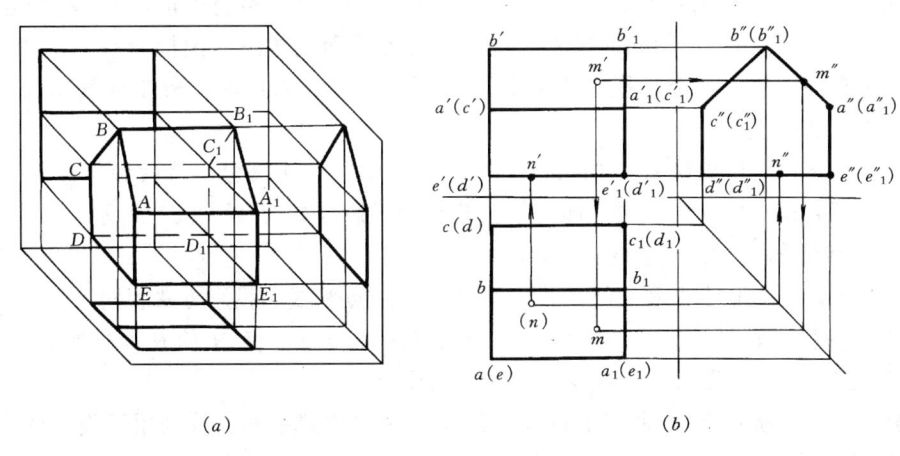

图 3-4 正三棱柱及表面上点的投影

个投影均反映线段实长。

2）用平面的投影特点分析：图中五棱柱的两底面以及前后两个棱面分别为侧平面和正平面，它们在 W 面、V 面上的投影反映实形，而且重影，在其余两个面上的投影均积聚为直线段；五棱柱的最下棱面为水平面，在 H 面上反映实形，在其余两个面上积聚为直线段；五棱柱的另外两个棱面为侧垂面，它们在 W 面上的投影积聚为直线段，在其余两个面上的投影为空间平面形状——矩形的类似形。

（2）作图：作图时，先做出反映底面实形的 W 面投影和反映侧面实形的 H、V 面投影，然后根据三面正投影规律补全投影，如图 3-4（b）所示。

以上分析得出棱柱体的投影特性是：在底面平行的投影面上投影反映底面实形，另外两个投影为一个或多个矩形。

2．棱柱体表面上点的投影

在棱柱体表面上求作点的投影与平面内求作点的投影方法相同，不同之处是棱柱体表面上的点的投影存在着可见性的判别问题。

【例 3-2】 如图 3-4（b）所示，已知五棱柱表面上点 M 的 V 面投影 m' 和点 N 的 H 面投影（n），求作点 M、N 的其他两面投影。

解：（1）分析：五棱柱五个棱面的 W 面投影均积聚为直线段，故其表面上点的投影也在其积聚投影上。

（2）作图：由 m' 引高平齐方向线，与点 M 所在平面的 W 面积聚投影交于 m″，由 m'、m″ 求得 m，因点 M 所在平面在 H 面上的投影可见，故 m 可见。

同理根据平面上点的投影画法可求得 n'、n″。

以上两点所在的平面的投影都具有积聚性，所以在已知点的一个投影，求其余两投影时，可利用平面投影的积聚性的特点直接求得，此法称为"积聚性法"。

（二）棱锥体

1．棱锥体的投影

【例 3-3】 图 3-5（a）所示为一正三棱锥，作其三面投影。

解：（1）分析；正三棱锥的底面△ABC 为水平面，在 H 面上的投影反映实形，在 V、W 面上的投影均积聚为水平直线；三根棱线 SA、SB、SC 相交于顶点 S，将顶点 S 的投影与底面顶点 A、B、C 的同面投影相连，即得各棱面的投影。因棱面△SAB 和△SAC 为一般位置平面，故其三个投影均为类似形线框三角形；而棱面△SBC 为侧垂面，故其侧面投影积聚成一直线。

（2）作图：先做出底面△ABC 的 H 面投影和 V、W 面投影，然后做出顶点 S 的三面投影，连接各顶点的同面投影，即得该三棱锥的投影，如图 3-5（b）所示。

2．棱锥体表面上点和直线的投影

在棱锥体表面上求点和直线的投影与平面内求点和线的投影方法相同。

【例 3-4】 如图 3-5（b）所示，已知正三棱锥表面上点 M 的 H 面投影 m，直线 EF 的 W 面投影 e″f″，求作该点和直线的其他两面投影。

解：（1）分析：点 M 所在的棱面△SAB 为一般位置平面，故利用平面内取点的方法（辅助线法）作图求解。

（2）作图：在 H 面投影 sab 内过 m 作 sd，d 在 ab 上，再做出 s'd'、s″d″，求出 m'、

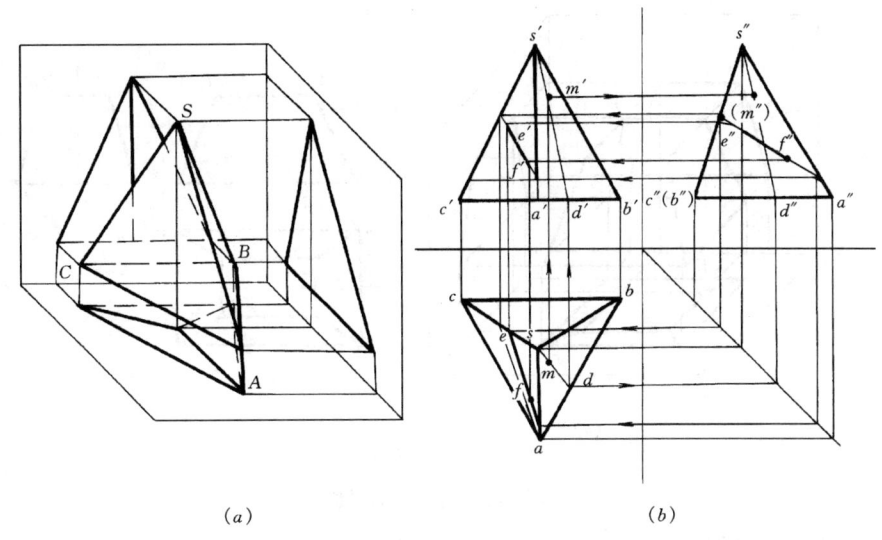

(a)　　　　　　　　　　(b)

图 3-5　正三棱锥及表面上点和直线的投影

m''，因△SAB位于右侧面，其 W 面投影不可见，故 m'' 不可见，写成（m''），如图 3-5 (b) 所示，这种作图方法叫做辅助线法。

当点位于一般位置平面上，已知点的一个投影求作另两个投影时，可先做出辅助线的三个投影，再作点的另两个投影。

同理可利用平面内取点的方法求得 E、F 两点的另两个投影，连接它们的同面投影，即得直线 EF 的投影 ef、$e'f'$。

由此可以得出，已知体表面上直线的一个投影，求其余两个投影时，可先按体表面上的点做出它们的其余两个投影，并判别可见性，然后用实线或虚线将其同面投影连起来即可。

（三）棱台体的投影

棱锥的顶部被平行于底面的平面切割后而形成棱台。

【例 3-5】　如图 3-6（a）所示四棱台。求作其三面投影。

解：(1) 分析：由四棱台上、下底面和各棱面与投影面的相对位置可知：上、下底面为水平面，在 H 面上的投影反映实形，另两个投影均积聚成一直线；棱台的棱面均为梯形，左、右棱面为正垂直、它们在 V 面上的投影积聚为左、右两条直线段，其他两个投影为类似形线框梯形；前、后棱面为侧垂面，它们在 W 面上的投影积聚为前、后两条直线段，其他两个投影为类似形线框梯形，各棱线均处于一般位置，其延长汇交于一点。

(2) 作图：先做出上、下底面的 H 面投影（反映实形）和 V、W 面投影（均积聚成一条线），然后再连接各顶点的投影，即得四棱台的三面投影，如图 3-6（b）所示。

由于空间形体到投影面的距离大小不影响其形状表达，故在作形体的投影图时，为了作图简便和投影轮廓清晰，可将投影轴省略不画，但三投影之间仍应符合"长对正、高平

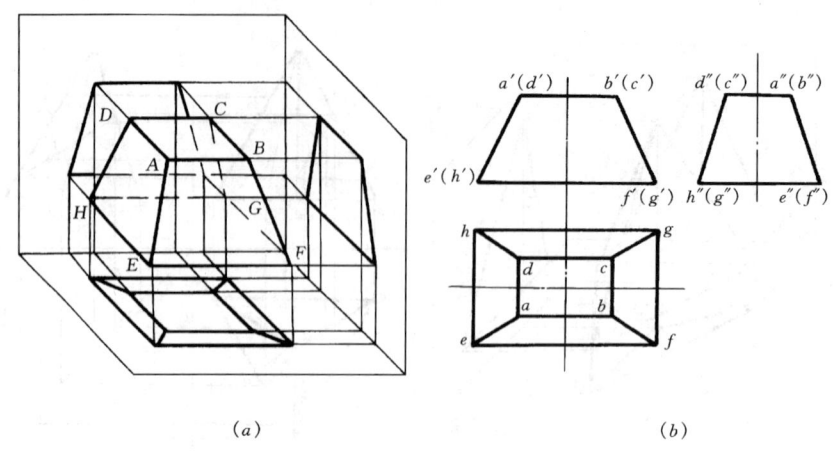

(a)   (b)

图 3-6 四棱台的投影

齐、宽相等"的投影关系。

二、曲面体的投影

曲面体是由曲面或曲面与平面共同围成的立体。当曲面是由一直线或曲线绕一轴线作回转运动而形成的曲面时，称为回转曲面，运动着的直线或曲线称为母线，母线在曲面上任一位置称为素线。由回转曲面或由回转曲面与平面所围成的立体称为回转体。常见的回转体有圆柱体、圆锥体、球体等，如图 3-7 所示。

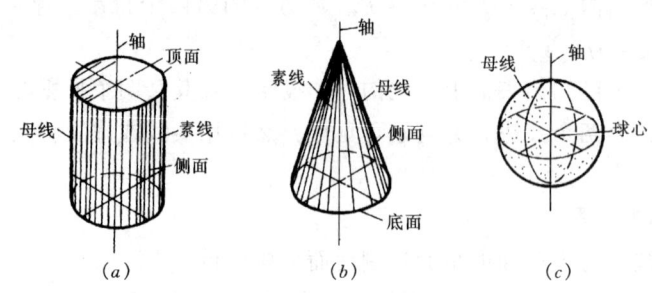

图 3-7 回转体
(a) 圆柱；(b) 圆锥；(c) 球体

（一）圆柱体

1. 圆柱体的投影

圆柱体是由圆柱面和顶面、底面围成的几何体。

【例 3-6】 如图 3-8（a）所示圆柱体，求作其三面投影。

解：(1) 分析：因圆柱体的顶面和底面平行于 H 面，故在 H 面上的投影反映实形——圆，而且重影，在 V 面和 W 面上的投影均积聚为上、下两条水平直线，其长度为圆的直径，上、下两条水平直线之间的距离为圆柱体的高度。

圆柱面为光滑的曲面，其上所有素线都是铅垂线，故圆柱面也垂直于 H 面，其 H 面投影为一个与顶面和底面投影相重合的圆；圆柱面上最左和最右两条素线的投影构成圆柱面在 V 面上的投影中左右两条轮廓线，与圆柱体顶、底面的投影围成一个矩形线框。其 W 面投影也为一矩形线框，矩形两侧轮廓线为圆柱面上最前、最后两条素线的投影。

（2）作图：先做出反映顶底面实形的 H 面投影——圆和 V、W 面的积聚投影直线，再做出圆柱面的 V、W 面投影，均为一矩形，如图 3-8（b）所示。

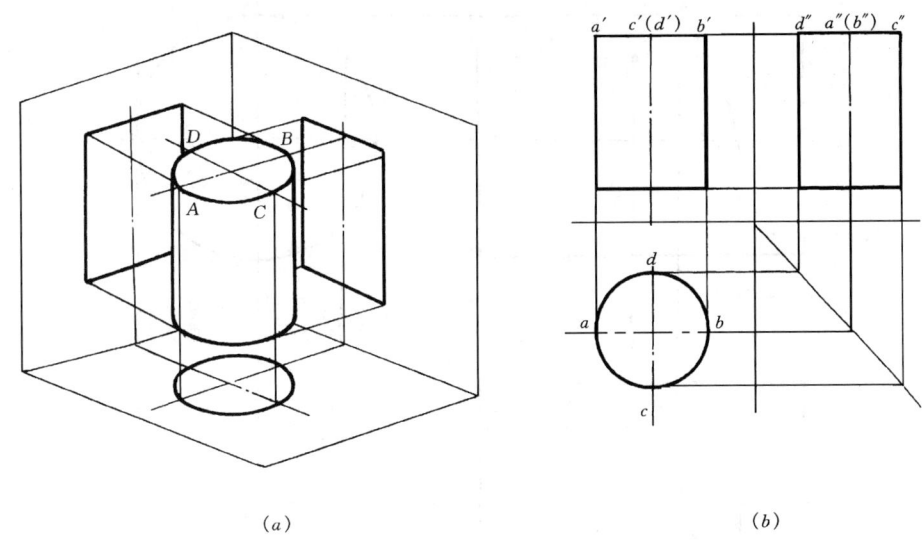

图 3-8 圆柱体及表面上点的投影

应注意，作圆柱体的投影时，首先应画出圆柱体轴线的投影和圆的中心线，对某一投影面投影时的轮廓素线，在向另一投影面投影时不要画出。其他回转体的投影，都具有此特点。

2. 圆柱体表面上点和线的投影

（1）圆柱体表面上点的投影与平面立体表面上点的投影画法相似。如图 3-9 所示，已知圆柱体的三面投影及柱面上点 M、N 的 H 面投影 m、n，求点 M、N 的其他两个投影。

由于圆柱面的 W 面投影积聚为一个圆，故圆柱面上点 M、N 的 W 面投影 m″、n″在该圆周上，由 m、n、m″、n″可求得 m′、n′，因 N 位于后半圆柱上，故 n′不可见，写成（n′）。

（2）圆柱体表面上线的投影应利用点的投影求解。若为直线，求解方法同平面立体；若为曲线，除确定两端点之外，还应确定适当的中间点及可见与不可见的分界点，并判别可见性，然后光滑连线。

【例 3-7】 如图 3-9 所示，已知圆柱体的三面投影及柱面上线 MN 的 H 面投影 mn，求该线的其他两面投影。

解：（1）由前面分析可求得点 M、N 的 V、W 面投影。

（2）因 MN 在圆柱面上，而圆柱面的 W 面投影积聚为一圆周，故线 MN 的 W 面投影在该圆周上。

(3) 求 MN 的 V 面投影，先在 MN 的 H 面投影中取 a，因 a 在 H 面投影中的回转轴线上，故 A 在前半圆柱与后半圆柱的可见与不可见的分界线上，因 a 可见，故 a′ 在最上轮廓素线上。

(4) 根据已经求得的 m′、a′、(n′)，光滑地连接 m′a′(n′)。AN 在后半个柱面上，因此 a′n′ 段用虚线画出。

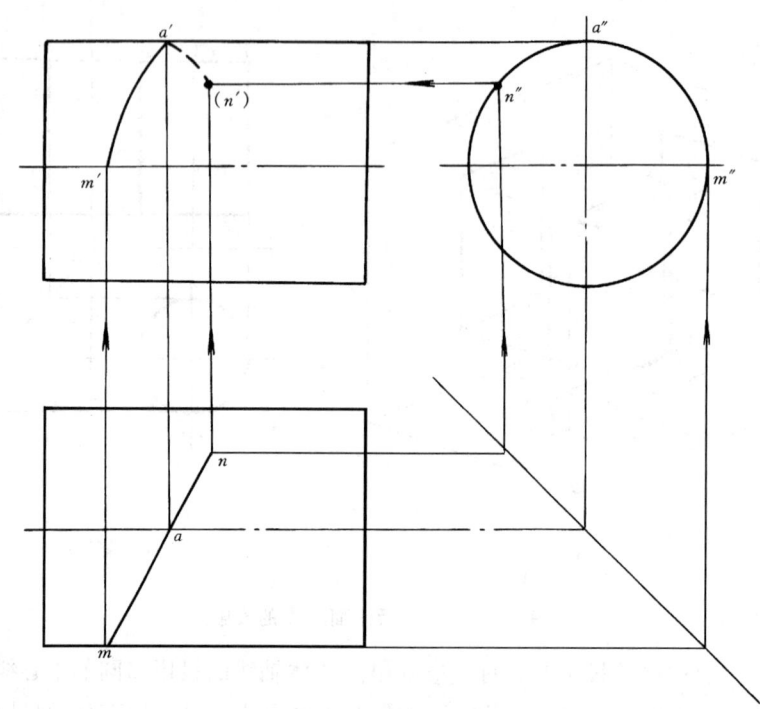

图 3-9 圆柱面上点和线的投影

（二）圆锥体

1. 圆锥体的投影

圆锥体是由圆锥面和底面围成的几何体。

【例 3-8】 如图 3-10（a）所示圆锥体，求作其三面投影。

解：(1) 分析：因圆锥体的底面平行于 H 面，故 H 面投影反映实形——圆，而 V 面和 W 面投影均积聚为水平直线，其长度等于底圆的直径。

圆锥面为光滑的曲面，其 H 面投影是一个圆，与底面圆的投影相重合，其底圆圆心与锥顶的投影相重合；圆锥面上最左、最右两条素线 SA 和 SB 为正平线，其投影构成了圆锥面在 V 面上投影的轮廓线，等腰△s′a′b′ 即为圆锥体在 V 面上的投影；圆锥体在 W 面上的投影与 V 面投影相同，但其等腰三角形中两腰分别为圆锥体最前、最后两条素线的投影。

2. 圆锥体表面上点的投影

【例 3-9】 如图 3-11 所示，已知圆锥面上一点 M 的 H 面投影，求点 M 的其他两面投影。

解：

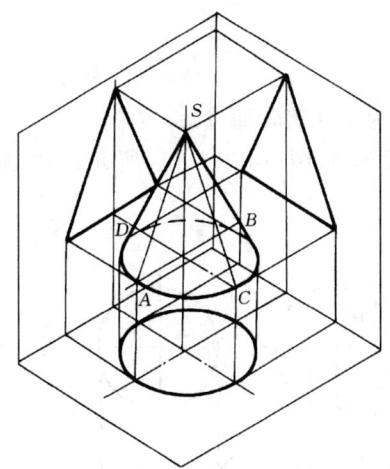 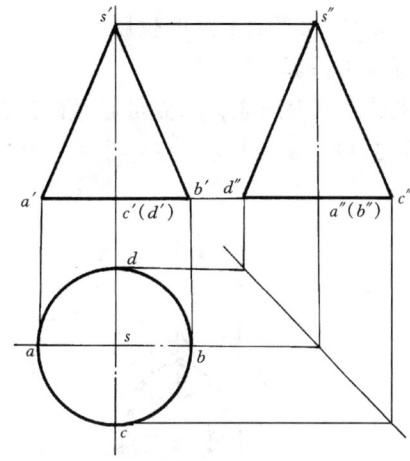

图 3-10 圆锥体的投影

方法一：素线法，图 3-11（a）所示。

圆锥面上任一素线都是通过顶点的直线，求圆锥面上点的投影，可过这点作素线，利用线上的点求解。

过 m 作 sn，由 n 求得 n'并联结 s'n'，点 m 在 sn 上，m'必在 s'n'上；由 m、m'求得 m"，因点 M 位于圆锥右前面上，故 m"不可见，写成（m"）。

方法二：辅助圆法，图 3-11（b）所示。

圆锥体母线上任一点的运动轨迹是一个垂直于圆锥轴线的圆，该圆平行于 H 面，H 面投影反映实形圆，与底面圆的 H 投影同心，V、W 面投影积聚为水平直线。

在 H 面上以 s 为圆心，以 sm 为半径作圆，求出该圆的 V、W 面积聚投影，然后由 m

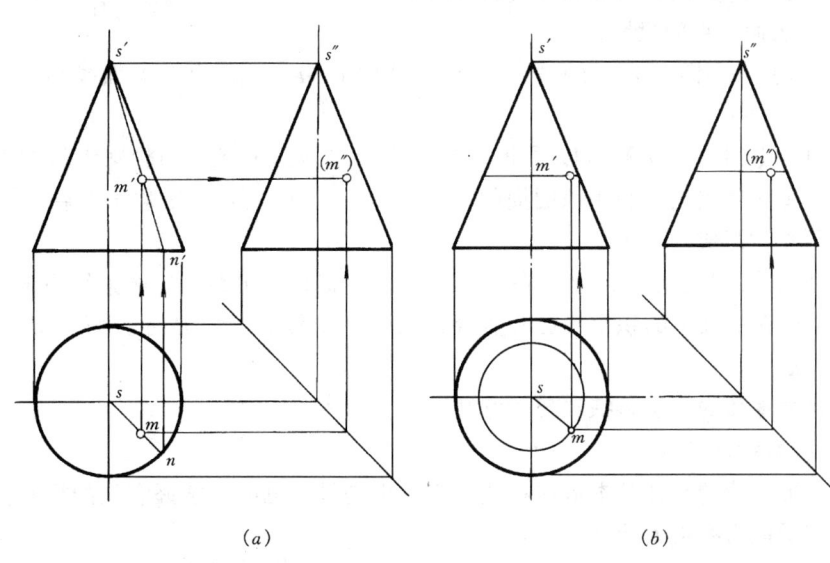

(a) (b)

图 3-11 圆锥体表面上点的投影
（a）素线法；（b）辅助圆法

求出 m'、m''。

(三) 球体及表面上点的投影

1. 球体的投影

球体是由球面围成，球面可看做圆以其直径为轴线旋转而成。

如图 3-12 (a) 所示为一圆球，其三面投影如图 3-12 (b) 所示，投影分析如下：

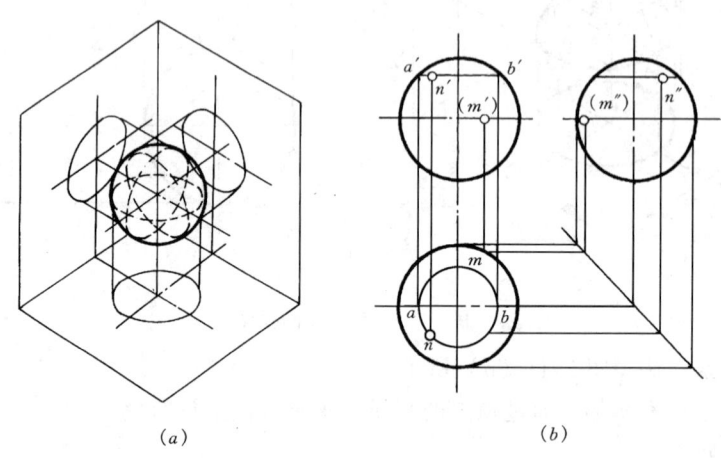

图 3-12 圆球及表面上点的投影

圆球不论向哪个面投影均为直径相等的圆，但各圆所代表的球面轮廓素线是不同的。H 面投影圆为可见的上半个球面和不可见的下半个球面的重合投影，此圆周轮廓的 V 面、W 面投影分别为过球心投影的水平线段（图中点画线所示）；V 面投影圆为可见的前半个球面和后半个球面的重合投影，此圆周轮廓的 H、W 面投影分别为过球心投影的直线段（图中点画线所示）；同理可分析 W 面投影圆。

2. 球体表面上点的投影

【例 3-10】 如图 3-12 (b) 所示，已知球面上 M、N 两点的 V 面投影，求作其余两面投影。

解：(1) 由图中 (m') 可以看出，点 M 在上半球与下半球的轮廓素线圆上，即平行于水平面的最大圆周上，利用该圆周的投影求得 m、m''，因点 M 位于右后半球上，故 W 面投影不可见，写成 (m'')。

(2) 利用辅助圆法求 n、n''。在 V 面投影上过 n' 作水平线交轮廓素线圆于 a'、b'，$a'b'$ 就是辅助圆在 V 面上的积聚投影和直径，由 $a'b'$ 求辅助圆的 H 面投影和 W 面投影，在圆上求 n、n''。

三、基本形体的投影特征和尺寸标注

(一) 投影特征

我们前面讨论的几种基本形体在建筑工程中是最常见的，掌握它们的投影特征，对提高画图和识图能力有很大帮助。

表 3-1 为常见基本体的投影图，及表达这些形体需要画出的投影图。由表中可以看出：

1. 平面体的三面投影，全是多边形或多边形的组合图形，而回转体的三面投影中至少有一个是圆；

2. 决定直棱柱和圆柱、直棱锥和圆锥、棱台和圆台形状和大小的几何条件是底面和高度。

(二) 尺寸标注

投影图只能表达立体的形状，而其大小需由尺寸来确定。

基本形体一般要标注反映其长、宽、高三个方向的尺寸，因此基本形体应注出决定其底面形状的尺寸和高度尺寸。底面尺寸一般注在反映实形的投影上，但回转体的底面直径可以注在非圆视图上，高度尺寸应尽量注在反映该尺寸的两投影之间，且要求尺寸标注齐全、清楚。如表 3-1 所示，四棱柱需标注长、宽、高三个尺寸，而正六棱柱可只标注对角距离（或对面距离）以及柱的高度；四棱台需标注上、下底面尺寸和高度；回转体均需标注圆的直径，有些基本形体标注尺寸后，可以减少投影图的数量，如圆柱、圆锥、圆台、球等回转体。

常见基本体的投影图　　　　　　　表 3-1

名称	三投影图	需要画的投影图和应注的尺寸	投影特征
正六棱柱			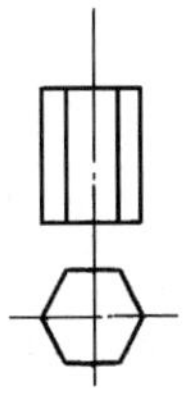 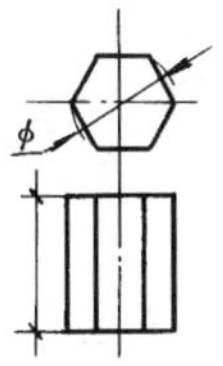 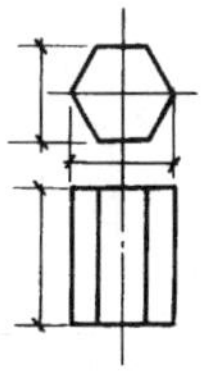 柱类： 1. 反映底面实形的投影为多边形或圆 2. 另两投影为矩形或几个并列的矩形
三棱柱 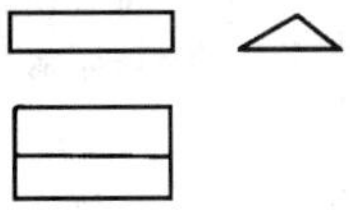 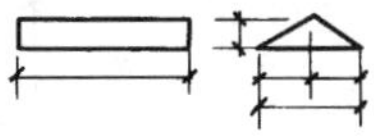			
四棱柱 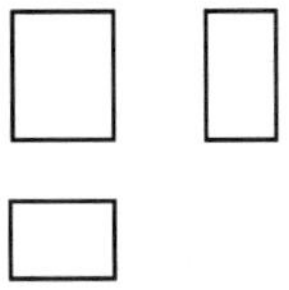 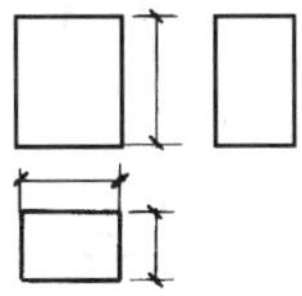			
圆柱	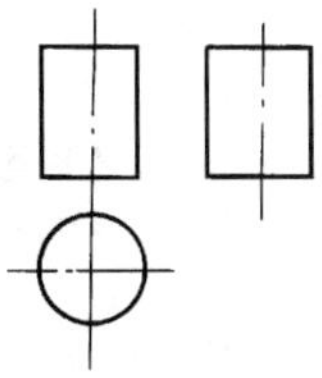	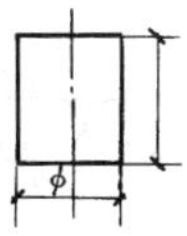	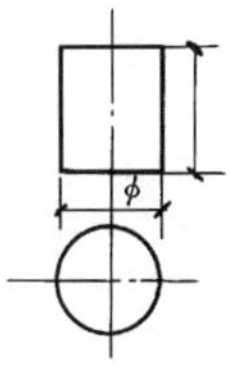

续表

名称	三投影图	需要画的投影图和应注的尺寸		投影特征
正三棱锥				锥类： 1. 反映底面实形的投影为一个划分成若干三角形线框的多边形或圆 2. 其他投影为三角形或几个并列的三角形
正四棱锥				
圆锥				
四棱台				台类： 1. 反映底面实形的投影如为棱台，是多边形和梯形的组合，如为圆台是两个同心圆 2. 其他投影为梯形或并列的梯形
圆台				
球				各投影均为圆

第二节 截断体与相贯体的投影

被平面截割后的形体称为截断体,用来截割形体的平面称为截平面,截平面与形体表面的交线,称为截交线,由截交线所围成的平面图形称为截断面,如图 3-13 所示。两相交的形体称为相贯体,其表面交线称为相贯线,如图 3-14 所示。作截断体和相贯体的投影,除了需要做出其基本形体的投影外,主要是做出截交线和相贯线的投影,由于线是由点组成,所以求截交线,实质上就是求形体表面和截平面的共有点,求相贯线就是求出两形体表面的共有线、共有点。

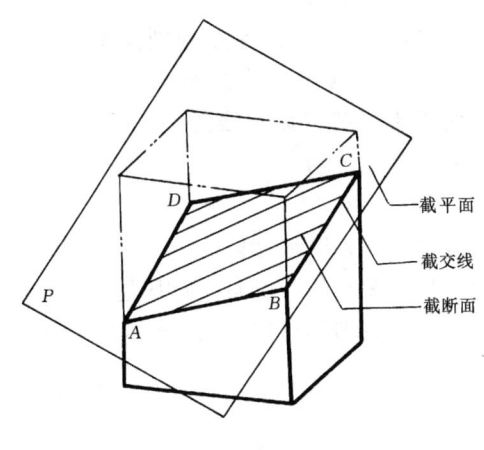

图 3-13 体的截断

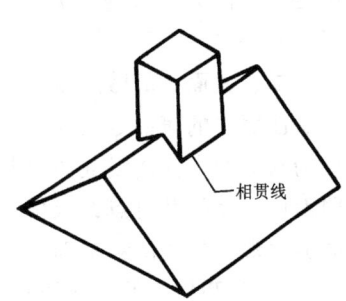

图 3-14 体的相贯

一、平面体的截交线

平面体的表面是由平面图形组成,被平面截切后产生的截交线是一条封闭的平面折线,如图 3-13 所示为体的截断,平面 P 截断四棱柱,其截交线为四边形,四边形的顶点就是侧棱与截平面的交点。

【例 3-11】 如图 3-15 所示,四棱柱被一正垂面 P 所截断,求截交线的投影并完成截断体的投影。

解:(1)从图 3-15 中可以看出,该四棱柱垂直于 H 面,故各棱面和各棱线在 H 面上的投影具有积聚性,而截交线在棱面上,所以截交线的 H 面投影与四棱柱的 H 面投影重合。设各棱线与截平面 P 的交点为 A、B、C、D,其 H 面投影 a、b、c、d 可在四棱柱的 H 面投影中直接求得。

(2)由于截平面为正垂面,因此截交线和截平面的 V 面投影重合为一直线,则交点 A、

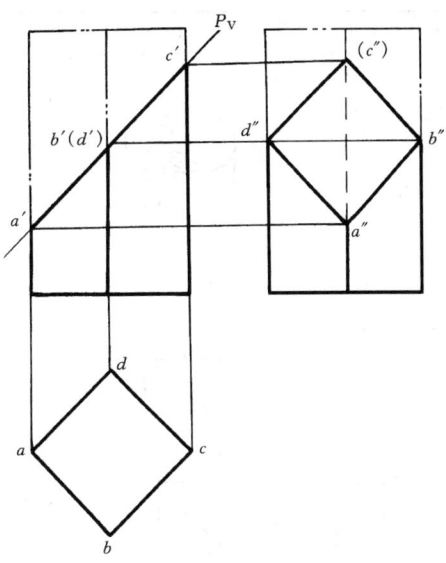

图 3-15 四棱柱的截交线

B、C、D 的 V 面投影 a'、b'、c'、d' 可在截平面的 V 面投影中直接求得。

（3）根据点的三面正投影规律，可求得 a''、b''、c''、d''，然后连接各点即得截交线的 W 面投影。

（4）判别可见性，完成截断体的投影。

【例 3-12】 如图 3-16 所示，三棱锥被一正垂面 P 所截断，求截交线的投影。

解：（1）由于截平面为一正垂面，因此截交线和截平面的 V 面投影重合为一直线，则棱线与截平面的交点 A、B、C 的 V 面投影 a'、b'、c' 可直接求得。

（2）自 a'、b'、c' 各点分别向下、向右引垂线，并与三棱锥各棱线的 H 面，V 面投影相交，得 a、b、c、a''、b''、c''，连接各点的同面投影，即得截交线的 H 面和 W 面投影。

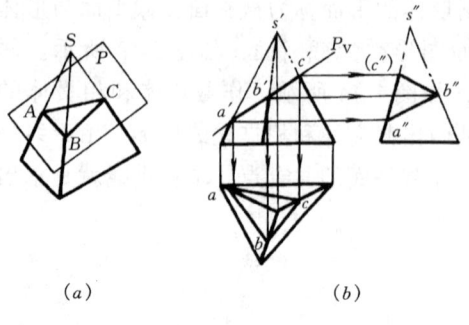

图 3-16 三棱锥的截交线

二、曲面体的截交线

曲面体的表面是由曲面或由曲面与平面共同所围成的，被平面截断后产生的截交线一般为封闭的平面曲线或曲线与直线共同围成的平面图形，截交线上的每一点均是截平面与曲面体表面的共有点，求出一系列共有点，并依次连接起来即得截交线的投影。求共有点的方法常用素线法和辅助圆法。

（一）圆柱体的截交线

根据截平面与圆柱体轴线相对位置的不同，圆柱体的截交线的几种情况，如表 3-2 所示。

圆柱体截交线的几种情况　　　　　　　　　　　表 3-2

截平面位置	与轴线平行	与轴线垂直	与轴线倾斜
截交线形状	矩形（直线）	圆	椭圆
轴测图			
投影图			

【例3-13】 如图3-17所示,正圆柱体被正垂面 P 所截断,求截交线的投影。

解:(1)分析:图3-17所示,截平面 P 倾斜于圆柱的轴线,所以截交线为椭圆,椭圆的 V 面投影与 P_V 重合并积聚为一条斜直线,椭圆的 H 面投影与圆柱面的 H 面投影重合为一个圆,故椭圆的 W 面投影可根据圆柱体表面上取点的方法求解。

(2)作图:

1)求椭圆上的特殊点。椭圆长短轴上 A、B、C、D 四点,也是截交线上最低、最高、最前、最后的四个点。在 H、V 面上分别定出 A、B、C、D 的投影,根据点的投影规律求得 a''、b''、c''、d''。

2)求椭圆上一般点。在 H 面上定出 1、2、3、4,求出对应的 V 面投影 $1'$、$2'$、$3'$、$4'$,根据点的投影规律求得 $1''$、$2''$、$3''$、$4''$。

3)判别可见性,将 W 面上求出的各点依次连接成光滑的曲线,即得截交线的 W 面投影,再完成截断体的投影。

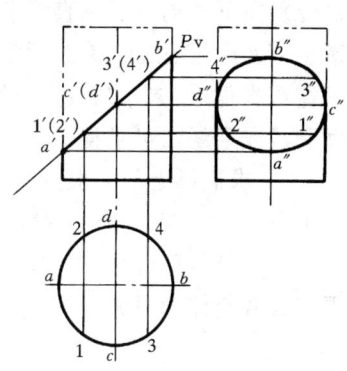

图3-17 圆柱体的截交线

(二)圆锥体的截交线

根据截平面与圆锥轴线相对位置的不同,圆锥体截交线的几种情况,如表3-3所示。

圆锥体截交线的几种情况   表3-3

截平面位置	过锥顶	与轴线垂直	与轴线倾斜并截得所有素线	与一条素线平行	与轴线(或两条素线)平行
截交线形状	三角形(直线)	圆	椭圆	抛物线	双曲线
轴测图					
投影图					

【例3-14】 如图3-18所示,正圆锥体被正垂面 P 所截断,求截交线的投影。

解:(1)分析:如图3-18所示,截平面 P 倾斜圆锥体的轴线截切并截得所有素线,所以截交线为椭圆，椭圆的 V 面投影与 P_V 重合并积聚为一条斜直线，椭圆的 H 面、V 面投影均为椭圆，可根据圆锥体表面上求点的素线法或纬圆法求解。

(2) 作图

1) 求椭圆上的特殊点。A、B 为椭圆长轴端点，也即左右轮廓素线上的点，过 a'、b' 分别向下、向右引垂直线求得 a、b、a''、b''；最前、最后轮廓线上Ⅰ、Ⅱ点的 V 面投影 $1'(2')$ 在轴线的 V 投影上，W 面投影 $1''$、$2''$ 为两轮廓线与椭圆的切点，根据点的投影规律可求得 1、2；C、D 为椭圆短轴端点，其 V 面投影 $c'(d')$ 在 $a'b'$ 的中点处，利用辅助圆法或素线法可求得 c、d、c''、d''。

2) 求椭圆上的一般点。在 V 面上定出一般点 $3'$、$(4')$，同理利用辅助圆法或素线法可求得 3、4、$3''$、$4''$。一般点取得越多，作图越准确。

3) 判别可见性，将求出的各点同面投影依次连接成光滑的曲线，即得截交线的投影。再完成截断体的投影。

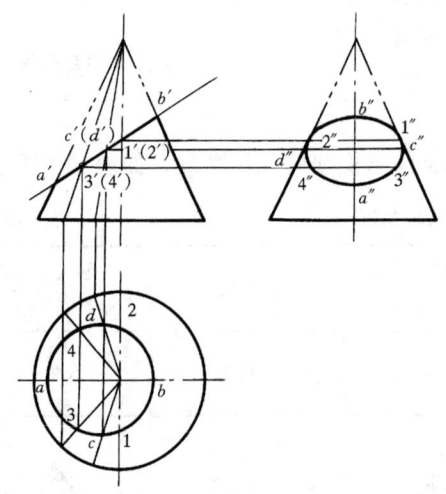

图 3-18　圆锥体的截交线

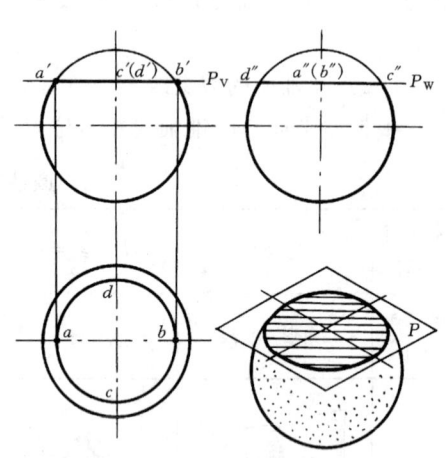

图 3-19　球体的截交线

(三) 球体的截交线

球体被平面截断时，不管截平面的位置如何，其截交线均为圆。但由于截平面对投影面的相对位置不同，截交线圆的投影可能为圆、椭圆或直线段。当截平面平行投影面时，截交线圆在该投影面上的投影反映圆的实形；当截平面垂直投影面时，截交线圆在该投影面上的投影积聚为等于圆直径的一条直线段；当截面倾斜于投影面时，在该投影面上投影为椭圆。

图 3-19 中，球体被水平面 P 截断，所得截交线为水平圆，其 H 面投影反映圆的实形，V 面、W 面投影积聚为一条线段，其长度反映该圆的直径。

三、直线与形体的贯穿点

如图 3-20（a）所示：直线与形体相交，即直线贯穿形体，直线与形体表面的交点，称为贯穿点，它是直线与形体表面的共有点。在一般情况下，直线与形体有两个贯穿点。此外，直线与形体相交时贯穿点外也可能有局部线段被遮挡，应判别其可见性。直线穿入立体内的一段可以不必画出。

【例 3-15】 如图 3-20 所示,直线 AB 与四棱柱相交,求作贯穿点的投影。

解:(1)分析:因四棱柱竖放,其棱面垂直于 H 面,故可直接利用其积聚性求出贯穿点的投影 1 和 2。

(2)作图:①在棱面和直线的 H 面投影上定出贯穿点的 H 面投影。

②由 1 和 2 分别向上作垂线与 $a'b'$ 相交得贯穿点的 V 面投影 $1'$ 和 $2'$。

③判别 $1'$ 和 $2'$ 的可见性时,可根据其 H 面投影来确定,很明显,$1'$ 为可见,$2'$ 为不可见,在 V 面投影中将直线的不可见部分画成虚线,穿入立体内的一般不画,其余画成实线。

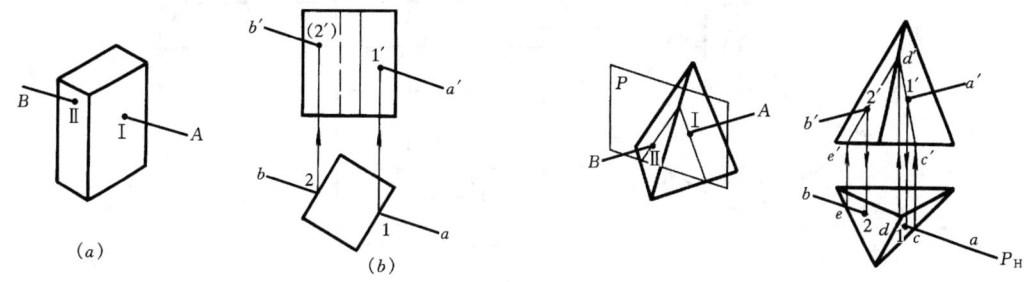

图 3-20 直线与四棱柱相交图　　　　图 3-21 直线与三棱锥相交

【例 3-16】 如图 3-21 所示,直线与三棱锥相交,求作贯穿点的投影。

解:(1)分析:由于三棱锥三棱面均为一般面,故只能用辅助平面法求解,辅助平面截断体时,可看成截平面,用截交线求解。

(2)作图:1)设通过空间直线 AB 作一铅垂面 P,则直线的 H 面投影与 P_H 重合,且平面 P 截割三棱锥所产生的截交线的 H 面投影与 P_H 重合,转折点的 H 面投影为 c、d、e。

2)自 c、d、e 三点分别向上作垂线,与三棱锥的三棱线相交,得 c'、d'、e',连投影 $c'd'e'$ 与 $a'b'$ 相交于 $1'$ 及 $2'$,即为贯穿点 Ⅰ、Ⅱ 的 V 面投影。

3)自 $1'$、$2'$ 向下作垂线与 ab 相交得 1、2 两点,即为贯穿点的 H 面投影。

4)判别可见性,由于所在的棱面在投影中均可见,故贯穿点以外的直线也可见,都用实线画出。

直线与曲面体相交,其贯穿点投影的画法,可用素线法或纬圆法求解,直线与圆柱相交如图 3-22、直线与圆锥相交如图 3-23 所示。

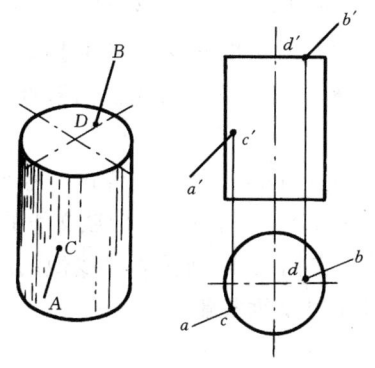 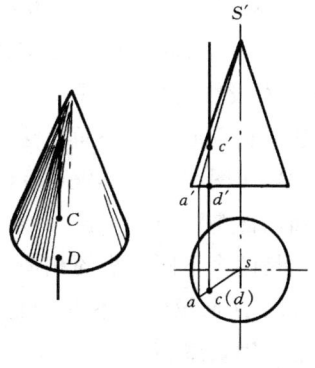

图 3-22 直线与圆柱相交　　　　图 3-23 直线与圆锥相交

四、平面体与平面体相贯

两平面体相贯，它们的相贯线可能是封闭的平面折线，也可能是空间折线。折线上的各转折点为一个平面体棱线对另一平面体的贯穿点，求出这些贯穿点的投影并依次连接起来，即可得两平面体相贯线的投影。

【例 3-17】 如图 3-24 所示，求烟囱与屋面的相贯线。

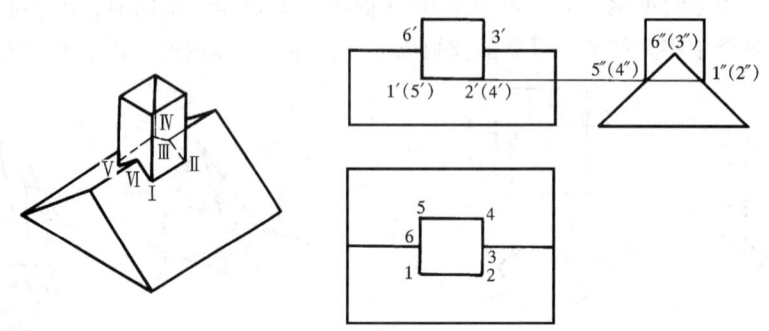

图 3-24 烟囱与屋面相贯（投影画法一）

解：（1）分析：图中两平面体分别为垂直于 H 面的四棱柱（烟囱）与垂直于 W 面的三棱柱（屋顶）相贯，故相贯线的 H 面投影与烟囱的 H 面投影重合，相贯线的 W 面投影与屋顶的 W 面投影重合，故只需求相贯线的 V 面投影。

(2) 作图：

1) 利用屋顶在 W 面上的投影的积聚性，可直接找出烟囱的四根棱线对屋顶以及屋面交线对烟囱各贯穿点的 W 面投影 $1''$、$2''$、$4''$、$5''$ 和 $3''$、$6''$，其中 $2''$、$3''$、$4''$ 为不可见。

2) 自 $1''$（$2''$）和 $5''$（$4''$）作水平线，分别与烟囱相应各棱线的 V 面投影相交，得 $1'$、$2'$、$4'$、$5'$ 各点。连 $1'$、$2'$、$4'$、$5'$ 与 $1'$、$2'$ 重合，为不可见，求出 $6'$、$3'$。

3) 相贯线的 H 面投影与烟囱的 H 面投影相重合。

另外，图中相贯线也可利用四棱柱在 H 面上投影和积聚性及表面取点的方法求得，如图 3-25 所示。

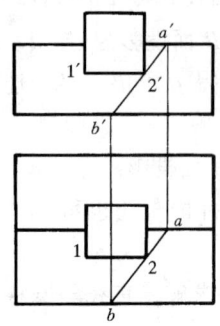

图 3-25 烟囱与屋面相贯（投影画法二）

【例 3-18】 如图 3-26 所示，求作四棱柱与三棱锥的相贯线。

解：（1）分析：图中四棱柱的 W 面投影具有积聚性，因此相贯线的 W 面投影与四棱柱的 W 面投影重合，故只需求相贯线的 H 面和 V 面投影，求作方法可用表面取点法、辅助线法或辅助面（截平面）法。

(2) 作图：如图 3-26 所示，用截平面法，沿四棱柱上下两个棱面，各作一水平辅助面，辅助面与三棱锥的截交线的 V 面和 H 面投影均为一直线，与三棱锥的截交线的 H 面投影，是两个不同大小的相似三角形，可按投影关系自它们的 W 面投影引线做出。再自相贯线的 H 面投影上各点向上作垂线，即可求出相贯线的 V 面投影。

五、同坡屋面

在房屋建筑中，坡屋顶是常见的一种屋面形式。在通常情况下，屋顶檐口的高度在

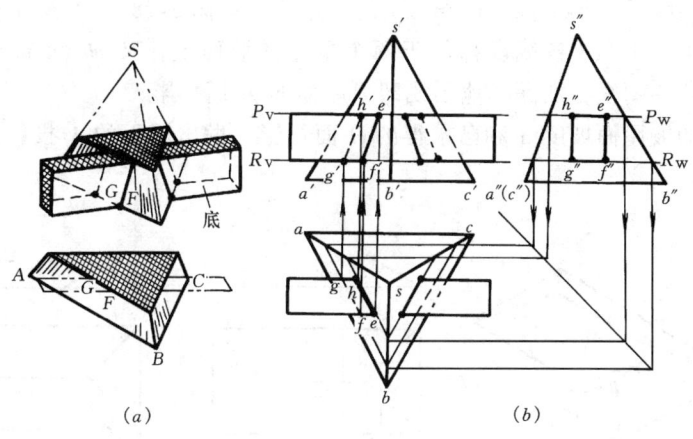

图 3-26 四棱柱与三棱锥相贯

同一水平面上,各个坡面的水平倾角又相同,故又称为同坡屋面,如图 3-27（a）所示。

同坡屋面的基本形式有两坡和四坡。其投影特性如下：如图 3-27（b）所示：

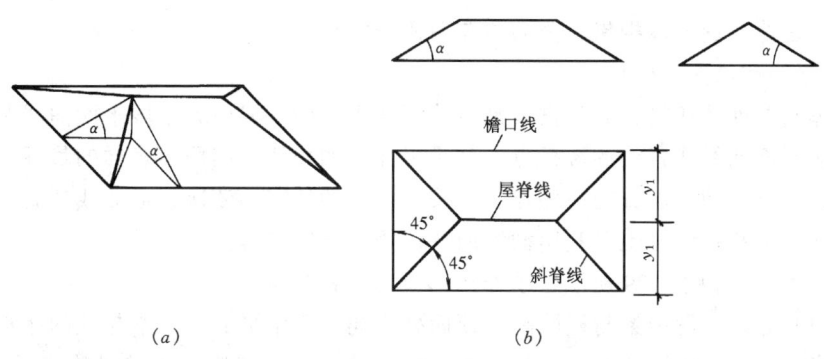

图 3-27 同坡屋面

1. 檐口线平行的两个坡面相交,其交线是一条水平的平行于檐口线的屋脊线,它的 H 面投影必定平行于檐口线的 H 面投影,且与两个檐口线距离相等；

2. 檐口线相交的相邻两个坡面,其交线是一条斜脊或斜沟,它的 H 面投影必定为两檐口线夹角的分角线。由于建筑物的墙角绝大多数是 90°直角,故此斜脊或斜沟线的 H 面投影为 45°斜线；

3. 如果两斜脊、两斜沟或一斜脊和一斜沟相交,在交点处必有另一条屋脊线相交,该交点为三个相邻屋面的共有点。

【例 3-20】 如图 3-28 所示,已知四坡顶房屋的平面形式和各坡面的倾角 α,求作屋顶的 H 面和 V 面投影。

解：（1）分析：图中房屋平面形状是一个 L 形,它是由两个四坡屋面垂直相交的屋顶。

（2）作图如下：

1) 将房屋平面划分为两个矩形 $abcd$ 和 $defg$,根据同坡屋面的特性,做出屋脊线和各矩形顶角的分角线及 L 形平面的凹角 bhf 的分角线，如图 3-28（b）所示；

2）图中 $e1$、13、$c3$ 各线段都位于两个重叠的坡面上，又 eh 和 hc 这两条线是假设的，故应擦去这些图线，加深其他图线即得屋面的 H 面投影；

根据给定的坡屋面坡度 α 和已求得的 H 面投影，做出屋面的 V 投影，如图 3-28（c）所示。

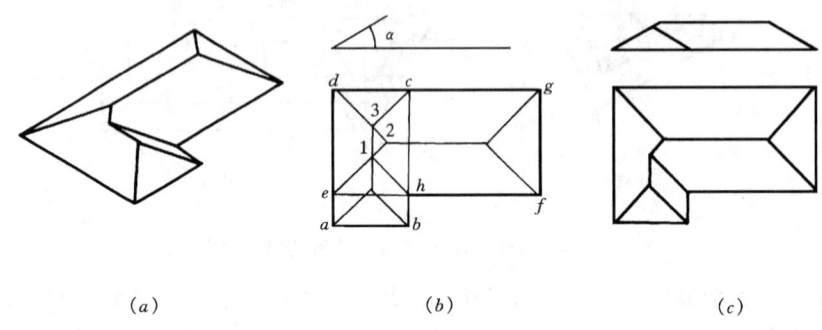

图 3-28 四坡屋面及投影图

六、平面体与曲面体相贯、曲面体与曲面体相贯

（一）平面体与曲面体相贯

平面体与曲面体相贯，其相贯线是由若干段平面曲线或由若干段平面曲线和直线所组成。每一段平面曲线或直线的转折点，就是平面体的棱线对曲面体表面的贯穿点，求出这些贯穿点，再求出曲线部分的一些点，并按相贯线的情况，依次连成曲线或直线，即为平面体与曲面体的相贯线，也可利用截平面法，用截交线求解。

【例 3-21】 如图 3-29 所示，求作矩形梁与圆柱相贯线。

解：(1) 分析：图中梁与柱同高，顶面处于同一个水平面上。梁与柱的相贯线是由曲线 BC 和直线 AB、CD 所组成。又由于梁、柱都处于特殊位置，相贯线的 H 面和 W 面投影可直接找出。需要求作的主要是它的 V 面投影。

(2) 作图：①自 $a(b)$ 向上作垂线，与矩形梁对应棱线的 V 面投影交得 a'、b'，线段 $a'b'$ 即为相贯线上的直线段 AB 的 V 面投影。直线 CD 的 V 面投影 $c'd'$ 与 $a'b'$ 重合。

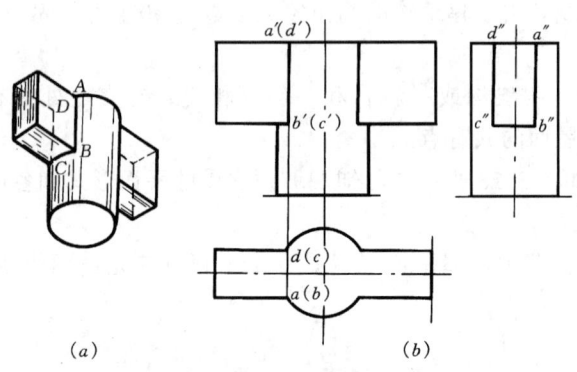

图 3-29 矩形梁与圆柱相贯

②曲线 BC 的 V 面、W 面投影都是一段水平的直线，虽然 BC 的 V 面投影 b′ 与 c′ 重合为一点，但结合它的 H 面和 W 面投影来看，在它们的 V 面投影中梁底线与柱子轮廓线的交点至 b′ 间的那段线段，就是曲线 BC 的 V 面投影。

（二）曲面体与曲面体相贯

两曲面体的相贯线，一般是封闭的空间曲线。建筑工程中遇到较多的曲面体相贯是两个正交或斜交的圆柱体。

如图 3-30（a）所示，两轴线垂直相交的圆柱体，当二直径不相等时，相贯线是空间曲线；如图 3-30（b）所示，当两圆柱直径相等时，相贯线是两条平面曲线（椭圆），它们的 V 面投影为两条垂直的直线。

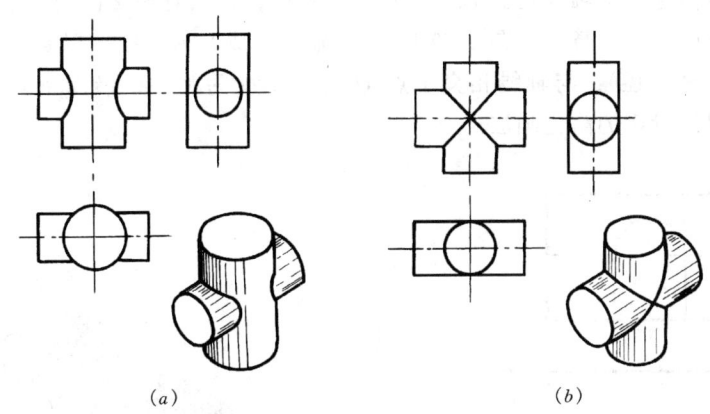

图 3-30 两正圆柱垂直相贯

求曲面体的相贯线时，可用表面取点法、辅助平面法或辅助球面法求作。

1. 表面取点法

【例 3-22】 如图 3-31 所示，求作圆拱屋顶的相贯线。

解：（1）分析：图中是由两个直径不同而轴线垂直相交的圆拱屋顶，它们的轴线处于同一水平面上。由于二圆拱都处于特殊位置，相贯线的 V 面投影与小圆拱的 V 面投影重

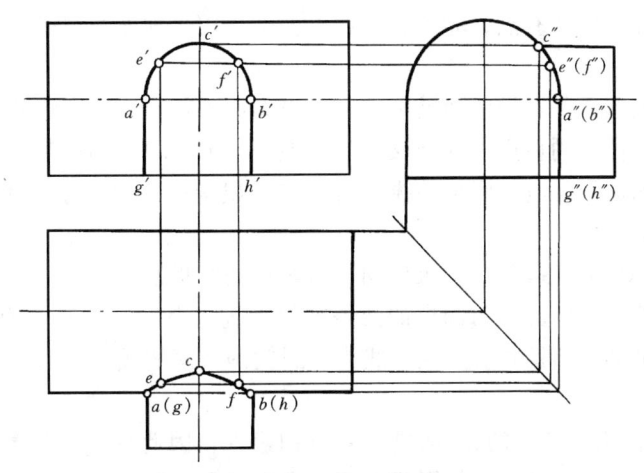

图 3-31 两圆拱屋顶相贯

合，相贯线的 W 面投影与大圆拱的 W 面投影重合，故只需求作相贯线的 H 面投影。

（2）作图：

1）求特殊点。由于两圆拱轴线处在同一水平面上，相贯线上曲线部分的两个最低点 A、B，也是相贯线上曲线与直线的连接点，其 H 面投影可直接求得；曲线部分的最高点 C 的 H 面投影 c，可根据已知的 c' 和 c'' 按投影关系求出。

2）求一般点。在相贯线曲线部分的 W 面投影任取 e''（f''），作高平齐投影方向线可得相贯线上一般点 E、F 的 V 面投影 e'、f'，据此求得 e、f。

3）连点并判别可见性。依次光滑地连接 a、e、c、f、b 各点，即为相贯线的 H 面投影。

为简化作图起见，轴线正交的两不同直径圆柱，在没有积聚性的那个投影上，相贯线可用近似的圆弧画法代替。如图 3-32 所示，先以 a 或 b 为圆心，以 $R = D/2$ 为半径作圆弧（D 为大圆柱直径），与轴线相交于点 O。再以 O 为圆心，仍以 $R = D/2$ 为半径作圆弧，即为相贯线投影的简化画法。

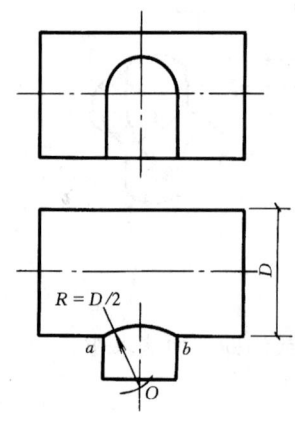

图 3-32 圆柱相贯线的简化画法

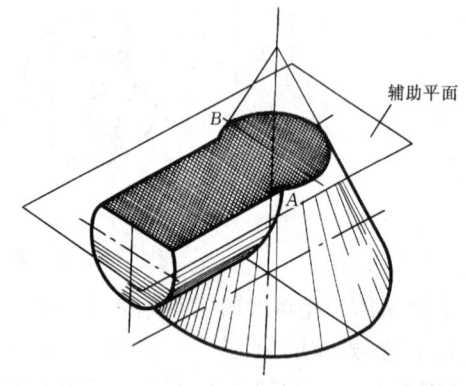

图 3-33 辅助平面的选择

2．辅助平面法

作一辅助平面截断相贯的两曲面体，可同时得到两条截交线，这两条截交线的交点，就是两曲面体表面上的共有点，亦即相贯线上的点。用这种方法求得若干点，即可连接成相贯线。

为使作图简便起见，所设的辅助平面常是投影面平行面，且应注意选择恰当的截割位置，使其与两曲面体截割后产生的截交线简单易画。例如图 3-33 圆锥与水平方向的直圆柱相贯，选择的辅助平面应与圆锥轴线垂直，这样截割后在两个曲面体上所得的截交线，分别为矩形和圆。

【例 3-23】 如图 3-34 所示，求作圆柱与圆锥的相贯线。

解：（1）分析：图中圆柱与圆锥的两条轴线垂直相交且平行于 V 面，圆柱穿过圆锥，因此圆柱的素线全都与圆锥相交，相贯线为一封闭的空间曲线。

（2）作图：

1）求特殊点。由于圆柱的 W 面投影具有积聚性，因此相贯线与圆柱的 W 面投影重合，圆柱最上和最下的两条素线与圆锥表面的贯穿点 Ⅰ、Ⅲ 的 V 面投影 1'、3' 均可直接找出，Ⅰ、Ⅲ的 H 面投影 1、3 可按投影关系求得。

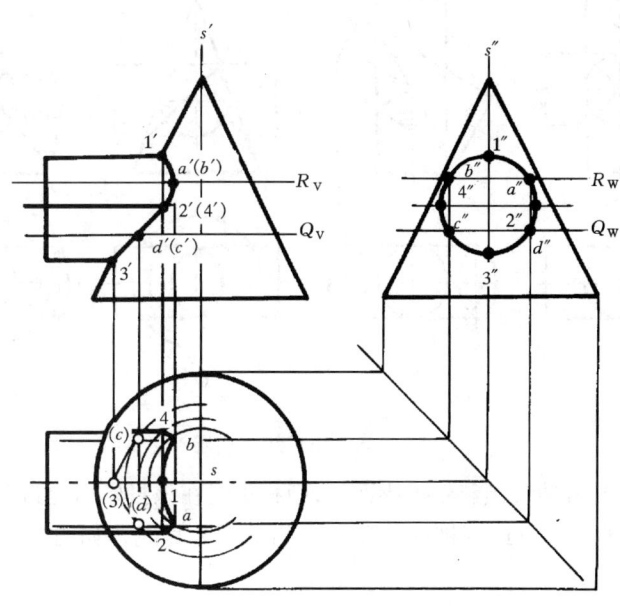

图 3-34　用辅助平面法作圆柱与圆锥的相贯线

2）求一般点。用一水平面 R 截割圆柱和圆锥，截交线的交点 A 和 B 即为相贯线上的两个点，因圆柱的 W 面投影具有积聚性，a'' 和 b'' 可直接找出。在 H 面投影中，首先按投影关系做出辅助面 R 与圆柱的截交线，为一矩形，再按投影关系做出辅助面 R 与圆锥的截交线，为一圆弧，圆弧与矩形的两个交点，即为 A、B 的 H 面投影 a、b，向上作垂线，得 a'、b'，其中 b' 为不可见点。

同样作辅助平面 Q，可求得相贯线上的另外两个点 C 及 D 的投影。

如果所作的辅助平面是通过圆柱的轴线，则圆柱的轮廓线在 H 面上的投影即是截交线，再做出圆锥在该辅助平面处的水平纬圆，就求得共有点Ⅱ、Ⅳ的投影 2、4 和 $2'$、$(4')$ 以及 $2''$、$4''$。

3）连点并判别可见性，依次光滑地连接以上各点，即得相贯线的 H、V 面投影。

3. 相贯线的特殊情况

在一般情况下，两回转体的相贯线是空间曲线，但在特殊情况下也可以是平面曲线或直线。

（1）两回转体公切于球

如图 3-35 所示，两个回转体公切于球时，它们的相贯线是两个相交的椭圆。两轴线垂直相交（正交）时，两相交椭圆大小相等；两轴线倾斜相交（斜交）时，两相交椭圆大小不等。当两轴线平行于投影面时，则两相交椭圆在该投影面上的投影为两条相交的直线，其他投影为圆或椭圆。

（2）两回转体共轴线相交

相贯线为圆，如图 3-36 所示，两回转体共轴线相交时，其相贯线是垂直于该轴线的圆。当轴线垂直于投影面时，相贯线在该投影面上的投影为圆；当轴线平行于投影面时，相贯线在该

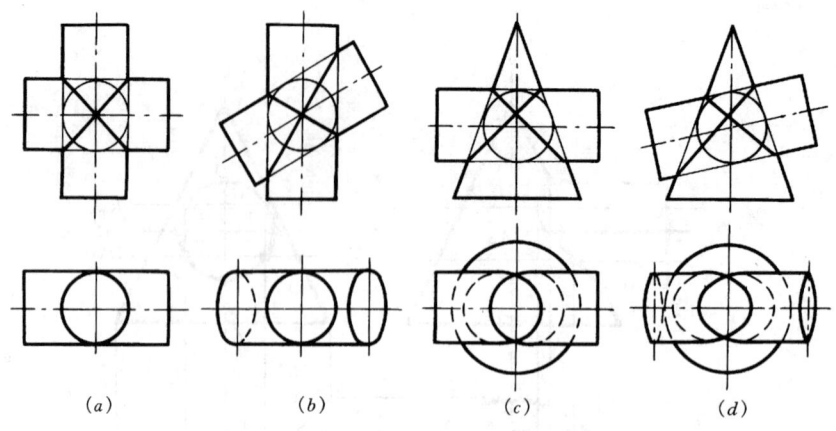

图 3-35 相贯线为椭圆

投影面上投影为直线;若轴线倾斜于投影面时,则相贯线在该投影面上为椭圆。

(3) 当两圆柱轴线平行或两锥面共顶时,相贯线为直线,如图 3-37 所示。

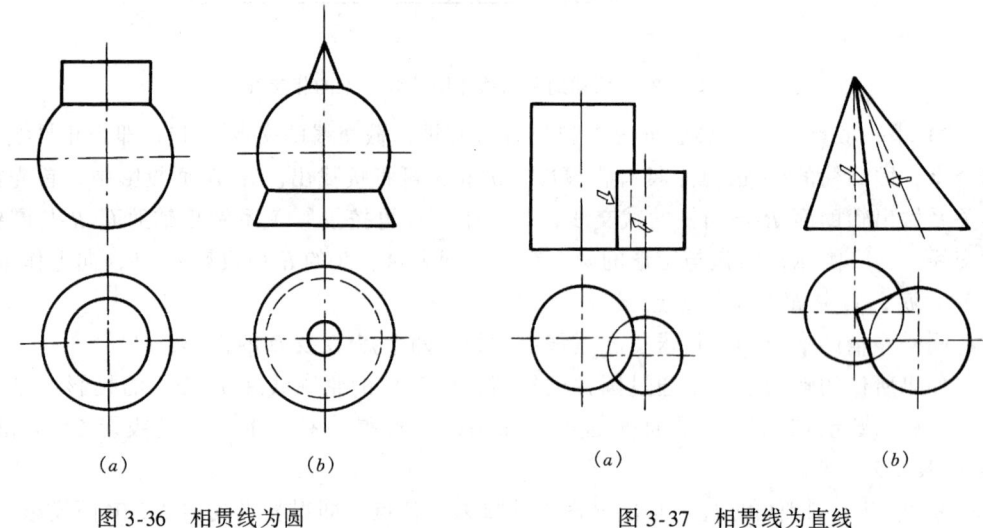

图 3-36 相贯线为圆　　　　　　　　图 3-37 相贯线为直线

第三节　组合体的投影

一、组合体的组合方式

由简单形体组合而成的立体称为组合体。组合体的组合方式如图 3-38,可归纳如下三种:

(一)叠加型:把组合体看成由若干个基本形体叠加而成,如图 3-38(a)所示。

(二)切割型:把组合体看做由一个基本形体切去了某些部分而成,如图 3-38(b)所示。

(三)混合型:把组合体看成是由上述叠加型和切割型混合而成,如图 3-38(c)所示。

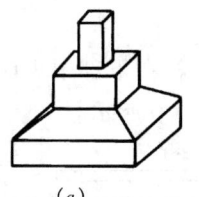 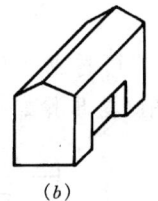 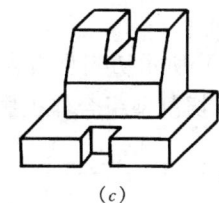

(a)   (b)   (c)

图 3-38　组合体的组合方式

上述三种组合方式的划分，其目的是便于形体分析和投影作图，作图时各基本形体互相叠合产生的交线是否存在，要看各基本形体表面间的相互关系。

二、组合体投影图的画法

（一）形体分析

画组合体的投影图，就是画出构成它的若干基本形体的投影图。故应先进行形体分析，分析其组合方式，从而掌握作图技巧。

（二）确定安放位置

组合体在三面投影体系中的安放位置应考虑以下几点：

1. 使形体放置平稳，并符合人们的视觉习惯。
2. 使形体的主要面或者说形体形状复杂而又反映形体形状特征的面平行于 V 面；
3. 使作出的投影图中虚线少，图形轮廓清楚。

（三）确定投影图数量

在保证能完整清晰地表达出形体各部分形状和位置的前提下，投影图数量应尽量少，这是基本原则。

（四）作图步骤

1. 布图、确定基准线

根据图中所注尺寸及选定比例或图幅在图纸的有效幅面范围内用轻、淡、细的线条做出投影图中长、宽、高三个方向的基准线。

2. 作图

作图时，根据形体的组合方式，用 H 或 2H 的绘图铅笔逐个画出各基本形体的三面投影底稿。检查无误后，明确各基本形体表面间的相互关系，然后按各类线型要求用 B 或 2B 绘图铅笔或绘图墨水笔加深图线。

作图要求投影关系正确，尺寸标注齐全，布图均匀适中，图面规整清洁，字体、线型、格式符合国家现行制图标准。

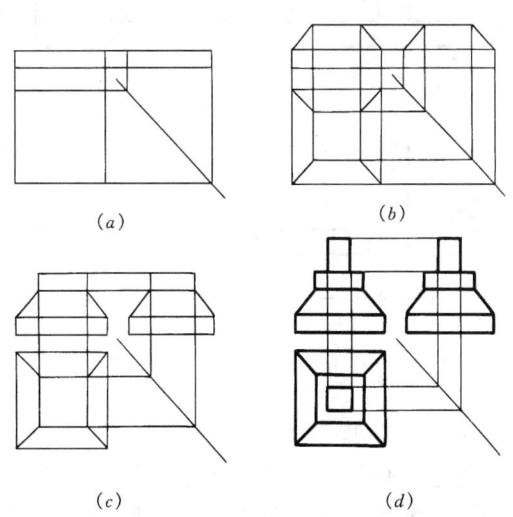

图 3-39　叠加型组合体投影图画法
(a) 作底板四棱柱的投影；(b) 作四棱台的投影；
(c) 作中间四棱柱的投影；(d) 作上部四棱柱的投影

如图 3-38（a）所示叠加型组合体，可分解为棱柱体和棱台体，其画法步骤如图 3-39 所示。

如图 3-38（b）所示切割型组合体，可看成是五棱柱在下部中央前后两侧对称地各切去一个四棱柱体，切割型组合体投影图画法步骤如图 3-40 所示。

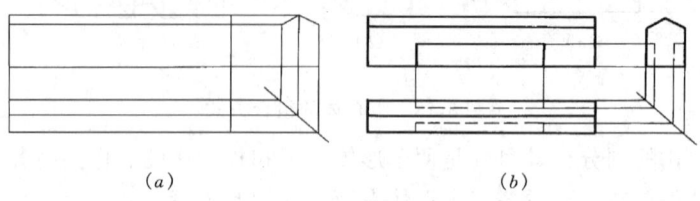

图 3-40　切割型组合体投影图画法

三、组合体投影图的尺寸标注

组合体投影图只能表达形体的形状和各部分的相互关系，需要标注足够的尺寸才能表达形体的实际大小和各组成部分的相对位置。

（一）尺寸种类

组合体投影图的尺寸标注如图 3-41。以形体分析法为基础来标注组合体的尺寸，其尺寸可分为三类：

1. 定形尺寸：确定各基本形体的形状和大小的尺寸；
2. 定位尺寸：确定各组成部分相对于基准的尺寸；
3. 总体尺寸：组合体的总长、总宽、总高尺寸。

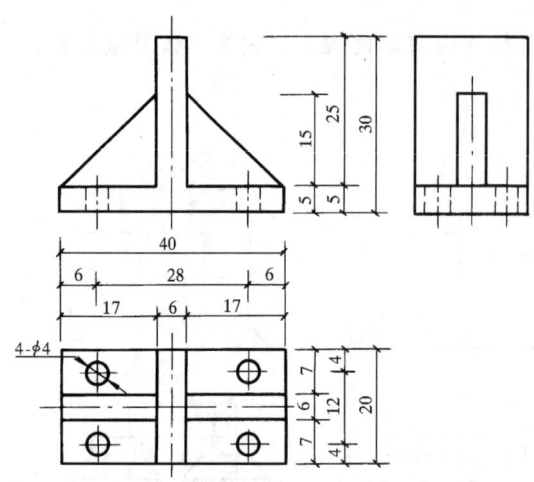

图 3-41　组合体投影图的尺寸标注

（二）尺寸基准

标注组合体的定位尺寸必须确定尺寸基准，并且需有长、宽、高三个方向的尺寸基准，才能确定各组成部分的左右、前后、上下关系，组合体通常以其底面、端面、对称平面、回转体的轴线和圆的中心线作尺寸基准。

（三）标注尺寸的顺序

以图 3-41 为例说明如下：

1. 标注出定形尺寸，如底板四棱柱长 40、宽 20、高 5，侧板四棱柱宽 20、厚 6、高 25，三棱柱肋板底边长 17、高 15、厚 6，底板上四个小圆孔 4-φ4。

2. 标注定位尺寸，如底板上小圆孔距基准面为 4、6，而图中底板高 5 为侧板四棱柱和三棱柱肋板的竖向定位尺寸，其他方向的端面或轴线位于基准线上，则该方向定位尺寸为零，省略不注。

3. 标注总体尺寸如总长 40、总宽 20、总高 30，总长、总宽已经标注了，不再重复注写。

（四）注意事项

1．尺寸标注要求完整、清晰、易读；

2．各基本形体的定形、定位尺寸，宜注在反映该形体形状特征的投影上，且尽量集中排列；

3．尺寸一般注在图形之外和两投影之间，便于读图；

4．以形体分析为基础，逐个标注各组成部分的定形、定位尺寸，不能遗漏。

四、组合体投影图的识读

读图和画图是相反的思维过程。读图就是根据已经作出的投影图，运用投影原理和方法，想象出空间物体的形状。

读图时，不但要熟悉各种位置直线、平面（或曲面）和基本形体的投影特征，掌握投影规律，而且还要有正确的读图方法，并将各个投影联系起来对照进行分析。如图3-42所示为一形体的三面投影图，不看 V 面投影就不能确定形体Ⅱ的形状，它可能是一个四棱柱体、1/4圆柱体、三棱柱体等，不看 H 面和 W 面投影，就不知道形体Ⅰ和形体Ⅲ均带有两个圆角。另外，读图时还要从形体的前后、上下、左右各个方位进行分析，并注意形体长、宽、高三个向度的投影关系。这样才能正确地判断出形体各部分的形状和位置。

识读投影图的基本方法，一般有形体分析法和线面分析法，二者是互相联系紧密配合的，读图时，一般先进行形体分析，了解组合体的大致形状，对有疑点的线和线框再用线面分析法分析。或者根据形体的形状特征，画出形体的轴测草图，进行比较识读。

（一）形体分析法

形体分析法是以基本形体的投影特点为基础，分析组合体的组合方式和各组成部分的相对位置以及表面连接关系，然后综合起来想象出组合体的空间形状。

如图3-43（a）所示为一组合体的三面投影图，该组合体可以分解为两个基本形体，识读时从反映形体形状特征的 W 面投影着手，把三面投影联系起来，可以看出，基本形体Ⅰ、Ⅱ都是三棱柱体，两基本形体构成一个叠加型的组合体，然后根据它们的相对位置（小三棱柱体在大三棱柱体的前方、上面中央），想象出该组合体的空间形状，如图3-43（b）所示。

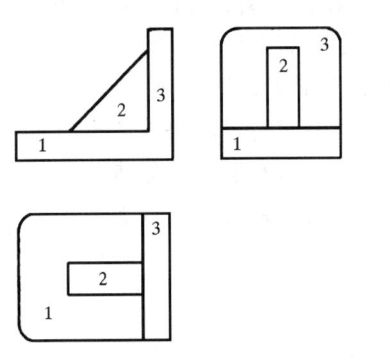

图3-42 投影图的识读

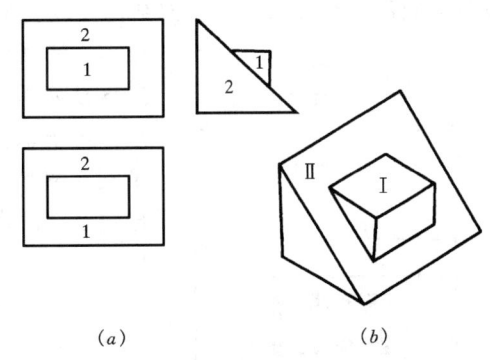

图3-43 用形体分析法读图

（二）线面分析法

识读比较复杂的形体投影图时，通常在应用形体分析法的基础上，对于一些疑点，还要结合线、面分析法进行分析。线面分析法是以线、面的投影特点为基础,对投影图中的线和线框进行分析,弄清它们的空间形状和位置,然后综合起来想象出形体的空间形状。

投影图中线和闭合线框的含义:投影图中的一条线,可能代表形体上两表面交线的投影,也可能代表形体上某一表面的积聚投影,或者代表回转面轮廓素线的投影;投影图中一个闭合线框,可能代表形体的一个面(平面、曲面或两个相切的面)或者一个孔洞的投影。

如图 3-44(a)所示为一组合体的三面投影图,该组合体可以分解为两个基本形体。识读时从反映形体形状特征的 W 面投影着手,把三面投影联系起来,可以看出,基本形体Ⅰ是一个四棱柱体,基本形体Ⅱ是一个五棱柱体;但是这两个基本形体的 W 面投影图各有一条虚线,它们在另外两个投影图中对应位置的投影均为闭合线框,且具有类似性,故该虚线均代表一个侧垂面。根据这些分析综合起来想象出形体的空间形状,如图 3-44(b)所示。

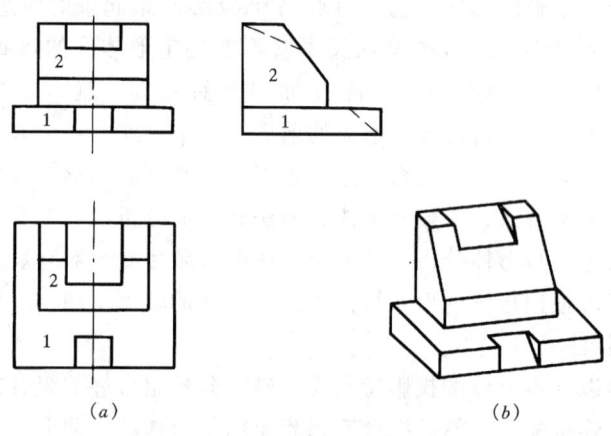

图 3-44 用形体分析法结合线面分析法读图

第四节 体 的 剖 切

根据形体的三面正投影原理,可以把形体的外部形状和大小表达清楚,物体内部不可见部分则用虚线表示,对内部结构比较复杂的建筑形体,在投影图上将出现很多虚线而造成虚、实线纵横交错,致使图面不清晰,难于阅读。如图 3-45 所示为双杯形基础正投影图,其 V 面投影出现了虚线,难于识读。在工程制图中,为了解决这个问题,引入了剖面图和断面图。假想在形体的适当位置进行剖切,让比较复杂的内部构造由不可见变为可见,从而使图中虚线变为实线。

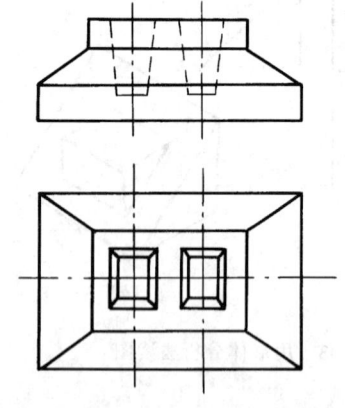

图 3-45 双杯形基础投影图

一、剖面图

(一)剖面图的形成

假想用一个剖切平面,沿着形体的适当部位将形体剖切开来,移去观察者与剖切平面之间的那一部分,做出剩下部分的投影图,称为剖面图,如图 3-46 所示为剖面图的形成。但应注意：剖切是假想的，只有画剖面图时，才假想切开形体并移走一部分，画其他投影时，要将未剖的完整形体画出，如图3-47中的 H 面投影。

（二）剖面图的画法要求及标注

1. 剖面图中需用剖切符号表示剖面图的剖切位置和投影方向

作剖面图时，一般使剖切平面平行基本投影面且通过形体上的孔、洞、槽的对称轴线，这样使截断面的投影反映实形，在另外两个投影中就积聚成一条线，我们就用这条线表示剖切位置，称为剖切位置线，简称剖切线。《房屋建筑制图统一标准》规定的剖切位置线，是用不穿越图形的两段短粗线表示剖切位置，长度为 6~10mm；在端部用与剖切线垂直的短粗线表示投影方向，长度为 4~6mm，见图3-47所示。

2. 剖面图的编号

一般采用阿拉伯数字，按顺序由左至右、由下至上连续编排，并应注写在剖切投影方向线的端部。剖面图画好后应在下面进行标注，如 1-1、2-2 等，图3-47所示。

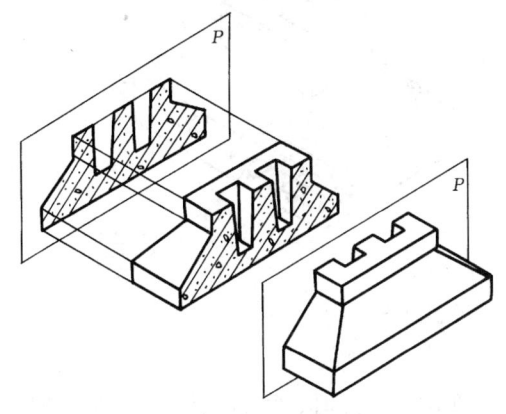

图 3-46 剖面图的形成

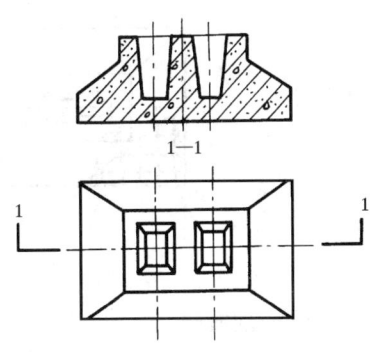

图 3-47 剖面图的画法

3. 线型及材料图例

凡被剖切到的轮廓线用粗实线画出，沿投影方向看到的部分，其轮廓一般用中实线画出，看不见的部分不画，剖面图中一般不画虚线。同时为使剖到部分和未剖到部分区别开来，图样清晰，应在截面轮廓线范围内画上该物体的材料图例，未指明材料时，画上间距相等的45°细实线称为剖面线。

（三）剖面图的分类

按剖切方式不同分为：

1. 全剖面图

假想用剖切平面将形体全部剖开后所作的剖面图称全剖面，如图3-46、47所示。全剖面图在建筑工程图中普遍采用，如房屋的各层平面图及剖面图均是假想用一剖切平面在房屋的适当部位进行剖切后作出的投影图。

2. 半剖面图

当形体外形比较复杂且内部形状为左右或

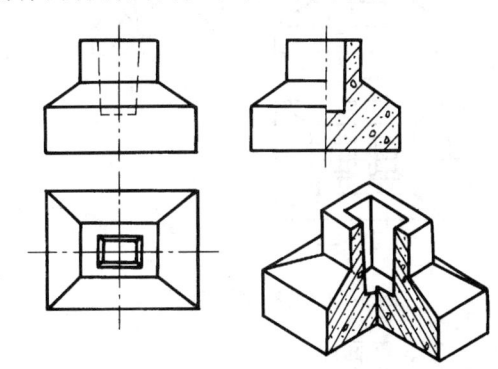

图 3-48 半剖面图

前后对称的,可假想把形体剖切去四分之一,作出剩下部分的投影图。即一半(一般在左方或后方)保留外形投影图,另一半(一般在右方或前方)画成表示内部形状的剖面图,中间用细点画线分开,如图3-48所示,这样在一个图上能同时表达出形体的外形和内部构造,半剖面图中剖切符号的标注规则同全剖面图,由于物体的内部形状已经在半剖面图中表达清楚,故在另一半投影图上可省略虚线。

3. 局部剖面图

形体假想被局部地剖开后得到的剖面图,称为局部剖面图,如图3-49所示。当形体只需要显示其局部构造,并需要保留原形体投影图大部分外部形状时,可采用局部剖面图,局部剖面图与投影图之间用徒手画的波浪线分开。

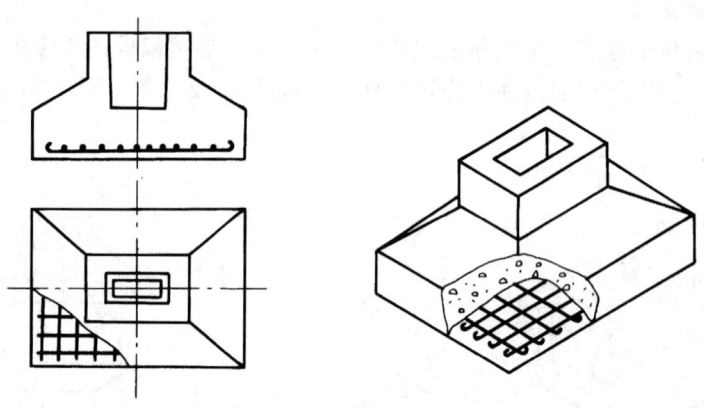

图3-49 局部剖面图

4. 阶梯剖面图

当一个剖切平面不能将形体沿需要表达的部位剖切开时,可将剖切平面转折成阶梯形状,沿需要表达的部位将形体剖开,所作的剖面图称为阶梯剖面图,如图3-50所示。但需注意这种转折一般以一次为限,其转折后由于剖切而使形体产生的轮廓线在剖面图中不应画出。

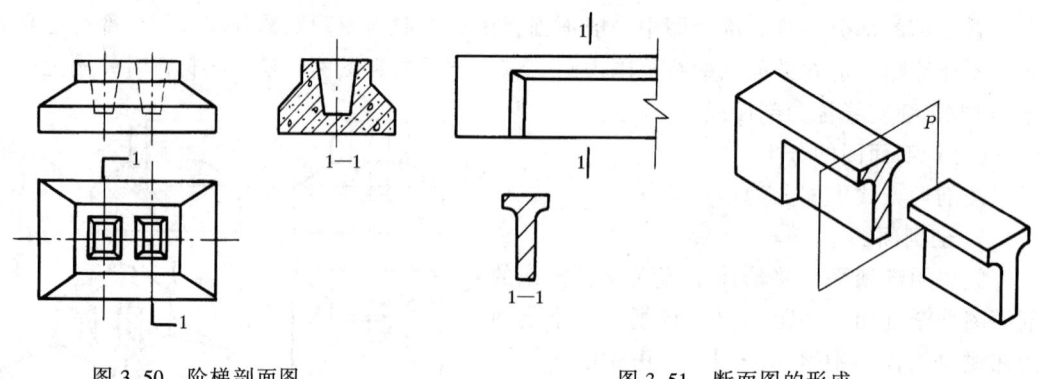

图3-50 阶梯剖面图　　　　　　　图3-51 断面图的形成

二、断面图

(一)断面图的形成

对于某些单一的杆件或需要表示某一局部的截面形状时,可以只画出形体与剖切平面相交的那部分图样,即断面图,如图 3-51 所示。断面图与剖面图的不同之处在于:断面图仅画出截断面的投影,而剖面图除画出截断面的投影,还需画出沿投影方向看得到的其他部分的轮廓线的投影,因此剖面图包含断面图,如图 3-52 所示。断面图在建筑工程中,主要用来表达建筑构配件的断面形状。

(二)断面图的画法要求及标注

用长 6~10mm 的两粗短划表示剖切平面的位置,剖切线的端部不画垂直线,用数字标注位置表示投影方向,其余同剖面图,如图 3-51 所示,数字标注在剖切线的左侧,表示剖开后向左投影。

(三)断面图的种类

按断面图的配置不同可分为:

1. 移出断面图

将断面图画在形体的投影图之外,并应与形体的投影图靠近,以便于识读,此时,断面图的比例可较原图大,以便于更清晰地显示其内部构造和标注尺寸,图 3-52(b)所示,为移出断面图且放大比例画出。

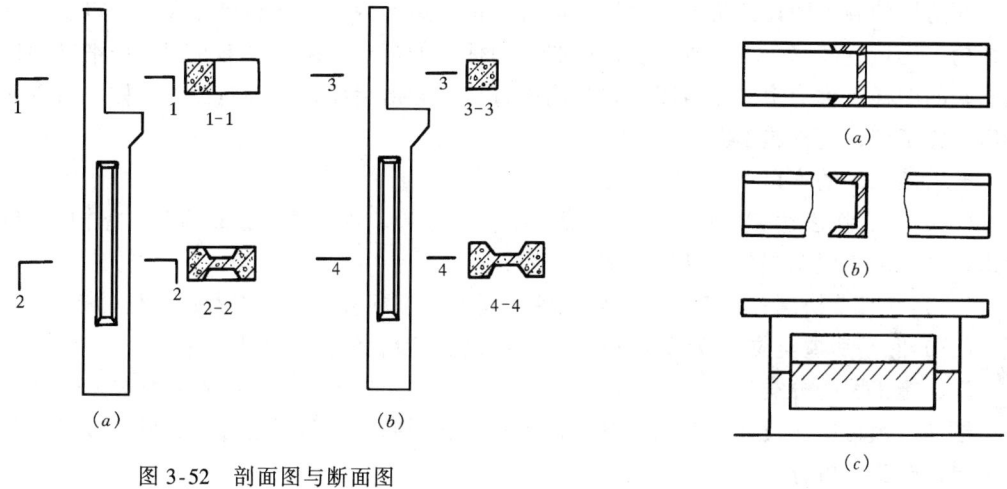

图 3-52 剖面图与断面图
(a)剖面图;(b)断面图

图 3-53 重合断面和中断断面

2. 重合断面图

将断面图重叠在投影图之内,如图 3-53 所示。重合断面图的比例应与原投影图一致,断面轮廓线可以是闭合的,如图 3-53(a)所示,一般用细实线画出(当原投影轮廓线为粗线时),否则应改成其他线与原投影线粗细区分开来,且原投影图的轮廓线需要完整地画出;在房屋建筑图中,为表达建筑立面装饰线脚时,断面轮廓线也可以是不闭合的,其重合断面的轮廓用粗实线或其他粗细线画出(与原图轮廓线粗细区分开来),且在断面轮廓线的内侧加画剖面线,如图 3-53(c)所示。

3. 中断断面图

为使图形轮廓清晰,可将断面图画在形体投影图的中断处。如图 3-53(b)所示,用波浪线表示断裂处,并省略剖切符号。

第二篇 专业识图

第四章 房屋建筑施工图

第一节 概述

在房屋的施工图设计阶段，设计人员将一幢房屋的内外形状和尺寸大小，以及各部分的结构、构造、装修、设备等内容，按照"国标"的规定，用正投影原理，详细准确地表达出来的图样，称为房屋建筑图。它是用以直接指导房屋建筑工程施工的图样，所以又称为房屋施工图，简称施工图。

一、施工图的作用

（一）它直接表达了所建房屋的外形、结构、布局、构配件、建筑材料、室内外装饰、管道布置、电气照明等各项具体的施工内容；

（二）它起着协调各施工部门和各工种之间的相互配合，有条不紊地工作的作用；

（三）它是房屋定位、放线以及房屋质量检验、验收的重要技术依据。

二、施工图的分类

建造一幢房屋从设计到施工，要由许多专业和不同工种共同配合来完成。按专业分工的不同，施工图可分为：

（一）建筑施工图（简称建施）：它主要表达建筑设计的内容，即表示建筑物的总体布局、外部造型、内部布置、内外装饰、细部构造及施工要求等。它包括首页图、建筑总平面图、建筑平、立、剖面图和构造详图。

（二）结构施工图（简称结施）：它主要表达建筑结构构件的布置、类型、数量、大小及做法等。它包括结构设计说明、结构布置图及构件详图。

（三）设备施工图（简称设施）：它主要表达各种设备、管道和线路的布置、走向以及安装的施工要求等。它分为给水排水、采暖通风、电气照明、电讯及煤气管线等施工图。它主要由平面布置图、系统图和详图组成。

（四）装饰施工图（简称装施）：它主要表达房屋外表造型、装饰效果、装饰材料及构造做法等。它由地面及顶棚装饰平面图，室内外装饰立面图，透视图及构造详图等组成。对于简单的装饰，可直接在建筑施工图上用文字或表格的形式加以说明。

三、施工图的编排顺序

一套房屋施工图的数量，少则几张、十几张，多则几十张甚至几百张。为方便看图、易于查阅，指导施工，对这些图纸要按一定的顺序进行编排。

整套房屋施工图的编排顺序是：首页图、建施、结施、设施、电施、装施。

各专业施工图的编排顺序是：一般总体图编在前、局部图编在后；基本图编在前、详图编在后；主要部分编在前、次要部分编在后；先施工的编在前、后施工的编在后。

四、施工图画法的有关规定

为了确保图面质量，做到完整统一，提高制图的效率，在绘制和识读房屋施工图时除了要符合投影原理外，还应遵守《房屋建筑制图统一标准》、《总图制图标准》、《建筑制图标准》和《建筑结构制图标准》等的规定。

（一）基本投影图

施工图中的各种图样主要是按正投影原理绘制的，所绘图样应符合正投影的投影规律，通常，在 H 面上作平面图，在 V 面作正立面图或背立面图，在 W 面上作侧立面图或剖面图。平、立、剖一般按投影关系画在同一张图纸上，如图 4-1 所示。

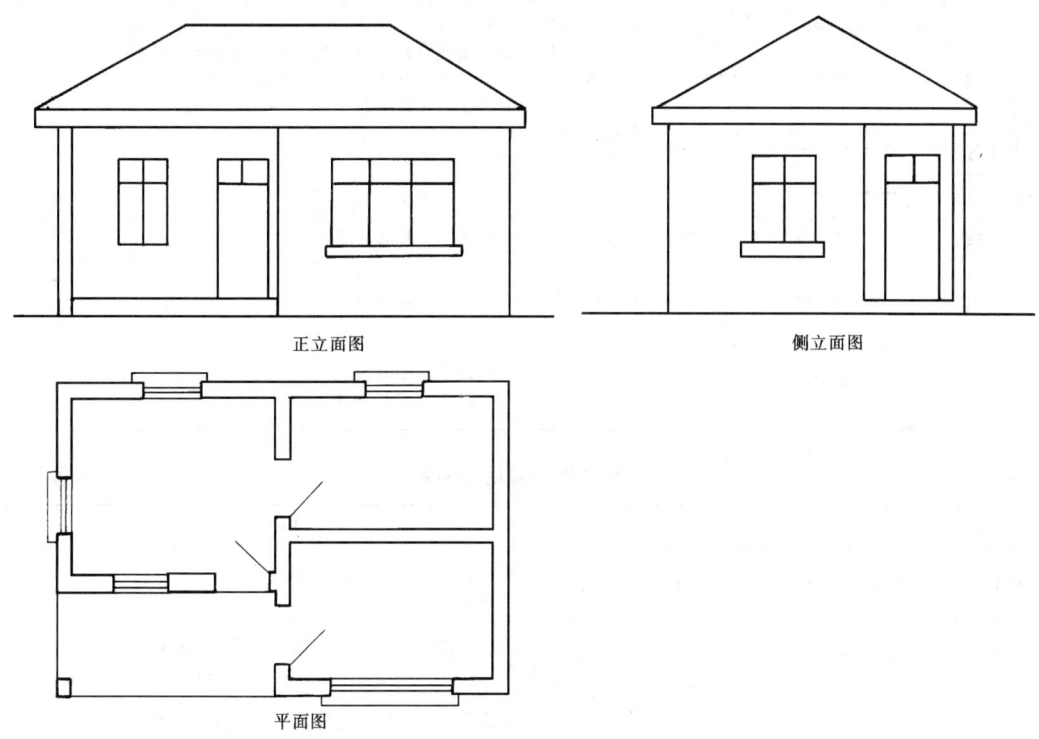

图 4-1 建筑形体的投影图

（二）比例，建筑专业制图选用的比例一般应符合如下规定：

1. 总平面图采用比例为 1:500、1:1000、1:2000；
2. 平、立、剖面图采用比例为 1:50、1:100、1:200；
3. 详图采用比例为 1:1、1:2、1:5、1:10、1:20、1:50。

（三）图线

工程图样都是由各种不同的图线绘制而成的，不同的图线表达不同的含义，建筑图中采用的图线见表 4-1，结构图中采用的图线见表 4-2。图线的宽度 b 应根据图样的复杂程度和比例确定，一般 $b = 0.5 \sim 1.4$mm。

建筑图中采用的图线　　　　　　　　　　　　　　　　表 4-1

名　称	线　形	线宽	用　　途
粗实线	——————	b	平、剖面图中被剖切的主要建筑构造（包括构、配件）的轮廓线； 建筑立面图的外轮廓线； 建造构造详图中被剖切的主要部分的轮廓线； 建筑构、配件详图中构、配件的外轮廓线
中实线	——————	$0.5b$	平、剖面图中被剖切的次要建筑构造（包括构、配件）的轮廓线； 建筑平、立剖面图中建筑构、配件的轮廓线； 建筑构造详图及建筑构、配件详图中一般轮廓线
细实线	——————	$0.25b$	小于 $0.5b$ 的图形线，尺寸线、尺寸界线，图例线，索引符号，标高符号等
中虚线	－－－－－－	$0.5b$	建筑构造及建筑构、配件不可见的轮廓线； 平面图中的起重机（吊车）轮廓线； 拟扩建的建筑物轮廓线
细虚线	－－－－－－	$0.25b$	图例线，小于 $0.5b$ 的不可见轮廓线
粗点画线	—·—·—·—	b	起重机（吊车）轨道线
细点画线	—·—·—·—	$0.25b$	中心线、对称线、定位轴线
折断线	——／＼——	$0.25b$	不需画全的断开界线
波浪线	∿∿∿∿	$0.25b$	不需画全的断开界线 构造层次的断开界线

结构图中采用的图线　　　　　　　　　　　　　　　　表 4-2

名　称	线　形	线宽	一　般　用　途
粗实线	——————	b	螺栓、钢筋线、结构平面布置图中单线结构构件线及钢、木支撑线
中实线	——————	$0.5b$	结构平面图中及详图中剖到或可见墙身轮廓线，钢木构件轮廓线
细实线	——————	$0.25b$	钢筋混凝土构件的轮廓线，尺寸线，基础平面图中的基础底面轮廓线
粗虚线	－－－－－－	b	不可见的钢筋、螺栓线、结构平面布置图中不可见的钢、木支撑线及单线结构构件线
中虚线	－－－－－－	$0.5b$	结构平面图中不可见的墙身轮廓线及钢、木构件轮廓线
细虚线	－－－－－－	$0.25b$	基础平面图中管沟轮廓线，不可见的钢筋混凝土构件轮廓线
粗点画线	—·—·—·—	b	垂直支撑、柱间支撑线
细点画线	—·—·—·—	$0.25b$	中心线、对称线、定位轴线
粗双点画线	—··—··—	b	预应力钢筋线

注：表 4-2 中还有折断线和波浪线，它们同表 4-1。

（四）定位轴线及编号

房屋施工图中的定位轴线是确定建筑结构构件平面布置及标志尺寸的基线，是设计和施工中定位放线的重要依据。凡主要的墙和柱、大梁、屋架等主要承重构件，都应画上轴线并用该轴线编号来确定其位置。定位轴线的画法及编号有如下规定：

1. 定位轴线用细点画线绘制且应编号，编号应注写在定位轴线端部细实线的轴线圆内，其直径为8~10mm，但通用详图的定位轴线可不编号。

2. 平面图上定位轴线的编号，宜标注在图的下方与左侧（有时上、下、左、右均标注），如图4-2所示。横向编号应用阿拉伯数字从左至右编写，竖向编号应用大写拉丁字母（但I、O、Z例外，以免与数字混淆）由下至上顺序编写，两根轴线之间，如需附加轴线时，应以分数表示，分母表示前一轴线的编号，分子表示附加轴线的编号。

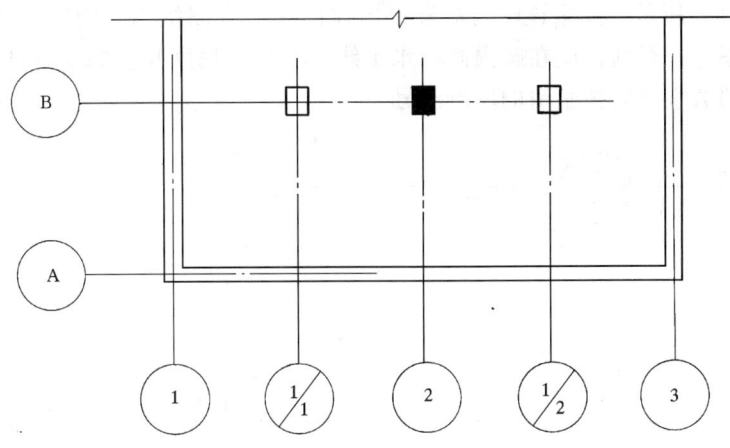

图4-2 定位轴线编号

3. 轴线编号的标注如图4-3，如果一个详图同时适用于几根轴线时，应将各有关轴线的编号注明，如图4-3所示。图4-3中的（a）图适合于两根轴线，（b）图适合于三根以上连续编号的轴线，（c）图适合于任意三根以上的轴线。

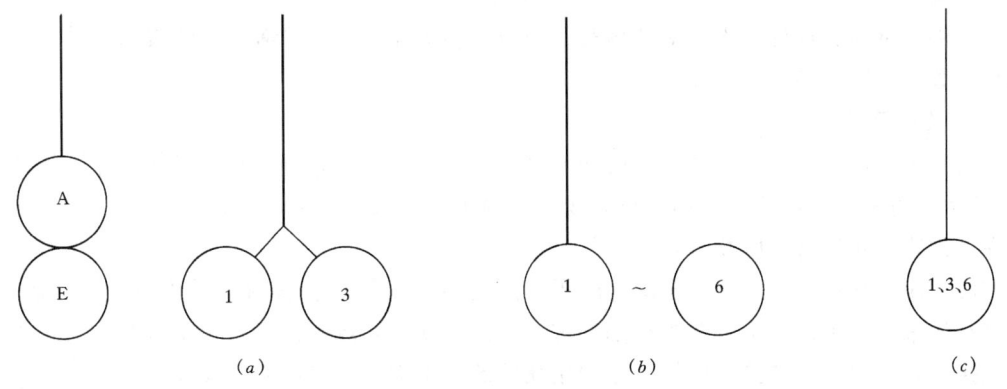

图4-3 轴线编号的标注

（五）符号

1. 索引符号与详图符号

图样中的某一局部或构配件，如需另见详图，应以索引符号索引，即在需要另画详图的部位画出索引符号，并在所画的详图上画出详图符号，两者编号必须对应一致，以便对照查阅。索引符号的形式见图 4-4（a）所示，索引符号的圆及直径均应以细实线绘制，且直径为 10mm，索引符号的引出线一端指在要索引的位置上，另一端对准索引符号的圆心。圆内过圆心画一水平线，上半圆用阿拉伯数字注明该详图的编号，下半圆中用阿拉伯数字注明该详图所在的图纸编号；如果详图与被索引的图样同在一张图纸内，则在下半圆中画一水平细实线；索引的详图，如采用标准图，应在索引符号水平直径的延长线上加注该标准图册的编号；当引出的是剖面详图时，用粗实线表示剖切位置，引出线所在的一侧为剖视方向。

详图的位置和编号，应以详图符号表示，详图符号应以直径为 14mm 的粗实线圆表示，如图 4-4（b）所示。如果详图与被索引图样同在一张图纸内，圆内直接用阿拉伯数字注明详图的编号；否则，应在圆内画一水平线，上半圆用阿拉伯数字注明详图的编号，下半圆用阿拉伯数字注明被索引的图纸编号。

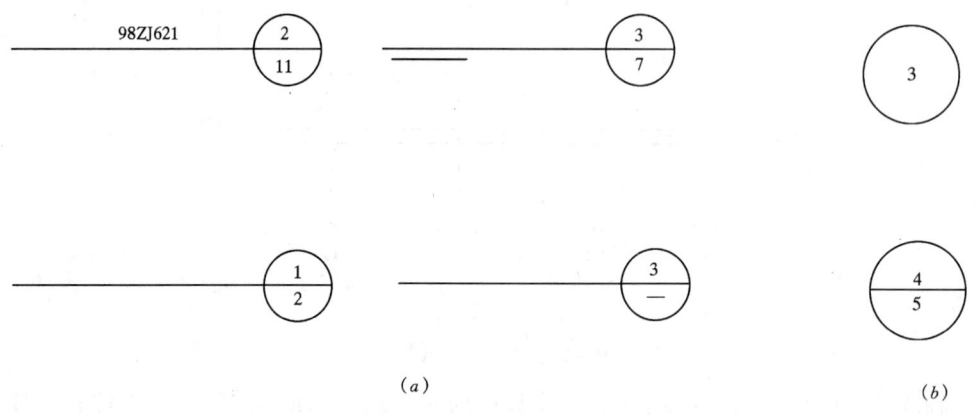

图 4-4 索引符号和详图符号

2．编号

零件、钢筋、杆件、设备等的编号，应以直径为 4~6mm 的细实线圆表示，其编号用阿拉伯数字按顺序编写。

3．其他符号

（1）对称符号：当房屋施工图的图形完全对称时，可以采用对称符号简化作图，如图 4-5 所示。对称符号用细线绘制，点画线端部两平行线长度为 6~10mm、间距为 2~3mm，且在对称线两侧的长度应相等。

（2）连接符号：当一部分构配件的图样还需与另一部分相接时，需用连接符号表达。连接符号采用折断线表示需要连接的部位，并以折断线两端靠图样一侧的大写拉丁字母表示连接编号。两个被连接的图样，必须用相同的字母编号，见图 4-6 所示。

（六）标高

标高是标注建筑物高度的一种尺寸形式，如图 4-7 所示。单体建筑物图样上的标高符号，应按图 4-7（a）所示形式以细实线绘制；标高符号的尖端，应指至被注的高度，尖端可向上，也可向下，如图 4-7（b）所示。若标注位置不够时，可按图 4-7（c）所示形

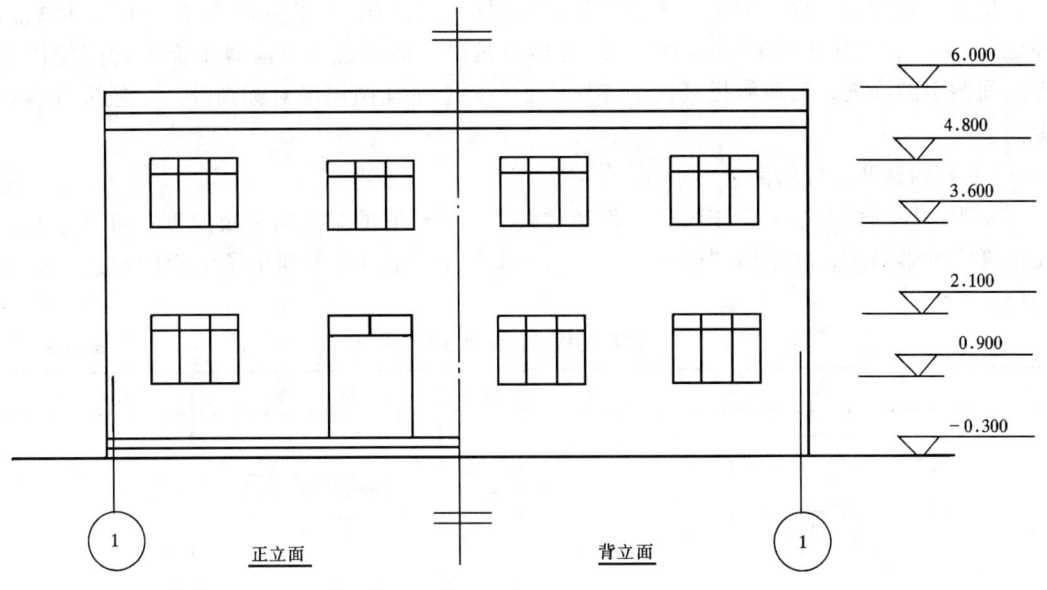

图 4-5 对称简化画法

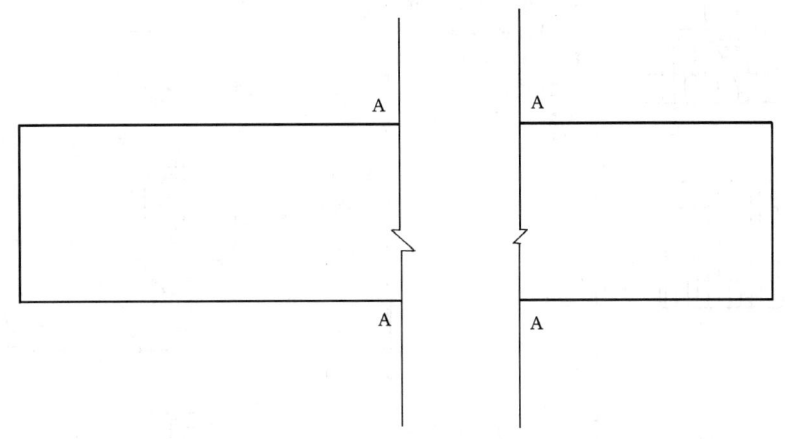

图 4-6 连接符号

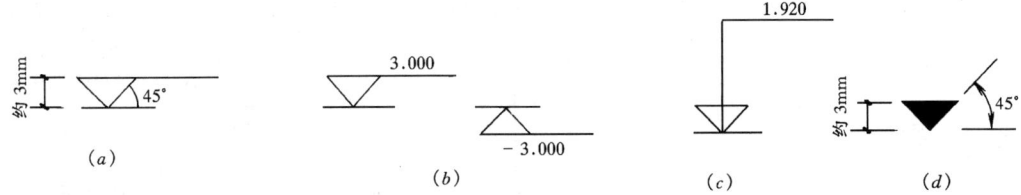

图 4-7 标高符号及规定画法

式绘制；总平面图上的标高符号，宜用涂黑的三角形表示，见图 4-7（d）所示；标高数字以 m 为单位，注写到小数点以后第三位，在总平面图中，可注写到小数点以后第二位。

标高有相对标高和绝对标高两种。相对标高是以室内底层地面作为零点而确定的高度。低于零点为负，反之为正；零点标高应注写成±0.000，正数标高不注"+"，负数标高应注"-"，例如3.000、-3.000。绝对标高是以青岛附近的黄海海平面平均高度作为零点而测定的高度，又称海拔高度。建筑施工图除总平面图用绝对标高外，一般采有相对标高。

（七）构造及配件图例

由于房屋的体形很大，作图的比例通常较小，对于它的某些构造及配件不可能也没必要按真实投影画出，故采用"国标"规定的图例表示，表4-3中列出了常用的构造及配件图例。

常用的构造及配件图例　　　　　　　　　　表4-3

名称	图 例	说 明	名称	图 例	说 明
楼梯	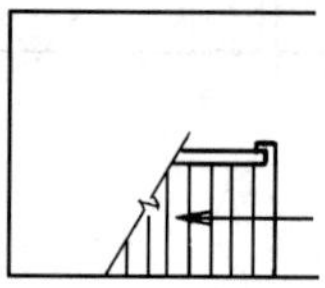 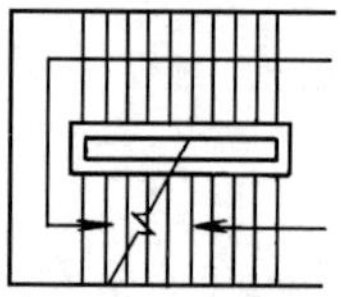 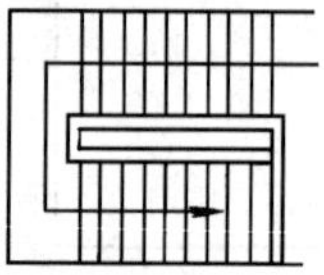	1．上图为底层楼梯平面，中图为中间层楼梯平面，下图为顶层楼梯平面 2．楼梯的形式及步数应按实际情况绘制	烟道	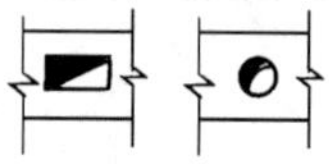	
			通风道	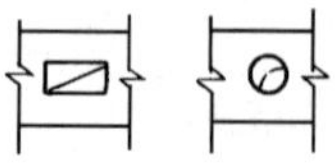	
			单扇门（包括平开或单面弹簧）	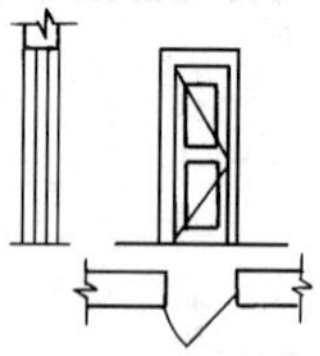	1．门的名称代号用M表示 2．在剖面图中，左为外，右为内；在平面图中，下为外，上为内 3．在立面图中，开启方向线交角的一侧，为安装合页一侧。实线为外开，虚线为内开 4．平面图上门线应90°或45°开启，开启弧线宜绘出 5．立面图中的开启线，在一般的设计图上可不表示，在详图及室内设计图上应表示 6．立面形式应按实际情况绘制
检查孔		左图为可见检查孔 右图为不可见检查孔	双扇门（包括平开或单面弹簧）	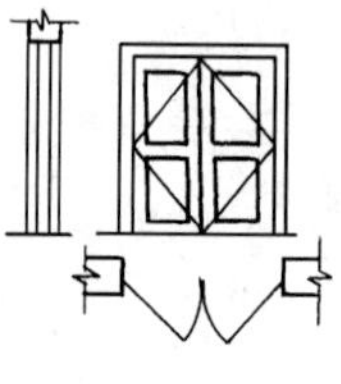	
孔洞			对开折叠门	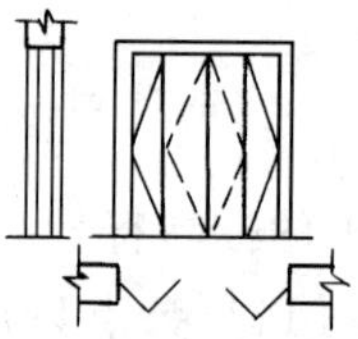	
坑槽					

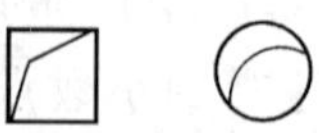

70

续表

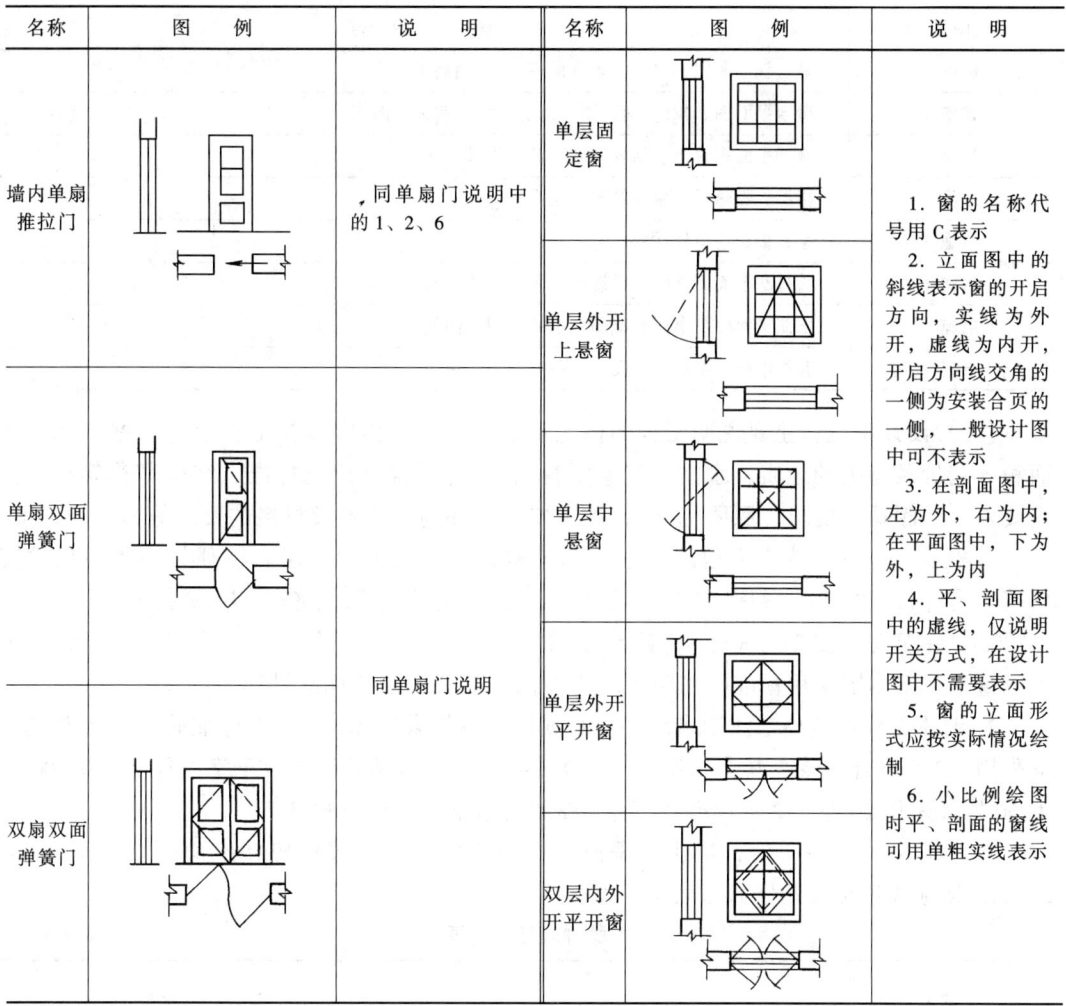

第二节 首页图和建筑总平面图的识读

一、首页图

首页图是全套施工图纸的第一张。为了便于查阅全套施工图，了解房屋的构造做法及构件数量，对要施工的建筑有一个总体的大致了解。

它包括全套图纸的目录、构配件统计表、门窗表、装修做法表及设计说明等。

（一）图纸目录：说明该工程由哪几个专业的图纸所组成、图号顺序和各专业图纸名称，如表4-4所示。其目的为便于查阅图纸、掌握内容、方便施工。

图 纸 目 录　　　　表 4-4

图号	图 纸 内 容
建施-1	首页图（图纸目录、设计总说明、装修表、门窗表等）
建施-2	架空层及一～五层平面、①～⑮、⑮～①轴立面图

续表

图号	图 纸 内 容
建施-3	隔热层平面图、Ⓗ～Ⓐ轴立面图、1-1剖面图
建施-4	屋顶平面图、2-2剖面详图、厨房及卫生间大样图
结施-1	基础平面布置图、结构详图、基础设计说明
结施-2	楼层、隔热层、屋顶结构平面布置图
结施-3	梁、板、柱结构详图
水施-1	给排水平面布置图、系统轴测图、水施说明、图例表
电施-1	电照平面图、电照系统图、电施说明、图例表
讯施-1	有线电视及电话配线图、设备材料表、说明

（二）设计说明：主要说明工程的概况和总的要求。内容包括工程设计依据（如建筑面积、造价及有关的地质、水文、气象资料）；设计标准（建筑标准、结构荷载等级、抗震要求、采暖通风要求、照明标准）；施工要求（如施工技术及材料的要求等）。

1．概况：本建筑为南方地区某学校住宅楼，为带底下架空层和屋顶架空隔热层的五层砖混结构，建筑层高底下架空层为 2.200m、楼层为 3.300m、屋顶架空隔热层为 1.500m。建筑总高度21.750m，总建筑面积为1550.3m²。本图尺寸除标高以米计外，其余均以毫米计。本图采用标准除注明外均为中南地区通用建筑标准设计。

2．砌体工程：墙体未注明者均为240眠墙，墙体采用MU10以上标准砖、三层及其以下采用M7.5混合砂浆、其余采用M5混合砂浆砌筑。砖墙防潮层设于室内地面±0.000以下60处，采用20厚1:2水泥砂浆（掺5%的防水剂）作防潮材料。

3．楼地面：除注明外，厨房、洗漱间、卫生间、阳台较相应楼地面低20、40、60、20mm，楼地面做法见装修做法表4-5所示。

装 修 做 法 表　　　　　　　表 4-5

项 目	构 造 做 法		备 注
	名 称	图集编号	
厨房、洗漱间、卫生间楼地面	陶瓷地砖	98ZJ001 地49、楼27	
其余房间楼地面	水泥砂浆楼地面	98ZJ001 地1、楼1	
厨房、洗漱间、卫生间墙裙	瓷 砖	98ZJ501 $\frac{3}{5}$	
踢 脚	水泥砂浆	98ZJ501 $\frac{1}{3}$	
内 墙 面	石灰砂浆	98ZJ001 内墙1	
顶 棚	石灰砂浆	98ZJ001 顶1	
油 漆	调和漆	98ZJ001 涂1（绿色）	木门（室外面）
	调和漆	98ZJ001 涂1（黄色）	木门（室内面）
	调和漆	98ZJ001 涂13（黑色）	楼梯扶手、栏杆
	银粉漆	98ZJ001 涂17	金属、设备管道
外 墙 面	水刷石墙面	98ZJ001 外墙6	详见立面
	干粘石墙面	98ZJ001 外墙18	详见立面

4．门窗：木门立樘与室内粉刷取平，门窗表如表4-6所示。

5．油漆及内、外装修：见表4-5所示。

6．楼梯栏杆：采用钢筋楼梯栏杆、木扶手，见98ZJ401 $\frac{Y}{8}$ $\frac{8}{27}$ $\frac{7}{28}$ $\frac{1}{29}$。

7．屋面工程：屋面构造做法见2-2剖面详图，屋面排水采用 ϕ110PVC 硬塑管，做法见98ZJ201 $\frac{3}{34}$。

8．其他未尽事项参见结施说明和现行有关施工及验收规范。

（三）门窗表：表4-6所示。

（四）装修做法表：屋面、楼地面、顶棚、墙面、踢脚、勒脚、台阶等构造做法可画局部大样图，或采用标准图集列成表格说明，见表4-5所示。

二、建筑总平面图

建筑总平面图，简称总平面图，它是建筑场地的水平投影图，表明新建房屋及其周围的总体布局情况。它主要反映新建建筑物的平面形状、位置和朝向及其与原有房屋的关系、标高、道路、绿化、地貌、地形等情况。建筑总平面图可作为拟建房屋定位、施工放线、土方施工以及绘制水、暖、电等管线总平面图和施工总平面图的依据。

门 窗 表　　　　表4-6

类别	设计编号	洞口尺寸（mm）		数量	图集代号	备注
		宽	高			
门	M-1	2700	1840	4	88ZJ611	铁栅门，仿GM202-2730
	M-2	2400	1840	6	88ZJ611	铁栅门，仿GM202-2430
	M-3	3000	1840	2	88ZJ611	铁栅门，仿GM202-3030
	M-4	2160	2400	1	88ZJ631	钢板门，仿GM4—1824e
	M-5	960	2100	10	98ZJ681	镶板门，仿GJM201C1-1021
	M-6	900	2100	40	98ZJ681	镶板门，GJM201C1-0921
	M-7	2400	2700	10	98ZJ641	推拉铝合金门，TLM90-23
	M-8	800	2100	21	98ZJ681	镶板门，GJM201C1-0821
	M-9	3000	2700	10	98ZJ641	推拉铝合金门，TLM 90-31
	M-10	960	1140	2		用在架空隔热层中
窗	C-1	900	600	18	98ZJ721	推拉铝合金窗，TLC 90-1
	C-2	2700	1800	20	98ZJ721	推拉铝合金窗，TLC 90-55
	C-3	2400	1800	20	98ZJ721	推拉铝合金窗，TLC90-55
	C-4	900	1500	20	98ZJ721	推拉铝合金窗，仿TLC 90-17
	C-5	1200	1500	5	88ZJ701	木窗，C122-1215
	C-6	1200	1200	2	88ZJ701	木窗，C122-1212

（一）表达内容：

1．图名、比例（1:500、1:1000、1:2000）：因区域面积大，故采用小比例，房屋只用外围轮廓线的水平投影表示。

2．图例：采用图例来表明拟建区、扩建区或改建区的总体布置，表明各建筑物及构筑物的位置、道路、广场、室外场地和绿化、河流、池塘等的布置情况以及各建筑物的层数等。图例见《总图制图标准》，本书摘录部分图例见表4-7所示。

3．确定新建工程的位置，一般可以根据原有道路或坐标来定位，以米为单位标出定位尺寸。

4.确定标高：以米为单位，包括建筑物首层地面的绝对标高、室外地坪及道路的标高。表明土方挖填情况、地面坡度及雨水排除方向。

5.用指北针表示房屋的朝向或用风向频率玫瑰图表示当地常年各方位吹风频率和房屋的朝向。

6.其他如管线综合、竖向设计、道路剖面及绿化布置等内容视各工程设计情况而定。

（二）识图：

图 4-8 为某学校建筑总平面图的局部，比例为 1:500。图中粗实线表示拟建房屋是两幢两个单元的教职工住宅楼，平面形状为矩形，室内地坪标高分别为 54.80m 和 55.20m，是根据房屋所在位置附近的标高并估算填挖土方量基本平衡而确定的。平面轮廓内的五个小黑点表示拟建房屋为五层。该两幢房屋位于东边，坐北朝南，靠南边住宅楼由建筑坐标定位，北边住宅楼根据南边住宅楼定位。修建北边住宅楼时，要拆除原有的一幢小房屋。从图中等高线高程可知，该区域西北方向地势较高，东南方向地势较低。该区域北向和东南角上均有护坡，且东南角上有沟渠。图中还表示出了原有建筑物、中心广场、道路、绿化等情况。

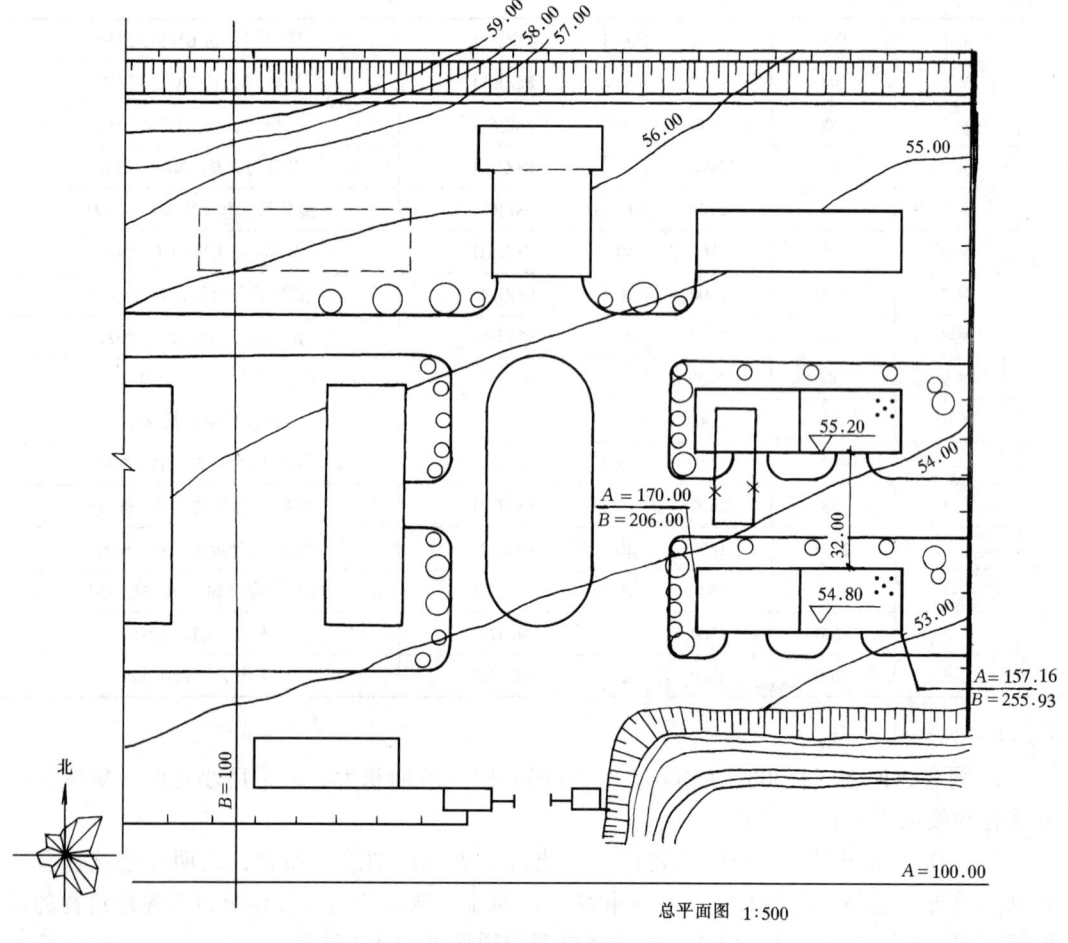

图 4-8　总平面图

总平面图图例   表 4-7

序号	名称	图例	备注
1	新建建筑物		建筑物外形用粗实线表示,在图形右上角以点数或数字表示层数,可用▲表示出入口
2	原有建筑物		用细实线表示,若细实线打×表示拆除的建筑物,若用中虚线表示计划扩建的预留地或建筑物
3	原有道路		用细实线表示,若细实线打×表示拆除的道路,若用细虚线表示计划扩建的道路,若用中实线表示新建的道路。
4	护坡		
5	测量坐标	X 200.00 Y 400.00	
6	建筑坐标	A 180.00 B 300.00	又称施工坐标
7	公路桥		用于旱桥时应注明
8	铁路桥		
9	指北针		指北针圆圈直径宜为 24mm,用细实线绘制,指针尾部的宽度宜为直径的 1/8,指针头部应注"北"或"N"字
10	风向频率玫瑰图		风向频率玫瑰图是根据当地多年统计的各个方向吹风次平均数的百分数按一定的比例绘制的。实线表示全年风向频率;虚线表示夏季风向频率,按 6、7、8 三个月统计。风向是从外面吹向地区中心,一般分为 16 个方位,箭头指向北

第三节　建筑平面图的识读

一、平面图的表达方法和作用

建筑平面图，简称平面图，它是假想用一个水平剖切平面在窗台线以上适当的位置将房屋剖切开，所得的水平面投影图。它通常用 1∶50、1∶100、1∶200 的比例绘制。凡被水平剖切到的墙、柱等断面轮廓线用粗实线画出，门的开启线、门窗轮廓线、屋顶轮廓线等构配件用中实线画出，其余可见轮廓线均用细实线画出，如需表达高窗、通气孔、搁板等不可见部分，则应以中虚线或细虚线绘制。平面图主要表示房屋的平面形状、大小和房间的布置、墙（或柱）的位置、厚度、材料、门窗的位置、大小、开启方向等。平面图是表达房屋建筑图的基本图样之一，作为施工时定位放线、砌墙、安放门窗、室内装修以及编制预算的依据。

当建筑物各层的房间布置不同时，应分别画出各层平面图，如底层平面图、二层平面图、三、四……各层平面图、顶层平面图、屋顶平面图等。相同的楼层可用一个平面图来表示，称为标准层平面图。如平面对称，可用对称符号将两层平面图各画一半合并成一个图，并在图的下方左、右分别注写图名和比例。

二、平面图的识读步骤

（一）底下架空层平面图（图 4-9 所示建筑平面图（一））

1. 读图名、比例。在平面图下方应注出图名和比例，从图 4-9 可知是职工住宅的底下架空层平面图，比例为 1∶100。

2. 读指北针，了解建筑物的方位和朝向。图中所示建筑正面朝南，背面朝北。

3. 读定位轴线及编号，了解各承重墙、柱的位置。图中有 15 根横向定位轴线，8 根纵向定位轴线，除西向隔热墙外，主轴线均位于 240 墙中间。

4. 读房屋的内部平面布置和外部设施，了解房间的分布、用途、数量及相互关系。图 4-9 中平面形状为一矩形，主要出入口在南边中间楼梯间处，楼梯间上行的梯段被水平剖切面剖断，用 45°倾斜折断线表示。南边东西两房间用作工具房，其余所有用房按楼层住户分配作车库或杂屋用，房屋四周设有散水。

5. 读门、窗及其他构配件的图例和编号，了解它们的位置、类型和数量等情况。门、窗代号分别为 M、C（汉语拼音首写字母大写），如图中大门编号为 M-1，宽度为 2700，共有四个。施工图中对于门窗型号、数量、洞口尺寸及选用标准图集的编号等一般都列有门窗表，见前面表 4-6 所示。

6. 读尺寸和标高，可知房屋的总长、总宽、开间、进深和构配件的型号、定位尺寸及室内外地坪的标高。平面图中，外墙一般要标注三道尺寸，最外一道为建筑物的总长和总宽，中间一道是轴线间尺寸即表示房屋的开间和进深，最里面一道为细部尺寸。如图中房屋总长 25090，总宽 12840；房间开间 4200、3600、3300、2400 等，进深 5400、4200、3900 等；C-1 窗的定形尺寸为 900、距ⓒ轴线的定位尺寸为 600 等。此外还应注出必要的内部尺寸和某些局部尺寸，如图中⑤轴线上门洞的定形尺寸为 800、定位尺寸为 240，墙体厚度为 240、120 等，平面图中还应注出楼地面的标高，如图中地面标高 ± 0.000。

7. 读剖切符号，了解剖切平面的位置和编号及投影方向；读索引符号，了解详图的

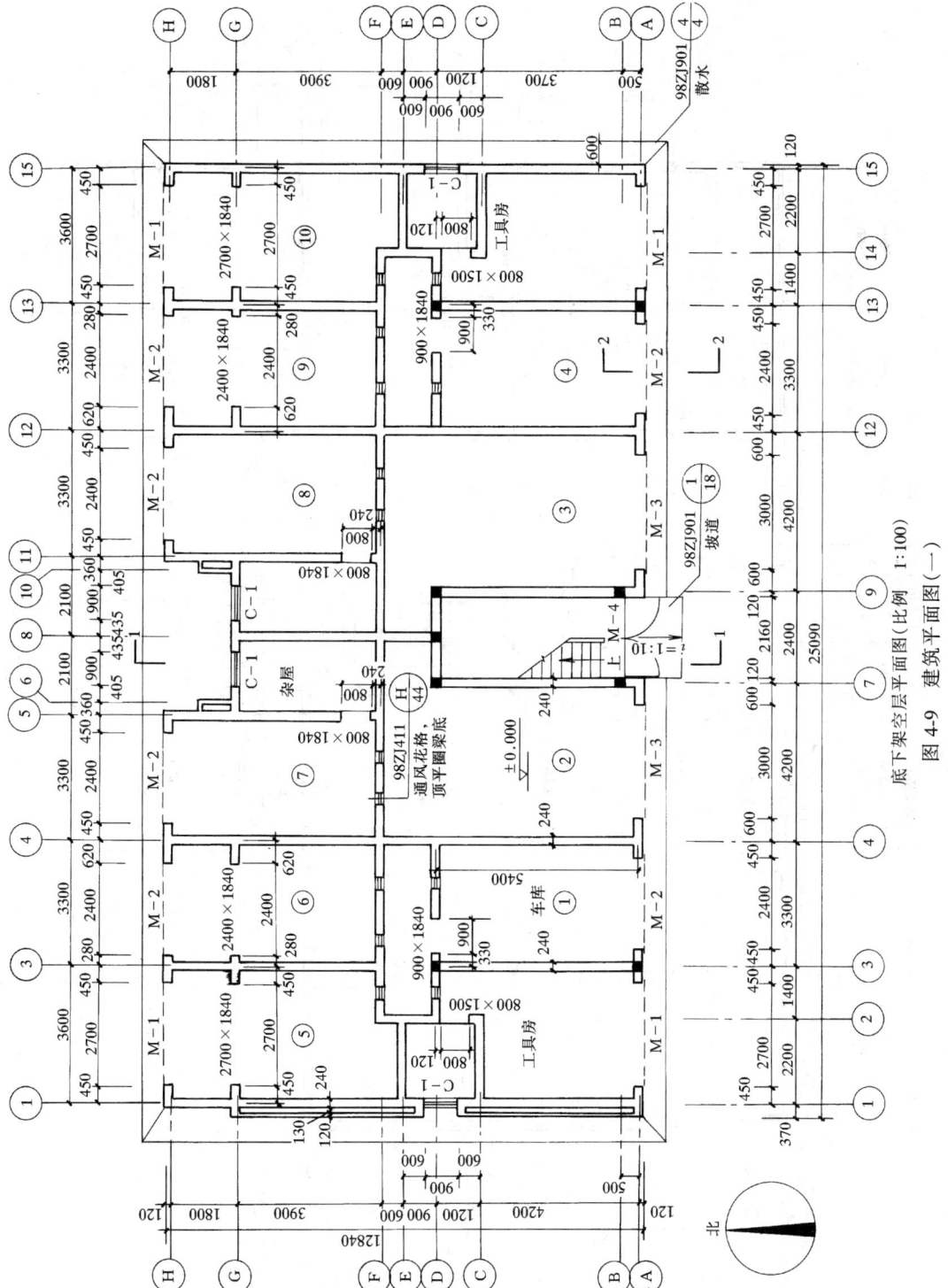

图 4-9 建筑平面图（一）
底下架空层平面图（比例 1:100）

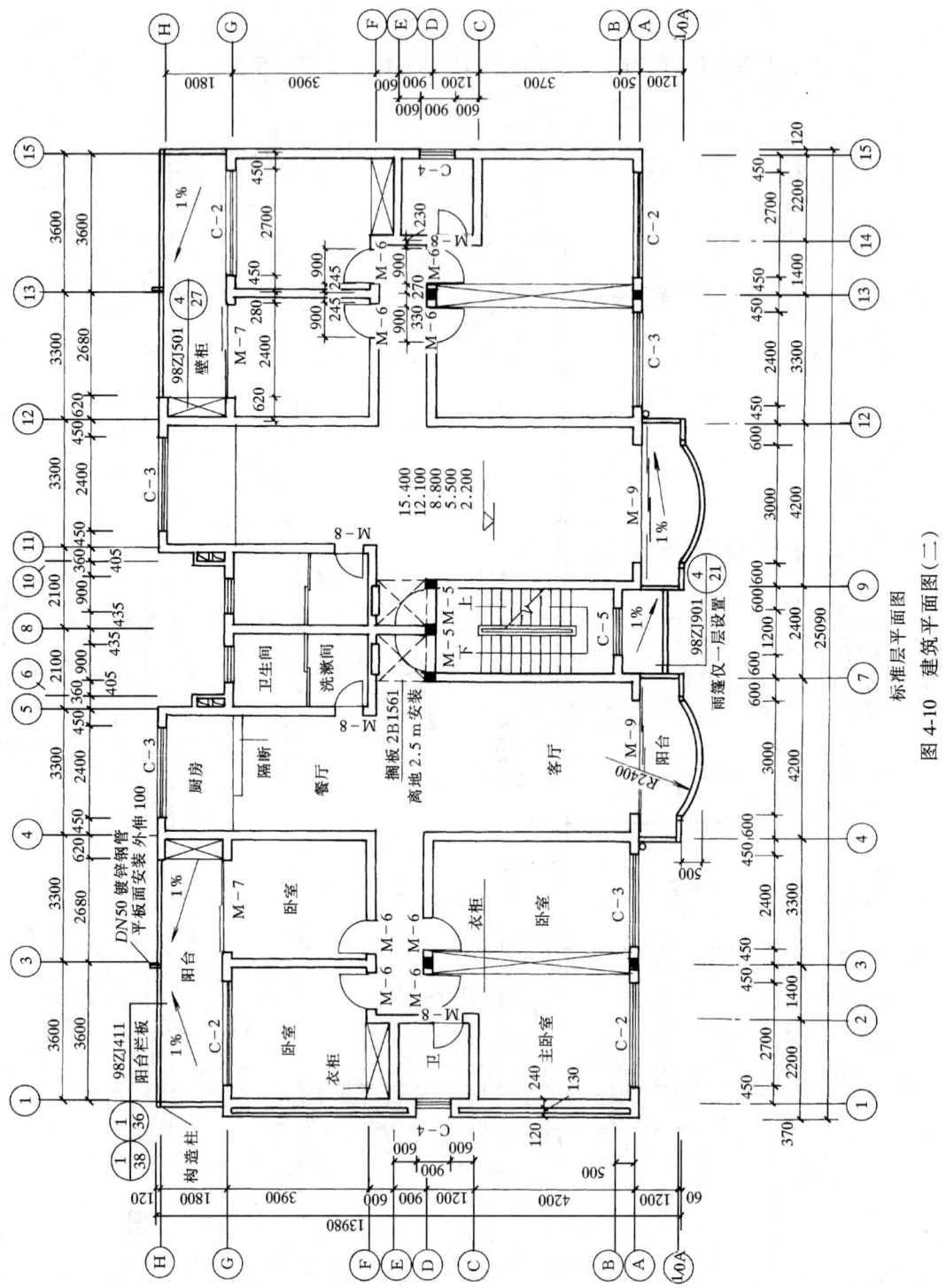

图 4-10 标准层建筑平面图（二）

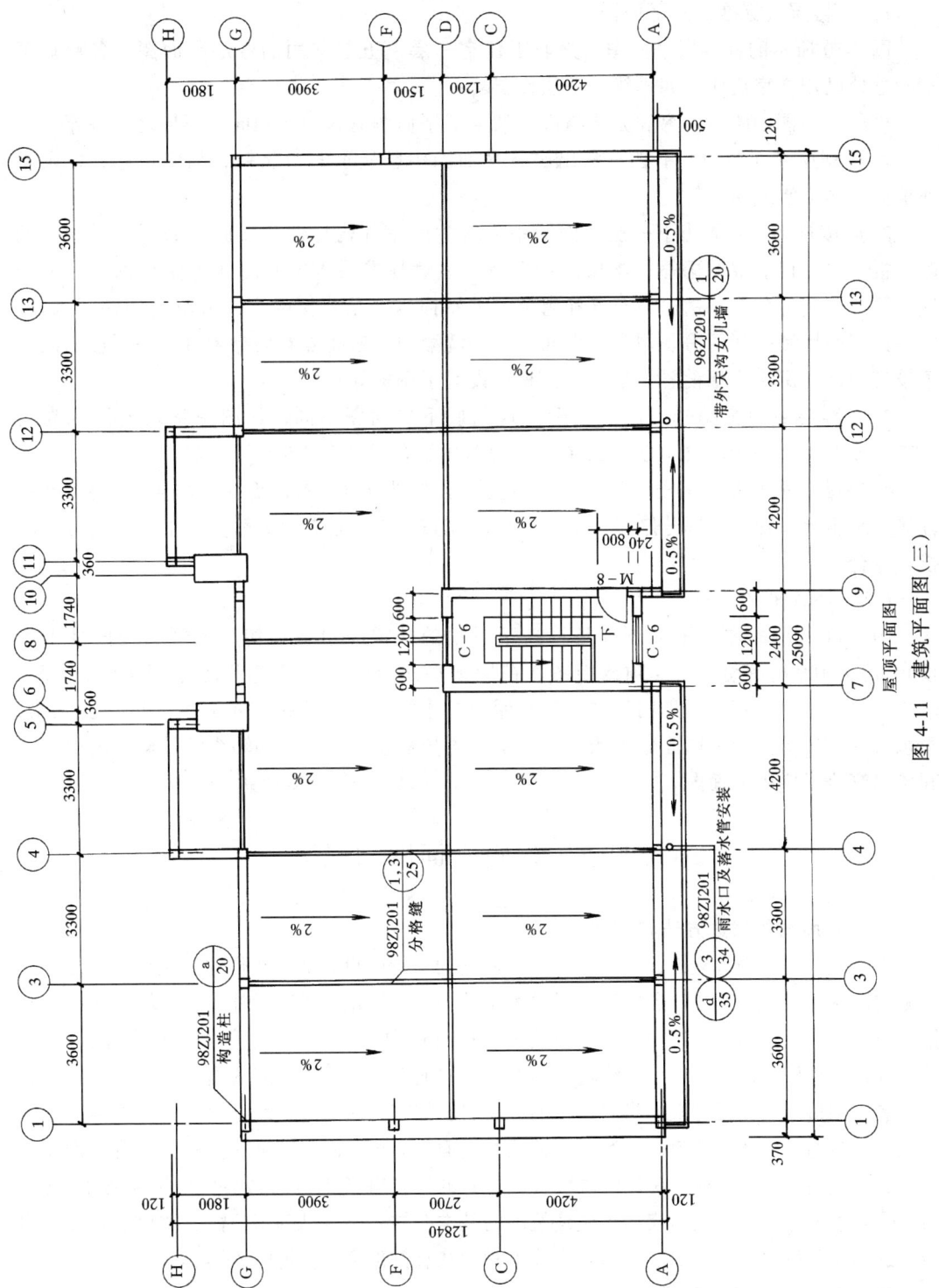

图 4-11 建筑平面图(三) 屋顶平面图

编号和位置。图中剖切位置在⑦~⑨轴间，编号为1-1，剖切后向右边投影。图中还画出了索引符号，分别表示通风花格、坡道、散水的做法见标准图集。

（二）楼层（标准层）平面图

图4-10所示的标准层平面图，为职工住宅一层~五层共用的楼层平面图，各层局部不同之处已用文字说明，如雨篷仅一层设置。

楼层平面图的图示内容和方法与底下架空层平面图有些内容相同。不同之处在于：

1. 在楼层平面图中，不必再画出底下平面图中已显示的指北针、剖切符号，以及室外地面上的散水或明沟等。

2. 应按投影关系画出下一层平面图中未表达的室外构配件和设施，如下一层窗顶的遮阳板，出入口上方的雨篷，本层的阳台等。表达标准层房屋的内部平面布置和外部设施，了解房间的分布、用途、布局和组合。该平面组合是一梯两户，由南向楼梯间入户，每户四室两厅和一间厨房、两个卫生间、一个洗漱间，南北方向均有阳台，一层楼梯间处还设有雨篷，厨房排烟设置了烟道，入户处设置了搁板等。

3. 标准层中门窗编号、尺寸和标高均与底下平面图不同，如图中室内地面标高为2.200、5.500、8.800、12.100、15.400m，门窗可结合门窗表4-6对照识读。

4. 在楼层平面图中，楼梯间上行的梯段被水平剖切面剖断，绘图时用45°倾斜折断线分界，画出上行梯段的部分踏步，下行的梯段完整存在，且有部分踏步与上行的部分踏步投影重合。

（三）屋顶平面图

图4-11所示的屋顶平面图，是将高于屋顶的楼梯间水平剖切后（剖切平面高于屋顶），用1:100比例绘出的屋顶俯视图。在屋顶平面图中，一般表明突出屋顶的楼梯间、电梯机房、水箱、管道、烟囱等的位置和屋面排水方向（用箭头表示）及坡度、女儿墙、雨水口的位置等。图中屋面雨水从北流向南，再分别经④轴线及⑫轴线的外墙上的雨水口和落水管排至室外地面。

第四节 建筑立面图的识读

一、立面图的表达方法和作用

建筑立面图，简称立面图，它是在与房屋立面平行的投影面上所作的房屋正投影图。立面图的比例一般同平面图。通常用特粗线表示地坪线，用粗实线表示外墙的最外轮廓线，雨篷、阳台、窗台、台阶、花台以及门窗洞的轮廓线用中实线；其余细部如门窗扇及其分格、墙面分格、栏杆等以及说明引出线均用细实线。立面图主要反映房屋的高度、层数、外貌和外墙装修构造。立面图可根据指北针按朝向命名，如东、西、南、北立面；也可把房屋主要出入口所在的立面或反映房屋外貌主要特征的立面称为正立面，其余相应地称为背立面、左立面、右立面；现在一般以房屋两端墙（或柱）的定位轴线编号来命名，如①~⑮轴立面、⑮~①轴立面等。立面图是表达房屋建筑图的基本图样之一，是确定门窗、檐口、雨篷、阳台等的形状和位置及指导房屋外部装修施工和计算有关预算工程量的依据。

二、立面图的识读步骤

对照图4-12说明如下：

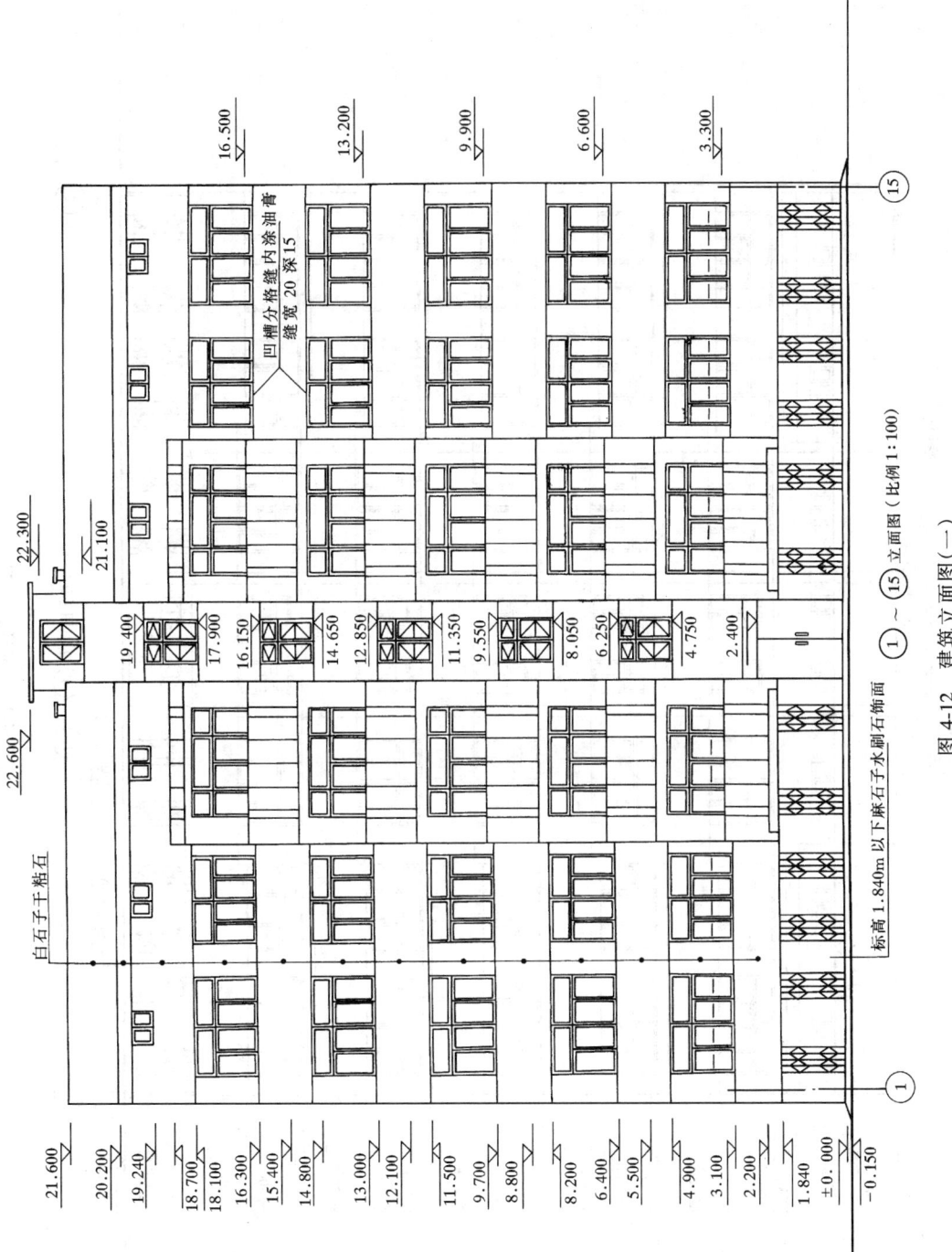

图 4-12 建筑立面图（一）

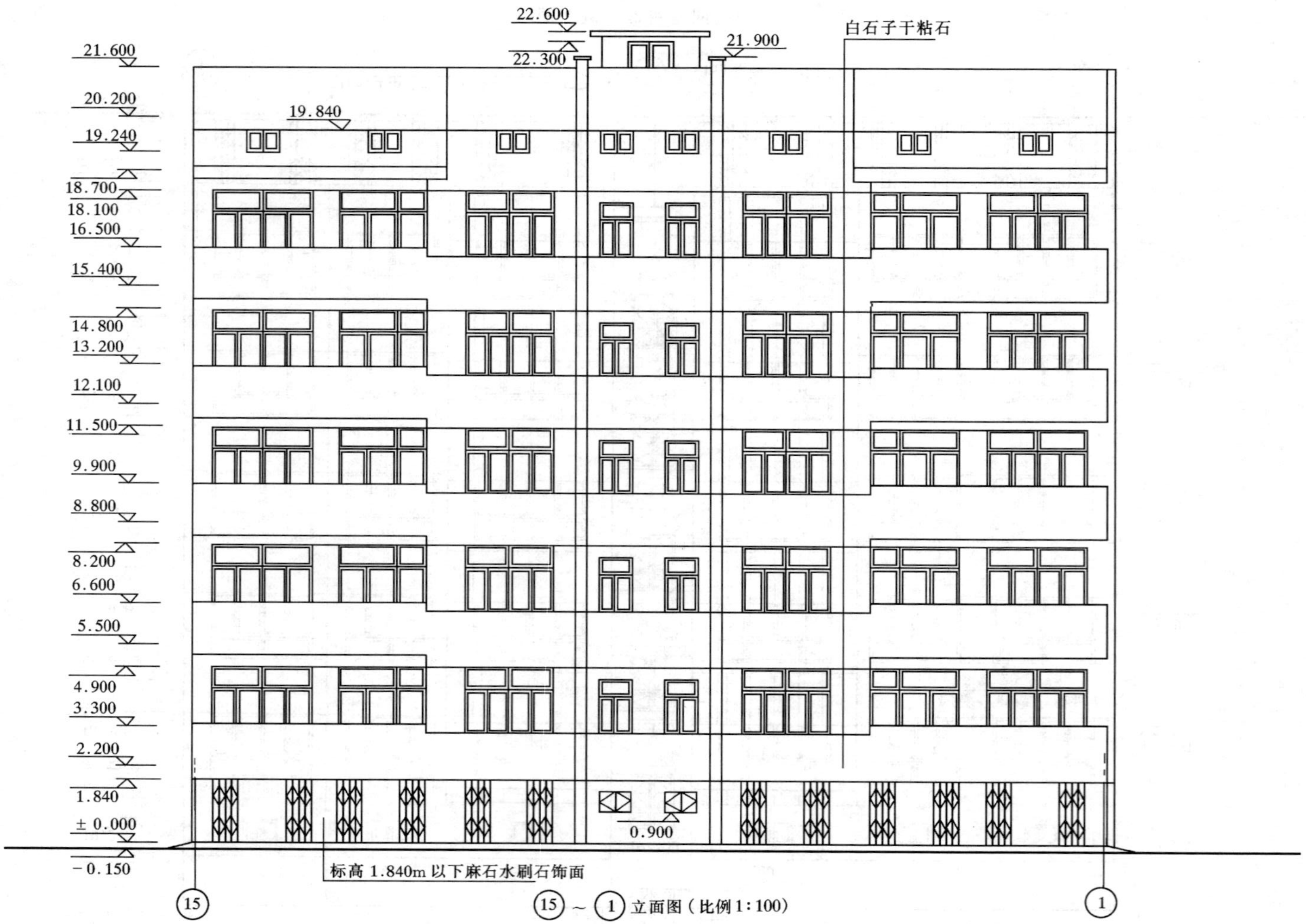

图 4-13 建筑立面图（二）

⑮～① 立面图（比例 1:100）

(一)读图名、比例、两端定位轴线及其编号。在立面图的下方应注出图名和比例,从图 4-12 可知是①~⑮轴立面图,比例为 1∶100。对照图 4-9、10 所示平面,可看出①~⑮轴立面图所表达的是朝南的立面(南立面),两端的定位轴线编号为①和⑮。

(二)读房屋的层数、外貌、门窗和其他构配件。图 4-12 为带底下架空层的住宅楼,采用平屋顶、外檐沟排水。将立面图与平面图结合起来,可以看出该立面图表达的是Ⓐ轴线墙面的外貌,左右对称,设有阳台、檐沟、门窗,门为铁栅门,窗为推拉窗等。主要出入口位于房屋中部,出入口处上有雨篷。

(三)读外墙装修做法、装饰节点详图的索引符号:外墙面各部位(如墙面、檐口、雨篷、阳台、窗台、窗顶、勒脚等)的装修做法(包括用料和色彩),在立面图中常用引出线引出文字说明。立面图上有时标出各部分构造、装饰节点详图的索引符号。本图中说明了勒脚采用麻石子水刷石,墙面、檐口等采用白石子干粘石,分格缝内涂油膏等。

(四)读标高:立面图一般以相对标高代替高度方向的尺寸标注,立面图中一般标注室内外地坪、勒脚、台阶、门窗、阳台、檐口、女儿墙等处的标高。本图中室外地坪标高为-0.150,室内地坪为±0.000,勒脚标高为 1.840,一层窗台标高为 3.100,窗顶标高为 4.900,阳台标高为 3.300,檐口标高为 20.200,女儿墙标高为 21.600 等。一般标高注在图形外,并做到符号排列整齐,符合国标规定。并且房屋立面左右对称时一般注在左侧,不对称时两侧均应标注。

图 4-13 为⑮~①轴立面图,为该住宅楼的北立面图。根据上面的阅读步骤结合平面图,读者可进行该图的识读。

第五节 建筑剖面图的识读

一、剖面图的表达方法及其作用

建筑剖面图,简称剖面图,它是假想用一铅垂剖切面将房屋剖切开后移去靠近观察者的部分,做出剩下部分的投影图。剖面图一般不画基础,图形比例及线型要求同平面图。它主要反映房屋内部的结构形式和构造方式,如屋面形状、楼地面形式、分层情况、材料、做法、高度尺寸及各部位的联系等。它与平、立面图互相配合用于计算工程量,指导各层楼板和屋面施工、门窗安装和内部装修等,因此它是不可缺少的重要图样之一。

剖面图的数量应根据房屋的复杂情况和施工实际需要决定;剖切面的位置一般为横向或纵向,应选择在房屋内部构造比较复杂或有代表性的部位,如门窗洞口和楼梯间等位置,剖切位置标注在首层平面图中,剖面图的图名应与平面图上所标注的剖切位置线的编号一致,如 1-1 剖面图、2-2 剖面图等。当比例比较大时,如大于 1∶50,剖面图中被剖切到的构配件应画上截面材料图例;当比例为 1∶100~1∶200 时,可简化材料图例,钢筋混凝土断面应涂黑。

二、剖面图的识读步骤

对照图 4-14 说明如下:

(一)读图名、比例、定位轴线,与平面图对照,了解剖切位置、剖视方向。从图 4-14 可知是 1-1 剖面图、比例为 1∶100,从底下架空层平面图中(图 4-9)的剖切符号及其编号可知,剖面图是在⑦轴线与⑨轴线之间剖切后向右投影所得到的横剖面图,剖到的墙身

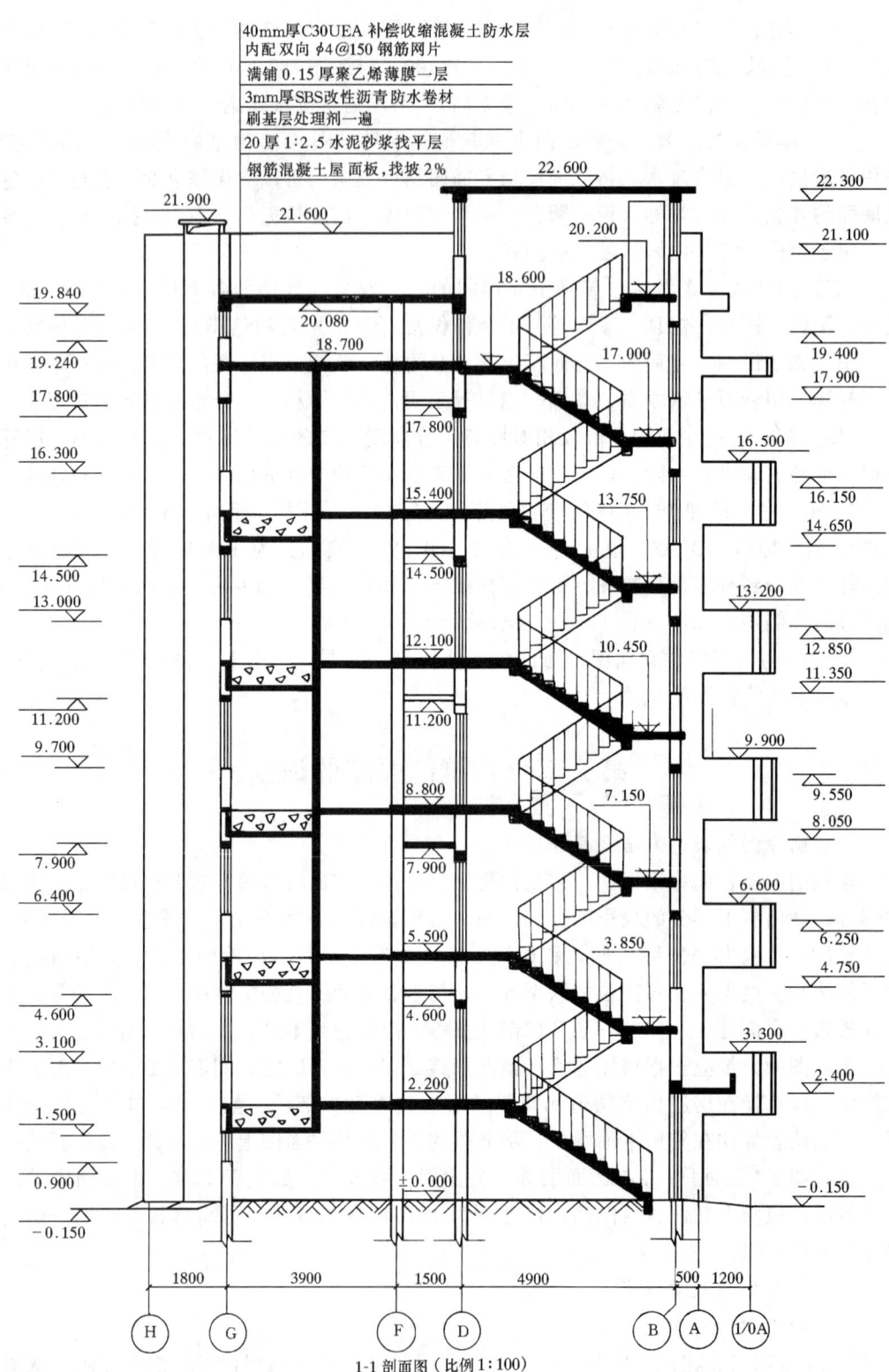

图 4-14 建筑剖面图

定位轴线编号为Ⓑ、Ⓓ、Ⓕ、Ⓖ。

（二）读剖切到的部位和构配件，在剖面图中应画出房屋室内外地坪以上被剖切到的部位和构配件的断面轮廓线。与平、立面对照，1-1剖面图中所表达的被剖切到的部位有底下架空层平面图中的楼梯间、杂屋，标准层平面图中的楼梯间、洗漱间、卫生间等，顶上架空隔热层空间；被剖切到的构配件有Ⓑ、Ⓓ、Ⓕ、Ⓖ轴线上的墙体及其门、窗和门窗过梁，楼梯间踏步、平台，室内外地坪、散水、雨篷、和屋顶（平屋顶，屋面坡度为2%）等。其中楼板、屋顶、梁、雨篷等钢筋混凝土构件的断面在剖面图中涂黑表示。门窗洞被剖开后，门框、窗框均按门窗图例规定画法，用细实线画出。从图中还可看出，该房屋为带底下架空层的五层住宅楼，除梯间外，屋顶上还设置了架空隔热层，起通风隔热的作用。

（三）读未剖切到的可见部分。图中Ⓑ轴线外上有檐口、每层有阳台、顶层有雨篷等，Ⓖ轴线外有墙体、烟道等，室内楼梯有未剖到的梯段踏步及楼梯栏杆扶手等。

（四）读尺寸和标高。在剖面图中，一般应标注剖切部分的一些必要尺寸和标高，图中标注了室内外地坪、雨篷、檐口、门窗洞口、楼层、女儿墙、楼梯间、烟道等处的标高尺寸，同时还注写了轴线间的尺寸。

（五）读索引符号、图例等，了解节点构造做法、楼地面构造层次（它也可以在建筑说明中表述、在装修做法表中说明，或在详图中注明）。

第六节　建筑详图的识读

一、详图的表达方法及其作用

建筑详图，简称详图，它是将房屋细部构造及构配件的形状、大小、材料做法等用较大的比例（1:1～1:50）按正投影法详细表达出来的图样。详图下方应标注详图符号（或××剖面图），与被索引（或被剖切）的图样上的索引符号（或剖切符号）相对应，且在详图符号（或××剖面图）的右下侧注写比例。详图比例大，表达详尽清楚，尺寸标注齐全，文字说明详尽，是房屋细部施工、室内外装修、门窗立口、构配件制作和编制工程预算等的重要依据。一幢房屋施工图通常需表达外墙剖面详图、某些局部详图（如厕所、卫生间、厨房布置，楼梯间详图等）和构配件详图（如门窗、阳台、壁柜等，这些构配件详图一般可以查找标准图集或通用详图，不必再画详图）。

二、外墙剖面详图识读步骤

外墙剖面详图，一般由被剖切墙身的各主要部位的局部放大图组成，表达外墙与地面、楼面、屋面的构造连接情况以及檐口、门窗顶、窗台、勒脚、散水、明沟的尺寸、材料、做法等构造情况。多层房屋中，若各层的构造情况一样，可只表达底层、中间层（楼层）、屋顶三个墙身节点的构造。

对照图4-15说明如下：

（一）读详图编号和墙身轴线编号，知道剖切位置。详图2-2剖面的剖切位置在图4-9中Ⓐ轴线上。

（二）从图中引出线读屋面、楼面、地面等的构造层次和做法。图中屋面因防水要求采用六层构造：承重结构层结构找坡2%，其上做20厚1:2.5水泥砂浆找平层，刷基层处

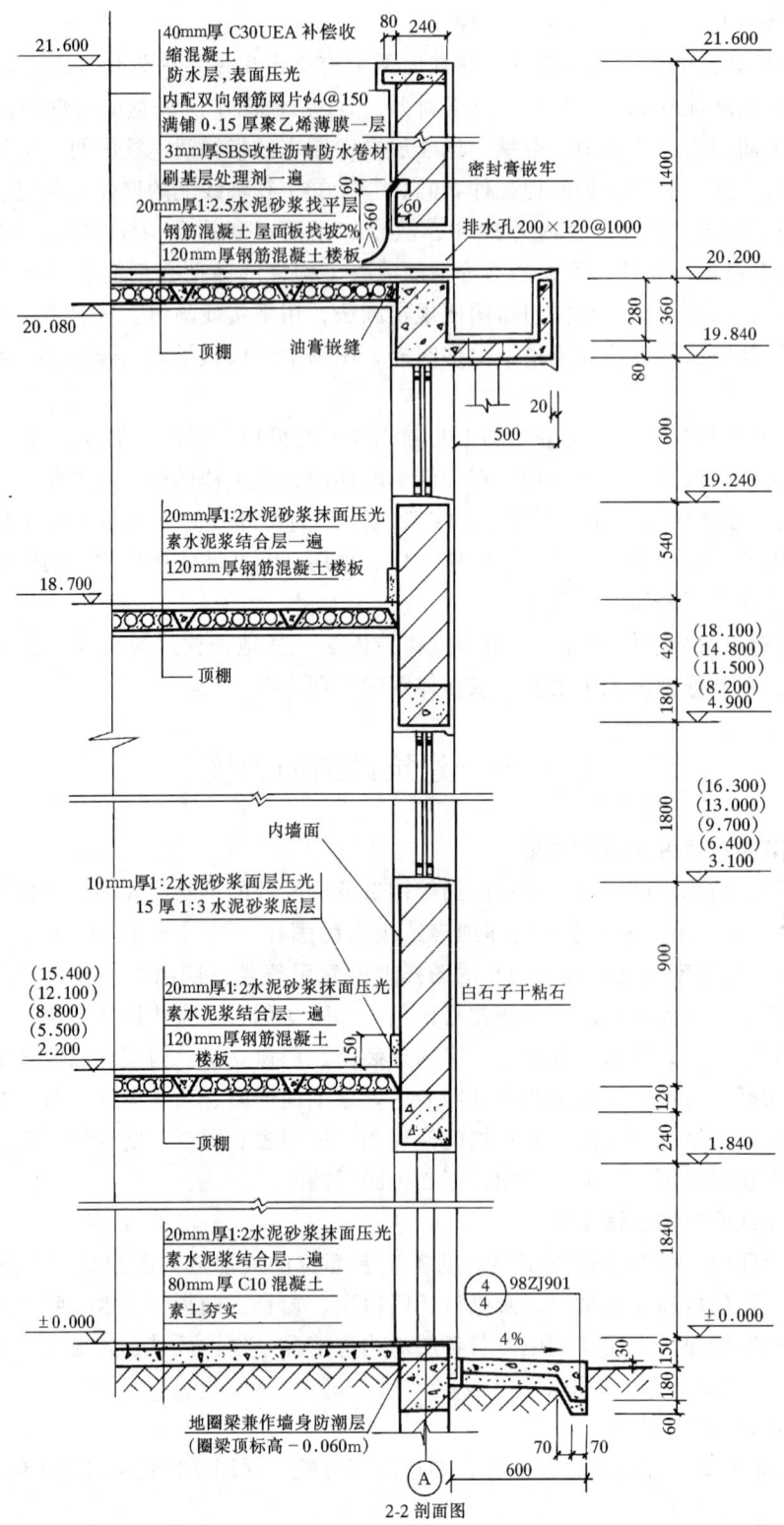

图 4-15 墙身节点详图

理剂一遍，做 3 厚 SBS 改性沥青防水卷材，再满铺 0.15 厚聚乙烯薄膜一层，最后做 40mm 厚 C30UEA 补偿收缩混凝土防水层内配双向 ϕ4@150 钢筋网片。图中还表达了楼面、地面的构造做法。

（三）读檐口构造及排水形式。檐口是房屋的一个重要节点，当不画墙身剖面详图时，必须单独画出檐口节点详图或用索引符号查找标准图集。檐口节点主要表达屋面与墙身相接处的排水构造，如图中檐口为现浇挑檐沟，采用有组织的排水形式，屋面坡度为 2%。图中还表达了女儿墙、压顶的做法及要求。

（四）读门窗过梁（或圈梁）、窗台的构造及窗框的位置。如图中门窗过梁为钢筋混凝土矩形过梁，窗台做成斜坡以利排水，窗框位于墙的中间。

（五）读内、外墙装修和勒脚、散水、明沟、踢脚、防潮层等墙身细部构造。如图中混凝土散水做法见《中南地区通用建筑标准设计》98ZJ901 $\frac{4}{4}$、排水坡度为 4%，外墙面粉刷为白石子干粘石。

（六）读各部分标高和墙身细部的具体尺寸。墙身剖面应标注室内外地坪、防潮层、各层楼面、屋面、窗台、圈梁或过梁、檐口等处的标高，以及墙身、散水、勒脚、窗台、檐口等细部的具体尺寸。如图中底下架空层门的标高为 1.840，一层窗台标高 3.100，散水宽度 600，檐沟挑出尺寸 500、立边高度 360，墙身厚度 240，轴线位于墙中心，楼层标高为 5.500、8.800……。

三、楼梯详图的识读步骤

楼梯是多层房屋上下交通的主要设施，应满足行走方便、人流通行及疏散畅通，应有足够的坚固耐久性。楼梯一般由楼梯段（包括踏步和斜梁）、平台（包括平台梁和平台板）、栏杆扶手（或栏板）等组成。楼梯详图主要表示楼梯的类型、结构形式、各部位尺寸及做法，是楼梯施工的主要依据。

楼梯详图一般包括：楼梯平面图、剖面图、踏步及栏杆扶手等节点详图，常采用 1：10、1：20、1：50 的比例。楼梯详图有建筑详图和结构详图，分别编入"建施"和"结施"中，当构造和装饰较简单时，其建筑与结构详图可合并画出。

（一）楼梯平面详图

楼梯平面详图是房屋平面图中楼梯间部分的局部放大图。多层房屋的楼梯，当中间各层的楼梯位置、梯段数、踏步数、踏步尺寸均相同时，一般只表达底层、中间层和顶层三个楼梯平面详图，如图 4-16 所示，比例为 1：50。当为两跑楼梯时，楼梯平面图是沿两跑楼梯之间的休息平台的下表面作水平剖切向下投影而得。按"国标"的规定，应在楼梯底层、中间层平面图上行的梯段中以 45°细斜折断线表示水平剖切面剖断的投影，并表达该段楼梯的全部踏步数，图 4-16 中箭线表示上或下的方向，并注明"上"或"下"字样，表示人站在该层的地面（或楼面）上从该层往上或往下走。

图 4-16 中楼梯平面图，除注出楼梯间的开间和进深尺寸、楼地面和平台面的标高尺寸外，还需注出各细部的详细尺寸。通常把梯段长度尺寸与踏面数、踏面宽的尺寸合并写在一起。图中底下架空层楼梯平面图中的 260×12＝3120，表示该梯段有 12 个踏面，每一个踏面宽为 260mm，梯段长为 3120mm。为便于阅读、简化标注，通常将 3 个平面图画在同一张图纸内互相对齐标出楼梯间的轴线。且在底层楼梯平面图标注楼梯剖面图的剖切位置线。

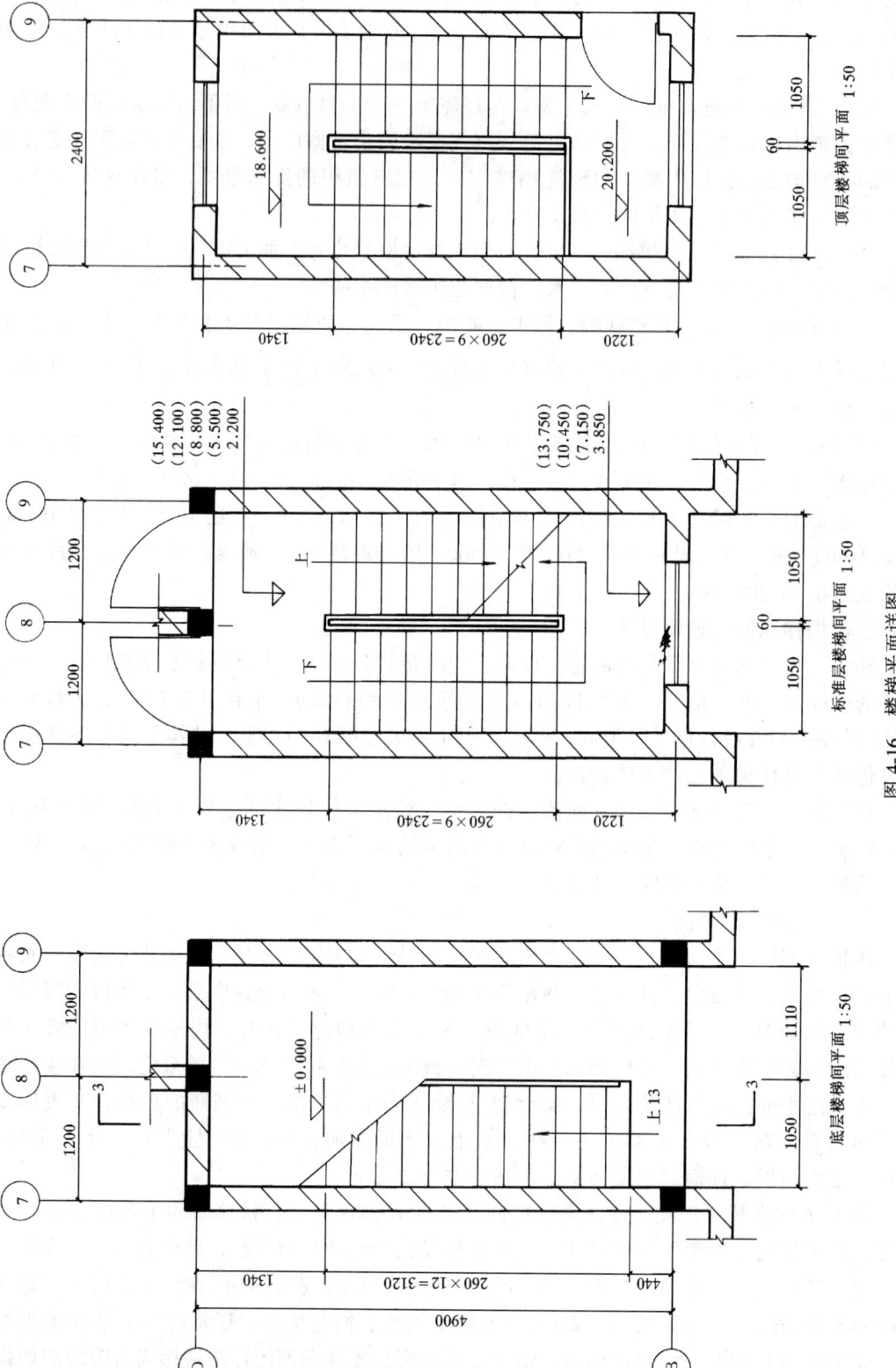

图 4-16 楼梯平面详图

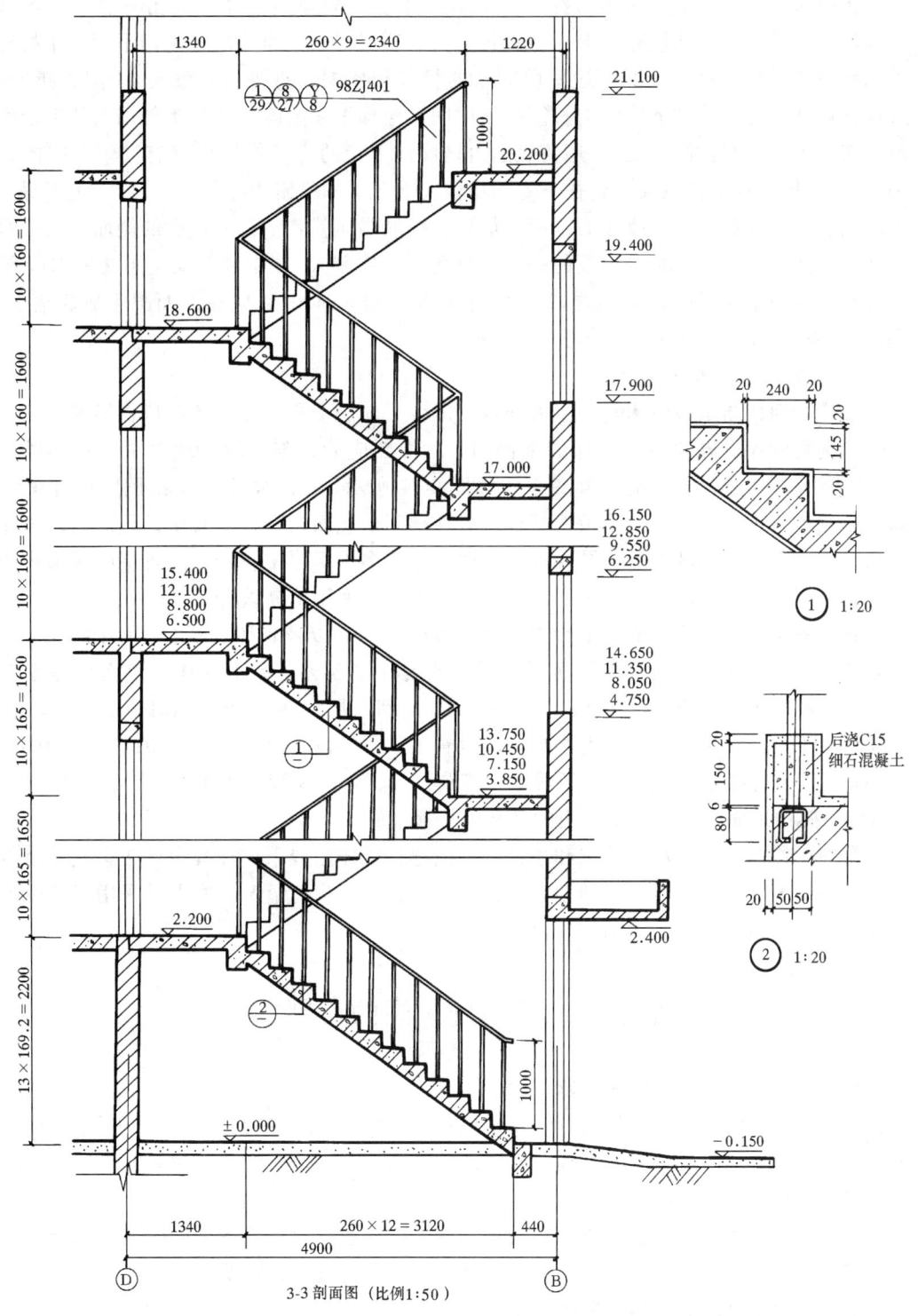

图 4-17 楼梯剖面详图

读图时应掌握每层平面图的特点。图4-16中底下架空层楼梯平面图只有一个被剖切的梯段及扶手栏杆，并注有"上"字的长箭头。顶层楼梯平面图由于剖切平面高于栏杆扶手未剖到楼梯段，故在图中表达两段完整的梯段和楼梯休息平台，没有45°细斜折断线，且在梯口处只有一个"下"字的长箭头。中间层楼梯平面图既要表达被剖切的往上走的梯段（有"上"字的长箭头处），还要表达由该层往下走的完整的梯段（有"下"字的长箭头处）、楼梯休息平台以及平台往下走的梯段，上、下梯段用45°折断线分界。由于每一梯段的踏步最后一级为平台或楼面，所以最后一级的踢面就是平台或楼面的侧面，故平面图上梯段踏面的投影数总是比梯段的踏步（或踢面）数少1，图中底下架空层楼梯梯段有13级踏步，而在平面图中只需表达12个踏面（260×12＝3120），但在剖面图中应表达13个踢面（169.2×13＝2200），其余可对照分析。

（二）楼梯剖面详图

楼梯剖面详图是假想用一铅垂面通过房屋各层的一个梯段和门窗洞口将楼梯剖开，向另一未剖到的梯段方向投影所作的剖面图。剖面图应能完整、清晰地表示出各梯段、平台、栏杆等的构造及它们的相互关系。如图4-17所示3-3剖面详图，比例同楼梯平面详图，表达了一现浇钢筋混凝土板式楼梯。因楼梯间的屋面没有特殊要求，且前面已描述过屋顶，故这里可不再画屋顶。同楼梯平面图一样，多层房屋中，若中间各层的楼梯构造相同，则剖面图可只画出底层、中间层和顶层剖面，中间用折断线分开。

剖面图中也应表达地面、平台面、楼面等处的标高以及梯段、栏杆扶手的高度尺寸。梯段高度尺寸标注方法同楼梯平面图中梯段长度标注方法。图4-17中，最底层是底下架空层，层高2.200m，只一跑楼梯，由一层直接上到二层，共13级，即169.2×13＝2200；上屋顶由于有架空隔热层，高度增加，故设置了三个梯段，每个梯段为10级，即160×10＝1600；其余每层是居住用房，做成双跑等跑楼梯，每一梯段均为10级，尺寸为165×10＝1650。图中地面、楼面、平台面的标高同楼梯平面图。

在剖面详图上，踏步、扶手和栏杆等一般都另画详图或采用标准设计图集或采用通用详图，用更大的比例画出它们的型式、大小、材料以及构造情况，本图是采用标准设计图集98ZJ401 $\frac{7}{8}\frac{8}{27}\frac{1}{29}$以及详图1和详图2。

第七节 建筑施工图的绘制方法

一、绘制施工图的目的和要求

只有掌握了建筑施工图的内容、图示原理与方法并学会绘制施工图，才能把设计意图和内容正确地表达出来。同时，通过施工图的绘制，可以进一步认识房屋的构造，提高读图能力，熟练绘图技能。

绘制的施工图，要求投影正确、技术合理、表达清楚、尺寸齐全、线型粗细分明、字体工整以及图样布置紧凑、图面整洁等，这样才能满足施工的需要。

二、绘制建筑施工图的步骤与方法

（一）确定绘制图样的数量：根据房屋的外形、层数、每层的平面布置和内部构造的复杂程度以及施工的具体要求，来决定绘图的内容和图样的种类，并对各种图样及数量作全面规划、安排，防止重复和遗漏，便于前后对照查阅和方便施工。

（二）选择合适的比例：在保证图样能清晰表达其内容的情况下，根据各图样的具体要求和作用，选用常用的比例。

（三）合理组合与布置：在确定各种图样和数量之后，应考虑把哪几个图安排在一张图上。在图幅大小许可的情况下，尽量保持各投影图之间的三等关系（如将同比例的平、立、剖面图绘在同一张图纸上，保持长对正、高平齐、宽相等的投影关系）。或将同类型的、内容关系密切的图样，集中在一张或顺序连接的图纸上，以便对照查阅。

（四）绘制图样：绘制施工图的顺序，一般是按平面→立面→剖面→详图的顺序来进行的。但也可以在画完平面图后，再画剖面图（或侧立面图），然后根据投影关系再画出正立面（背立面）图，这时正立面图上的屋脊线可由剖面图（或侧立面图）投影而得。

为保证图样整洁、清晰，可先用 H 或 2H 绘图铅笔绘出轻、淡、细的底稿线，在全部打好各图样的底稿线经检查无误后再按"国标"要求用 B 或 HB 绘图铅笔加粗、加深线型或上墨线。在打底稿线时注意同一方向或相等的尺寸一次量出，以提高绘图的速度。铅笔加深、加粗或上墨线时，要注意线型粗细分明、浓淡一致，一张图上同一比例的同类型线型要同粗，数字大小要一致，中文字要按字号打好格子书写。一般先画好图，后再注写尺寸和文字说明。

三、建筑施工图画法举例

（一）平面图画法（以标准层平面图为例），如图 4-18 所示。

1．画出定位轴线　根据开间和进深尺寸定出各轴线（图 4-18（a））。

2．画墙身厚度及柱的轮廓线，定门窗洞位置。定门窗洞位置时，应从轴线往两边定窗间墙宽，这样门窗洞宽自然就定出了（图 4-18（b））。

3．画楼梯、衣柜、壁柜、搁板等细部，画出窗的图例及门的开启线（图 4-18（c））。

4．经检查无误后，擦去多余的作图线，按线型要求加深或加粗图线，或上墨线。并注上或画上轴线的编号、尺寸线等，图 4-18（d）所示；标注尺寸、剖切位置线、门窗编号、注写图名、比例及其他文字说明，最后完成平面图（见前面图 4-10 所示的标准层平面图）。

（二）立面图画法（以①～⑮轴立面图为例），如图 4-19 所示。

1．先画外墙轮廓线、室外地坪线（超出立面边界线 10～15mm）和女儿墙压顶线（图 4-19（a））。

在合适的位置画上室外地坪线。定外墙轮廓线时，如果平面图和正立面图画在同一张图纸上，则外墙轮廓线应由平面图的外墙外边线，根据"长对正"的原理向上投影而得。根据标高画出女儿墙轮廓线，如无女儿墙时，则应根据侧面或剖面图上屋面坡度的脊点投影到正立面定出屋脊线。

2．定门窗位置，画细部。如檐口、门窗洞、窗台、雨篷、阳台、楼梯等（图 4-19（b））。

正立面图上门窗宽度应由平面图下方外墙的门窗宽投影得。根据窗台、门窗顶、檐口等标高画出窗台线、门窗顶线、檐口线。

3．经检查无误后，擦去多余的线条，按线型要求加粗或加深图线，或上墨线。画出少量门窗扇、装饰、墙面分格线。标注标高，应注意各标高符号的 45°等腰直角三角形的顶点在同一条竖直线上。标注图名、比例、轴线和文字说明，完成全图（见前面图 4-12 所示的立面图）。

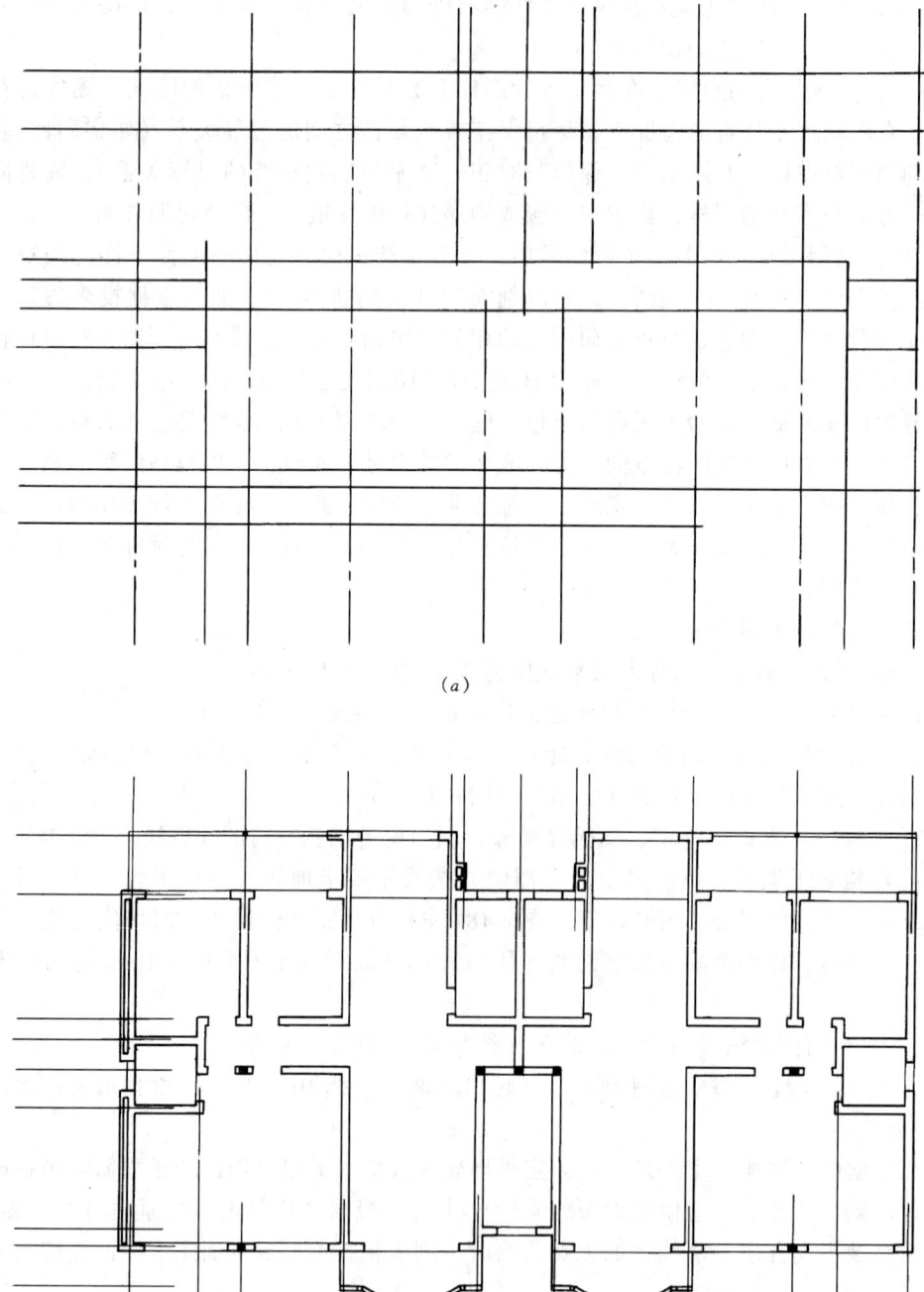

图 4-18 平面图画法（一）

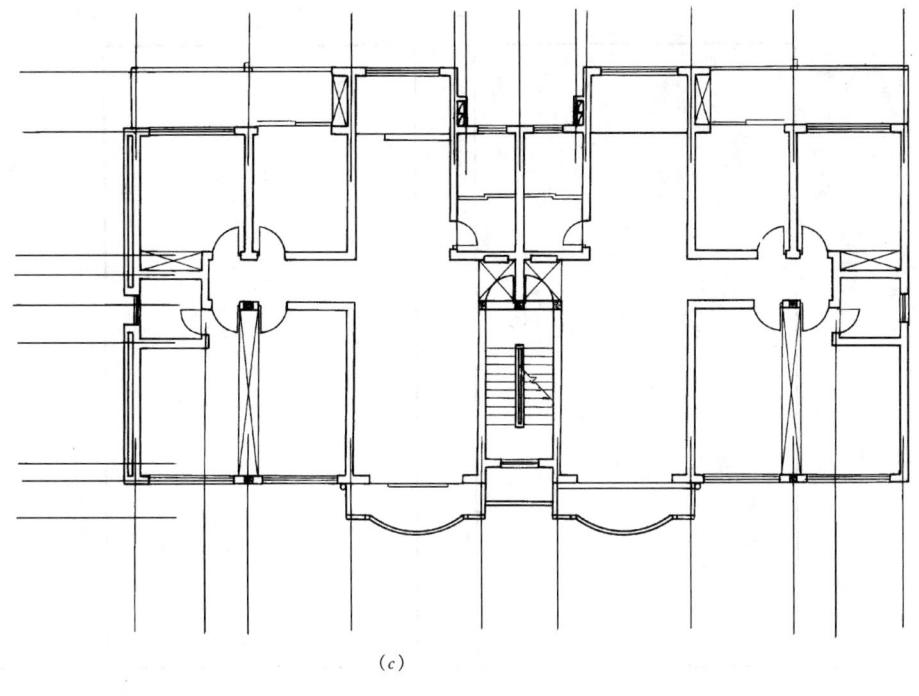

(c)

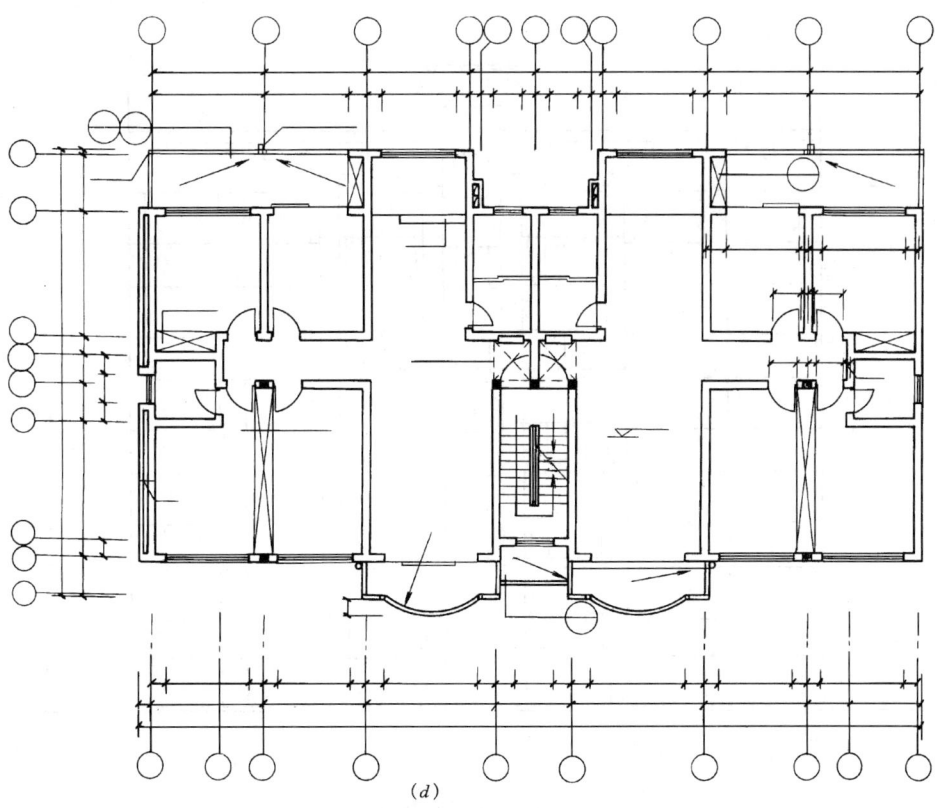

(d)

图 4-18 平面图画法（二）

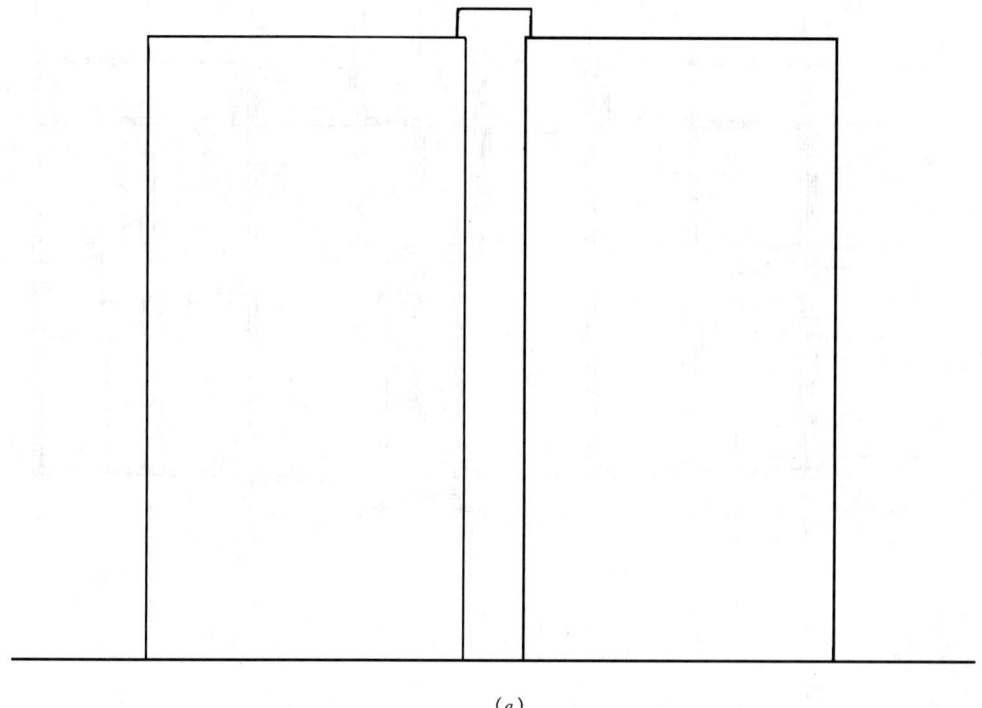

(a)

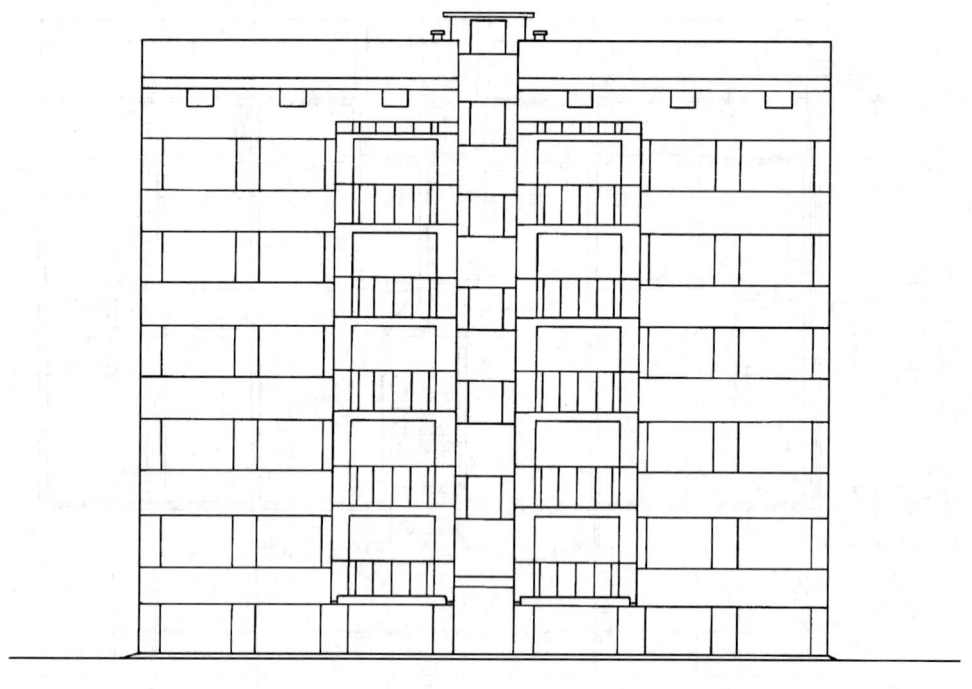

(b)

图 4-19 立面图画法

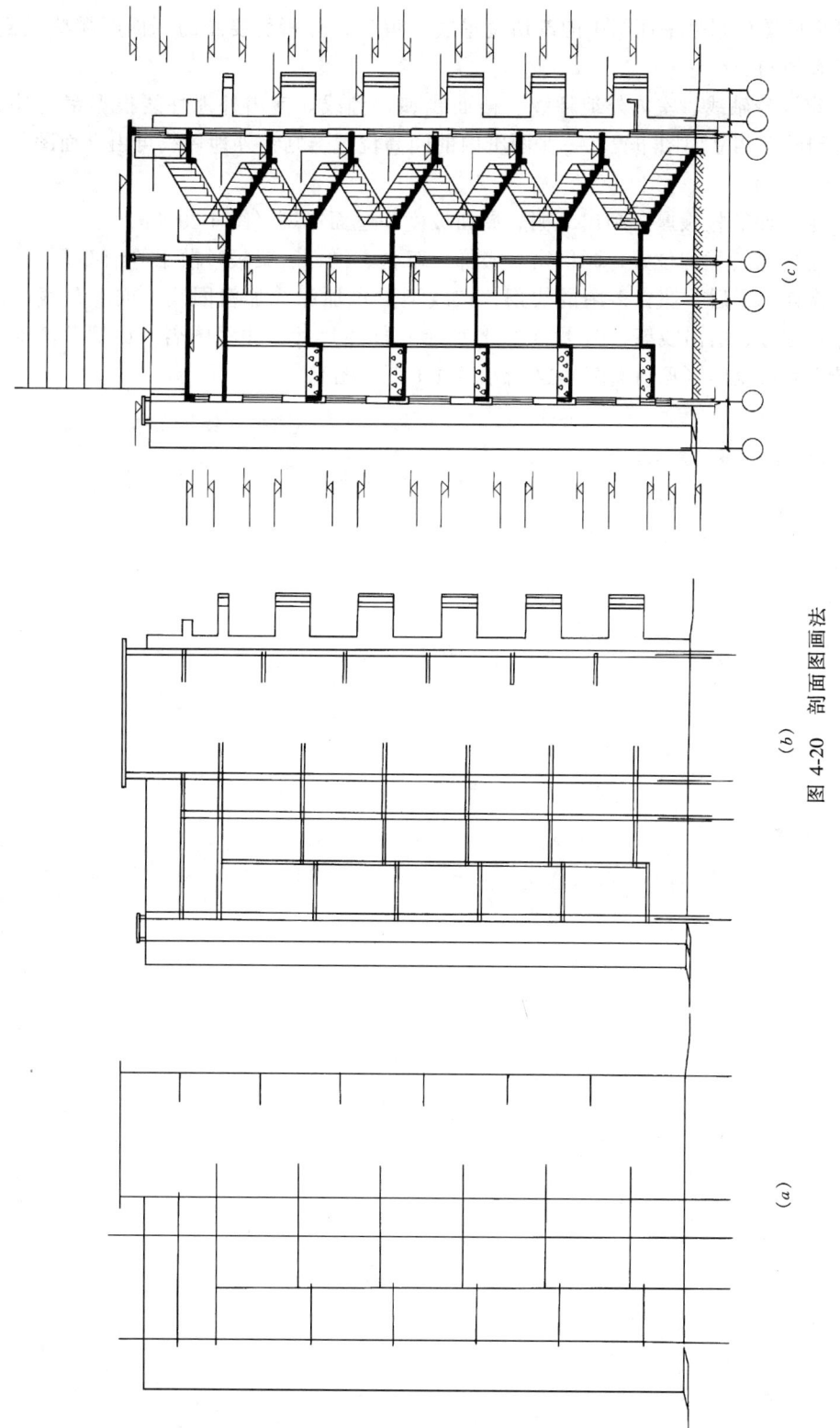

图 4-20 剖面图画法

（三）剖面图画法

画剖面图应根据平面图中的剖切位置线和编号，分析所要画的剖面图哪些是剖到的，哪些是看到的。

1. 定墙身轴线、室内外地坪线、楼面线和顶棚线。室内外地坪线根据室内外高差确定，若剖面图与立面图布置在一张图纸内的同高位置，则室外地坪线可由立面图投影而来（图 4-20（a））。

2. 定墙厚、楼板厚，画出天棚、屋面坡度和屋面厚度（图 4-20（b））。

3. 定门窗、楼梯位置，画门窗、楼梯、阳台、檐口、梁板、散水等细部。

经检查无误后，擦去多余的线条，按线型要求加深或加粗图线，或上墨线。画尺寸线、标高符号、引出线等，图 4-20（c）所示；标注尺寸，注写图名、比例及其他文字说明，最后完成全图（见前面图 4-14 所示的 1-1 剖面图）。

第五章 结构施工图

第一节 概 述

结构施工图（简称结施），它主要是表明结构及构件设计内容。如房屋的屋盖、楼板、梁、柱、基础等的结构设计情况。在建筑工程中是基础施工，钢筋混凝土构件制作、构件安装、编制预算和施工组织的重要依据。

一、结构施工图的主要内容

1. 结构设计说明：包括主要设计依据，如工程概况，结构形式，荷载标准值的类型、规格、强度等级、构造要求施工要求以及所选用的规范、规程、规定、标准图集和通用图集的名称和编号等。

2. 结构平面布置图：主要表示房屋结构中的各种承重构件总体平面布置的图样，包括有基础平面图、楼层结构平面图、屋顶结构平面图等。

3. 结构详图：主要表示各承重构件的形状、大小、材料和构造以及各承重结构间的连接节点、细部节点等构造。包括：基础、梁、楼板、柱、楼梯等的详图。

二、结构施工图的图示特点及识读方法

（一）图示特点：结施图与建施图一样均是采用直接正投影方法绘制，并采用多面正投影图、剖面图和断面图三种基本图样表达。但由于它们反映的侧重点不同，在线形、尺寸标注上有所区别。

常 用 构 件 代 号 表 5-1

序号	名 称	代号	序号	名 称	代号	序号	名 称	代号
1	板	B	19	圈梁	QL	37	承台	CT
2	屋面板	WB	20	过梁	GL	38	设备基础	SJ
3	空心板	KB	21	连系梁	LL	39	桩	ZH
4	槽形板	CB	22	基础梁	JL	40	挡土墙	DQ
5	折板	ZB	23	楼梯梁	TL	41	地沟	DG
6	密肋板	MB	24	框架梁	KL	42	柱间支撑	ZC
7	楼梯板	TB	25	框支梁	KZL	43	垂直支撑	CC
8	盖板或沟盖板	GB	26	屋面框架梁	WKL	44	水平支撑	SC
9	挡雨板或檐口板	YB	27	檩条	LT	45	梯	T
10	吊车安全走道板	DB	28	屋架	WJ	46	雨篷	YP
11	墙板	QB	29	托架	TJ	47	阳台	YT
12	天沟板	TGB	30	天窗架	CJ	48	梁垫	LD
13	梁	L	31	框架	KJ	49	预埋件	M-
14	屋面梁	WL	32	刚架	CJ	50	天窗端壁	TD
15	吊车梁	DL	33	支架	ZJ	51	钢筋网	W
16	单轨吊车梁	DDL	34	柱	Z	52	钢筋骨架	G
17	轨道连接	DGL	35	框架柱	KZ	53	基础	J
18	车挡	CD	36	构造柱	GZ	54	暗柱	AZ

注：1 预制钢筋混凝土构件、现浇钢筋混凝土构件、钢构件和木构件，一般可直接采用本附录中的构件代号。在绘图中，当需要区别上述构件的材料种类时，可在构件代号前加注材料代号，并在图纸中加以说明。
2 预应力钢筋混凝土构件的代号，应在构件代号前加注"Y-"，如Y-DL表示预应力钢筋混凝土吊车梁。

（二）常用构件代号：为使结施图简明清晰，国标（GB/T50105—2001）规定有关常用构件的名称用代号表示，如表5-1所示。

（三）识读方法：一般识读的顺序是结构设计说明——结构平面布置图——结构详图。在阅读时还应做到：结施图与建施图对照；详图与结构平面布置图对照；结施图与设备施工图（简称设施图）对照。

三、钢筋混凝土的基本知识

（一）混凝土的基本知识

混凝土是由水泥、砂、石和水按一定比例配合、拌制、浇捣、养护后硬化而成。凝固后的混凝土坚硬如石，俗称人工石。其抗压强度高但抗拉强度较低。用标准方法测试的混凝土抗压强度称为混凝土的强度等级。规范规定的混凝土强度等级有C7.5、C10、C15、C20、C25、C30、C35、C40、C45、C50、C55、C60共12个等级。例如，$20N/mm^2$的混凝土称混凝土强度等级为C20。

由于混凝土的抗拉强度较低，工程上常在混凝土构件的受拉区域内配置一定数量的钢筋，使两种材料粘结成一个整体，共同承受外力。这种材料即称为钢筋混凝土。钢筋混凝土结构是目前建筑工程中应用最广泛的承重结构。

（二）钢筋混凝土构件的种类

钢筋混凝土构件按施工方式不同可分为现浇整体式、预制装配式以及部分装配部分现浇的装配整浇式三类。

钢筋构件按钢筋是否施加预应力又可分为普通钢筋混凝土和预应力钢筋混凝土。预应力钢筋混凝土构件是在制作时，通过预先张拉钢筋，使构件在承受荷载前预先给混凝土构件的受拉区施加一定的压力。以提高构件的抗裂性能和抵抗变形的能力。

钢筋混凝土构件，还可以分为定型构件和非定型构件。定型构件通用性强，有全国性和地区性的标准图集或通用图集。在设计选用上，只需在图纸上注明定型构件的型号以及所在图集的名称、页码即可。

（三）钢筋的级别、作用

建筑构件常用钢筋按其强度、品种的不同，分别用不同的直径符号表示，其中建筑结构中常用的钢筋有：强度等级Ⅰ级、符号用Φ表示和强度等级Ⅱ级、符号用Φ表示。

配置在混凝土中的钢筋，按其作用和位置不同分为以下几种：

1. 纵向受力筋：是构件中最主要的受力钢筋。是通过结构计算确定的。又分为直筋和弯起筋两种。

2. 箍筋：固定受力筋的位置，并承受一部分斜拉应力。多用于梁内及柱内。

3. 架立筋：用以固定梁内箍筋的位置，构成梁内的钢筋骨架。

4. 分布筋：板中与受力筋方向垂直，按构造要求配置钢筋。用于固定受力筋的位置，并承担垂直于板跨方向的收缩及温度应力。

5. 其他：因构件构造要求或施工安装需要而配置的构造筋。如腰筋、吊环、预埋锚固筋等。如图5-1所示。

（四）钢筋的表示方法及钢筋的保护层厚度

对于用光圆钢筋作受力筋的钢筋，为加强它与混凝土的粘结力，常作成弯钩形式。光圆钢筋弯180°钩，变形钢筋弯90°钩。常见的有直弯钩和半圆弯钩。钢筋在接长时还有一

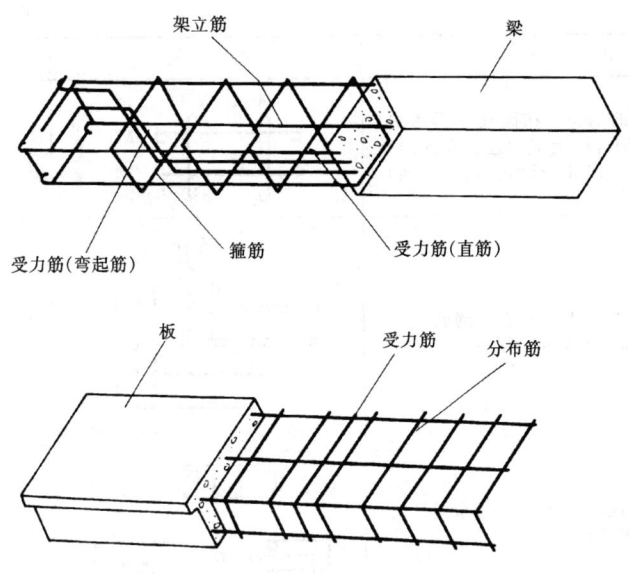

图 5-1 结构构件中常用的钢筋名称

定的搭接尺寸,通常也要用弯钩的形式表示其搭接端点。钢筋的立面用粗实线表示,而横断面则用黑圆点表示。构件中同类多根钢筋还要注明它们的间距,用@表示,如:Φ8@200 即采用Ⅰ级钢筋,直径为 8mm,每根钢筋的间距为 200 mm,又如 4Φ22 即表示,采用Ⅱ级钢筋共有 4 根,每根钢筋直径为 22mm,为防止钢筋锈蚀,在构件中的钢筋外面要留有一定厚度的混凝土保护层。"规范"规定:梁、柱的保护层不小于 25mm,混凝土板、墙的保护层应为 10~15 mm,有垫层的基础的保护层应不小于 35mm,表 5-2 为钢筋画法图例。

钢 筋 画 法 图 例　　　　表 5-2

序号	名　　称	图　例	说　明
1	钢筋横断面	●	
2	无弯钩的钢筋端部		表示长短钢筋投影重叠时可在短钢筋的端部用45°短画线表示
3	带半圆形弯钩的钢筋端部		
4	带直钩的钢筋端部		
5	带丝扣的钢筋端部		
6	无弯钩的钢筋搭接		
7	带半圆弯钩的钢筋搭接		
8	带直钩的钢筋搭接		
9	套管接头		
10	在平面图中配置双层钢筋时,底层钢筋弯钩应向上或向左,顶层钢筋则向下或向右	底层　顶层	

续表

序号	名 称	图 例	说 明
11	配双层钢筋的墙体,在配筋立面图中,远面钢筋的弯钩应向上或向左,而近面钢筋则向下或向右（GM：近面；YM：远面）		
12	如在断面图中不能表示清楚钢筋布置,应在断面图外面增加钢筋大样图		
13	图中所表示的箍筋、环筋,如布置复杂,应加画钢筋大样及说明		

第二节 基础图的识读

基础图分为基础平面图和基础详图两部分，常用的条形基础与独立基础的布置与形式，如图 5-2 所示。

下面以某住宅为例，介绍有关基础图的识读。

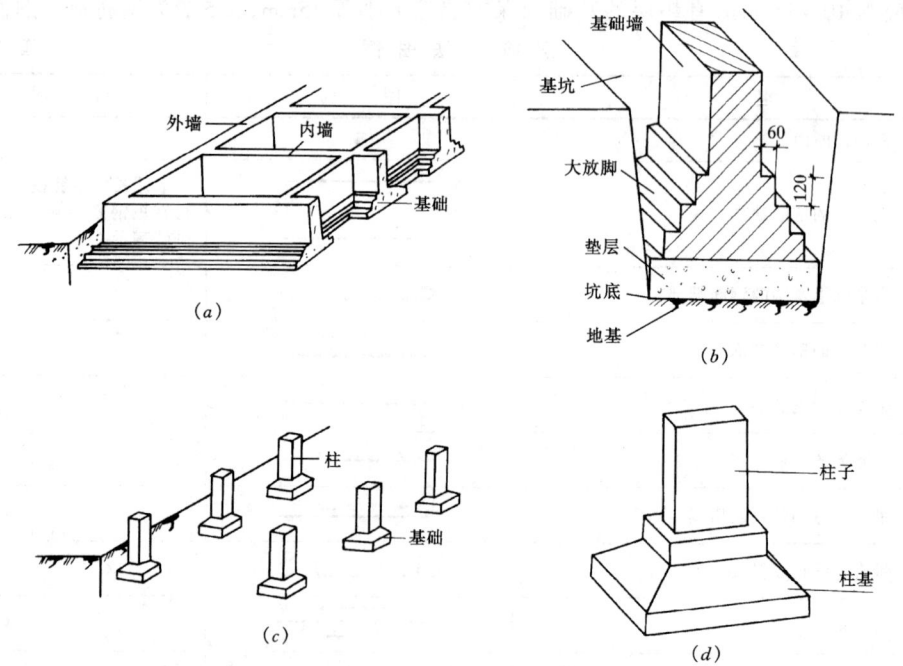

图 5-2 条形基础与独立基础的布置与形式
（a）条形基础布置；（b）条形基础的形式；（c）独立基础布置；（d）独立基础的形式

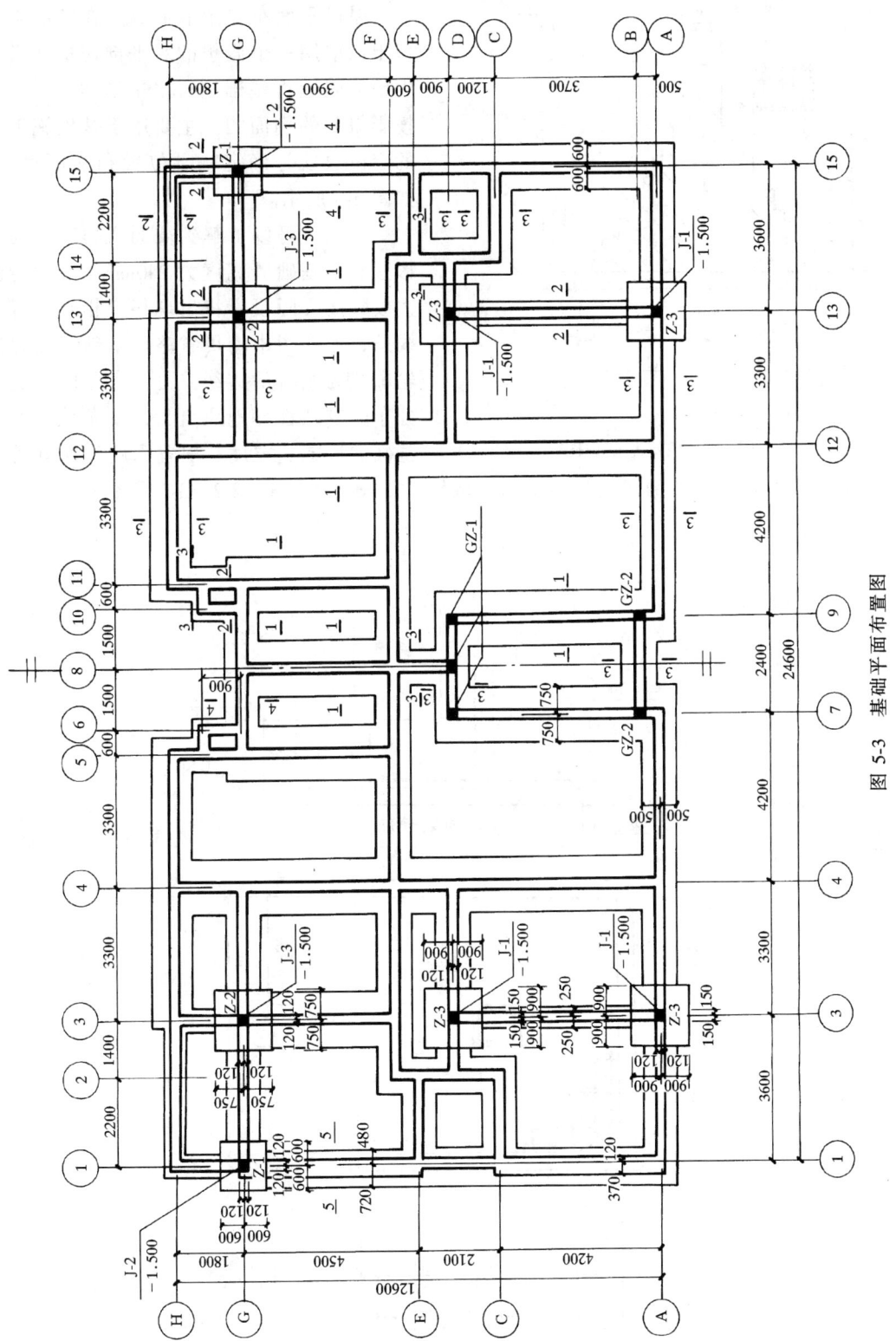

图 5-3 基础平面布置图

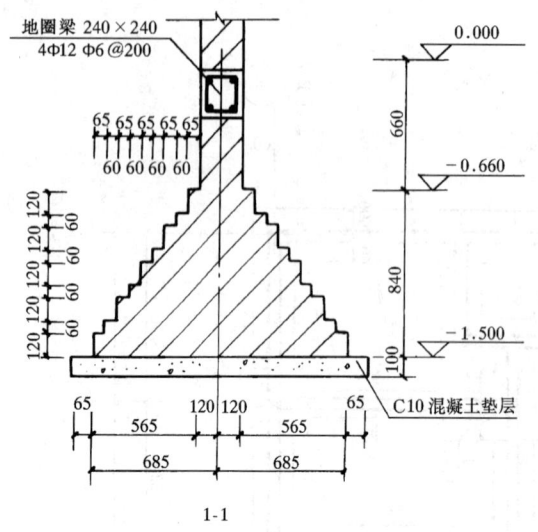

图 5-4 条形基础详图

一、基础平面图

基础平面布置图的形成是在基坑未回填土以前用一个假想的水平剖切平面沿室内地坪附近将基础进行水平剖切后,向下投影得到的剖面图。主要用于基础施工时的定位放线,确定基础位置和平面尺寸。如图 5-3 所示。

从图中可以了解到被剖切的基础为条形基础,基础墙宽度为 240mm,虽然砖砌大放脚按实际投影将出现很多相互平行的线条,但在图中均可省略。基础墙两边的轮廓线为基坑的边线。由于房屋内部荷载分布的复杂性和地质自身的复杂性,使得基础的形式、宽度、埋置深度等均有所不同。在图中则以不同的剖切代号标出以示区别。如图中的 1-1、2-2、3-3 等断面代号。其

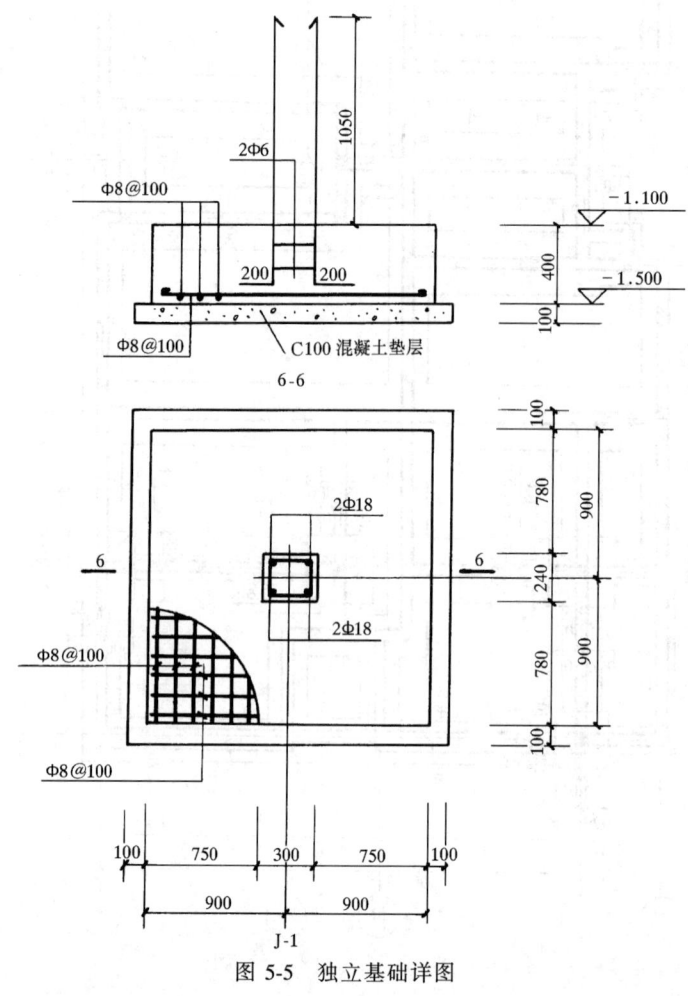

图 5-5 独立基础详图

基坑的宽度分别为1500mm、500mm、1200mm等。图中涂黑的部分为钢筋混凝土构造柱GZ及独立基础J-1、J-2、J-3。

二、基础详图

基础详图主要表示基础的类型、尺寸、做法和材料。在识读中,首先应注意详图的编号所对应于基础平面图的位置。其次应了解大放脚的形式及尺寸、垫层的材料与尺寸。同时了解防潮层的做法、材料和尺寸。最后了解各部分的标高尺寸如基底标高、室内(外)地坪标高、防潮层的标高等。如图5-4所示为条形基础详图。

从图中可以了解到,该基础是平面图中纵横向内墙的条形基础。轴线位于基础墙的中心大放脚为9级。每级两侧缩60mm,高60、120mm间隔。基础垫层厚为100mm,混凝土的强度等级是C10其宽度为1500mm,图中还设置了地圈梁,其断面尺寸为240mm×240mm,是由钢筋混凝土材料制成。圈梁内设置了4根直径为12mm的Ⅰ级钢筋(即4Φ12)和直径为6mm每间隔200mm配置一根的箍筋(即Φ6@200)。垫层顶部标高是-1.500,室内地坪标高是±0.000。本基础中的地圈梁同时又兼做防潮层。

图5-5为独立基础J-1的基础详图,是独立基础中常见的一种形式,从图中可以看出该基础的配筋情况、形状及尺寸。

基础内配有两端带弯钩其直径和间距都相等的Ⅰ级双向钢筋网即Φ8@200(双向)钢筋网其底部有35mm厚的保护层(在图中可不标出),垫层的材料是C10混凝土100mm厚。基础底部宽为2000mm,基础的高度为400mm,并设有与柱相连接的纵向钢筋。即4根Ⅱ级钢筋,钢筋的直径为18mm。

第三节 楼层、屋面结构平面布置图的识读

楼层结构平面布置图与屋面结构平面布置图基本相似,一般可分为预制和现浇两大类。本节中的实例是以预制为主分别介绍有关的读图方法。

楼层、屋面结构平面布置图是假想用一水平剖切平面沿楼板面上方或屋面处剖切后,向下做出其水平投影而成的。主要是用来表示每层楼的梁、板、柱、墙等结构的平面布置情况以及它们之间的关系。由于图中所表示的构件种类较多,为防止图中因线条过多而造成混乱,使读图不便,因此,往往对于一些常用的构件采用代号和简化线条来表示。

一、楼层、屋面结构平面布置图表示法

屋面、楼层结构平面布置图表示法,采用单面正投影表示法表达房屋楼层中所有承重构件的位置及相互关系。如图5-6所示为某住宅楼层、屋面结构平面布置图。由于本楼左右完全对称,因此,用一对称符号将楼层和屋面的结构平面图合为一个图。

在识读时应注意以下几点:

(一)轴线网

楼板及屋面结构平面的轴线网与相应的"建施"图中楼层平面图轴线网一致。为了突出楼板布置、墙体用细线表示。

(二)预制楼板的表示方法

预制楼板一般搁置在墙或梁上,相互平行,可按实际布置画在结构布置平面图上,或

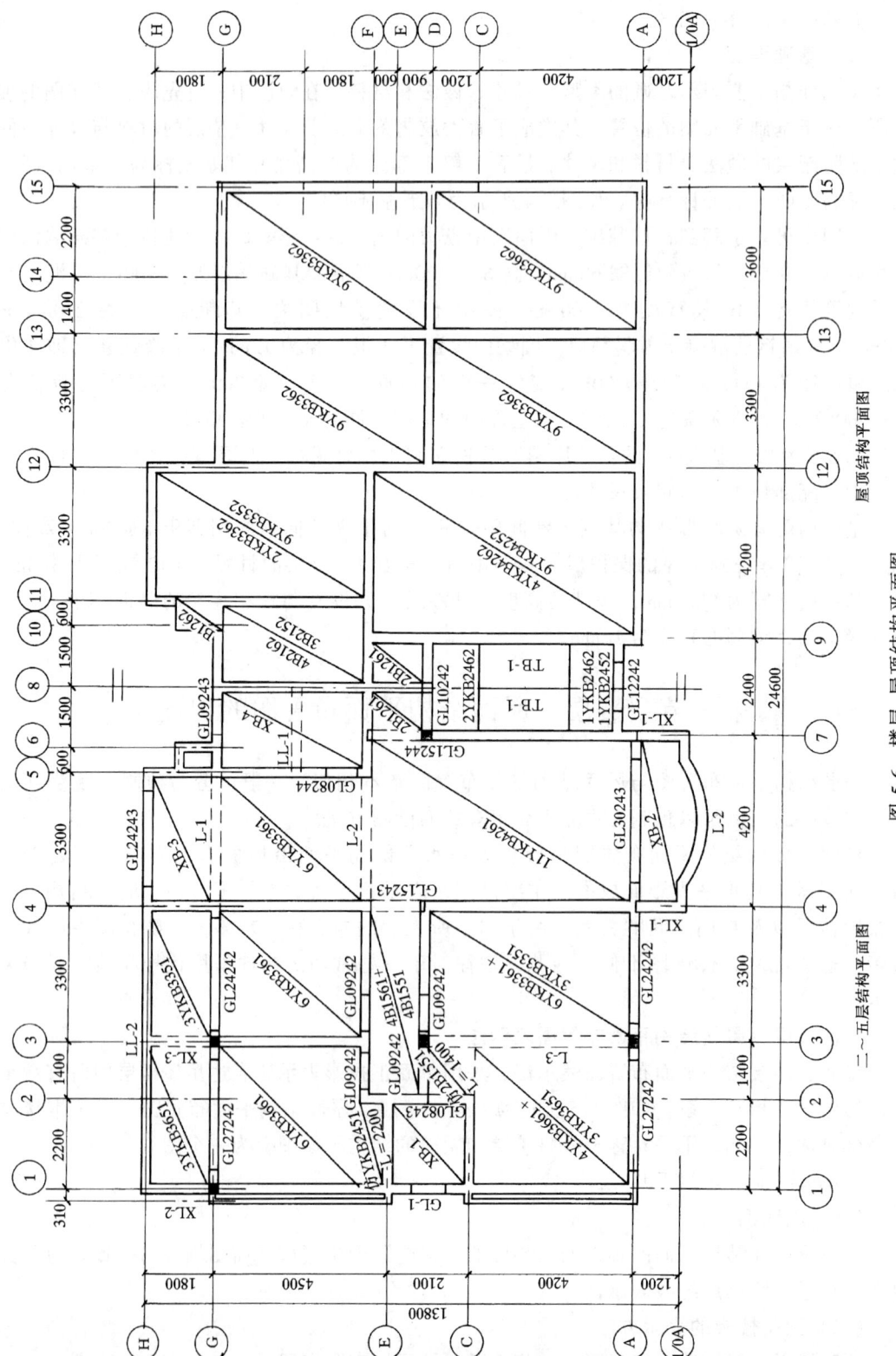

图 5-6 楼层、屋顶结构平面图

者画上一根对角的细实线，并在线上写出构件代号和数量。图 5-6 为①~③及Ⓐ~Ⓒ轴线所限定的房间楼板的布置情况，该房间共用了 4 块 YKB3661 及 3 块 YKB3651。在中南地区通用建筑标准设计图集中板的代号其含义如

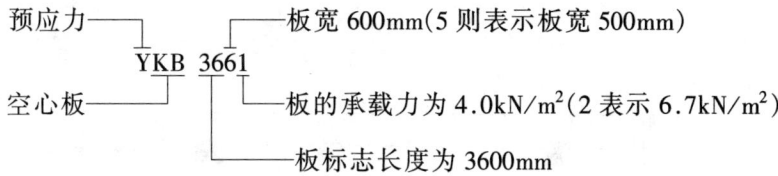

（三）梁的表示方法

图中梁用细双实线表示。被遮挡时改为用细双虚线。并在其上写出梁的代号。见图 5-6 中的 L-1、L-3、GL（过梁）及 LL-1（连系梁）等。过梁可直接写在门窗洞口的位置上，为了防止墙上线条过多，省略过梁的图例，而只注写代号。例如图中 GL27242，分别表示了过梁净跨为 2700mm，墙厚尺寸为 240mm，荷载级别代号为 2，即表示梁承受荷载为 10kN/m。

二、钢筋混凝土结构施工图平面整体表示法

钢筋混凝土结构施工图的平面整体表示法，即选择与施工顺序完全一致的结构平面布置图，该平面上的所有构件整体的一次表达清楚：这样可高度降低传统设计中大量同值性重复表达的内容，并将这部分内容用可以重复使用的通用标准图的方式固定下来，从而使结构设计方便、表达准确、全面、数值惟一，易随机修正，提高设计效率；使施工看图、记忆和查找方便，表达顺序与施工一致，利于施工检查。如图 5-7 所示。

（一）各结构层平面中梁配筋图画法

1. 注写法：将梁的代号和箍筋各跨基本值从梁上引出注写。如 KL3（3）即表示在该层楼层上的第一根轴线位置的梁，其梁的断面尺寸为 300×550mm。箍筋为 Φ8@100 和 200mm 两种。受力筋为 4 Φ 25，架立筋为 2 Φ 22。按就近原则直接标在梁的平面图中。当某跨梁或箍筋值与基本值不同时，则将其特殊值从所在跨引出另注。如梁上部受力筋或下部受力筋多于一排时，各排筋值从上往下用"/"线分开。同排钢筋为两种直径时，用"+"号相连。两侧面抗扭筋值前加"*"标志。箍筋加密区与非加密区间距值用"/"线分开。

2. 断面法：将剖切号直接画在梁配筋平面图上，端面详图画在本图上或其他图上。见图 5-7 所示。

3. 主次梁相交处的加密箍筋或吊筋直接画在主次梁交点的主梁上，并加以标注。如图 5-7 所示，平面布置图上画有⌐⌐的形状，上注 2 Φ 22，即表示在此处加 2 根 Φ 22 的⌐⌐附加吊筋（又称元宝筋）。

（二）板的画法

板的画法与传统的画法相同。

（三）应用平面整体表示法梁柱应编号

应用整体表示法时其梁柱的编号顺序一般为从左至右、从下至上依次编号。经编号后，不同类型的梁柱构造也可与通用标准图中的各类构造做法建立对应关系。

其他具体要求可参考有关的国家规范、规程。

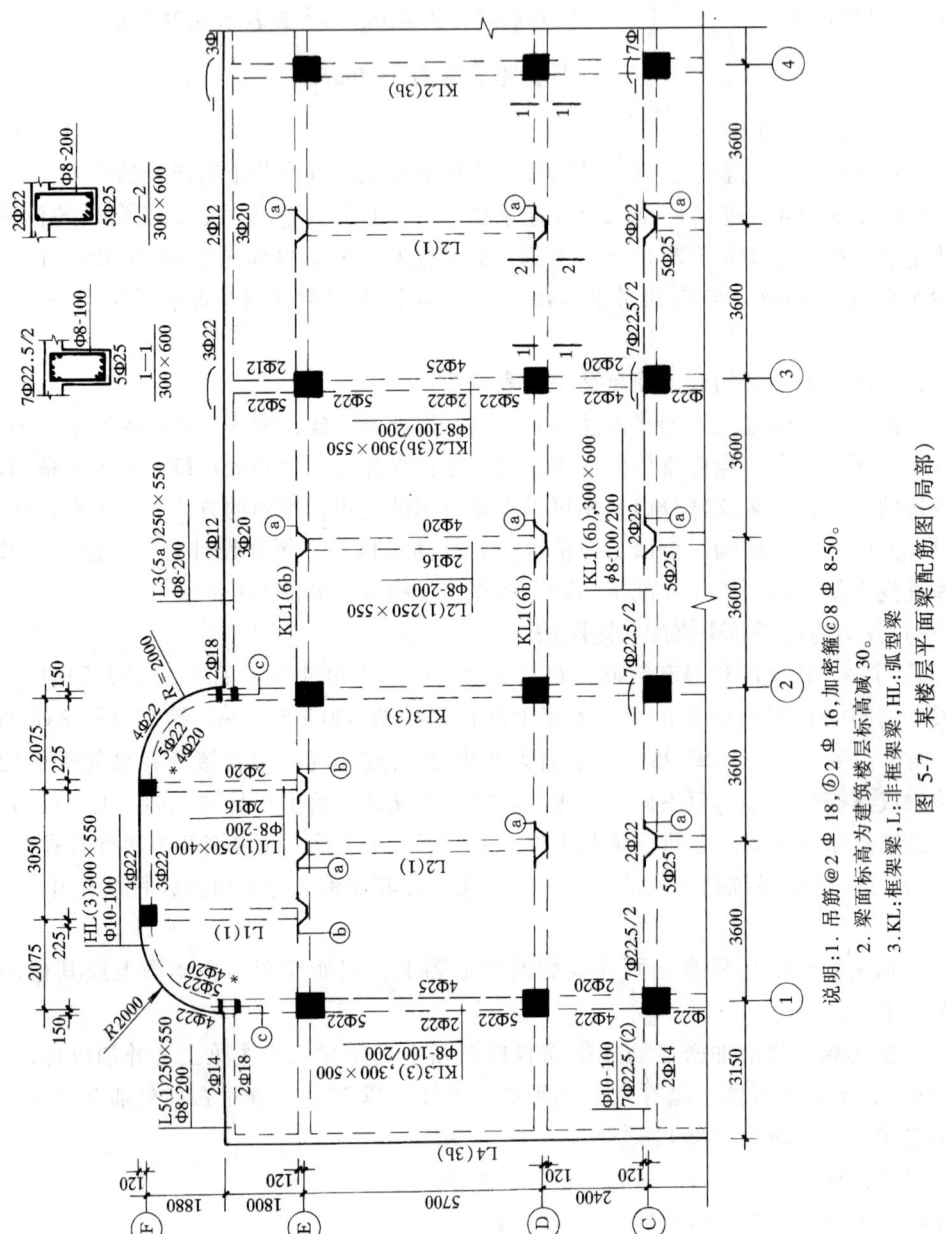

图 5-7 某楼层平面梁配筋图（局部）

第四节　钢筋混凝土结构构件详图的识读

用钢筋混凝土制成的梁、板、柱、基础等构件叫做钢筋混凝土构件。表示这类构件的形状、位置、尺寸、做法及配筋情况的图称为结构详图。大致包括配筋图、模板图、预埋件详图等。其中配筋图由于着重表示了构件内部的钢筋配置、形状、规格、数量等，是构件详图的重要图样。为了突出钢筋的配置情况，通常不画混凝土材料的图例。

以下介绍的是现浇板、梁及柱的配筋图。

一、现浇板结构详图的识读

如图5-8为现浇板的结构详图。该板取之于图5-6中的卫生间中的楼板。

图中表示了板的配筋情况，每一种规格的钢筋只画出了一根，按其形状画在安放的相应位置上。图中沿墙体四周布置的钢筋为负筋，直径为Φ8mm，间距200mm（即Φ8@200）。负筋长度从墙的中心边缘向内有550mm和650mm两种。而板中的受力筋直径均为Φ8mm间距均为200mm。板的分布筋均为Φ8@200，图中还标出了板的厚度为80mm及板底面标高如2.080、5.380等。图中涂黑的部分即为板及板的反梁。

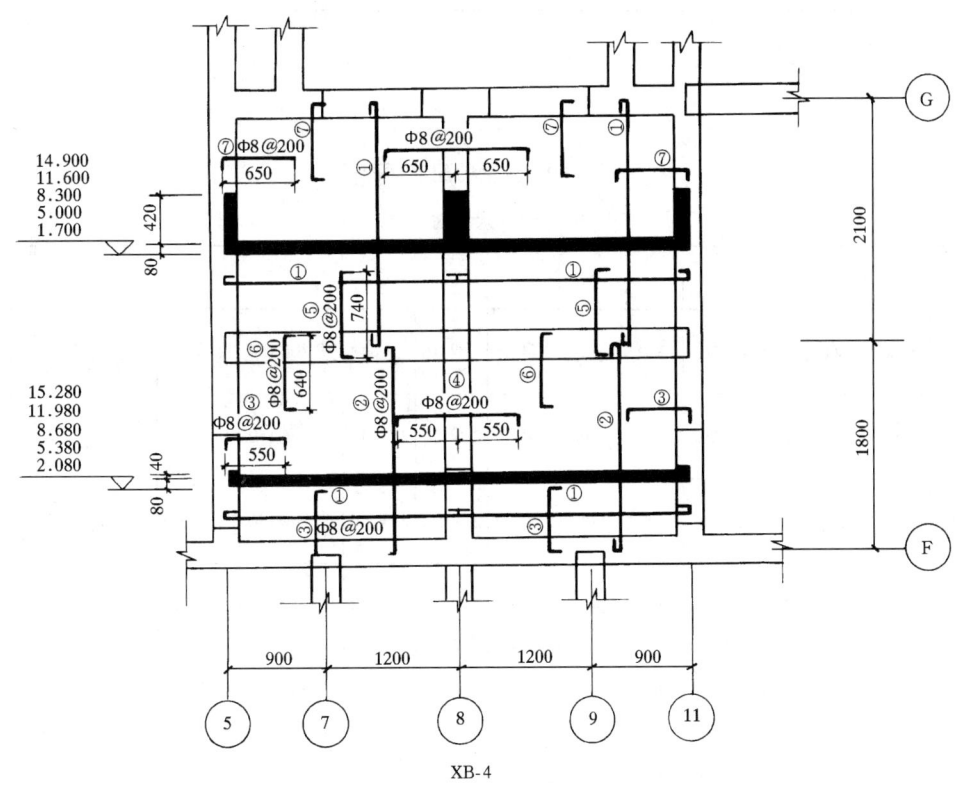

图 5-8　现浇板的配筋图

二、现浇梁结构详图的识读

如图5-9所示是挑梁的配筋详图。该梁即为图5-6中的XL-1～XL-3。以XL-2为例，从此图中可知该梁内配有编号为⑤2根直径为12mm的Ⅰ级钢筋作为架立筋（即2Φ12）位于梁的下方。同时内部还配有编号为①、②的各2根直径为16mm的Ⅱ级钢筋及编号为③的直径为14的钢筋也称鸭筋作为受力筋位于梁的上方。还配有直径为6mm每间隔150mm设置一道的钢筋即Φ6@150作为箍筋。并将每种钢筋编号，集中注写在挑梁尺寸表中。如图5-9（a）所示为梁的配筋立面图。在梁的立面图中各种钢筋的投影有时重叠在一起不能表示清楚，则需再用断面图来表示。同时断面图也可以表示梁的断面形状和尺寸。如图5-9（b）所示。由此可知该梁的外形尺寸。同时图中还标注了梁的顶面标高。如 $H = 2.050m$ 等。为使阅读方便可将其配筋、尺度等集中用表格注出，见表5-3所示。

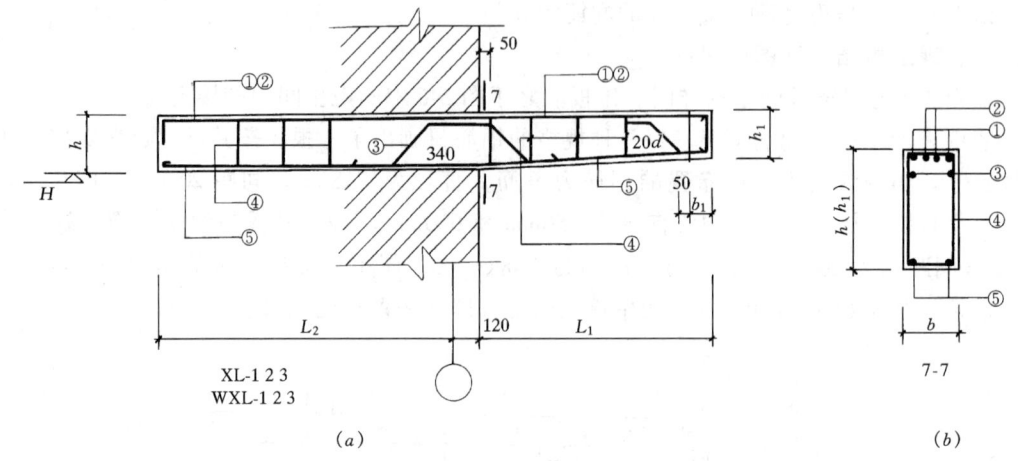

图 5-9 挑梁的配筋详图

挑 梁 尺 寸 表　　　　　　　　　　表 5-3

挑梁	L_1	L_2	b	b_1	h	h_1	①	②	③	④	⑤	H
XL-1	1200	1800	250	250	350	350	2Φ16	2Φ16		Φ6@150	2Φ12	2.050　5.350　8.650　11.950　15.250
XL-2	1800	2700	250	250	400	300	2Φ16	2Φ16	2Φ14	Φ6@150	2Φ12	2.050　5.350　8.650　11.950　15.250
XL-3	1800	2700	250	250	400	300	2Φ22	2Φ22	2Φ16	Φ6@150	2Φ12	2.050　5.350　8.650　11.950　15.250
WXL-1	1800	3600	250	250	400	300	2Φ16	2Φ16	2Φ14	Φ6@150	2Φ12	18.580
WXL-2	1800	3600	250	250	400	300	2Φ20	2Φ20	2Φ16	Φ6@150	2Φ12	18.580
WXL-3	1200	2400	250	250	350	350	2Φ16	2Φ16		Φ6@150	2Φ12	18.580

三、现浇柱结构详图的识读

如图5-10所示，柱的详图表示法与梁的表示法基本相同。分立面图和断面图。柱的两侧分别布置了4Φ25、4Φ20、4Φ16的受力筋，箍筋为6@200，该柱的断面尺寸为300mm×200mm，该柱共用了三个断面图分别表示不同的楼层中不同受力筋的配筋情况。

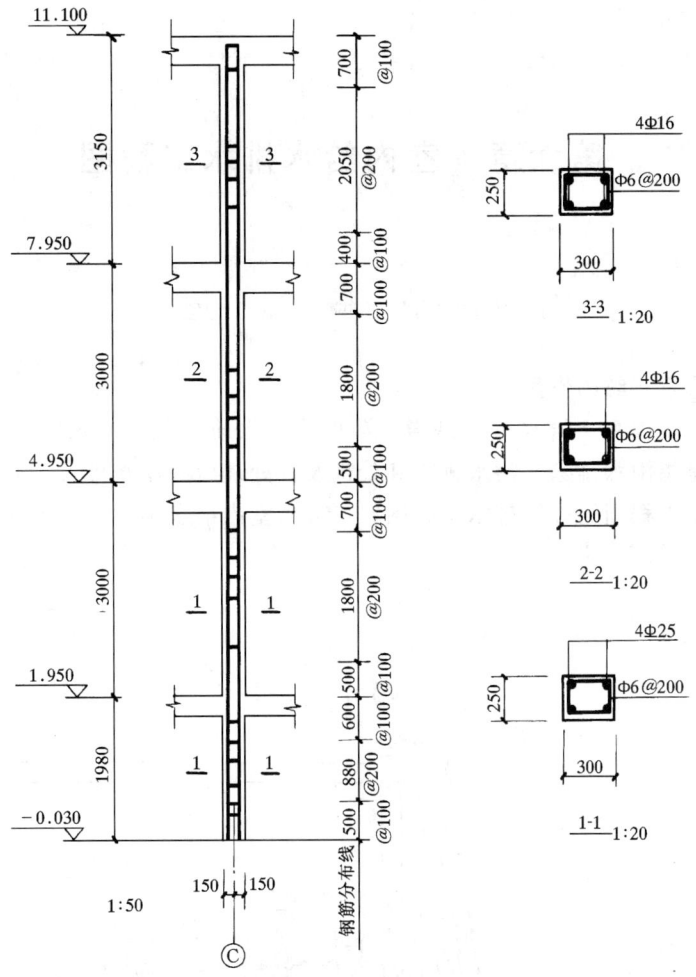

图 5-10 某柱结构详图示例

第六章 室内给水排水工程图

第一节 概 述

一、给水排水系统的作用

在给水排水工程中,给水工程是指水源取水、水质净化、净水输送、配水使用等工程。排水工程是指雨水排除、污水排除和处理及其处理后的污水排入江河湖泊等工程。

给水、排水工程图简称给排水工程图,可分为室内给水排水工程图和室外给排水工程

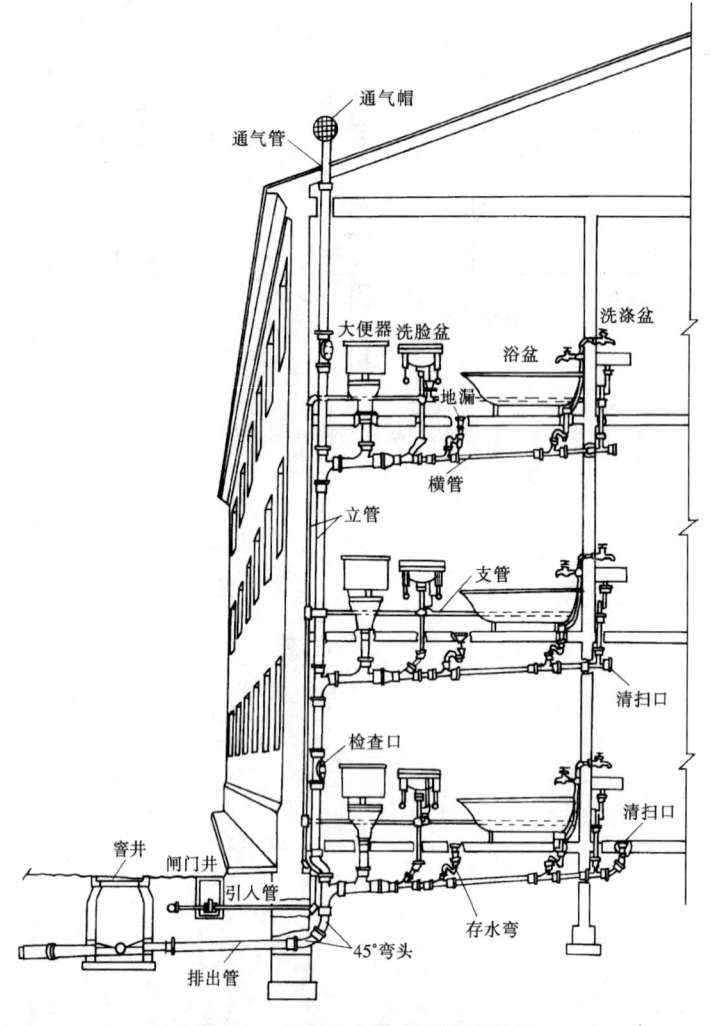

图 6-1 室内给水排水系统直观图

图两大类。本章主要介绍室内给排水工程图的识读，即某一幢房屋内给水排水施工图的识读。

二、室内给水排水系统的基本组成

如图 6-1 所示，室内给水排水系统直观图。

（一）给水系统的组成

1．引入管：指室外给水管网与建筑物室内管网之间的联络管段。

2．水表节点：指引入管上装设的水表及前后设置的阀门、泄水装置等的总称。

3．室内配水管道：包括干管、立管、支管。

4．给水附件及设备：包括各种阀门、水龙头及分户水表以及给水所需要的水泵、水箱等附件或加压给水设备。

5．升压贮水设备：水泵、水箱、气压给水装置等。

6．室内消防设备：按照建筑物的防火等级要求，需设置消防给水时，一般应设置消火栓消防设备。有特殊要求时，还应专门装设自动喷洒消防和水幕消防设备。

（二）排水系统的组成

1．卫生器具及地漏等排水泄水口。

2．排水管道及附件：（a）存水弯：用存水弯的水封隔绝有害、有味、易燃气体以及虫类通过卫生器具泄水口侵入室内。（b）连接管：连接卫生器具和排水横支管之间的短管。（c）排水立管：接纳排水横支管的排水并转送到排出管的竖直管段。立管在底层和顶层应有检查口，多层建筑中则每隔一层设有一检查口。检查口距地面高度一般为 1000mm。（d）排出管：将室内污水排至室外窨井或检查井。（e）管道清通装置：清扫口为单向清通装置，常用于排水横管上。检查口为双向清通装置，常用于排水立管上。

3．通气管道：在顶层检查口以上的立管管段称为通气管，用于排除气体和保持排水系统压力稳定补充新鲜空气，有利于水流通畅，保护存水弯水封。

三、给排水工程图的特点

（一）常用给排水图例

给水排水管道构配件，因其断面与长度相比甚小，当采用较小比例绘图时，很难表达清楚，所以在图纸中，各管道（无论管径大小）都用单线条表示，管道上的各种附件均用图例表示，如表 6-1 为《给水排水制图标准》（GB/T50106—2001）规定的图例。

常用的给水排水图例　　　　　　　　表 6-1

序号	名　　称		图　例	序号	名　　称	图　　例	
1	管道	用于一张图纸内只有一种管道	————	3	清扫口	平面	系统
		用汉语拼音字头表示管道类别	——J（给水）—— ——W（污水）——	4	通气帽	成品	铅丝球
		用图例表示管道类别	——J—— — — W — —	5	圆形地漏	平面	系统
2	检查口			6	室内消火栓（双口）	平面	系统

续表

序号	名称	图例	序号	名称	图例
7	截止阀		13	污水池	
8	放水龙头	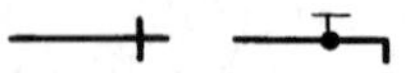	14	自动喷洒头	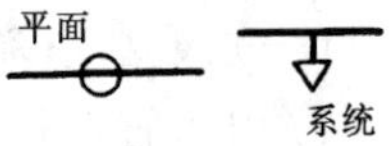 平面 系统
9	多孔管	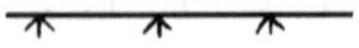	15	坐式大便器	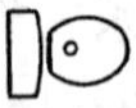
10	延时自闭冲洗阀		16	淋浴喷头	
11	存水弯	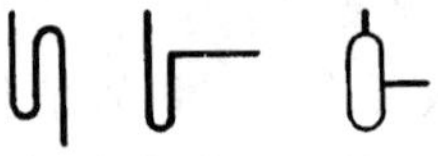	17	矩形化粪池	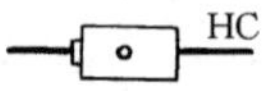 HC
12	洗涤盆	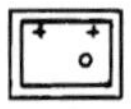	18	水表井（与流量计同）	

（二）为突出表达管道与用水设备的关系及管道的布置方式，所以在管道平面布置图中建筑物的轮廓线按国标规定画成细实线。

（三）在管道平面布置图中，管道无论是明装还是暗装，管道线仅表示其所在的范围，并不表示其平面位置尺寸，如管道与墙面间的距离等。施工时，具体尺寸应根据施工规范处理。

四、给排水工程图的图示种类

（一）给排水平面图：主要表达各层用水房间所配置的卫生器具及给排水管道、附件的平面位置情况。

（二）给排水系统图：主要表达从底层到顶层管道立体走向，常用斜轴侧投影的方法绘制。

（三）管道上构配件详图：主要表达管道及构配件局部节点的详细构造和安装要求。

五、给排水工程图的绘制要求

（一）平面布置图均按水平正投影法绘制。平面图中各类管道，用水器具及设备、消火栓、阀门、附件、立管位置等均按图例以正投影法绘制，并在其上标注出管径。如$DN50$即表示该管道直径为50mm。立管均按管道类别和代号从左至右分别进行编号，其各楼层编号一致；消火栓可按需要分层按顺序编号。

（二）系统轴测图一般均按45°（特殊情况下也可用30°或60°）正面斜轴测投影法绘制，管道的布图方向应与平面图一致，并尽量按比例绘制。楼地面、管道上的阀门和附件应予以表示。管径、立管编号与平面图一致。管道应注明管径、标高（亦可标注距楼地面尺寸）。

建筑物的排水立管的数量超过一根时，宜进行编号。其表示方法如下：JL-1； 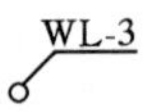 WL-3分别表示第一根给水立管和第三根污水立管。

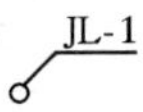

如图6-2所示为平面图与系统图的图示方法。

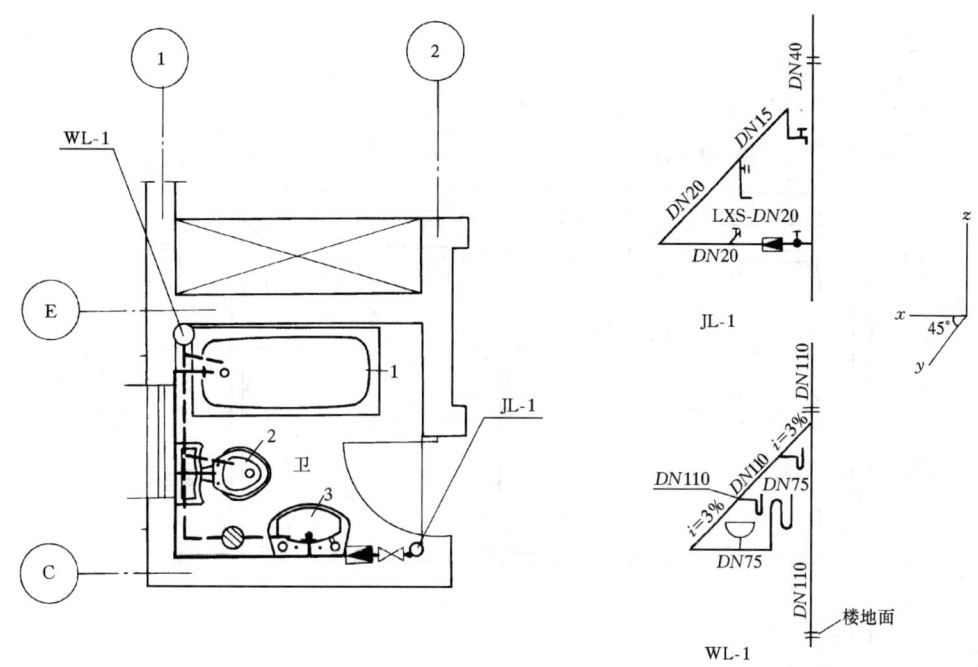

图 6-2 平面图与系统图的图示方法
1—浴缸；2—坐式大便器；3—洗脸盆

第二节 室内给排水工程图的识读

本章以某住宅建筑物给排水工程图为例介绍其识读方法及作图方法，本例住宅为一梯两户，每户为四室两厅（餐厅、客厅），两个卫生间，一个厨房和两个阳台。

一、识读方法

（一）识图顺序：给排水工程图的识图顺序为顺水流方向识图。给水工程图识图顺序：引入管——干管——立管——横管——支管——放水龙头。排水工程图识图顺序：卫生器具——排水支管——排水横管——排水立管——排水干管——排出管。具体识读方法如下例。

（二）给水平面图（图 6-3（a））

1. 给水平面图由架空层给排水平面图中可知，给水管道均用粗实线表示。给水管道总管设在房屋北侧⑭轴线附近，沿建筑物外围敷设，其中在①、⑮轴线墙处及⑥~⑧轴线间设干管进入室内，进入的房间分别是两个卫生间，并在房屋中设立管（JL-1~JL-4）通向各楼层。外围给水管道距墙为 1500mm。

2. 由一~五层给排水平面图可知，JL-1 和 JL-4、立管与水平干管相连，沿卫生间墙敷设，并在洗脸盆、坐式大便器及浴缸处设支管及水龙头供水。满足该房屋小卫生间的用水。JL-2 及 JL-3 立管与各层水平干管相连，沿墙敷设并在洗脸盆、洗衣机、淋浴喷头和蹲式大便器接支管，设喷头、水龙头供水，保证了该房屋大卫生间的用水，另一水平干管分别穿过⑤轴线及⑪轴线的内墙进入厨房，在洗涤盆上接支管及水龙头，从而保证了厨房的供水。给水管道均采用 PVC 管。

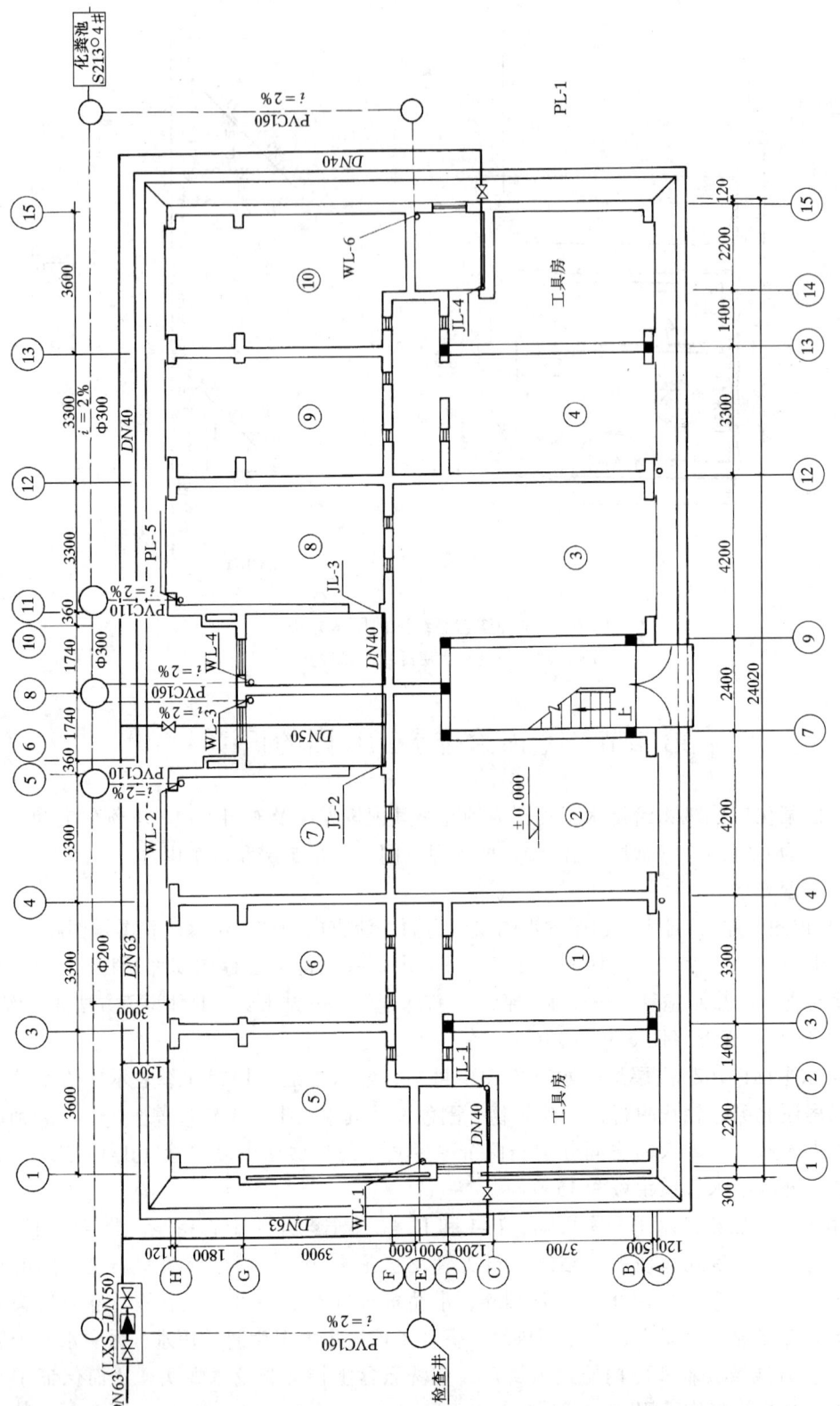

图 6-3(a) 架空层给排水平面图

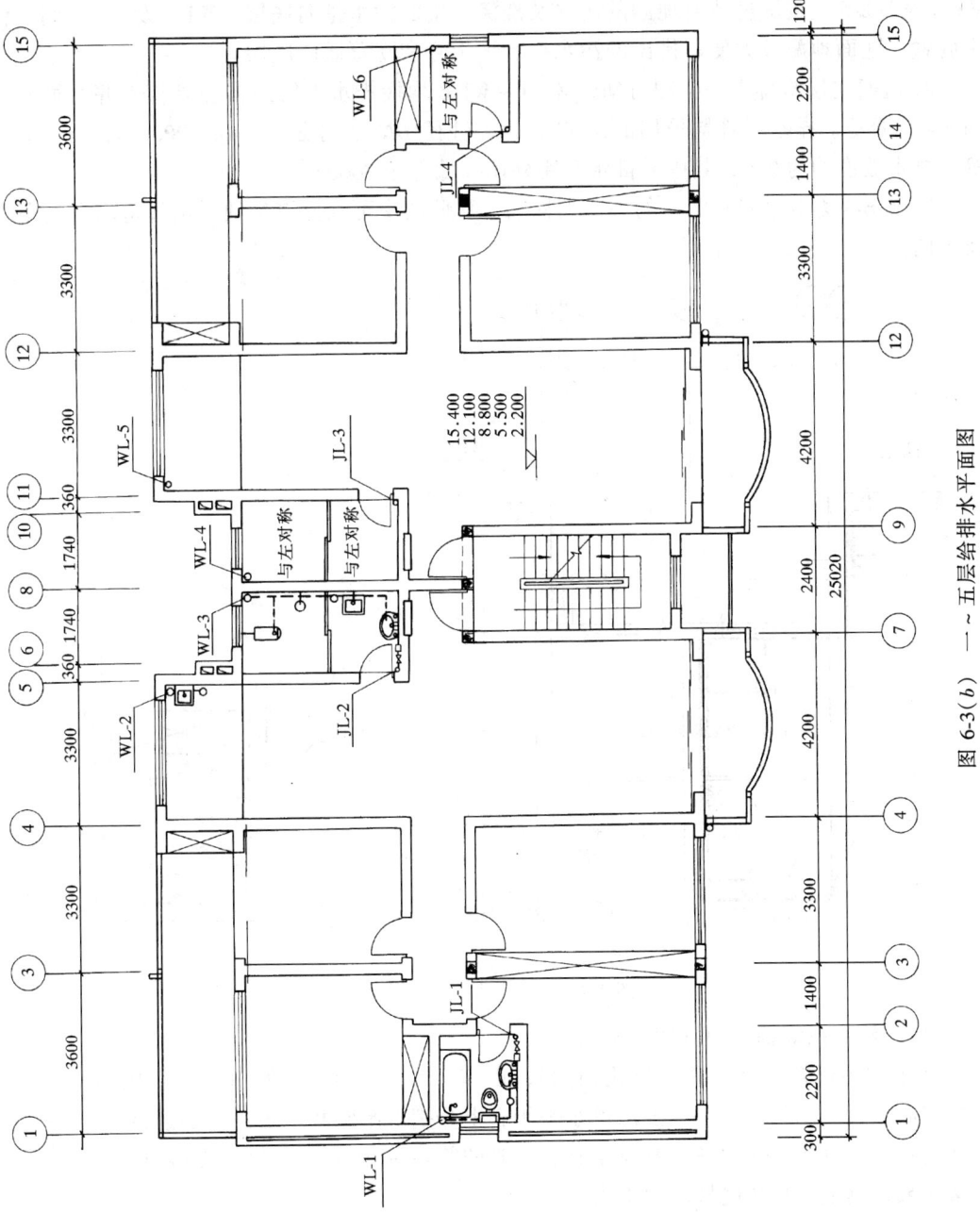

图 6-3(b) 一~五层给排水平面图

(三) 排水平面图 (图6-3 (b))

1. 从一～五层给排水平面图中可知，本例中排水管道均用粗虚线绘出，由每个用水设备设置的排水支管排出污水通向水平的排水干管并集中到各层的排水立管，通向下层排出污水。例如 WL-1 及 WL-6 是接水平干管并与各用水设备的支管如洗脸盆的排水支管、地面地漏的排水支管、大便器的排水支管及浴缸的排水支管所排出的污水通向底层。而 WL-2 及 WL-5 是接厨房地面地漏的污水及洗涤盆中的污水排向底层。WL-3 及 WL-4 则是将洗脸盆、地面地漏及大便器排出的污水接水平干管和立管通向底层。

2. 由架空层给排水平面图可知，WL-1～WL-6 均接排水干管通向室外检查井并最终通向 4# 化粪池。排水干管均采用的是 PVC 管，管径 DN 分别有 160mm、200mm、300mm 不等，排水坡度均为 2%，其中外排水管距外墙尺寸等于 3000mm。

3. 图6-4 为卫生间和厨房的平面大样图，从此图中可以更清楚地看出管道的平面布置及走向。

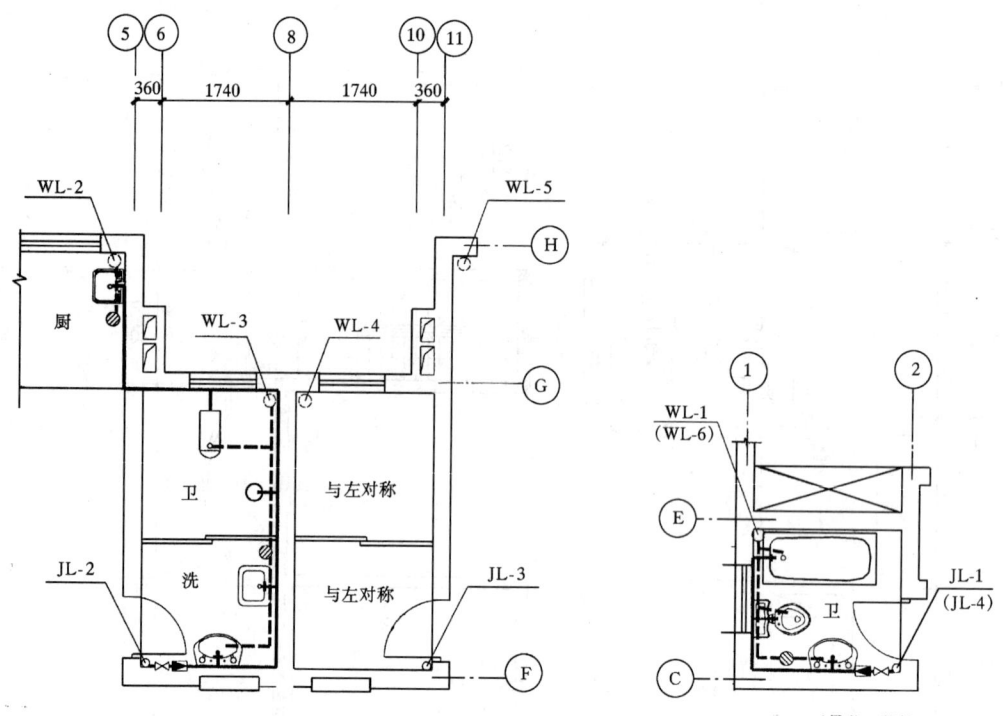

图6-4 厨房、卫生间大样图

(四) 给水系统轴测图 (图6-5 (a))

1. 由图中可知 JL-1 (JL-4 与此相同)，由室外地下 -0.700 处引进，直接通向顶层，其中在底层设一闸阀，在一～五层的水平干管上分别设闸阀和水表并分别连接支管及水龙头通向各用水设备。图中各立管及干管、支管的管径有 $DN40$、$DN20$ 及 $DN15$，其中图中 ╪ 表示楼层地面，LXS 代号表示水表。

2. 图中 JL2 (JL-3 与此相同) 与 JL-1 类似，由地下直接通向顶层，在一～五层设有水平干管并接闸阀，水表及各用水龙头，管径分别有 $DN40$、$DN20$、及 $DN15$ 等。

(五) 排水系统轴测图 (图6-5 (b))

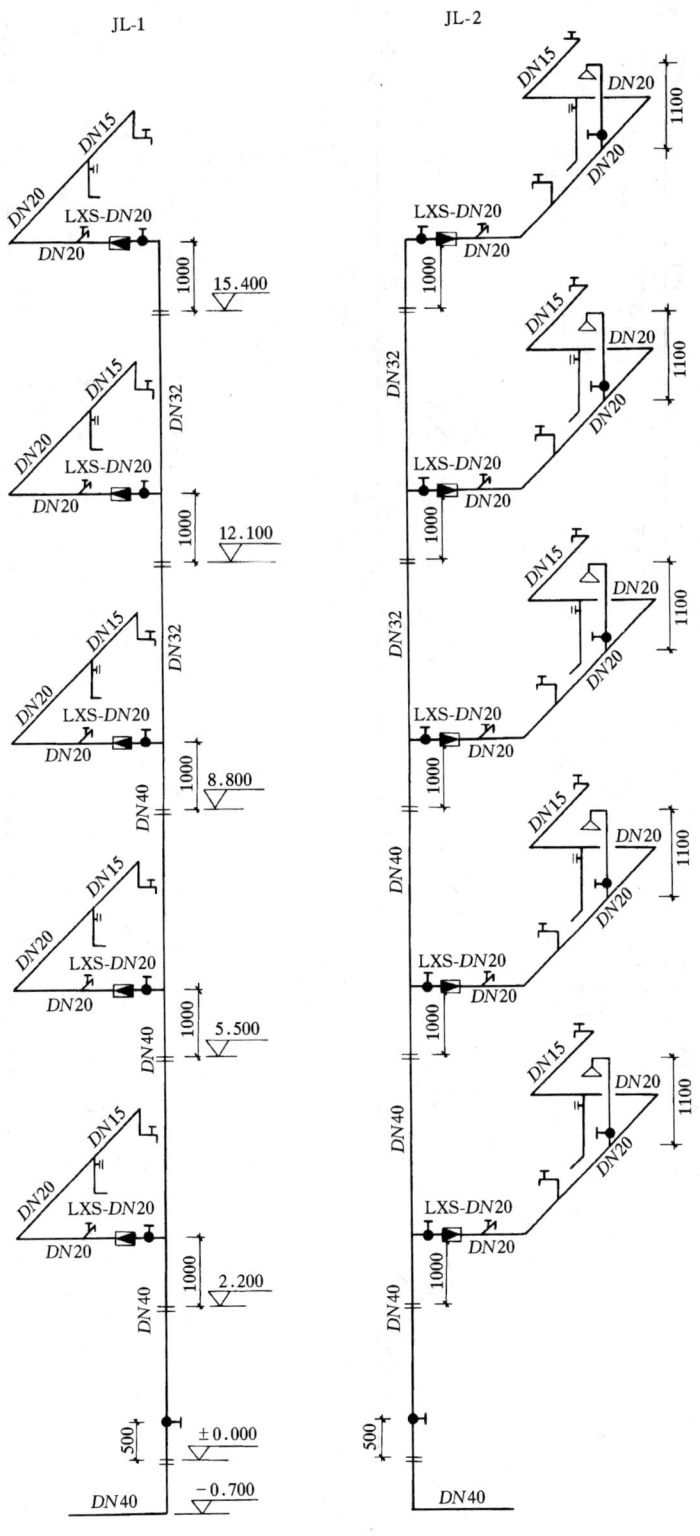

图 6-5（a） 给水系统图

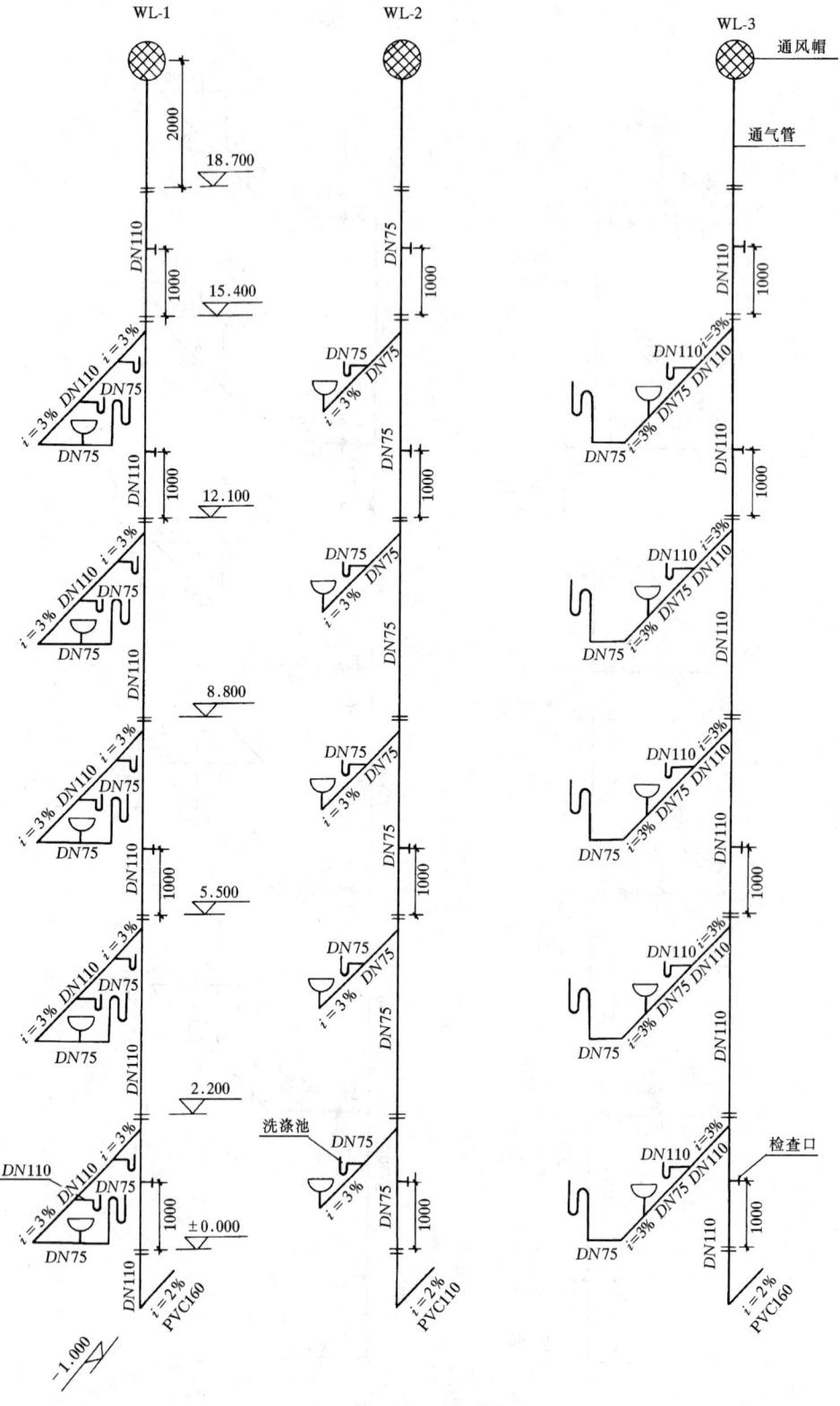

图 6-5（b） 排水系统图

图中的 WL-1（WL-6 与相同），由各楼层用水设备的排水支管（存水弯、地漏等）接排水干管并设 3% 的坡度通向立管排向底层，最后从 -1.000 处排向室外。管径分别有 $DN75$、$DN110$，在立管上还设有通向顶层屋顶的通气管，上接通风帽，并在排水立管设有检查口，其余 WL-2～WL-5 的识读方法与上类似。排出管均采用 PVC 管，管径有 110mm，160mm，排水坡度为 $i=2\%$。

二、绘图方法

（一）绘给排水平面图

1．绘建筑平面图：均用细实线绘制该建筑物的平面图（尺寸参照建施图），重点是用水房间的平面图，绘出各用水设备平面图，如洗脸盆，大便器等。

2．绘给水管道的平面布置：用粗实线绘出给水水平管，立管用"○"表示并标上"JL"代号，同时绘出各支管及水龙头、水表等图例。

3．绘排水平面图：用粗虚线布置排水水平管，注意不要与给水水平管重叠。立管用"○"表示并标上"WL"代号。绘出地漏"⌀"等图例。

（二）绘给排水系统图

1．用斜投影方法绘管道的系统图，常用 $\overset{z}{\underset{y}{x\,\diagdown\!\alpha}}$，其 α 角度常用 45°（有时也用 30°、60°），其中 x、y 轴表示同一水平面的横向与纵向的管道布置，z 轴表示垂直方向的立管布置。

2．给排水管道均用粗实线（若在同一张图纸内则排水管道用粗虚线）绘制，并将每个立管的代号表示在图的下方（或上方）。应标注水平干管的高度、楼层标高、管径、检查口等的安装高度。

3．水平干管其尺寸可参照平面图上用水设备的位置，并用图例绘出各用水龙头、水表、地漏，存水弯等附件。

4．标上各支管、干管的管径、排水坡度等。

第三节　管道构配件详图

一、管道穿墙防漏套管安装详图

图 6-6 是给水管道穿墙防漏套管安装详图，其中（a）是水平管穿墙安装详图。由于管道都是回转体，可采用一个剖面图表示。图（b）是 90°弯管穿墙安装详图，两个投影都采用全剖面，剖切位置都通过进水管的轴线，图中表达了管道穿墙套管的安装尺寸、材料及做法等。

二、洗脸盆安装详图

图 6-7 是挂式洗脸盆安装详图，其中（a）是正立面图，（b）是侧立面图，图中表示了给水管道（冷水管与热水管）的布置及排水管道的布置及安装方式。

三、低水箱坐式大便器安装详图

图 6-8 是低水箱坐式大便器安装详图，图中分别表示了水箱的安装方法和尺度及坐式大便器的安装方法和尺度，其中（a）图为正立面图、（b）图为平面图、（c）图为侧立面图、（d）图为局部详图。

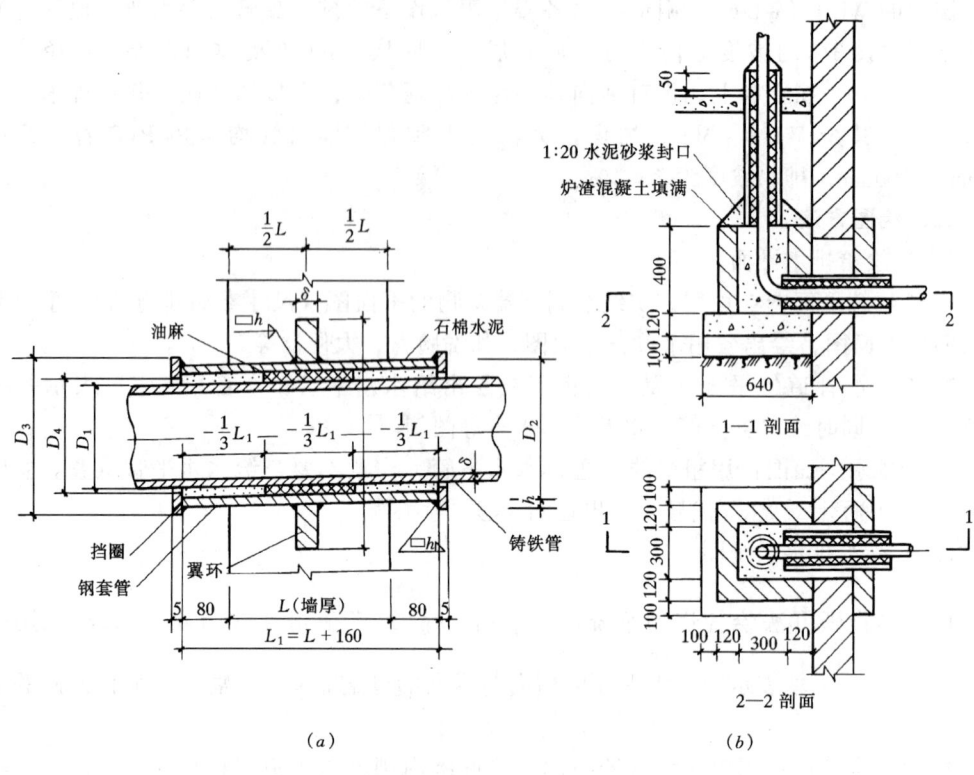

图 6-6 给水管道穿墙防漏套管安装详图
(a) 水平管；(b) 90°弯管

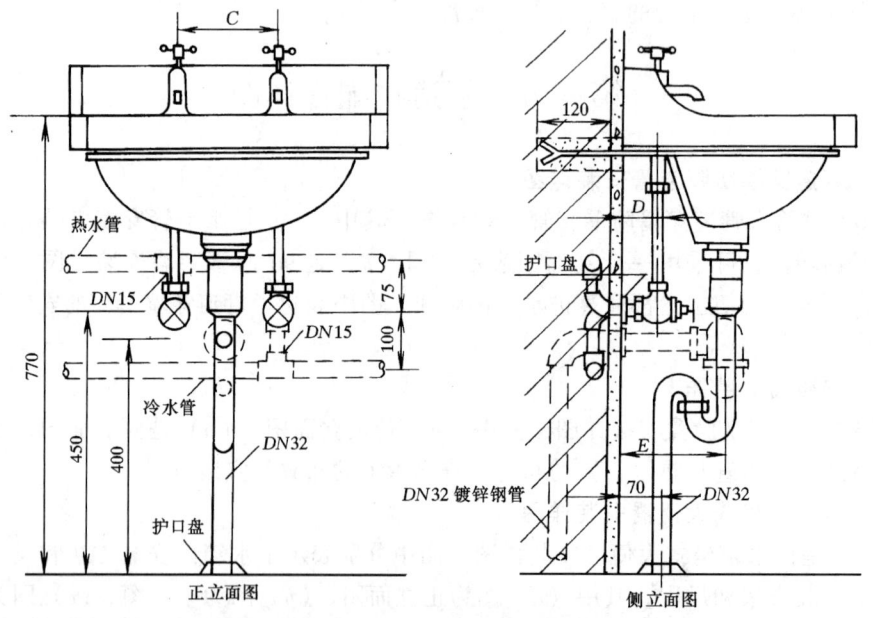

图 6-7 挂式洗脸盆安装详图

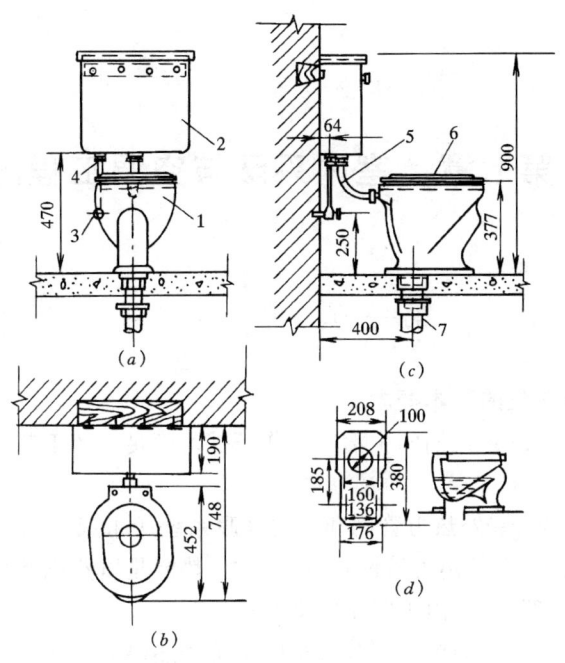

图 6-8 低水箱坐式大便器安装
1—坐式大便器；2—低水箱；3—DN15 角型阀；4—DN15
给水管；5—DN50 冲水管；6—木盖；7—DN100 排水管

四、浴盆安装详图

图 6-9 是浴盆安装详图，图中分别表示了浴盆的安装方式及安装尺度。

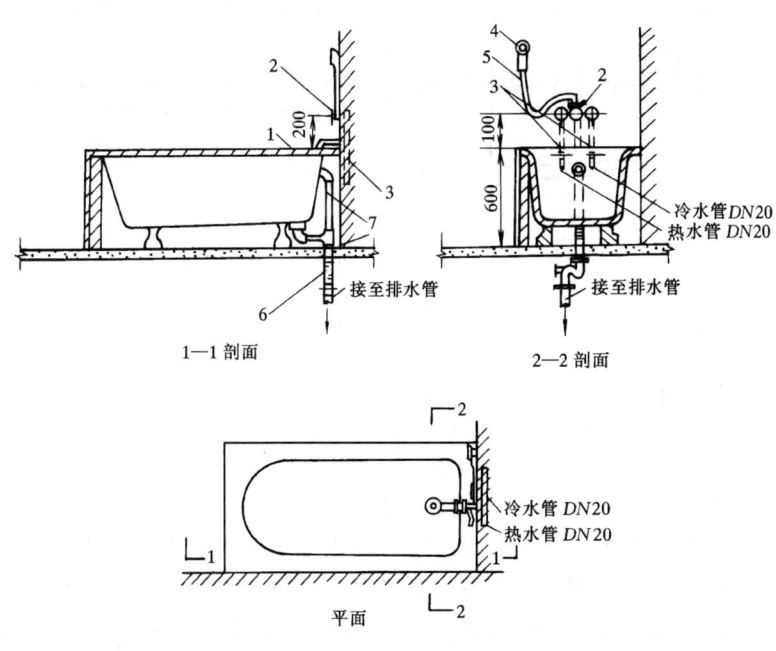

图 6-9 浴盆安装
1—浴盆；2—混合阀门；3—给水管；4—莲蓬头；5—蛇皮管；6—存水弯；7—排水管

第七章 室内采暖与空调工程图

第一节 概 述

一、采暖与空调工程的基本概念

采暖与空调是为了改善人们的生活和工作条件及满足生产工艺、科学实验的要求而设置的。

1. 采暖工程由热源、室外热力管网和室内采暖系统所组成。热源一般指生产热能的部分,即锅炉房、热电站等;室外热力管网指输送热能(热能是以蒸汽和热水的形式作为介质来输送的)到各个用户的部分;室内采暖系统则是指以对流或辐射的方式将热量传递到室内空气中去的采暖管道和散热器的组成部分。采暖系统按热媒的不同,可分为热水采暖系统、蒸汽采暖系统以及电热采暖和火炉采暖等。本章主要介绍热水采暖系统的基本原理。

如图 7-1 所示,采暖系统它主要由热源(如锅炉房)、输热管道和散热设备三大部分组成。

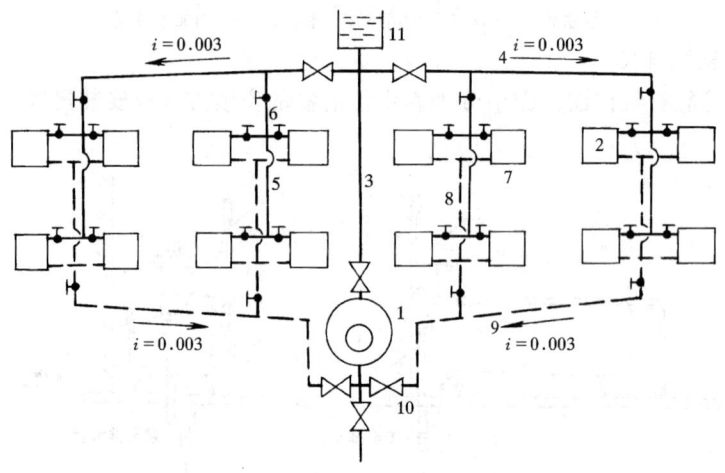

图 7-1 双管上分式热水采暖系统
1—锅炉;2—散热器;3—供水总立管;4—供水干管;5—供水立管;
6—供水支管;7—回水支管;8—回水立管;9—回水干管;
10—阀门;11—膨胀水箱

2. 空调工程根据空气处理设备的情况不同有集中式、半集中式和分散式,这里主要是介绍集中空调系统。集中空调系统是由空气处理室、风机、空气输送管道及空气分布器所组成。空气处理室又称空调机或空调箱,是对空气进行加热(或冷却)、加湿(或减湿)及空气过滤净化的主要设备。空调处理室根据不同的需要,设有冷源(冷水、盐水等)、热源(蒸汽、热水或电加热等)、上下水道等。目前采用广泛的为全空气管路系统。主要由空气处理设备、空气输送设备和空气分配设备所组成。如图 7-2 所示。

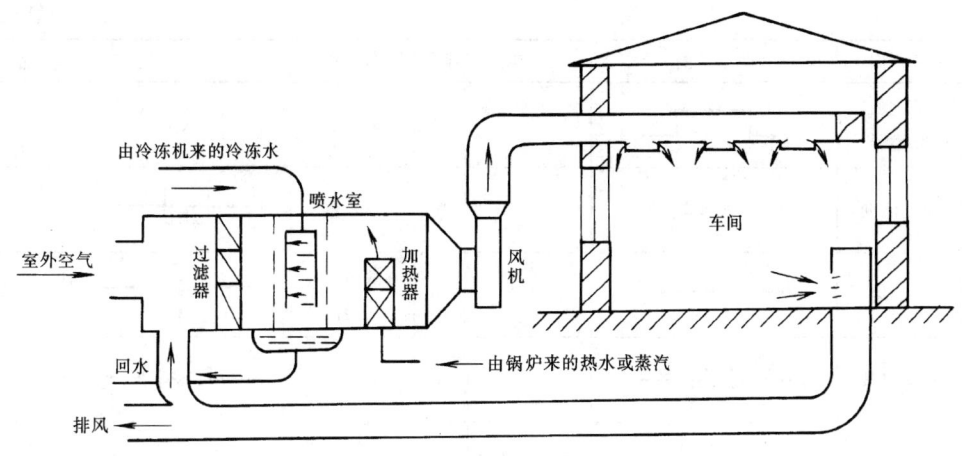

图 7-2 空调系统示意图

二、采暖与空调工程施工图的主要内容

1. 设计及施工说明

它主要用来说明图纸中表达不出来的设计意图和施工中需要注意的问题及设计施工中所应遵循的"国标"规范。通常在工程设计及施工说明中写有总耗热量，总耗冷量，冷热煤的来源及参数，各不同房间内湿度、相对湿度及空气洁净度，采暖及空调制冷管道材料种类规格，冷热管道的保温材料、方法及厚度，管理及设备的刷油次数、要求等。

2. 施工图纸

采暖与空调管道施工图，包括管道平面布置图、剖面图、系统轴测图和详图。管道平面布置图主要表示管路及设备的平面位置以及与建筑物之间的相对位置关系。锅炉房、空调机房、冷冻机房等，还需绘制管道剖面图，它主要表示设备的竖向位置及标高。采暖与空调管道均需绘制系统轴测图，因为系统图能比较直观地反映管道的走向及其与设备之间的关系。详图则主要是管道节点详图及标准通用图。

此外，图纸中还有设备表、材料表等。

3. 常用设备的图例及代号

由于采暖与空调制冷管道及设备因其断面与长度相比甚小当采用比较小的比例绘图时、很难表达清楚。故常用图例及代号来表示，采暖工程常用图例见表 7-1、风道、阀门及附件图例见表 7-2、水、汽管道代号见表 7-3、风道代号见表 7-4，这是《暖通空调制图》（GB/T 50114—2001）规定的图例及代号，在识读时必须首先掌握图例及代号的意义。

采 暖 工 程 常 用 图 例 表 7-1

序号	名称	图例	说明	序号	名称	图例	说明
1	管道	——— —*R*— —*Z*— $\frac{P}{X}$ — · —		2	采暖供水（汽）管、回（凝结）水管	——— — — —	
				3	保温管	∽∽∽	

续表

序号	名称	图例	说明	序号	名称	图例	说明
4	矩型补偿器			17	自动排气阀		
5	介质流向	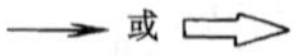 →或⇨		18	疏水器		
6	丝堵			19	散热器三通阀		
7	滑动支架			20	球阀		
8	固定支架	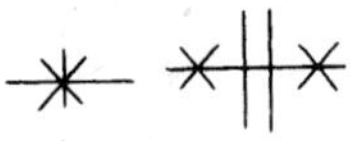	左图：单管 右图：多管	21	角阀		
9	截止阀			22	法兰		
10	闸阀			23	三通阀		
11	止回阀			24	四通阀		
12	坡度及坡向	$i=0.003$ 或 $i=0.002$		25	散热器	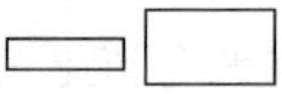	左图：平面 右图：立面
13	减压阀		左侧：低压 右侧：高压	26	集气罐	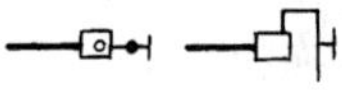	
14	膨胀阀			27	保护套管	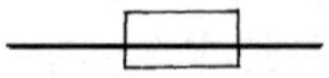	
15	散热器放风门			28	除污器	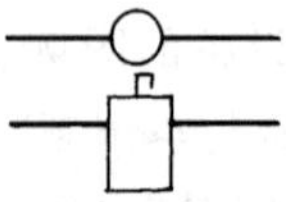	上图：平面 下图：立面
16	蝶阀						

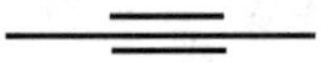

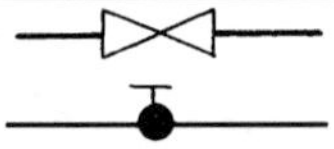

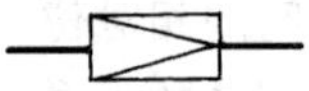

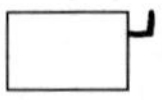

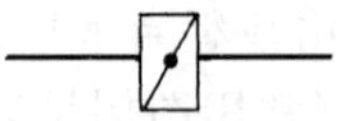

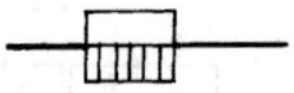

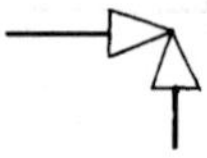

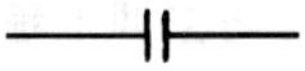

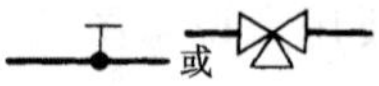

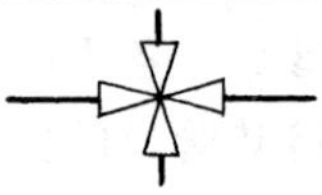

风道、阀门及附件图例　　　　　　　　表 7-2

序号	名称	图例	附注
1	砌筑风、烟道	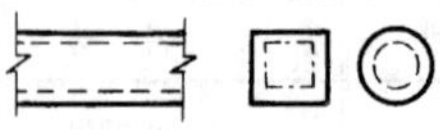	其余均为： 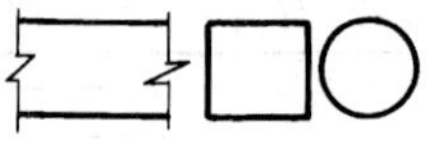
2	插板阀	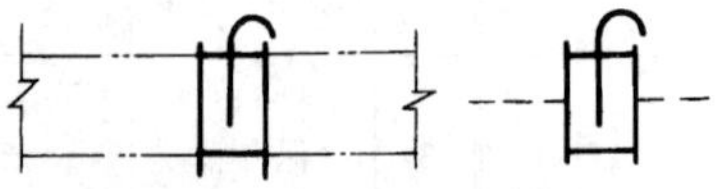	

续表

序号	名 称	图 例	附 注
3	天圆地方		左接矩形风管，右接圆形风管
4	蝶阀		
5	对开多叶调节阀		左为手动，右为电动
6	风管止回阀		
7	三通调节阀		
8	防火阀	70℃	表示70℃动作的常开阀。若因图面小，可表示为：70℃常开
9	软接头		也可表示为：
10	软 管	或光滑曲线（中粗）	
11	风口（通用）	或	
12	气流方向		左为通用表示法，中表示送风，右表示回风
13	百叶窗		

续表

序号	名称	图例	附注
14	散流器		左为矩形散流器，右为圆形散流器、散流器为可见时，虚线改为实线
15	带导流片弯头		
16	消声器消声弯管		也可表示为：

水、汽管道代号　　　　　表 7-3

序号	代号	管道名称	序号	代号	管道名称
1	R	（供暖、生活、工艺用）热水管	10	LR	空调冷、热水管
2	Z	蒸汽管	11	LQ	空调冷却水管
3	N	凝结水管	12	n	空调冷凝水管
4	P	膨胀水管、排污管、排气管、旁通管	13	RH	软化水管
5	G	补给水管	14	CY	除氧水管
6	X	泄水管	15	YS	盐液管
7	XH	循环管、信号管	16	FQ	氟气管
8	Y	溢排管	17	FY	氟液管
9	L	空调冷水管			

风道代号　　　　　表 7-4

代号	风道名称	代号	风道名称
K	空调风管	H	回风管（一、二次回风可附加 1、2 区别）
S	送风管	P	排风管
X	新风管	PY	排烟管或排风、排烟共用管道

第二节　室内采暖工程图的识读

一、基本概念

（一）热水采暖系统的组成

热水采暖所用的热媒是热水（低于 100℃）或高温热水（110～130℃），根据热水在系统中循环流动的动力不同，可以分为自然循环热水采暖系统和机械循环热水采暖系统。自然循环热水采暖系统,主要依靠冷热水的重力密度不同,形成自然循环流动。这种系统由锅炉、供水管、散热器和回水管所组成。机械循环热水采暖系统,主要依靠系统中的水泵作为动力,促进系统的循环流动,这种系统由热源、管道、散热器和水泵所组成。

室内热水采暖系统的管道与散热器之间的连接形式有很多种,识读时必须先掌握这些连接形式,才便于对系统进行有效的分析。

按照供水干管敷设的位置不同,可以分为上分式、中分式和下分式系统;按照立管的布置特点可以分为单管式和双管式系统;按照管道敷设方式的不同,可以分为垂直式和水平式系统。下面对常见的系统图式分别作些简单的介绍。

图 7-1 是双管上分式热水采暖系统。供水干管设在整个系统之上,通常敷设在顶层的顶棚里或顶棚下面。供回水立管则平行成组设立于散热器的一侧或两组散热器中间。回水干管设在系统的最下面,一般设在底层的地板上、地沟内或地下室的楼板下。系统最高点设膨胀水箱,系统中的空气靠膨胀水箱予以排除,所以水平干管或支管安装时必须有一定的坡度。

膨胀水箱的作用是容纳水受热后所膨胀的体积和补充系统内水量的不足且排除系统中的空气。

图 7-3 是双管下分式热水采暖系统,供水干管和回水干管都设在系统中所有散热器的下面,一般敷设在底层地板上、地沟内或地下室楼板下。立支管敷设方法与上分式相同,系统的空气排除较困难,可以靠上层散热器上的手动排气阀排除,也可以利用空气管与膨胀水箱连通进行排气,还可以利用专门设置的集气罐进行排气。

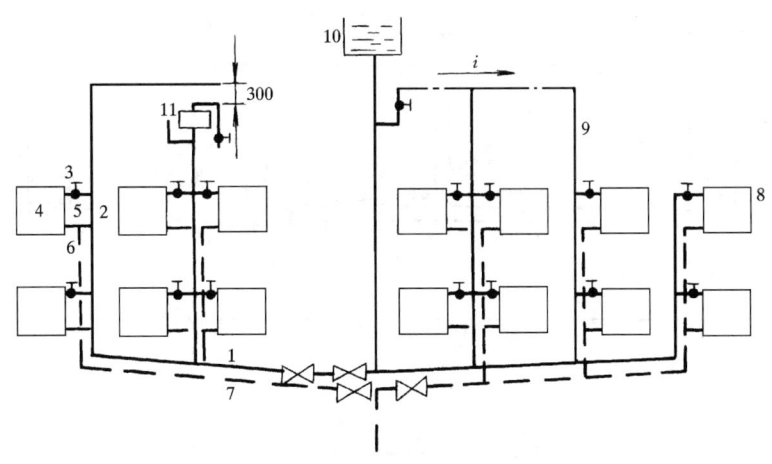

图 7-3 双管下分式热水采暖系统
1—供水干管;2—供水立管;3—供水支管;4—散热器;5—回水支管;6—回水立管;
7—回水干管;8—动放气阀;9—空气管;10—膨胀水箱;11—集气罐

图 7-4(a)是单管垂直顺序式热水采暖系统,供水干管设在系统上部,对散热器的供水是自高层至低层,顺序全部流过,最后汇流于回水干管,再回到锅炉内。这种系统的缺点是不能进行局部调节。图 7-4(b)是单管垂直跨越式热水采暖系统,它克服了不能进行局部调节的缺点。这两种系统的排气都是采用安装在系统最高处的集气罐来完成的。

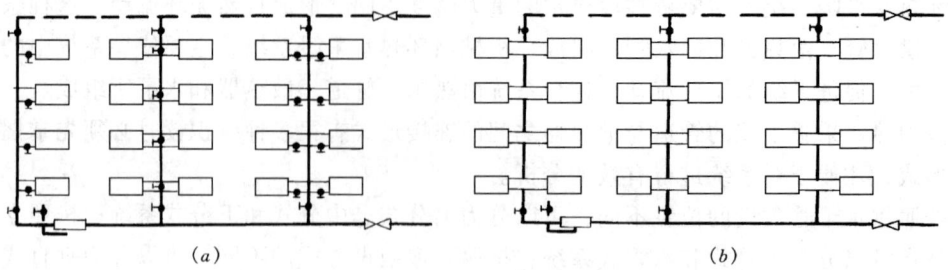

图 7-4 单管垂直式热水采暖系统

(二) 管道与散热器连接的表示法

采暖管道、附件及设备画在给定的建筑平面图上。采暖平面图上的管道、散热器和附件都是示意性的，轴测图则可以表示系统的全貌，反映出管道与散热器之间的连接以及排气和疏水等装置。采暖工程施工图中管道与散热器连接的表示方法见表 7-5。

管道与散热器连接的表示方法　　　　　　表 7-5

系统型式	楼层	平面图	轴测图
双管上分式	顶层	DN50, i=0.003, S-900, S-900, ②	②, DN50
双管上分式	中间层	S-1000, S-1000, ②	
双管上分式	底层	DN50, S-1000, S-1000, ②	DN50
双管下分式	顶层	S-900, S-900, ②	②

128

续表

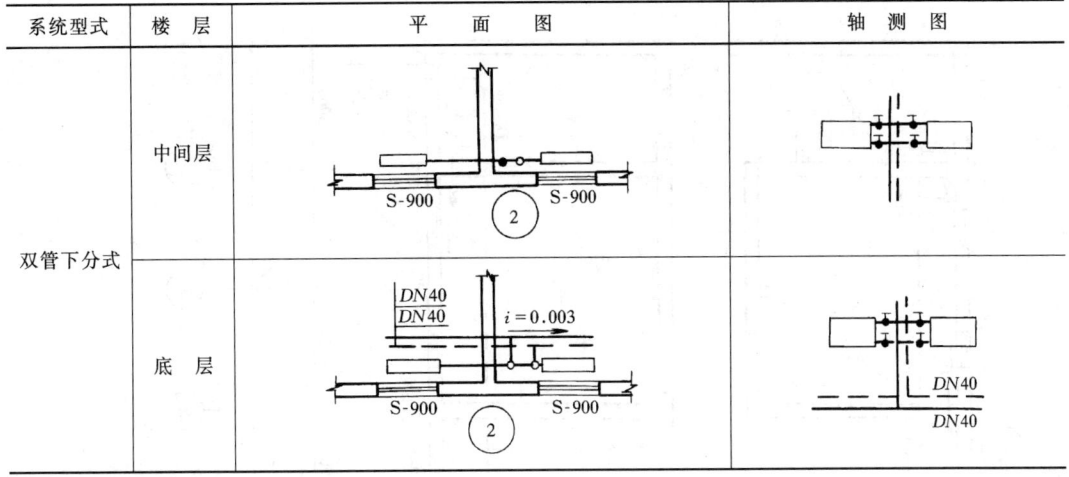

* 表中 2 表示立管编号为 2。

（三）集气罐的表示方法

集气罐是热水采暖系统常用的排气装置之一，设置在系统的末端或总立管顶端以及供水干管的始端。集气管有立式和横式两种：立式集气罐的表示方法如图 7-5、横式集气罐的表示方法如图 7-6 所示。

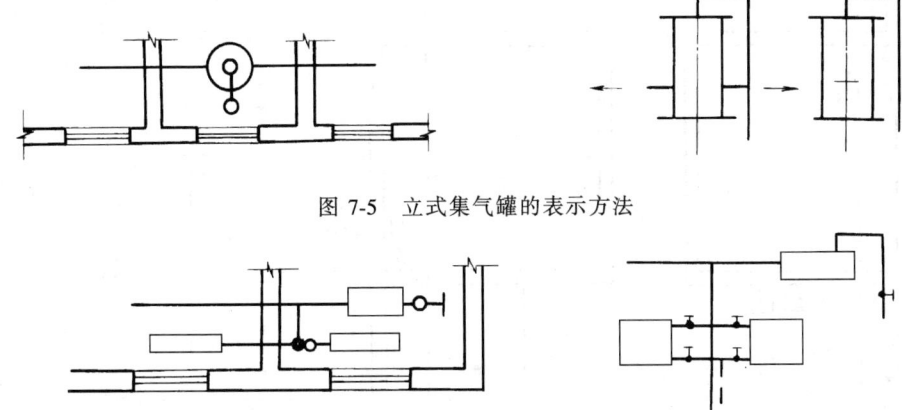

图 7-5　立式集气罐的表示方法

图 7-6　横式集气罐的表示方法

有些热水采暖系统采用自动排气集气罐，这种集气罐内装有柱形浮标，当热水进入时浮标浮起，顶住放气管，当空气进入罐内时浮标下沉，放气管被打开，进行放气。

二、识读方法

（一）采暖平面图

室内采暖平面图主要表示管道、附件及散热器在建筑平面上的位置以及它们之间的相互关系，是施工图中的主体图纸。图中建筑物的墙、门、窗均用细实线表示，而采暖系统均用粗实线表示。

本节以某一办公楼采暖工程图为例，介绍其识读方法。

如图 7-7 所示为某一办公楼一层、二层采暖平面图。

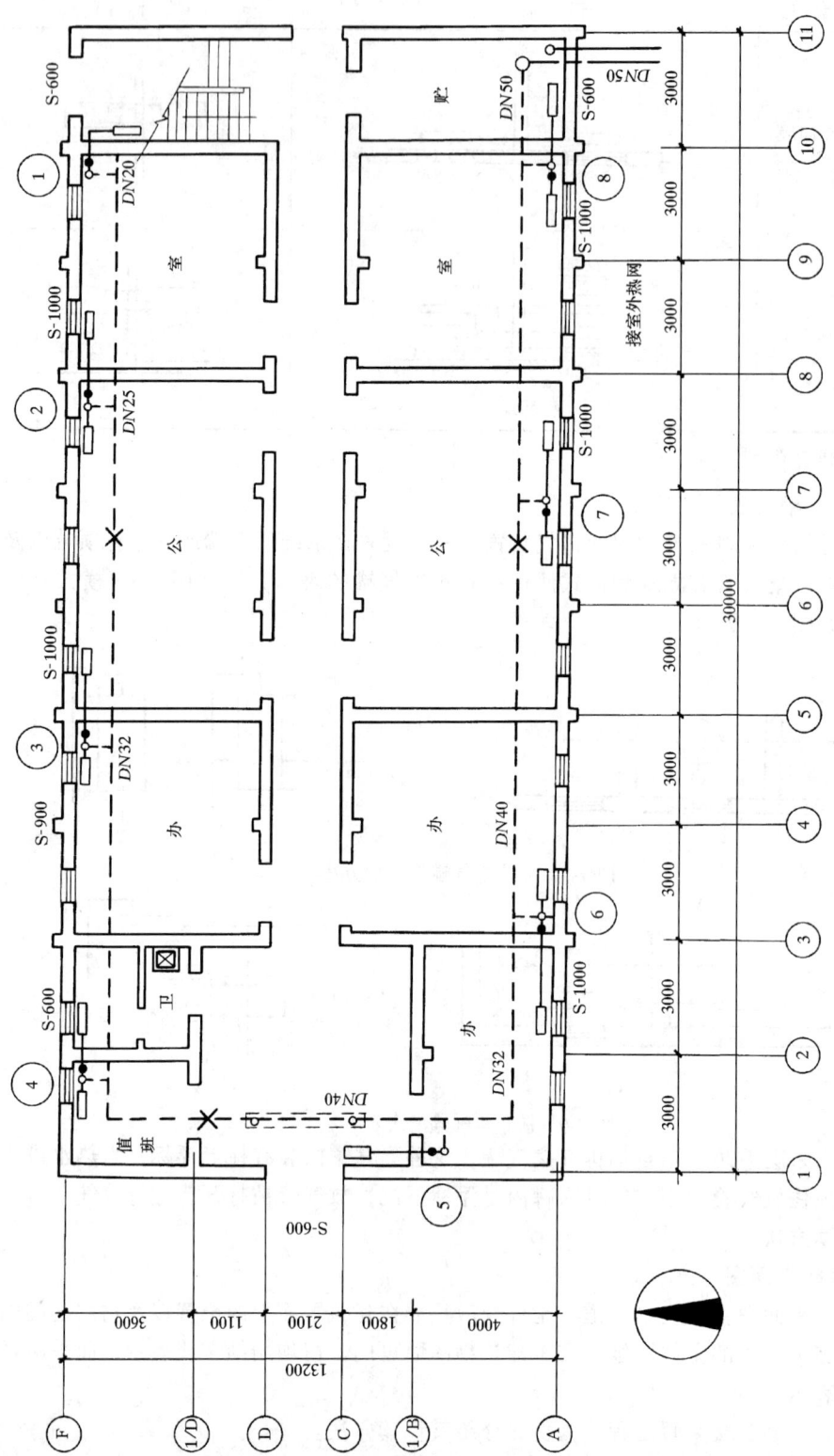

图 7-7(a) 一层采暖平面图

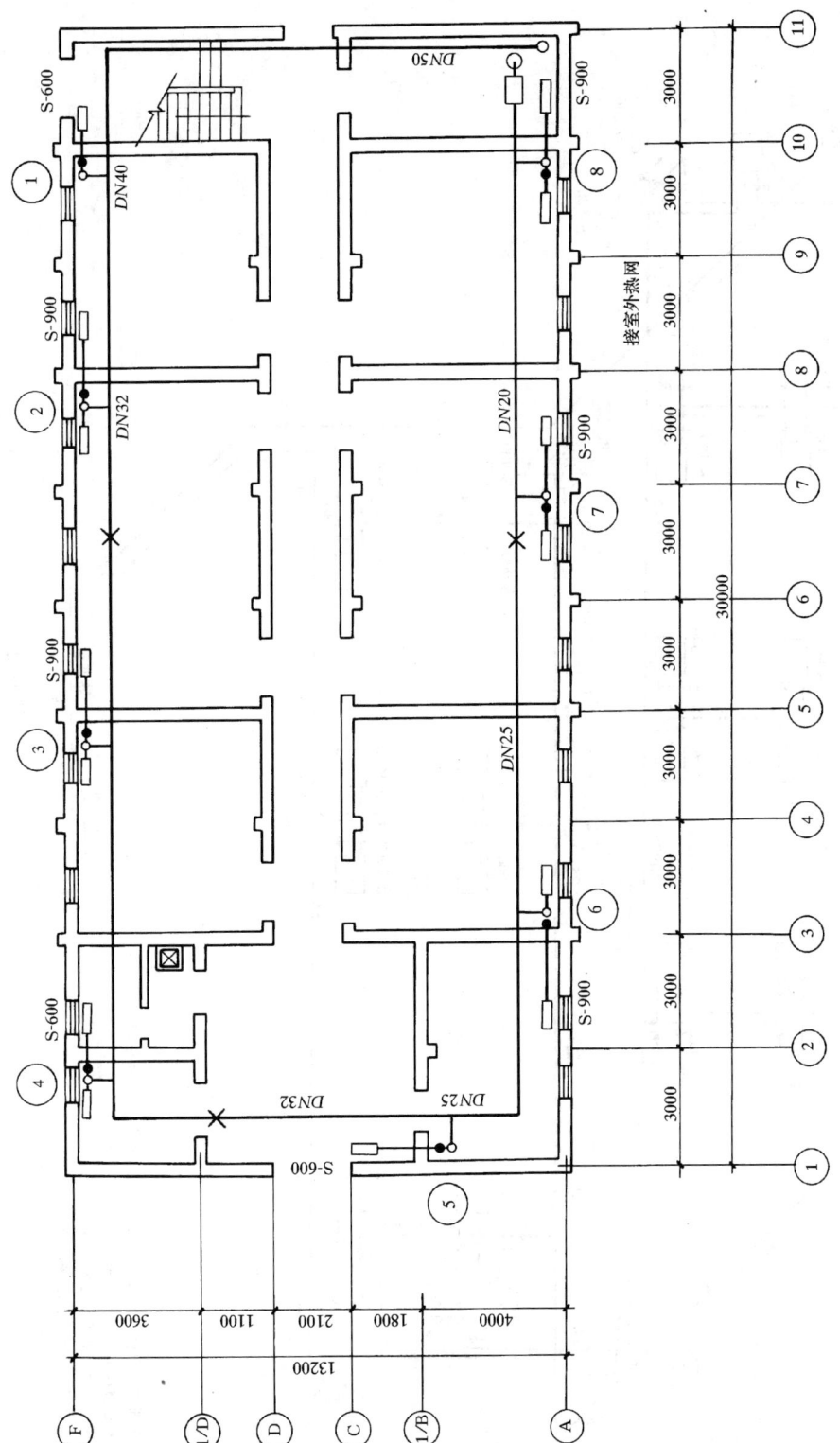

图 7-7(b) 二层采暖平面图

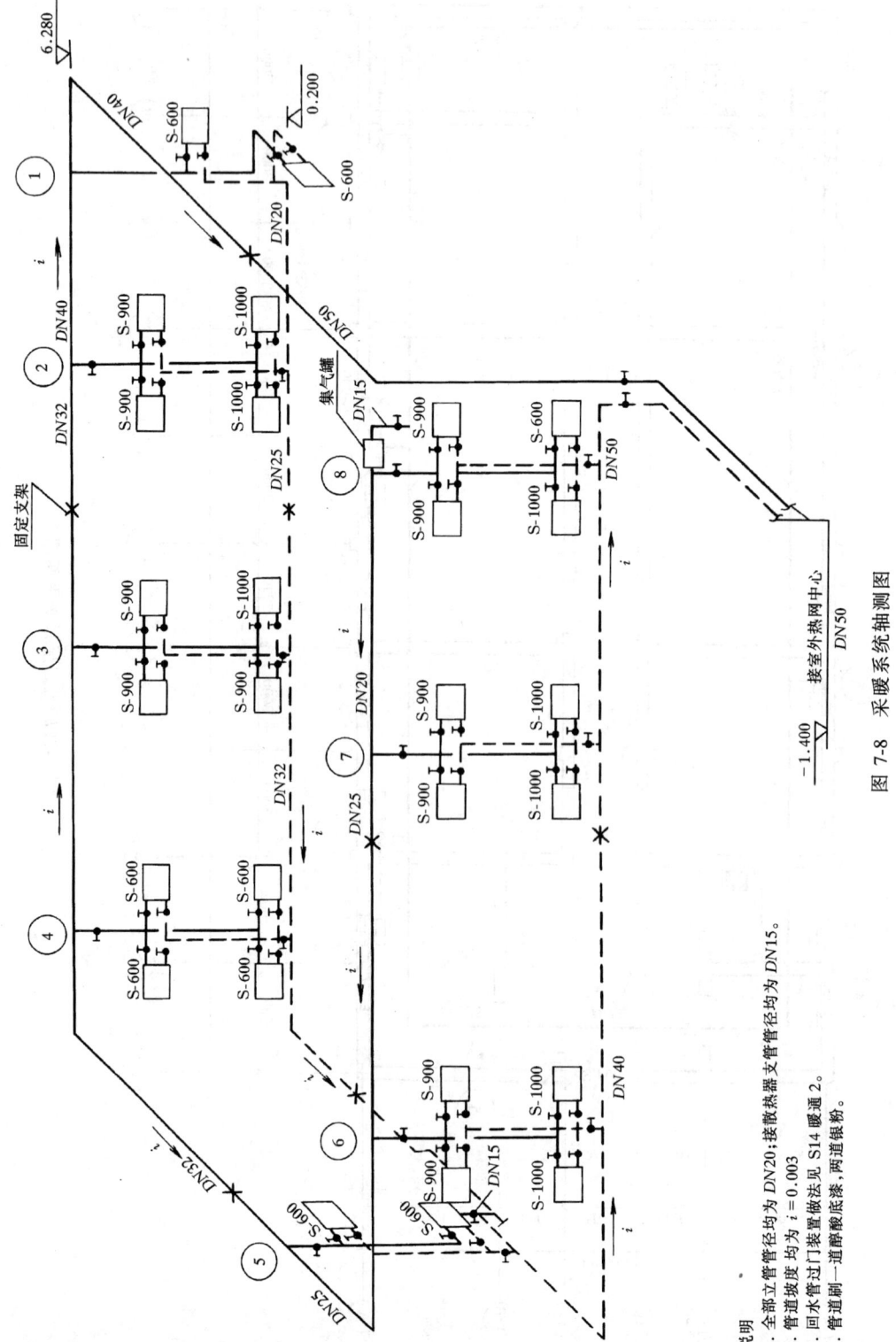

图 7-8 采暖系统轴测图

说明
1. 全部立管管径均为 DN20；接散热器支管管径均为 DN15。
2. 管道坡度均为 $i=0.003$。
3. 回水管过门表置做法见 S14 暖通 2。
4. 管道刷一道醇酸底漆，两道银粉。

1．了解热媒入口及出口的位置。如本例：热媒入口位于⑩~⑪轴线之间与室外热网中心相连，穿 A 轴线墙而入，并在此设立管直通二层，再循环到底层，是属于上供下回双管垂直串联式采暖系统。

2．了解该建筑物内散热器所处的平面位置，种类是明装还是暗装。如图可知，本例散热器有 S-900、S-1000 等。其中 S 表示散热器的型号。900 表示每排闭式散热器长度为 900mm，均为明装。

3．了解每层平面中管道的布置情况。如本例管道均沿墙布置，干管、支管的连接，形成两组散热器的中间设一立管，由二层到一层散热器再通过回水支管至立管再连接室外的回水总管。

（二）采暖系统轴测图

图 7-8 是该建筑物采暖系统轴测图，采暖系统轴测图是将管道布置用轴测投影的方法绘制出来的。其表示方式同给排水管道系统轴测图。主要表达了从热媒入口至出口的采暖管道散热设备，主要附件的空间位置和相互间的关系、尺度等。

1．了解热媒入口：本例入口位置标高在 -1.400 处，管径为 $DN50mm$，穿南墙后设主立管直通二层，标高为 6.280 处，再设水平干管、沿东墙、北墙、西墙、南墙敷设一周，再通过垂直立管连接二层散热器。

2．了解各干管、支管的布置方式，管道上附件（阀门、固定支架等），以及管径、坡度等的情况。如本例每两个散热器，（个别的是一个）设一立管，通往一层。管径有 $DN25$、$DN32$ 等。坡度为 $i = 0.003$。

在识读时应注意与平面图对照起来，可以比较准确、快捷地完成识读。

（三）详图

采暖设备安装详图是采用正投影法绘制而成。图 7-9 表示一组散热器安装详图，由图中可了解到供暖支管与散热器及与立管之间的连接方式，散热器与地面、墙面之间的安装尺寸、组合方式等。

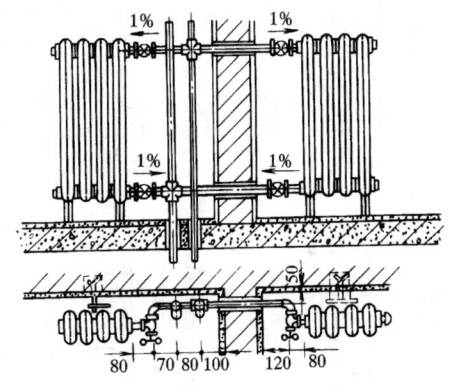

图 7-9　热水双管散热器连接

第三节　空调工程图的识读

一、基本概念

（一）空调的作用

空调即为空气调节，在某些特殊建筑物和场合内，需保持空气的一定温度、湿度、清洁度，为此而设置的一整套空气处理系统称为空调系统。空调系统示意图，如图 7-2 所示。

空气从空气调节器（简称空调器或空调箱）左端进入，经过滤器、喷水室、加热器的热湿处理，再由通风机、管道送入空调房间。为节约能源，回风管中的一部分空气回到空调器，与新鲜空气混合后再送往空调房间。喷水室所用的水为冷冻水，由制冷设备提供。

（二）空调工程图的组成与内容

空调工程管道施工图主要为平面图、立面图、剖面图、轴测图和详图等，一份完整的图纸还要有目录、设计说明、设备材料用表和流程图。文字说明有设计时使用的有关气象资料，卫生标准等基本数据，设备和配件、管件等的型号、规格、尺寸和数量以及防腐保温等。流程图表明整个系统的空气处理、送回风流程。平面图表明空调设备、附属设备、管道、阀门、送排风口的平面位置及有关规格、型号和尺寸；立面图表明它们在立面上的排列和尺寸。轴测图表明管道在空间的曲折交叉的立体形象；详图表明设备、附件、送排风口、阀门等制作与安装。

（三）空调工程管道的类别及规定画法

1. 管道类别

在空调工程图中，管道类别比较多，如送（回）风、加热用汽管道、冷却水管道系统、冷冻水管道系统、制冷管道系统等。

以送排风为例，读图时应沿风的流向，分清送排风系统的范围。送风系统指未处理的空气经过滤、冷却、加温、除湿等处理过程进入通风机吸入口，由通风机加压送至送风口部分。排风系统由排风口经过管道由通风机至排出口部分。结合图纸对照，找出空调器、通风机、送排风口等设备在平面、空间上的位置、尺寸、划分通风系统，弄清通风管道、管件、阀门在平面、空间的位置、尺寸。

2. 管道转向、重叠及密集处的规定画法

由于空调工程图中管道密集且转向，分支布置复杂，所以国标（GB/T 50114—2001）中规定了其标准画法以方便识读与绘图。如图 7-10 所示。

3. 管道平面图、剖面图的图示方法

管道和设备平面布置图主要按假想除去上层板后，做出其水平正投影图，剖面图的剖切符号同"建施"图的要求，如图 7-11 所示。通常平面图上应注意设备、管道定位（中心外轮廓、地脚螺栓孔中心）线与建筑定位（墙边、柱边、柱中）线间的关系，剖面图上应注出设

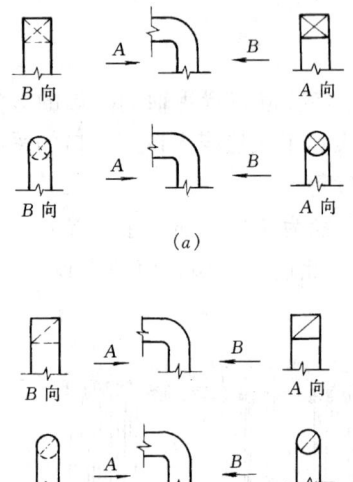
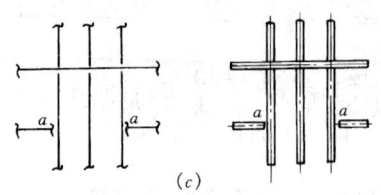

图 7-10 管道转向、重叠密集处的画法
（a）送风管转向的画法；
（b）回风管转向的画法；
（c）重叠、密集处的画法

备、管道（中、底或顶）标高。必要时，还应注出距该楼（地）层的距离。平面图、剖面图中的水、汽管道可用单线绘制，风管不宜用单线绘制。

二、空调平面图、剖面图的识读顺序

阅读时，通常先阅读空调的系统轴测图，以此了解到空调及风管道的布置方式、管道的走向，分支的方式及尺寸。空调轴测图管线有单线和双线图两种表示。单线图是用单线条表示管道，而通风机，吸尘罩之类的设备仍画成简单外形轴测图。双线条系统轴测图，是把整个系统的设备、管道及配件都用轴测投影方法，画成立体系统，其优点是比较形象化，管道形状的变化能表达得很清楚，但绘制工作较麻烦。如图 7-12 所示的 K-1 为 1 号空

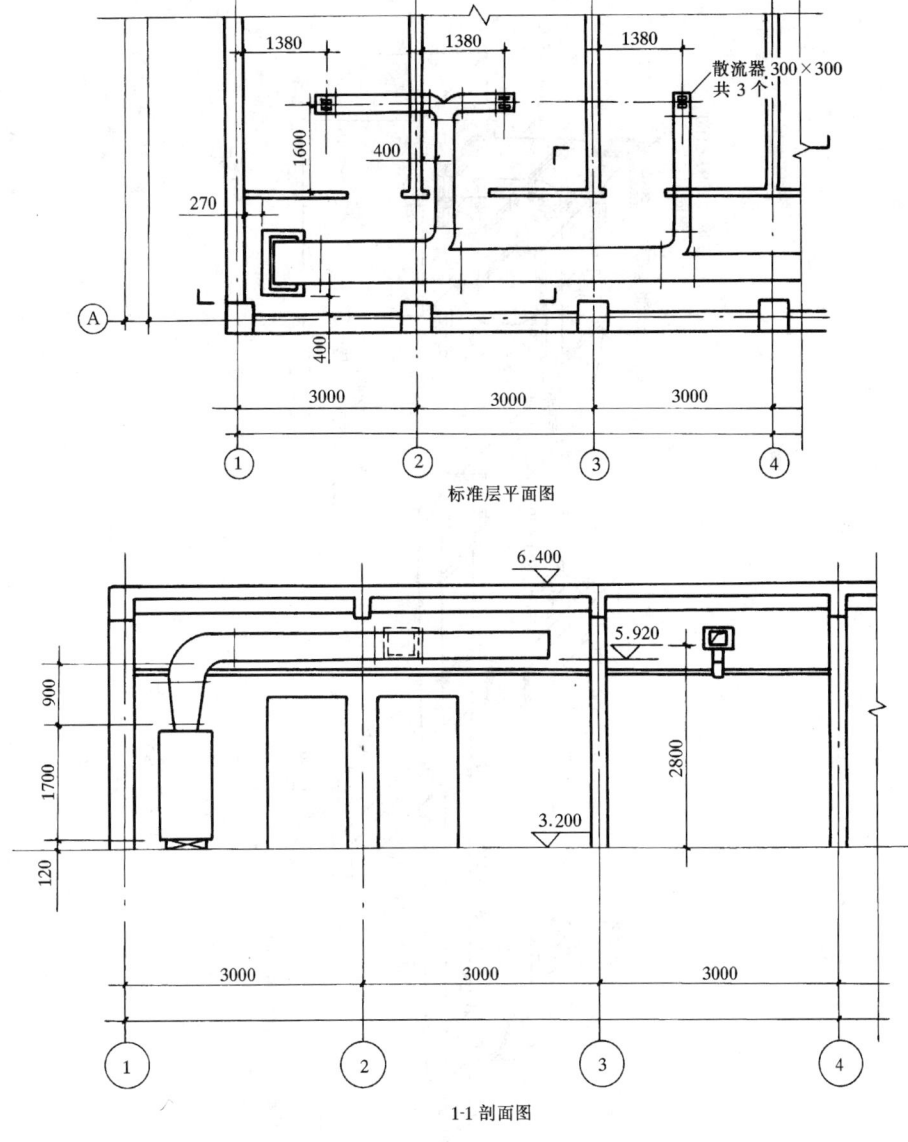

图 7-11 空调管道平面、剖面图的表示方法

调系统图。因此,在设计中如无特别需要,可不画双线系统轴测图,如图 7-13 的 P-1、P-2 为 1 号及 2 号排风系统图。接着阅读平面图、剖面图。由于平、剖面图是按正投影方法绘制的,则只需按正投影原理进行识读即可。下面以某生产车间空调工程图为例,介绍其识读方法。

三、某生产车间空调工程图的识读

如图 7-14 为车间二层空调工程平面图、1-1 剖面图及 2-2 剖面图。从图中可知,空调管道系统布置在二层。有一个空调送风系统,代号为 K-1,还有二个排风系统,代号为 P-1、P-2。

送风系统从平面图中可以看出室外空气自新风口吸入,经新风口上方送入迭式金属空调器内处理,而后从箱顶部送出,送风干管设于车间顶棚上面,经送风支管端顶部向下接

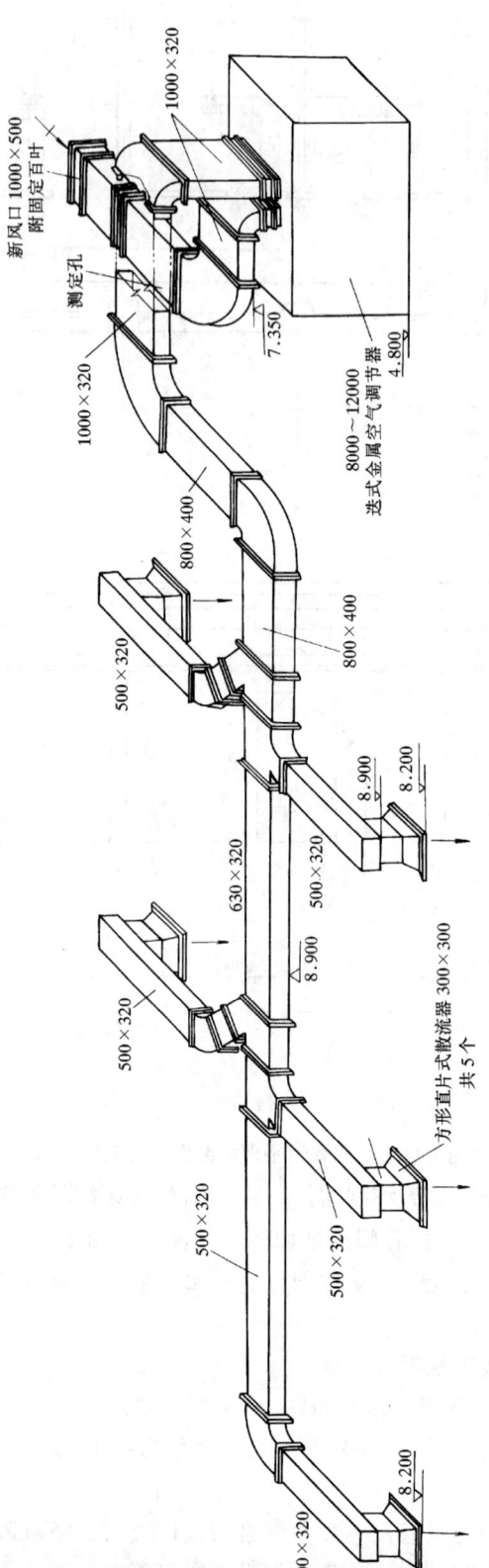

图 7-12 K-1 系统轴测图

一段截面为400mm×400mm的竖向管，竖向管下口装有方形直片式散流器，并由此向车间送出处理过的空气。送风干管经过各分支管后，截面逐渐减小，如干管的截面尺寸由空调器出来时是1000mm×320mm，转弯后为800mm×400mm，经分支后逐渐变小，最小为500mm×320mm。

排风系统从图中可以看出：P-1、P-2系统相同，它们排出车间内部的工艺设备所产生的废气。管道下端与氨干燥箱顶端相连。两根支风管汇合成一根风管后，向上伸出屋面，与装在屋面上的通风机相连接，最后排出室外。

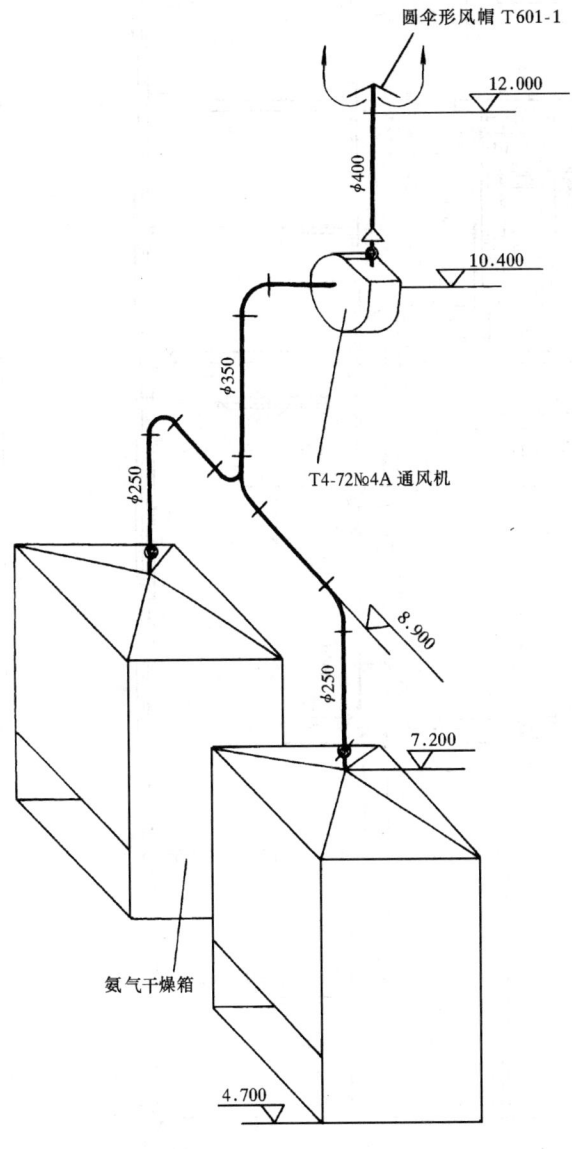

图7-13　P-1、P-2系统图

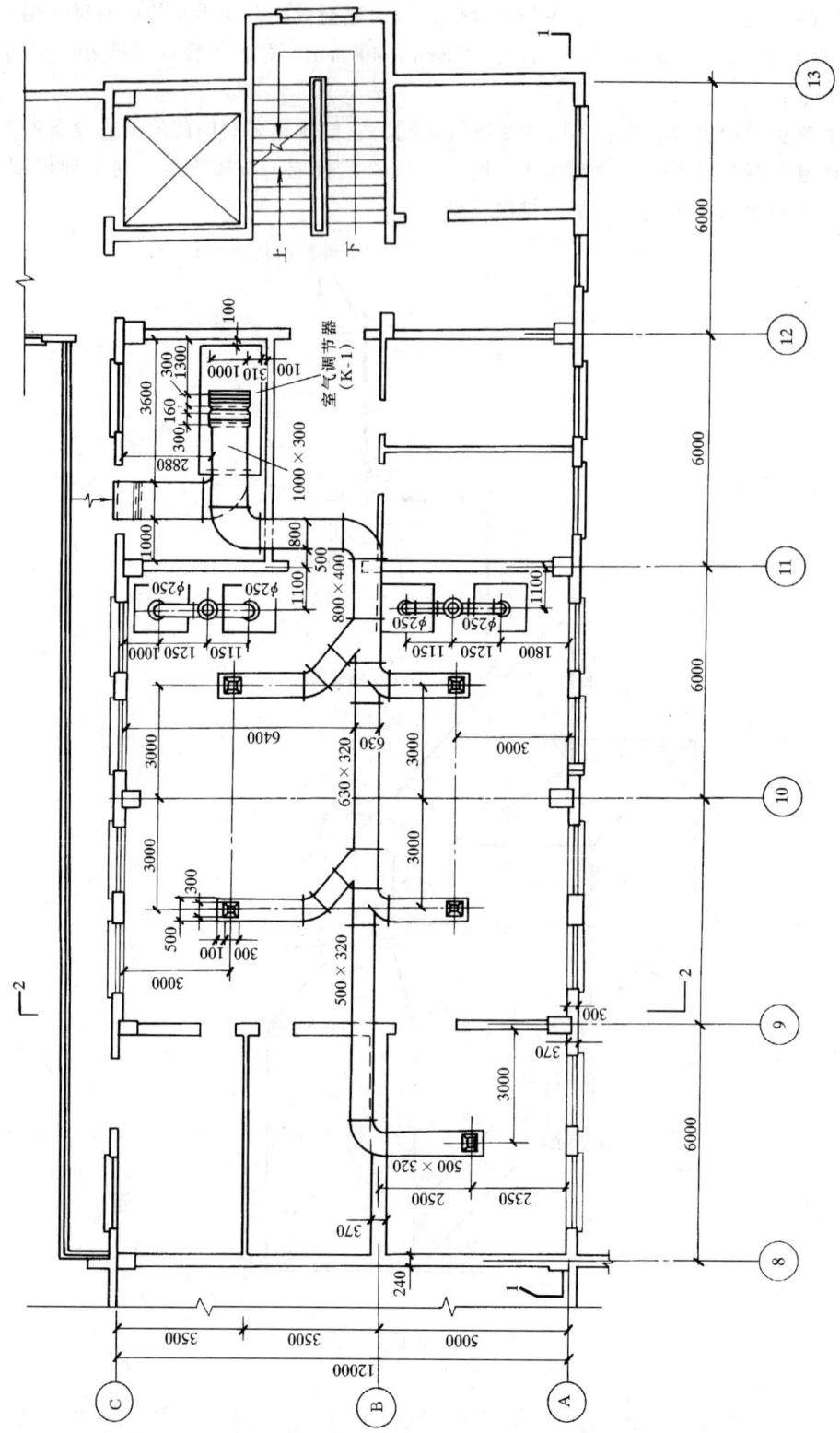

图 7-14 (a) 二层空调工程平面图

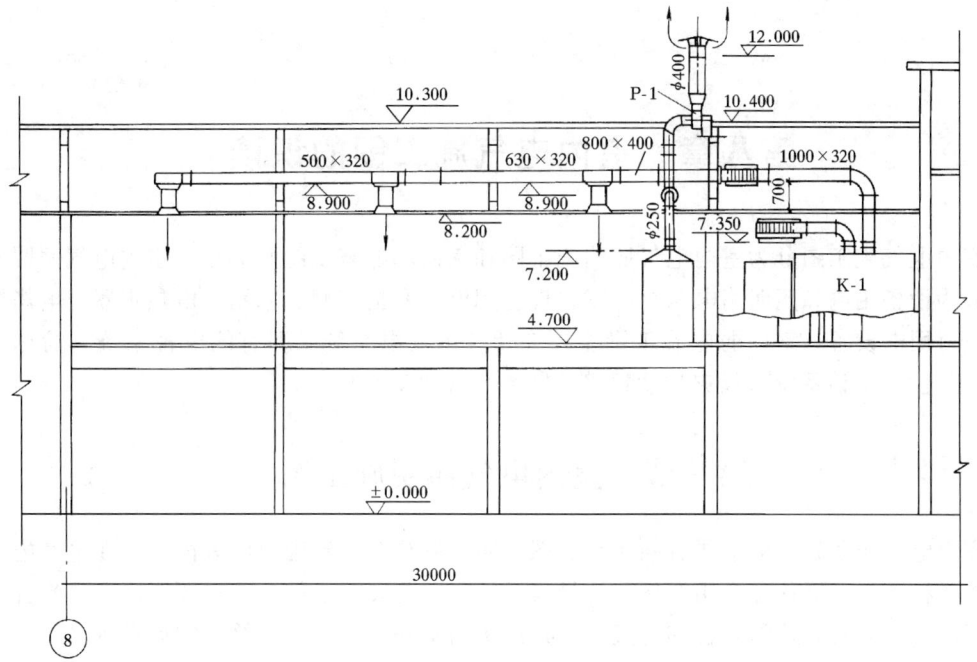

图 7-14（b） 1-1 剖面图

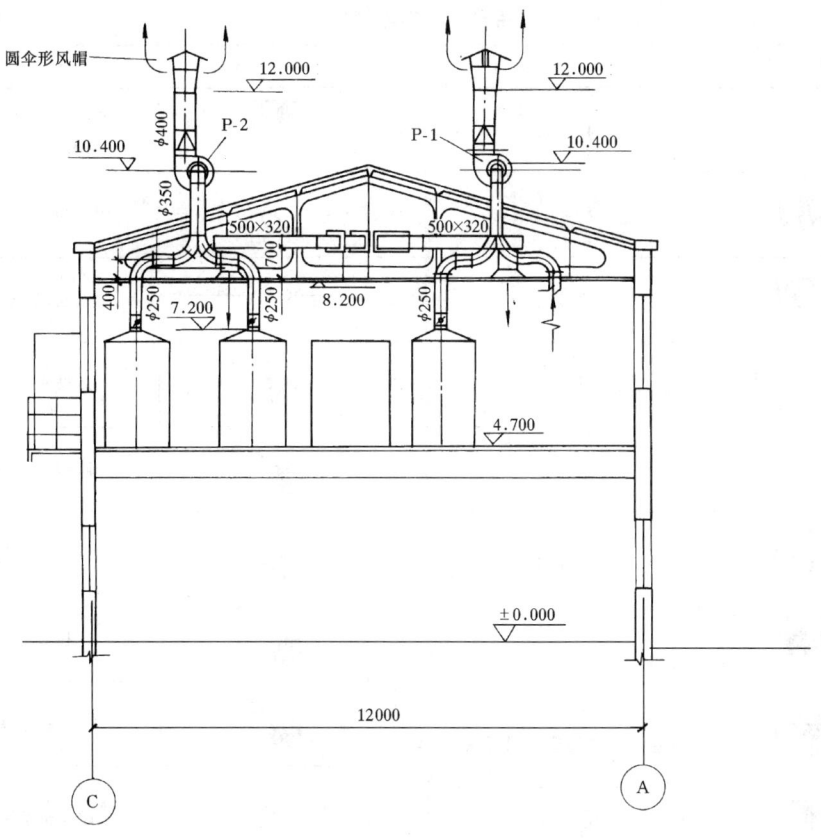

图 7-14（c） 2-2 剖面图

第八章 室内电气施工图的识读

室内电气施工图分为室内电气照明施工图和室内弱电施工图两部分。室内电气照明施工图分为设备用电和照明用电两个分支，设备用电主要指空调、冰箱、电热水器、电烤炉等高负荷用电设备。室内弱电施工图主要介绍 3 种弱电系统，即有线电视系统（简称为 CATV 系统）、电话系统和火灾自动报警控制系统（联动型）。

第一节 室内电气照明施工图

室内电气照明施工图主要有照明平面图、照明系统图和施工说明等内容。在电气施工图上的各种电气元器件都是用图例与符号表示的，因此读图之前，首先要明确和熟悉有关电气图例与符号所表达的内容和含义，这是读图的基础，电气图形符号掌握得越多，记得越牢，读起图来就越容易领会和读懂电气照明施工图，表 8-1 为常用电气图例与符号《电气图用图形符号》（GB/T 4728）。

常用电气图例与符号　　　　表 8-1

序号	图例	名称	序号	图例	名称
1	⊗	白炽灯	10	▽X	洗衣机三眼插座、带开关、防溅盖
2	◐	壁灯	11	⌒	明装单相二线插座
3	▼	吸顶灯	12	⟋×	自动开关
4	⊢—⊣	单管荧光灯	13	●╱	暗装单极开关
5	⊗	花灯	14	●╦	暗装二极开关
6	⊗	投光灯	15	●╱²	双联单控板把开关
7	▽	插座	16	●↑	拉线开关
8	▽K	空调三眼插座、带开关	17	●▷	声控开关
9	▽P	排风扇	18	○⤢	暗装调光开关

序号	图例	名称	序号	图例	名称
19	▬	电力配电箱（盘）	25	⏚	地 线
20	▬	照明配电箱（盘）	26	⊠	事故照明箱
21	kWh	功率表	27	⌒	门 铃
22	—[]—	熔断器	28	⦿	门铃开关
23	—///—	电源引入线三根导线	29	•••	管线引线符号
24	—4/— —6/—	四根导线 六根导线	30	LD	漏电开关

一、照明系统图

对于平房或电气设备简单的建筑，一般用照明平面图即可施工。而多层建筑或较复杂的电气设备，常要画出照明系统图。

照明系统图主要用来表达房屋室内的照明及其日用电器等配电基本情况，所用的配电系统和容量分配情况、配电装置、导线型号、导线截面、敷设方式及穿管管径，开关与熔断器的规格型号等。

以某住宅楼为例，图8-1为住宅楼照明系统图。住宅楼电源进户线为 VV22（3×25＋1×16）SC32-PC 参数，表示该线采用聚氯乙烯护套电缆，有3根相线的截面为 $25mm^2$、一根零线的截面为 $16mm^2$，穿直径为 32mm 的钢管埋地引入室内，再用硬质塑制管敷设，经架空层进入一层楼梯间于 MX 型照明总配电箱内，并在此总配电箱处设重复接地线，接地线电阻小于 4Ω。进户线还标有 3N-50Hz，380/220V-3N，表示电源为三相四线制，频率 50Hz（赫兹），电压为 380/220V。MX 型照明总配电箱内装有总电表、自动开关、11个分电表和保护线路接线端子，干线旁标有 BV（3×25＋2×16）PVC32-WC 参数，表示该导线为 500V 聚氯乙烯铜芯导线，3根导线的截面均为 $25mm^2$，2根导线的截面均为 $16mm^2$，穿直径为 32mm 的阻燃塑料管，暗敷在箱内。然后按编号 L_1、L_2、L_3 分别从总配电箱内的接线端子连线到各分配箱 KX1、KX2。

KX1 分配电箱系统图，进自动开关前的导线为 BV-2×6＋1×4-PVC20-WC，表示该导线为 500V 聚氯乙烯铜芯导线，2根导线的截面均为 $6mm^2$，1根导线的截面为 $4mm^2$，穿直径为 20mm 的阻燃塑料管，暗敷在墙壁内。照明灯的线路用 BV-2×1.5-PVC16-WC、一般插座的线路用 BV-3×2.5-PVC16-WC、空调插座的线路用 BV-2×4＋1×2.5-PVC20-WC，各种导线的数量、穿阻燃塑料管的直径和敷设方式均同以上说明。

KX2 分配电箱系统专为架空层设置的，有一个自动开关，导线用 BV-2×2.5-PVC16-WC。

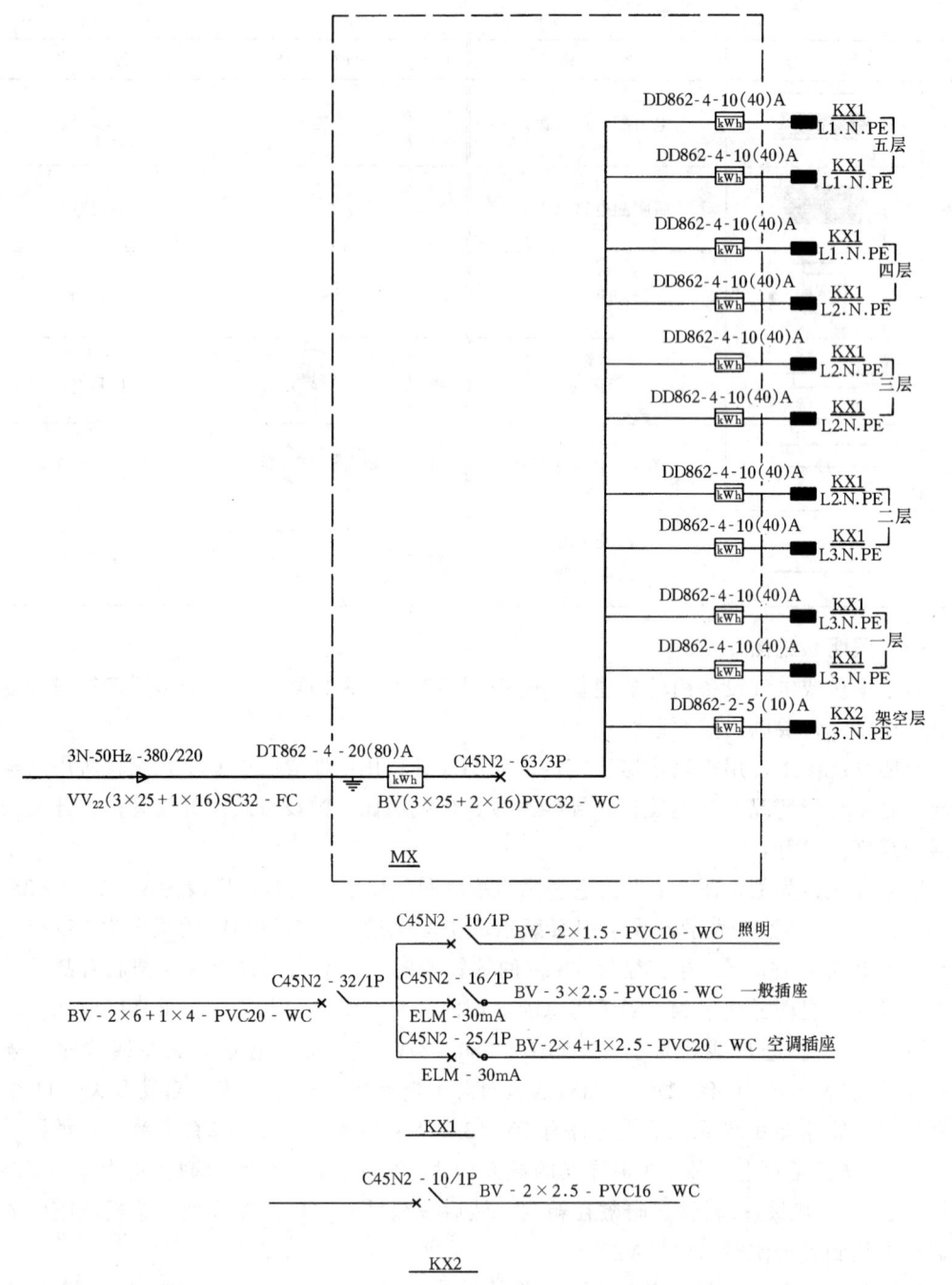

图 8-1 住宅照明系统图

二、照明平面图

照明平面图是表示建筑物内照明设备平面布置、线路走向的工程图样。图上标出电源实际进线的位置、规格、穿线管径、配电线路的走向，干支线路的编号、敷设方法，开关、插座、照明器具的位置、型号、规格等。一般照明线路走向是室外电源从建筑物某处进户后，经总配电箱和分配电箱，由干线、支线连接起来，通向各用电设备。其中干线是

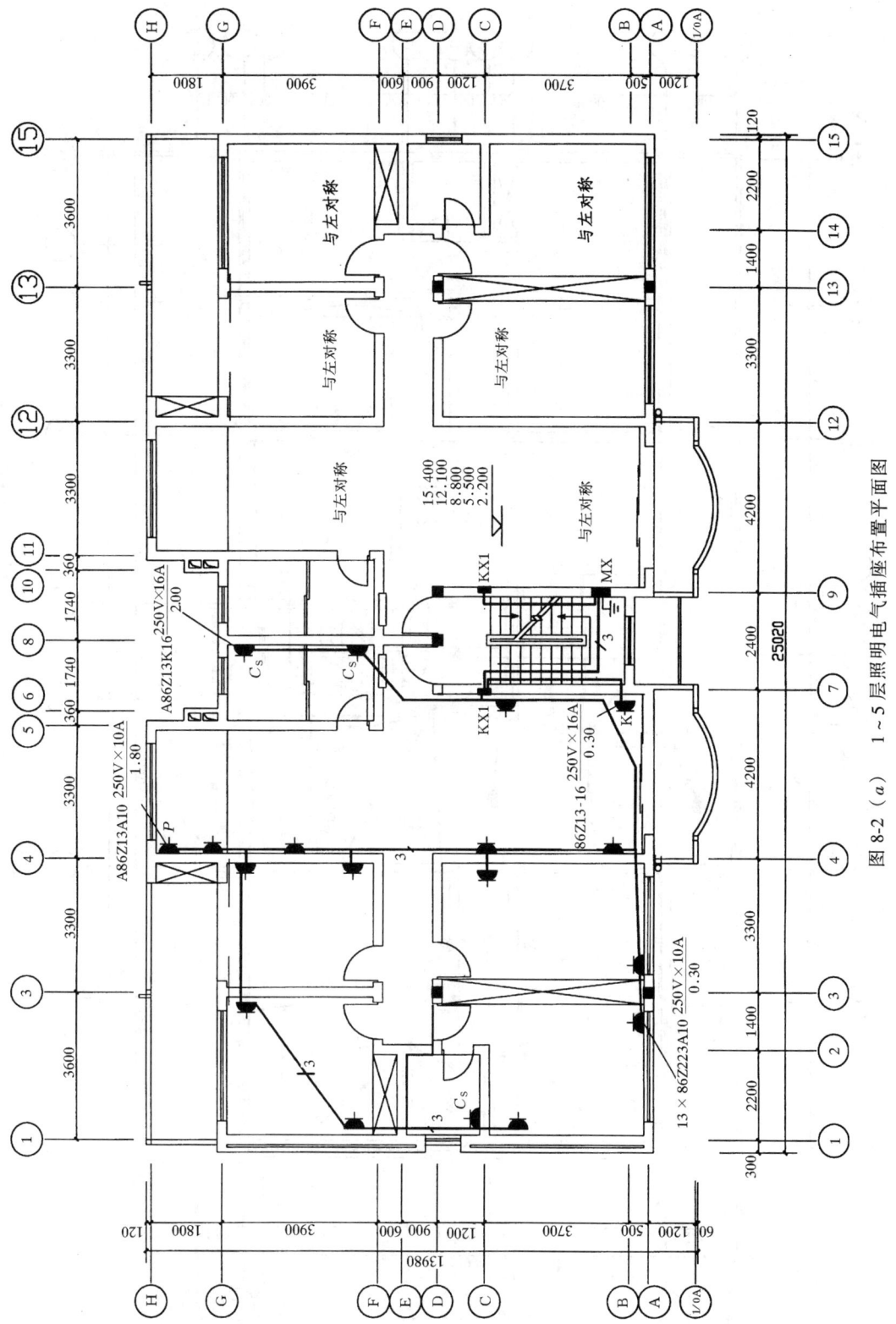

图 8-2（a） 1~5 层照明电气插座布置平面图

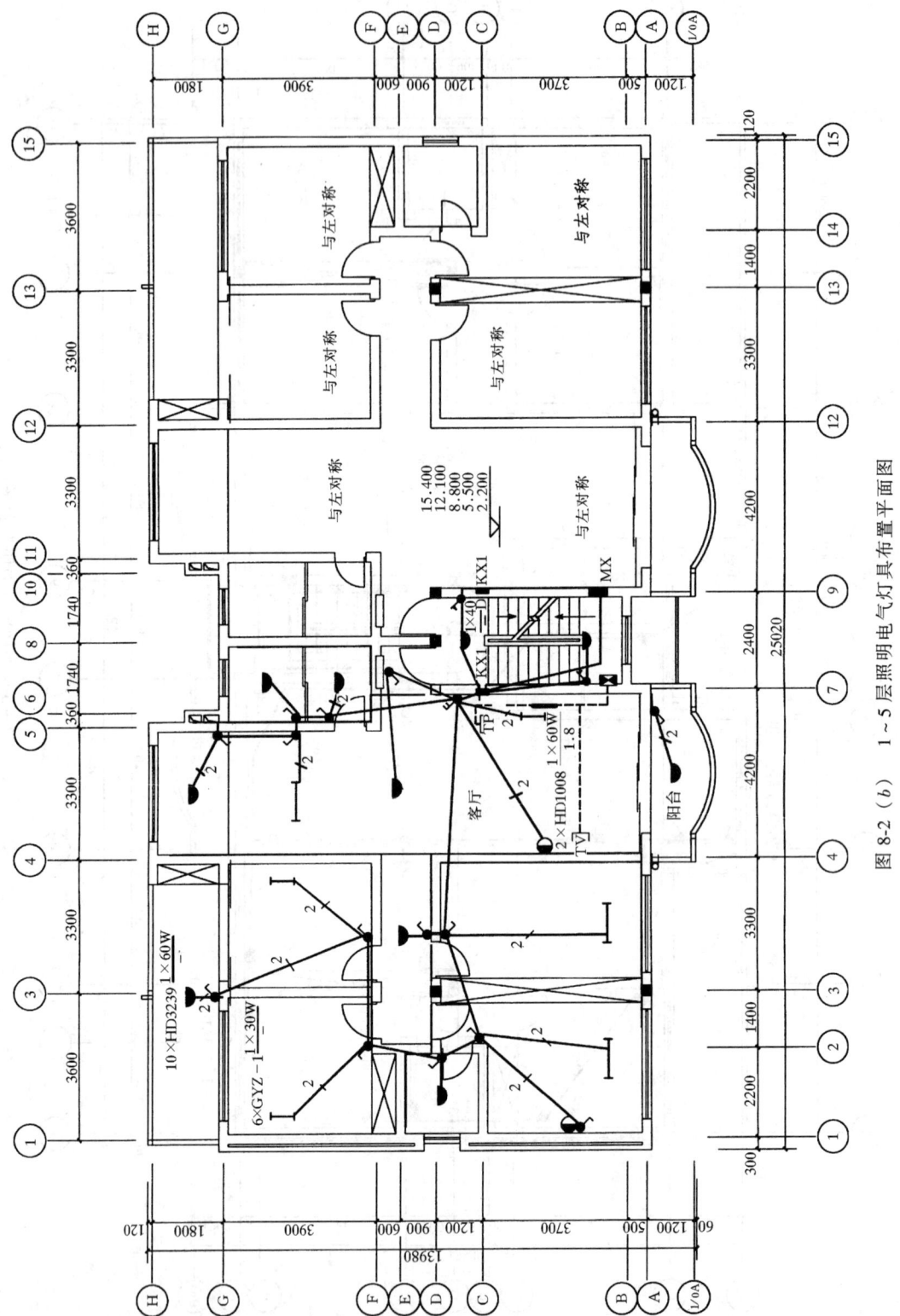

图 8-2 (b) 1~5 层照明电气灯具布置平面图

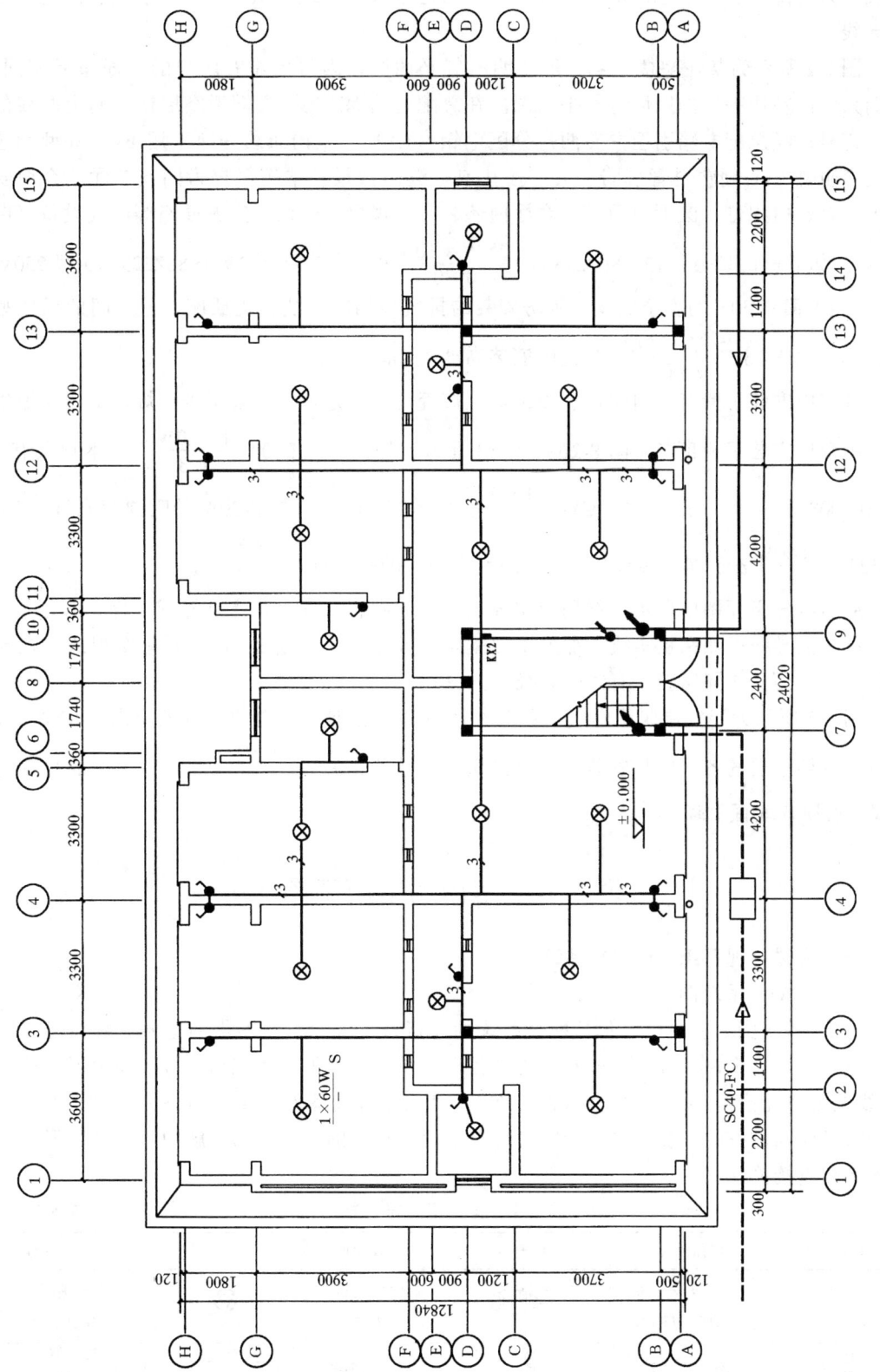

图 8-3 架空层照明电气平面图

外线引入总配电箱及由总配电箱到分配电箱的连接线，支线是从分配电箱引至各用电设备的导线。

图 8-2 所示为某住宅楼一~五层照明电气平面图，因每层左右两户的平面布局相同，本例只绘出左边一户的照明电气平面图。在总配电箱 MX 的下方即架空层标有向上配线的图形符号；经总配电箱引至左右两户分配电箱（KX1）。室内布线一律采用 BV-500 型铜芯导线穿阻燃 PVC 硬塑料管沿墙、梁、板孔或板缝暗敷设。本例每户为四室二厅，客厅安装了壁灯、白炽灯、圆形吸顶灯，客厅内还装有电视机、电话、空调插座等电气设备（图 8-2a）。如插座的型号：$13 \times 86Z223A10 \dfrac{250V \times 10A}{0.30}$ 表示本户共有 13 个 86Z223A10 型 250V-10A，距地面 0.30m 为安全插座；厨房安装的排气扇插座、洗衣机插座、卫生间的插座型号：$4 \times 86Z13-16 \dfrac{250V \times 16A}{2.00}$。它们的安装高度为 2m。

卧室内安装了壁灯、白炽灯、吸顶荧光灯等灯具；走道内安装了吸顶灯；厨房、卫生间、阳台均安装了吸顶灯（图 8-2b），如灯具的型号：$2 \times HD1008 \dfrac{1 \times 60W}{1.8}$ 表示本户共有 2 盏 HD1008 型 60W 的壁灯；$6 \times GY_2\text{-}1 \dfrac{1 \times 30W}{-}$ 表示有 6 套 GY_2-1 型 30W 的吸顶荧光灯；$7 \times HD3239 \dfrac{1 \times 60W}{-}$ 表示本户共有 7 盏 HD3239 型 60W 的吸顶灯。

照明电气平面图中所示导线用粗实线表示，如在粗实线上加上 2 撇或 3 撇，表示有 2 根或有 3 根导线；如在粗实线上加上 1 撇然后在旁边写上 2 或 3，也表示有 2 根或 3 根导线，在旁边写上 4 同样表示有 4 根导线。

图 8-3 所示为架空层照明电气平面图，从总配电箱向下引电源线到架空层（KX2）分配电箱，架空层的各室内都安装了一盏白炽灯，其编号为 $\dfrac{1 \times 60W}{-}$S，表示白炽灯的功率为 60W，吸顶式或直附式。

第二节　室内弱电施工图

一、有线电视系统（CATV 系统）

（一）CATV 系统图

CATV 系统图的主要内容包括网络系统的连接，系统设备与器件的型号、规格等，同轴电缆的型号、规格、敷设方式及穿管管径等，系统箱设置、系统箱编号、箱内元器件等（虚线框为系统箱）。系统图只表示各 CATV 系统设备和元器件连接的网络关系，而不表示线路的走向和设备的安装位置。看图时应与平面图配合阅读，确切了解图中各种图形符号的含义和连接关系。

弱电图形符号　　　　　　　表 8-2

图形符号	名称及说明	图形符号	名称及说明	图形符号	名称及说明
	天线 VHF UHF FM		有线电视接收天线		无本地天线前端
	抛物面天线		本地天线前端		放大器一般符号

续表

图形符号	名称及说明	图形符号	名称及说明	图形符号	名称及说明
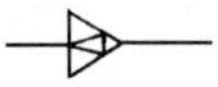	可控制反馈量放大器	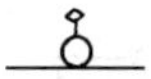	串接式系统输出口（串接一分支）		落地电话交接箱
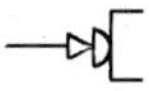	干线分配放大器	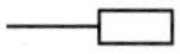	终端电组（匹配负载）		电话机
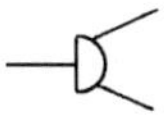	二分配器		接地（机壳或底板）	 DZ	室内对讲机
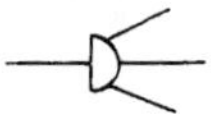	三分配器		光纤或光缆一般符号	 KVDZ	室内可视对讲机
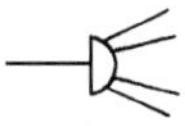	四分配器	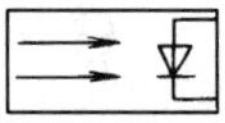	光接收机	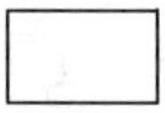	屏、台、箱、柜一般符号
	定向耦合器	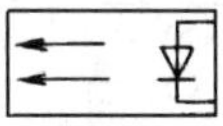	光发射机		固定均衡器
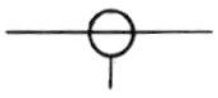	一分支器（示出一路分支）	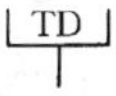 TD	计算机接出口		可调均衡器
 ⑩	标有分量的用户分支器	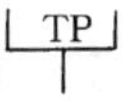 TP	电话接出口	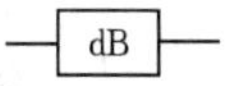 dB	固定衰减器
	二分支	 TV	电视接出口	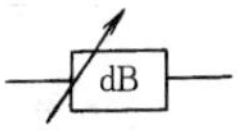 dB	可调衰减器
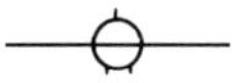	三分支		变压器	 PBX	程控交换机
	四分支	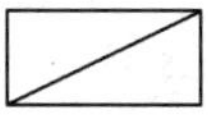	双电源切换箱	 G	直流发电机
	系统输出口（用户终端盒）	 UPS	不间断电源		蓄电池
	串接式系统输出口（串接单元）		壁龛电话交接箱		整流器

如图 8-4 所示，为一栋五层楼二单元的住宅建筑 CATV 系统图。图中所示的图形符号，如（SYKV-75-9）G25-WC，它表示聚乙烯纵孔半空气绝缘（耦芯）、聚氯乙烯护套、特性阻抗为 75Ω、线芯绝缘外径为 9mm 的同轴电缆并穿直径为 25mm 的镀锌钢管，暗敷设。一单元的前端系统箱内装有线路延长放大器、二分配器、二分支器、电源插座；二单元的系统箱内装有二分支器、一分支器；它们之间的连接仍然用（SYKV-75-75-9）G25-WC，即线芯绝缘外径为 9mm 的同轴电缆穿直径为 25mm 的镀锌钢管，沿墙敷设。CATV 系统层间立管均采用屏蔽型 PVC 线管，支管采用普通 PVC 线管；层间立管传输均采用（SYKV-75-7）PVC20-WC；同轴电缆型号规格除标注外均为（SYKV-75-5）PVC16-WC。每户有 3 个电视接口，每个单元终端有 75Ω 的匹配阻抗。

147

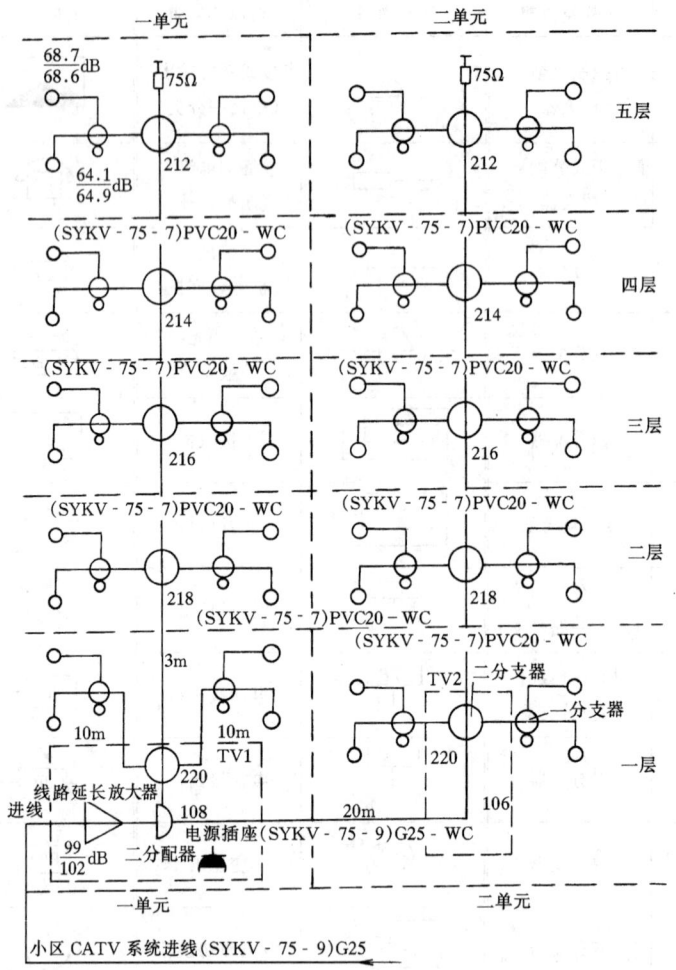

图 8-4 住宅建筑 CATV 系统图

（二）CATV 系统平面图

图 8-5 所示的住宅建筑 CATV 系统平面图为标准层平面图。平面图的内容主要包括前端箱与系统箱的编号、安装位置、安装高度等，系统设备与器件的安装位置、同轴电缆的型号规格、走线路径、敷设方式及穿管管径等。平面布置图中的房屋只是一个辅助内容，重点突出系统设备及线路敷设的平面布置，故建筑平面图的墙、墙身、门窗等都用细实线画出。

电视进户线引自小区 CATV 系统线,（进线的型号是(SYKV-75-9)G25-FC,表示同轴电缆穿直径为 25mm 的镀锌钢管,暗敷在地面内)直接进入东头第一单元楼梯间前端箱内。再经放大器把电视信号放大后,用(SYKV-75-9)G25-WC 同轴电缆穿直径为 25mm 的镀锌钢管沿墙敷设,直接与一单元系统箱(TV1)和二单元系统箱(TV2),再经各层用户二分配器将电视信号输送到左右各自的住户,每一户在客厅和两个卧室安装了电视输出口即电视插座。至各楼层间的传输线采用(SYKV-75-7)PVC20-WC,从用户二分支器到电视插座的传输线采用(SYKV-75-5)PVC16-WC。本例采用的同轴电缆在平面图中用粗实线表示。

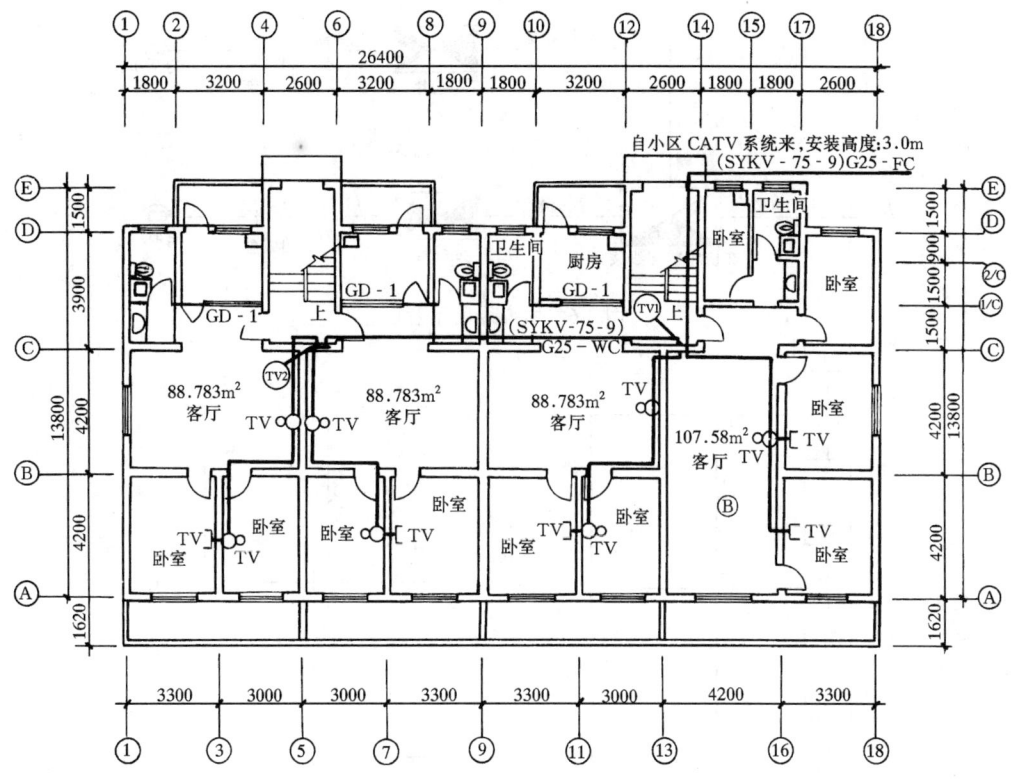

图 8-5 CATV 系统平面图

另外在楼梯间还安装了声光控开关,用来控制楼梯间的电灯,它是根据声光强弱来自动开启与关断灯光。

二、住宅电话通信系统图

电话通信的目的是实现某一地区任意两个用户之间的信息交换,电话以成为人们生活与工作中的重要工具。目前电话通信已发展为电话、传真、移动通信和无线寻呼等电信技术,本节只介绍住宅电话通信系统图的表示方法,与其他工程图一样,也是由电话通信系统图和平面图组成。

(一) 住宅电话通信系统图

由市话局引入的电缆称为主干线,它不直接与用户联系,而是通过交接箱或用户配线架连接配线电缆;配线电缆根据用户分布情况,将其线芯分配到每个分线箱内;再由分线箱引出用户线通过出线盒连接到用户终端如电话机、传真机等设备上(图 8-6 用户线路示意图)。

现以五层 2 单元住宅为例(图 8-7),说明系统图的表示方法。

从住宅电话系统图(图 8-7)中可读出,该住宅为五层 2 单元住宅楼,每层有 4 户,每户安装了二对电话线。系统图中只画出了底层的电话交接箱、分线箱、出线盒、电话出线口的布置与走线情况,其他楼层的设备布置与配线同底层平面。

市话进线采用 HYV-50 (2×1.0) G80-WC,表示铜芯聚氯乙烯绝缘、聚氯乙烯护套穿直径为 80mm 钢管暗敷设;电话线进电话交接箱后,再分别引出 2 组电话线到左右单元的

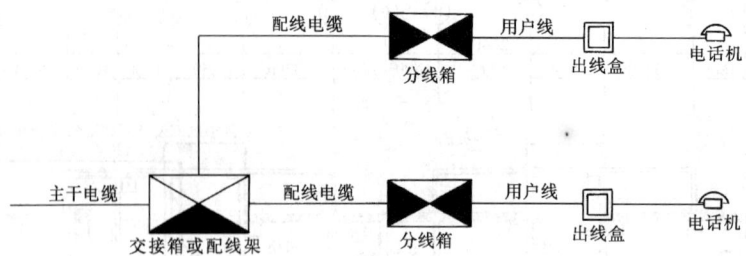

图 8-6 用户线路示意图

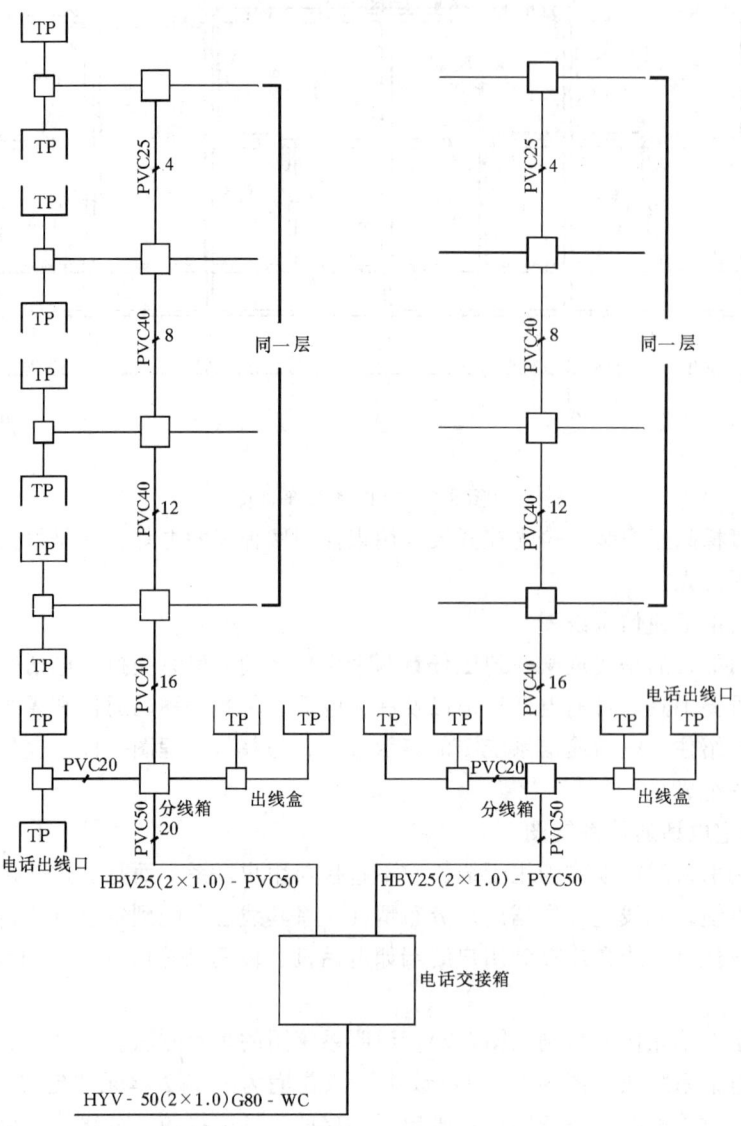

图 8-7 住宅电话系统图

分线箱,从分线箱接出电话线到出线盒,经出线盒分别连接到 2 个卧室的电话出线口。

分线箱设在第一层楼梯间墙体上,并在一层设 PVC20 穿线水平管道进户,沿墙用

PVC50 的穿线管引至上一层；电话出线口布置在同一水平位置，用户线逐层递减。

（二）住宅电话通信平面图

如图 8-8 所示为住宅建筑标准层平面图。平面图的内容主要包括：市话进线从北向西头进入楼梯间的分线箱，经水平管道 ［HBV-25（2×1.0）PVC50-WC］到达东头楼梯间的分线箱，以及进线的安装位置、安装高度等，系统设备与器件的安装位置、走线路径、敷设方式及穿管管径等。分别在各户的客厅与一间卧室安装了电话出线口，电话线在平面图上用粗实线表示。

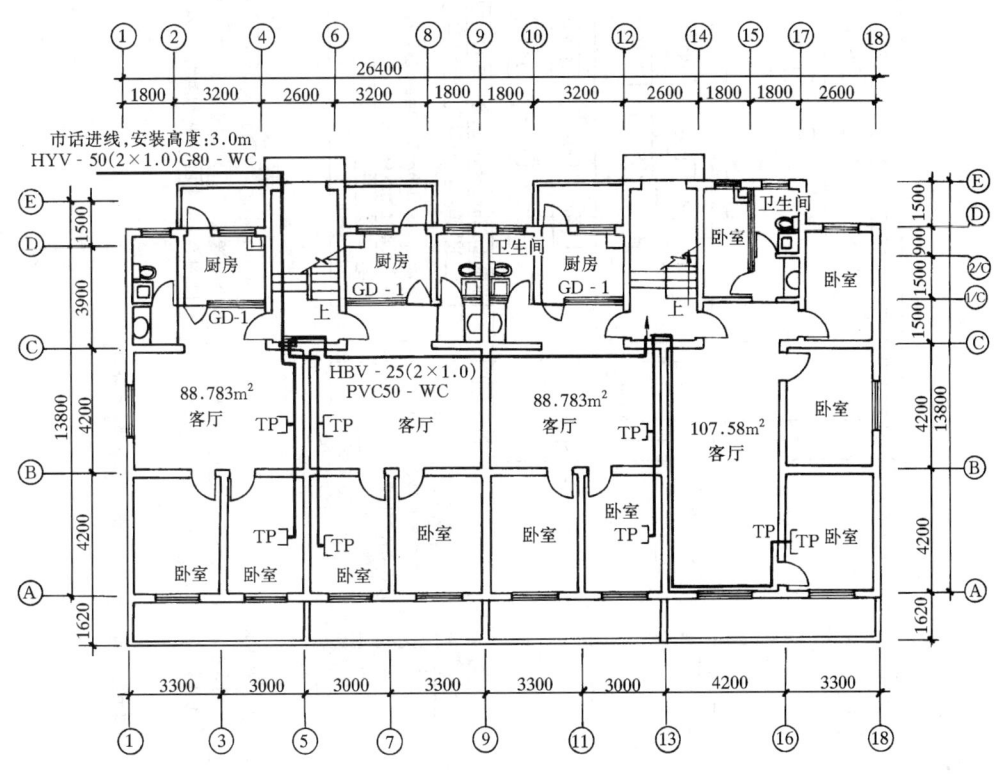

图 8-8　住宅建筑标准层平面布置图

三、火灾自动报警及联动控制系统

火灾自动报警及联动控制系统图，主要由系统图、平面图组成，图中采用的设备均用图形符号表示。读图时先应熟悉图中列出的图形符号及其含义，才能更顺利地读懂图纸。

（一）火灾自动报警及联动控制系统图

如图 8-8 所示为 JB-1501A 火灾自动报警及联动控制系统，它主要由以下几部分组成。

1. 火灾探测器

在火灾初起阶段，一般会产生烟雾、高温、火光及可燃气体。利用各种不同敏感元件探测到的各种火灾参数，并转换成电信号的传感器，称为探测器。从图 8-9 中可以读到感烟探测器、感温探测器、声光报警器的图形符号，其工作原理见有关资料。

2. 火灾报警控制器

火灾报警控制器，主要由 JB-1501A 火灾报警控制器、联动外控电源（DC24V／

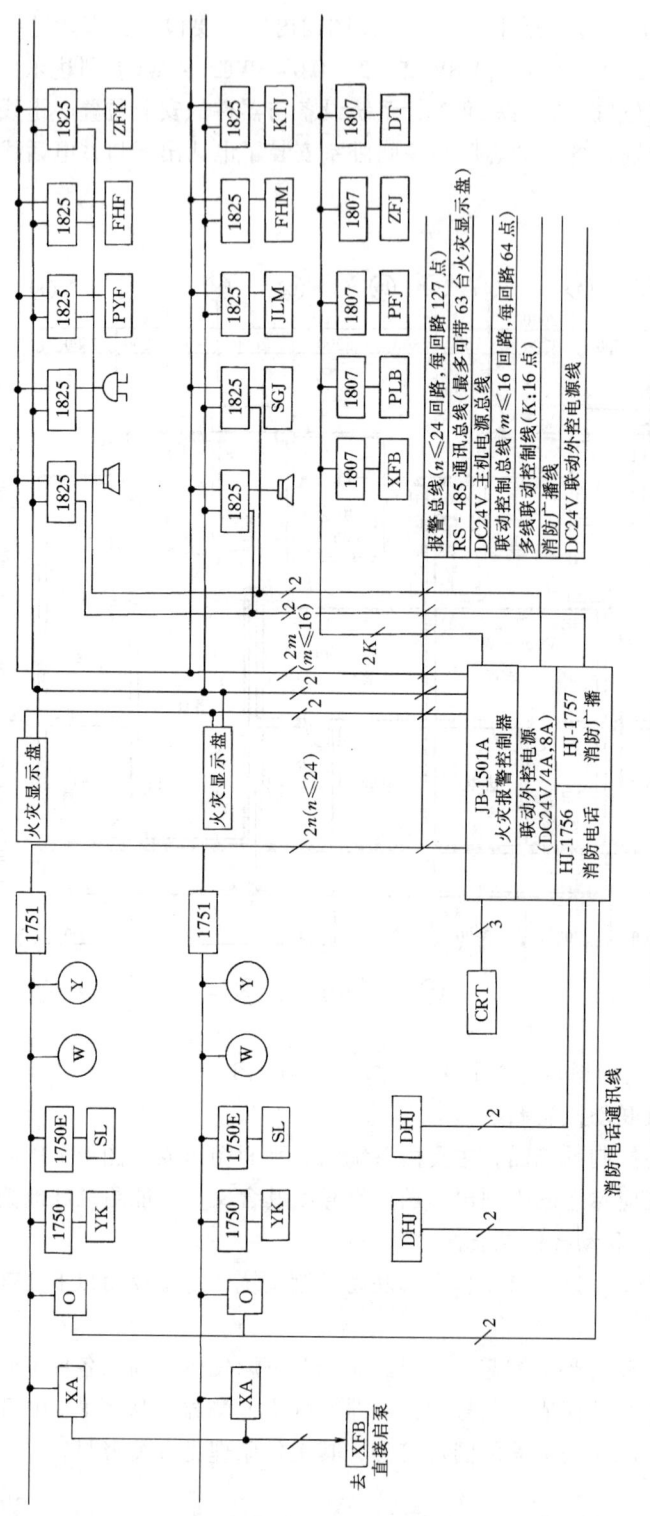

图 8-9 JB-1501A 火灾报警控制系统图

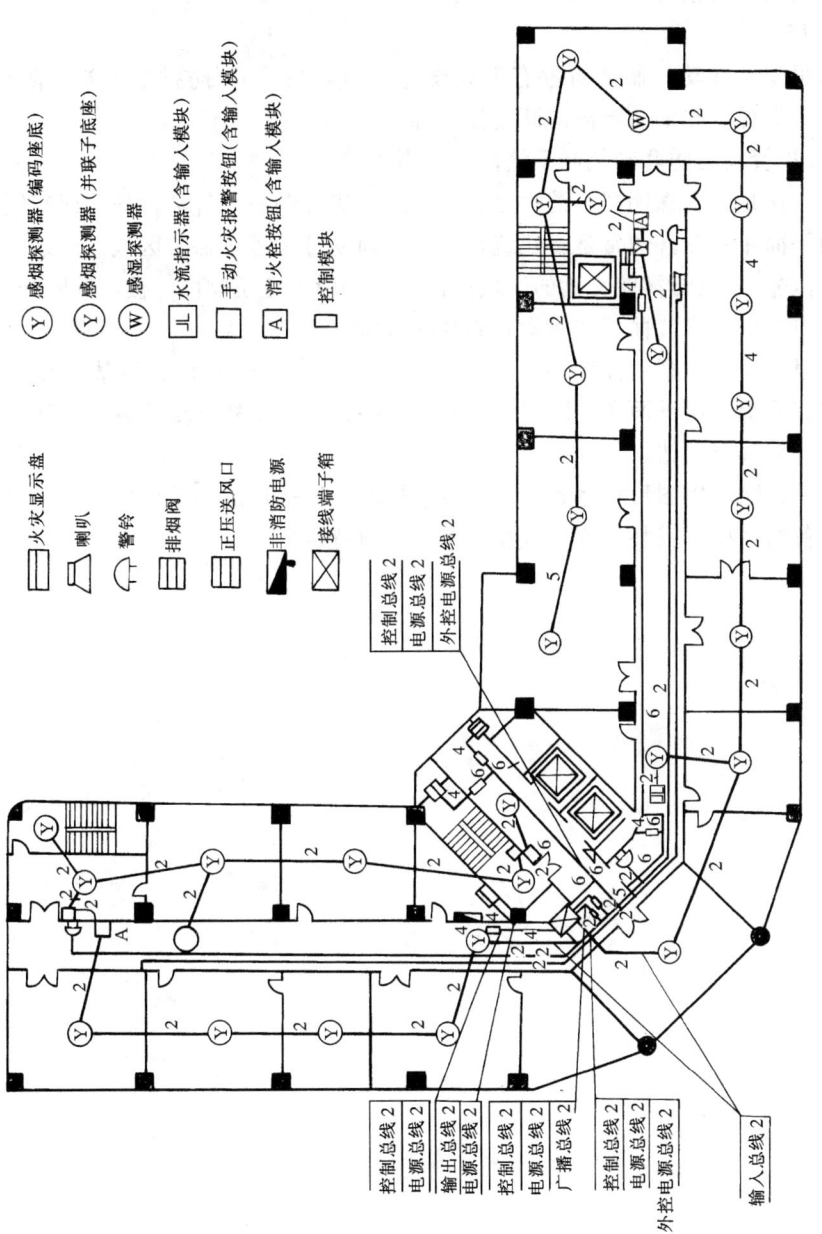

图 8-10 火灾自动报警及消防联动控制系统楼层平面图

4A.8A)、HJ-1756消防电话、HJ-1757消防广播组成。它是建筑火灾报警联动系统的核心部分。它起到将火灾探测器在监控现场检测到的火灾信号进行分析、判断、确认并发布控制命令的作用。

3．火灾通报与消火系统

主要由消防广播、消防电话通讯、声光警报器、手动报警、警铃等，消防泵、喷淋泵等。一旦发生火灾及时报警，通报消防部门。

4．联动系统

火灾自动报警及联动控制的对象有灭火设施（消防泵等）、防排烟设施、防火卷帘、防火门、水幕、电梯、非消防电源的断电控制等。

（二）火灾报警及消防联动控制系统楼层平面图

平面图所表达是火灾探测器、消火栓、导线、火灾控制系统等器件的平面布置图，类似于电气照明平面布置图。通常是将建筑物某一平面划分为若干探测区域，所谓"探测区域"，是指在有热气流或烟雾能充满的区域；该区域一般指建筑物内，被墙壁隔开的房间、或在同一房间内被突出安装面（如横梁）隔开的区域。

火灾自动报警及消防联动控制系统楼层平面图，如图8-10所示，是某大楼火灾报警及消防联动控制系统楼层平面布线图（镜像）。火灾报警线路中安装了感烟探测器、感温探测器、手动火灾报警按钮、警铃等元器件。

在平面图中，除了用图形符号表示火灾报警控制器所采用的各种设备外，还用文字符号说明不同设备的名称、安装位置、布线方式等作图特点。

第九章 机械零件图与装配图的基本知识

任何机器或设备都是由零件装配而成。表达零件的形状及尺寸大小和技术要求的图样称为零件图。表达机器或部件的结构形状、装配关系、工作原理和技术要求的图样称为装配图。熟悉和掌握机械零件图与装配图的基本知识,有助于识读建筑设备施工图。

第一节 零件图的内容

若在结构、尺寸方面均已标准化的零件称为标准零件(如螺灯、螺栓、螺母、垫圈、键、销、滚动轴承等);当零件在某部分的重要参数已系列化的零件称为常用件(如齿轮、弹簧等);除此之外均为非标准零件图。所有的零件图应包括图形、尺寸、技术要求和标题栏四部分内容。

一、图形

前面所说到的投影基本知识、视图、剖视图、局部放大图等作图方法,均可用于表达机械零件的结构形状。表示一个零件到底要用几个图形来表达,应根据零件的复杂程度和结构形状来决定。一般情况下,主视图是一组图形的核心,在选择主视图时,一般应考虑:(1)主视图应反映零件的主要结构特征;(2)零件在主视图上所摆放的位置应尽量符合零件的工作和主要的加工位置。还应考虑每个视图都有一个表达的重点,优先考虑在基本视图以及在基本视图上取剖视。因此,选择视图的原则是:在完整清晰地表达零件结构

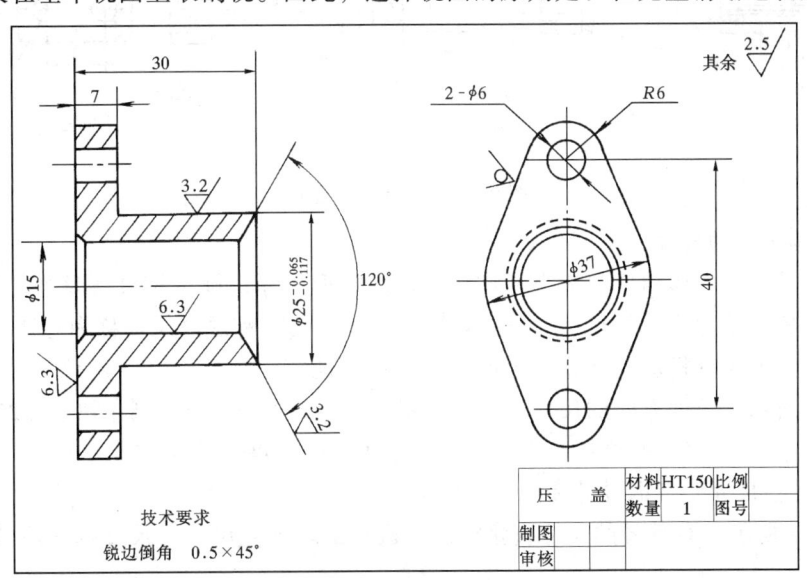

图 9-1 压盖零件图

形状的前提下,尽量减少视图数量,力求画图简便和看图方便。如图 9-1 所示的压盖零件图,只用了一个全剖主视图和左视图就表达清楚了。

二、尺寸标注

零件图应标注加工零件所需全部尺寸,并且要做到正确、完整、清晰、合理、所标注的尺寸应符合(GB/T4458.4—1984)及(GB/T 166675.2—1996)的规定。

（一）选择尺寸基准

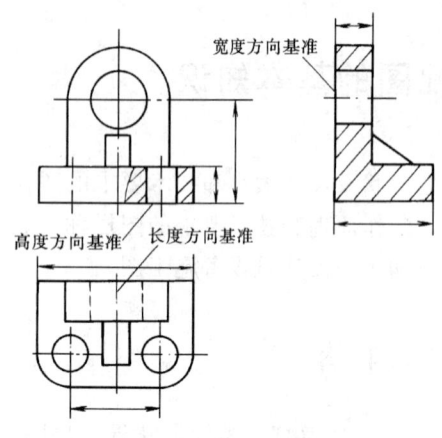

图 9-2 零件图的尺寸基准

要使尺寸标注得合理,首先要确定合理的尺寸基准。零件图上通常选用与其他零件相接触的表面(装配的配合表面、安装基面)、零件的对称平面、回转体的中心轴线等几何要素作为尺寸基准。每个零件都有长、宽、高三个方向的尺寸,每个方向的尺寸至少有一个主要的尺寸基准,如图 9-2 所示零件图的尺寸基准,主视图以底面为高度方向的基准,俯视图以对称轴线为长度方向的基准,左视图后端面为宽度方向的基准。

对于相互关联的零件,在标注其相关尺寸时,就以同一个平面或直线（如结合面、对称中心平面、轴线等）作为尺寸基准（图 9-3）。

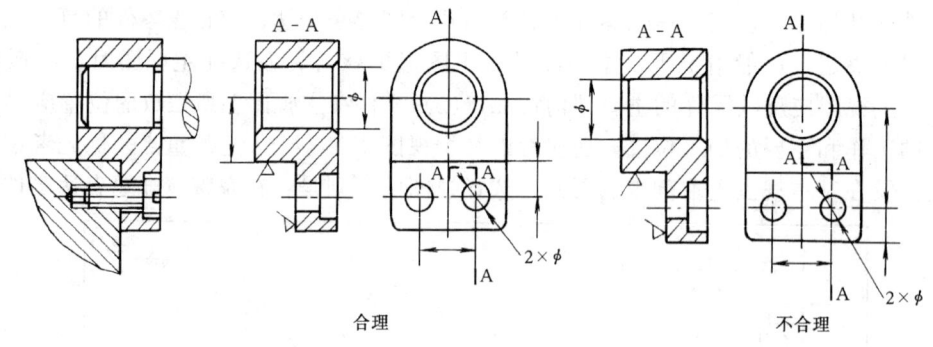

图 9-3 尺寸基准的选择

（二）确定几种尺寸

确定零件各基本体的形状大小的尺寸,称为定形尺寸;确定零件各基本体（孔、洞）间的相应位置尺寸称为定位尺寸;整个零件的总长、总宽和总高尺寸称为总体尺寸。尺寸标注的方法是形体分析法,就是一个形体一个形体地标注定形尺寸、定位尺寸。如图 9-1 压盖零件图所示,长度方向的尺寸 30 和 7,孔的直径 φ15 和 φ6,倒角尺寸 φ25 等,为定形尺寸,其中 30 为零件的总长。小孔与小孔之间的尺寸 40,为定位尺寸。

（三）标注尺寸要考虑设计和工艺的要求。

如表 9-1 所示,有重要的尺寸直接标注、避免出现重复尺寸,尺寸标注应便于加工和测量。

（四）常见零件的结构尺寸标注

常见零件的结构尺寸标注如表 9-2 所示。

零件尺寸标注的合理性　　　　　　　　　　　　　　　　　　　表 9-1

说　明	正确图例	错误图例
重要尺寸直接注出		
避免出现封闭的尺寸链		
尺寸应便于加工与测量		

常见零件的结构尺寸标注　　　　　　　　　　　　　　　　　　　表 9-2

类型	旁注法	普通注法	说　明
光孔	$4\times\phi4\downarrow10$	$4\times\phi4$	4孔，直径$\phi4$，深10 ↓：表示深度的符号
螺孔	$3\times M6\text{-}7H\downarrow10$ 孔$\downarrow12$	$3\times M6\text{-}7H$	3螺孔 M6，精度 7H，螺纹深度 10
沉孔	$6\times\phi7$ $\vee\phi13\times90°$	$\phi13$ $6\times\phi7$	6孔，直径$\phi7$，沉孔锥顶角90°，大口直径$\phi13$ ∨：表示埋头孔的符号
沉孔	$4\times\phi6.4$ ⊔$\phi12\downarrow4.5$	$4\times\phi6.4$ $\phi12$ $4\times\phi6.4$	4孔，直径$\phi6.4$，柱形沉孔直径$\phi12$，深4.5 ⊔：表示沉孔或锪平的符号
倒角	C_1	C_1　30°30° 1.5　1.5	C_1 表示 45°倒角，非 45°倒角直接标注

三、技术要求

技术要求主要包括尺寸公差、形位公差、表面粗糙度等。

（一）公差与配合

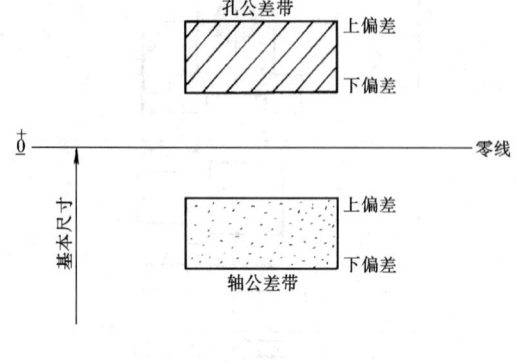

图 9-4 公差

1. 互换性的概念

按规定及要求制造的成批、大量的零件或部件，在装配时不用选择而是任取一个，又可以互相调换，在装配后就能达到使用要求，这种性质称为互换性。

2. 公差与配合

要使零件具有互换性，就要控制它的尺寸，也就是规定它的实际尺寸数值允许的最大变动量，即公差。如图 9-4 所示：公差等于最大极限尺寸减最小极限尺寸之差；也等于上偏差减下偏差。而偏差是指某一尺寸减其基本尺寸所得的代数差，偏差可以为正、负或零值。

公差带是指由代表上、下偏差的两条直线所限定的一个区域。

标准公差分为 20 级，即 IT01、IT02、IT1……IT18。其中 IT 表示标准公差，阿拉伯数字表示公差等级，从 IT01～IT18 等级依次降低。标准公差，国家标准（GB/T 1800.4—1999）表列的，用以确定公差带大小的任一公差。

基本偏差的代号用拉丁字母表示，大写的为孔，小写的为轴，各 28 个。孔的基本偏差代号为 A、B、C……ZA、ZB、ZC；轴的基本偏差代号为 a、b、c……za、zb、zc。其中 H 代表基准孔（GB/T 1800.1 规定基准孔的下偏差为零）；h 代表基准轴（GB/T 1800.1 规定基准轴的上偏差为零）（图 9-5）。

具有间隙（包括最小间隙等于零）的配合。此时，孔的公差带在轴的公差带之上，如图 9-6 所示。

具有过盈（包括最小过盈等于零）的配合。此时，孔的公差带在轴的公差带之下，如图 9-7 所示。

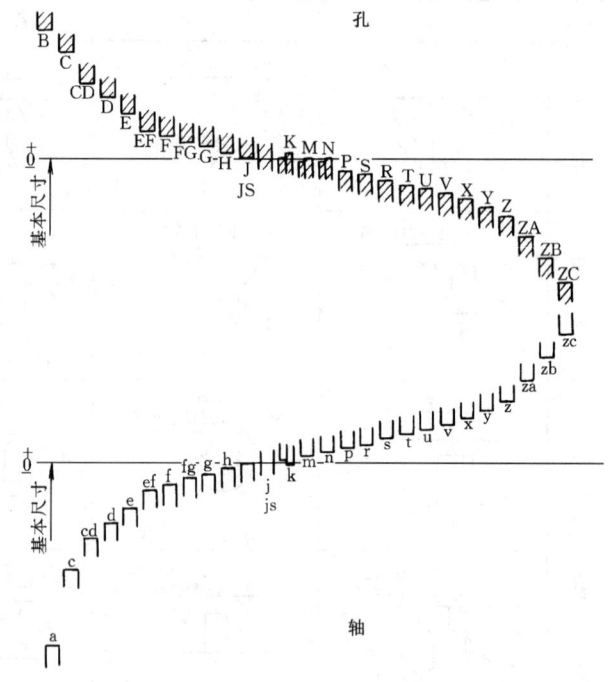

图 9-5 基本偏差

3. 公差与配合的标注方法

（1）在装配图中的标注，在零件间有配合要求的地方，必须标出配合代号。配合代号由两个互相配合的孔或轴的公差带的代号组成，用分数形式表示，分子为孔的公差带代号，分母为轴的公差带代号。标注形式如图9-8（a）所示。

$$\text{基本尺寸}\frac{\text{孔公差带代号}}{\text{轴公差带代号}}$$

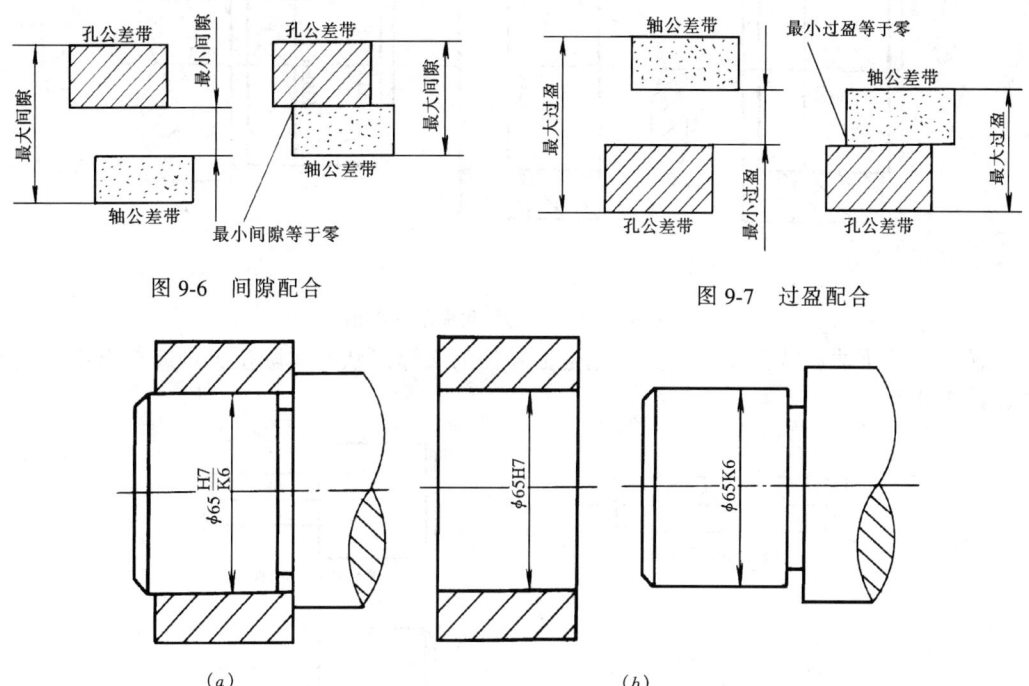

图9-6 间隙配合　　　　　图9-7 过盈配合

图9-8 公差与配合的标注方法
（a）装配图；（b）零件图

（2）在零件图中的标注的尺寸公差，在零件中标注的方式有三种：

1）标注公差代号，标注如图9-8（b）。

2）标注极限偏差值，标注如图9-9（b）。

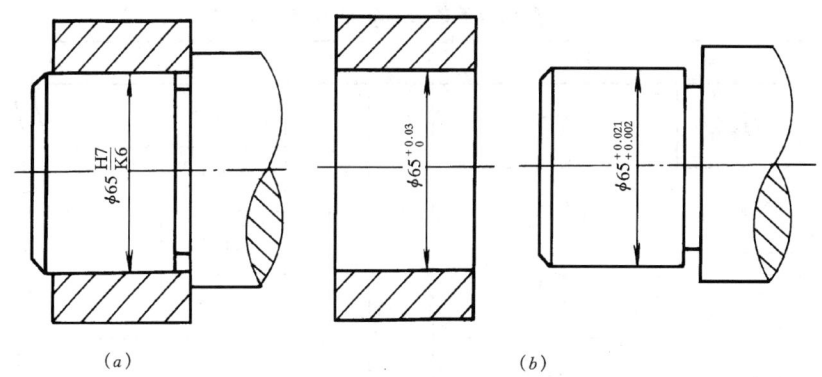

图9-9 极限偏差

3）公差带代号和极限偏差值一起标注，如图9-10（b）所示。

（二）形状和位置公差

如图9-11所示，在零件加工完成后，其表面形状和位置必然存在误差，影响产品质量，所以对于机器中某些精确程度较高的零件，不仅要保证尺寸公差，而且还要保证形状

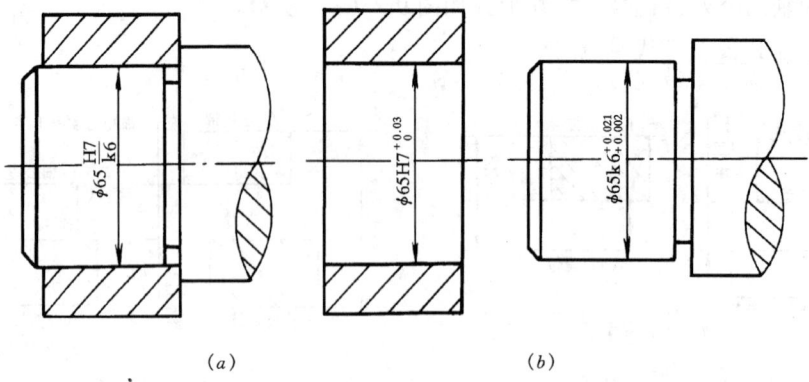

图 9-10 公差带代号和极限偏差值

和位置公差,所谓形状公差和位置公差是指零件的实际形状和实际位置对理想形状和位置的允许变动量。

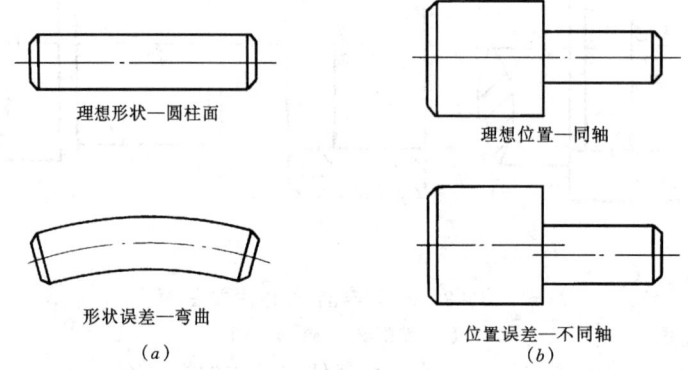

图 9-11 形状和位置公差示例

形位公差的公差特征符号如表 9-3 所示。

形位公差的公差特征符号　　　　　　表 9-3

分类	特征	符号	分类	特征	符号
形状公差	直线度	—	定向	平行度	∥
形状公差	平面度	▱	定向	垂直度	⊥
形状公差	圆度	○	定向	倾斜度	∠
形状公差	圆柱度	⌭	定位	同轴度	◎
形状公差或位置公差	线轮廓度	⌒	定位	对称度	⌯
形状公差或位置公差	线轮廓度	⌒	定位	位置度	⊕
形状公差或位置公差	面轮廓度	⌓	跳动	圆跳动	↗
形状公差或位置公差	面轮廓度	⌓	跳动	全跳动	⌰

形位公差标注示例如图 9-12 所示,图中各项形位公差的意义为:

1. φ100h6 圆柱面的圆度公差为 0.004mm。
2. φ100h6 圆柱面对基准 B(φ45P7 孔的轴线)的圆跳动公差为 0.015mm
3. 左右两端面的平行度公差为 0.01mm。

形位公差涉及的专业知识较多,对于形位公差各项内容的意义及标注方法,在此不作介绍。

(三)表面粗糙度

1. 表面粗糙度的基本概念

如图 9-13 所示,加工后的零件表面微小不平的现象,这种表面具有较小距离和峰谷组成的微观几何形状,此特征称为表面粗糙度。因此,在图中必须对零件表面标出合理的表面粗糙度。

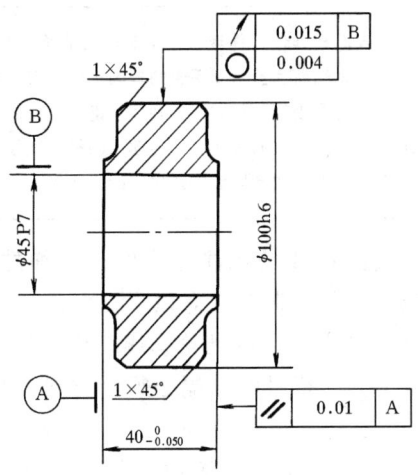

图 9-12 形位公差标注示例

图 9-13 加工后的零件表面微小不平的现象

2. 表面粗糙度的标注

GB/T 131—1993 规定了零件表面粗糙度符号,在图样上用得最多的是标注由符号和高度参数轮廓算术平均偏差 Ra 值所组成的代号,Ra 值是在零件表面的一段取样长度内轮廓偏距绝对值的算术平均值,单位是 μm(微米)。表 9-4 根据零件表面的作用确定 Ra 的部分参考值。

根据零件表面的作用确定 Ra 的部分参考值　　　　表 9-4

表面粗糙代号	表面特征	相应的加工方法	适 用 范 围
∀	除净毛口	铸、锻、冷轧、热轧、冲压	非加工的平滑表面,如砂型铸造的零件表面、冷铸压力铸造、轧材、锻压、热压及各种型锻的表面等
50/ 25/	可见明显的刀痕	粗车、镗、刨、钻等	粗制后所得到的粗加工表面,为粗糙度最高加工面,一般很少采用

续表

表面粗糙代号	表面特征	相应的加工方法	适 用 范 围
12.5∇	微见刀痕	粗车、刨、立铣、平铣、钻等	比较精确的粗加工表面，一般非结合的加工表面均采用此级粗糙度；如轴端面、倒角、钻孔、齿轮及带轮的侧面，键槽的非工作面、垫圈的接触面积和轴承的支承面等
6.3∇	可见加工痕迹	车、镗、刨、钻、平铣、立铣、锉、粗铰、磨、铣齿	半精加工表面。不重要零件的非配合表面，如支柱、轴、支架、外壳、衬套、盖等的端面；紧固件的自由表面；如螺栓、螺钉和螺母表面；不要求定心及配合特性的表面，如用钻头钻的螺栓孔、螺钉孔及铆钉孔；固定支承表面，如与螺栓头及铆钉头相接触的表面 带轮、联轴节、凸轮、偏心轮的侧面、平键及键槽的上下面、斜键侧面等
3.2∇	微见加工痕迹	车、镗、刨、铣、刮1~2点/cm²、拉、磨、锉、滚压、铣齿	半精加工表面和其他零件连接但不是配合表面，如外壳、座架盖、凸耳、端面和扳手及手轮的外圆；要求有定心及配合特性的固定支承表面，如定心的轴肩、键及键槽的工作表面；不重要的紧固螺纹的表面、非传动用的梯形螺纹、锯齿形螺纹表面、轴毛毡圈摩擦面、燕尾槽的表面等

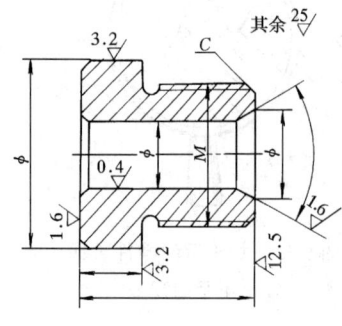

图 9-14 表面粗糙度标注示例

制图标准中对表面粗糙的标注方法作了详细的规定，如图 9-14 所示。读图与绘图时应注意以下几点：

1. 表面粗糙度代号应注在可见轮廓线、尺寸线、尺寸界线或它们的延长线上，符号的尖端必须从材料外指向表面。

2. 在同一张图样上，每一个表面一般只标注一次代号，并尽可能靠近有关尺寸线。当位置狭小或不便于标注时，也可以引出标注。

3. 当零件大部分表面具有相同的表面粗糙度要求时，为简化图样，对其中使用最多的一种代号可以统一标注在图样的右上角，并加注"其余"两字。

（四）标题栏

每张零件图都画有标题栏，通过标题栏可以了解零件的名称、材料、绘图比例、设计单位、制图及校核人员、签字时间等，如图 9-1 所示。

第二节 标准件与常用件的识读

一、螺纹和螺纹连接

螺纹是指螺钉、螺杆上起连接或传动作用的牙形部分。在圆柱或圆锥表面上的螺纹叫外螺纹；在圆孔内壁上的螺纹叫内螺纹。内、外螺纹都是配合使用的。

（一）螺纹要素

图 9-15（a）表示加工螺纹的一种方法，它是用螺纹车刀在车床上车削螺纹；图

9-15（b）表示内螺纹加工的另一种方式，先在被加工的零件上钻一孔，再用丝锥攻制内螺纹。加工螺纹时，必须知道牙形、外径、内径、螺距或导程（图9-16）、头数（图9-17）和旋向（图9-18）等螺纹要素。

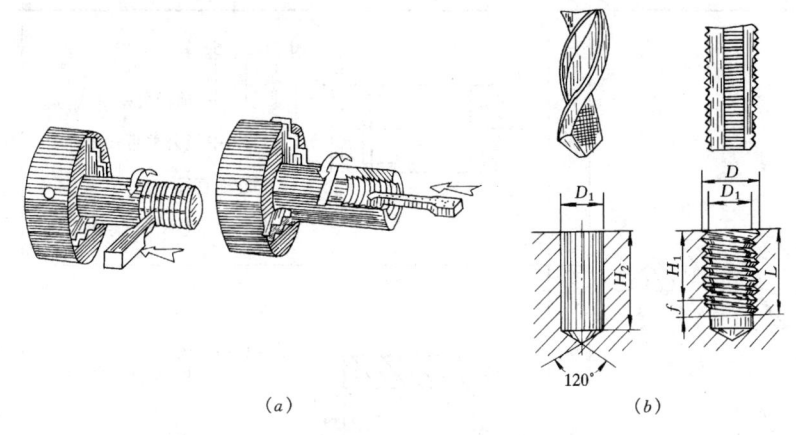

图 9-15　螺纹加工

(a) 车削螺纹；(b) 内螺纹加工

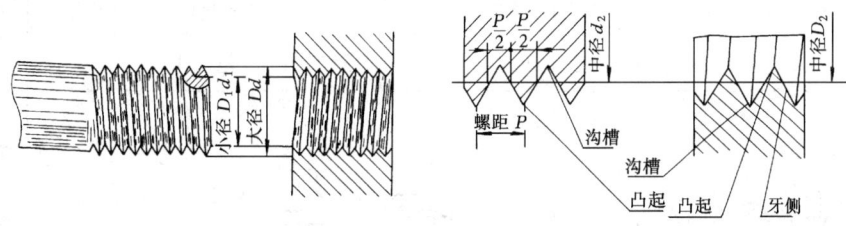

图 9-16　螺纹的牙型和直径

螺纹有单头及双头之分，沿一条螺旋线形成的螺纹称为单线螺纹，沿两条或两条以上在轴向等距分布的螺旋线形成的螺纹称为多线螺纹（图9-17）。螺纹旋向的判别由图9-18所示。

国家标准对螺纹牙型、大径、螺距等都作了规定，凡这三项符合标准规定的，称为标准螺纹。

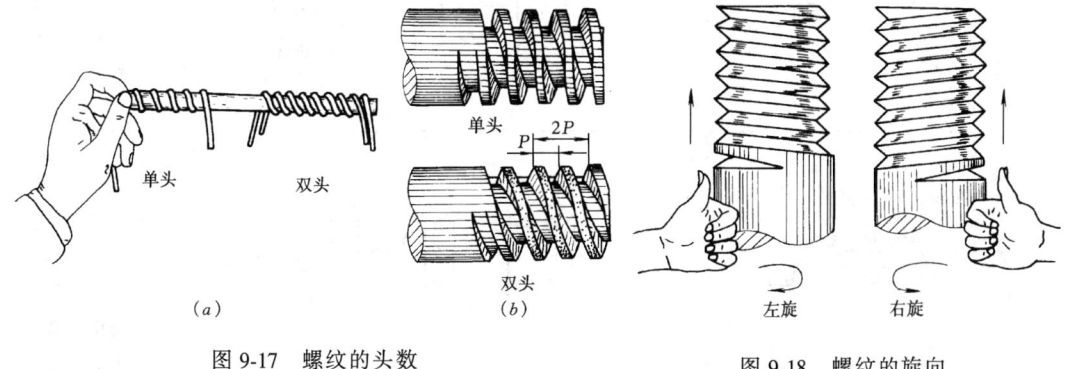

图 9-17　螺纹的头数　　　　　　图 9-18　螺纹的旋向

表9-5表示了常用标准螺纹的种类、代号及标注示例。

常用标准螺纹的种类、代号及标注　　　　表 9-5

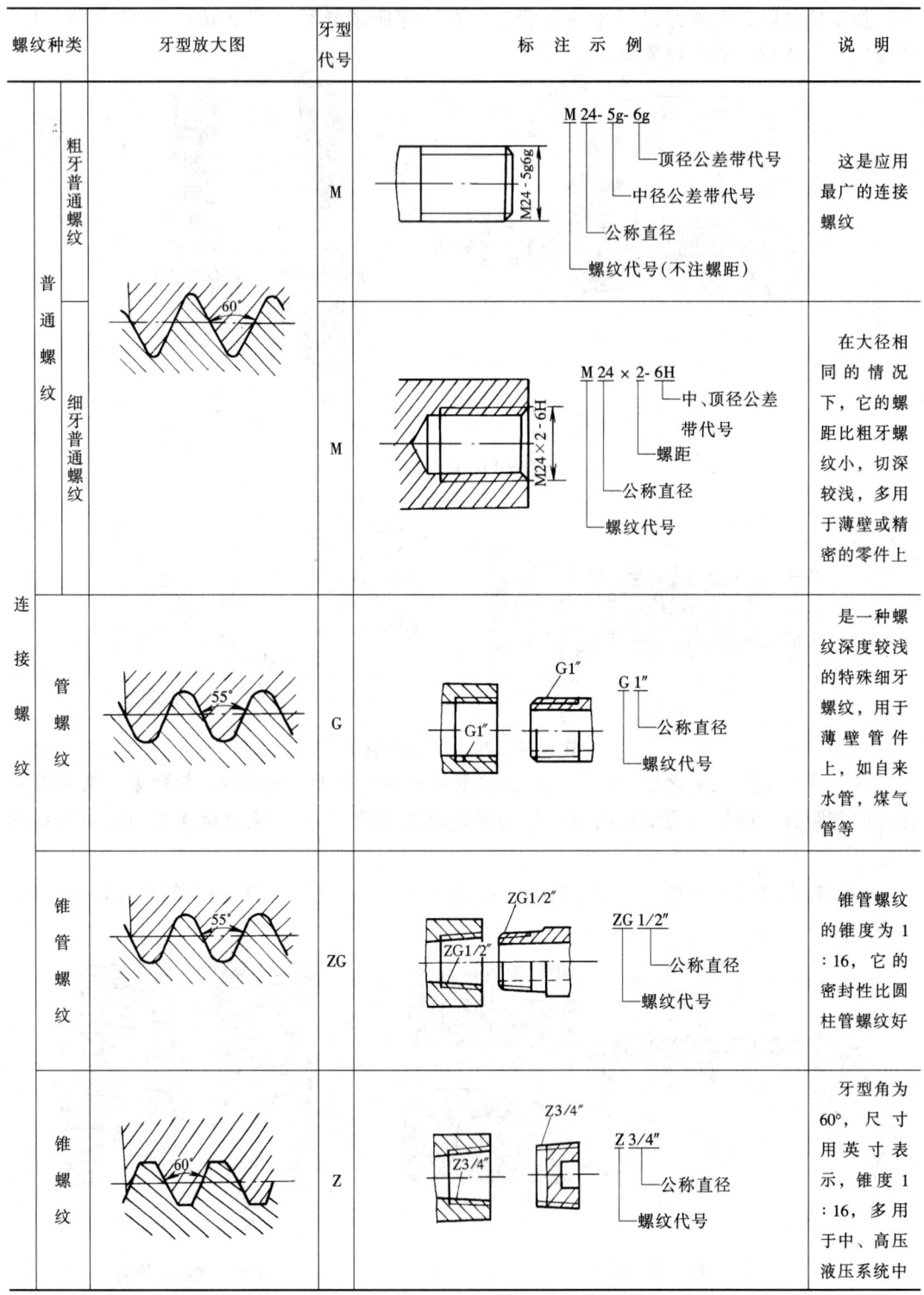

(二) 螺纹的规定画法

国家标准（GB/T 4459.1—1999）规定了在机械图样中表示螺纹的画法。

内、外螺纹的牙顶用粗实线表示；牙底圆用细实线表示，在螺杆的倒角或倒圆部分也应画出。在投影为圆的视图中，表示牙底圆的细实线只画约 3/4 圈，而表示轴或孔上倒角的圆则省略不画。

螺纹的终止线用粗实线表示。

1. 外螺纹的规定画法如图 9-19 所示。

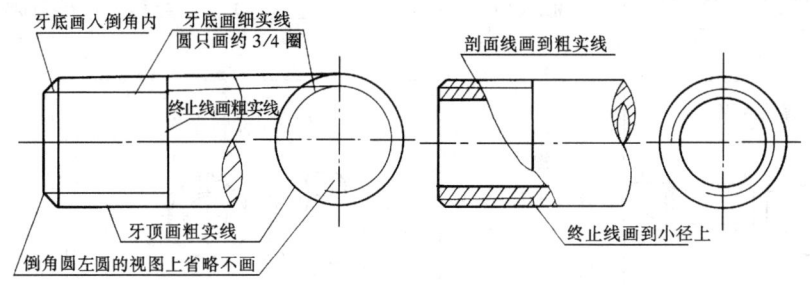

图 9-19 外螺纹的规定画法

2. 内螺纹的规定画法如图 9-20 所示。

不可见螺纹的所有图线用虚线绘制，如图 9-21 所示。

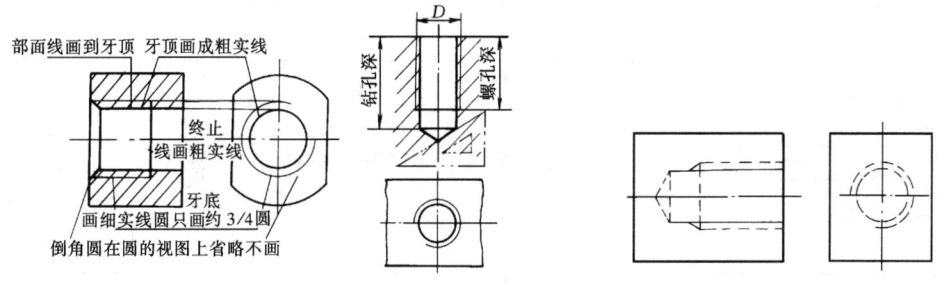

图 9-20 内螺纹的规定画法　　　　图 9-21 不可见螺纹的画法

3. 用剖视图表示内外螺纹连接时，旋合部分按外螺纹的画法绘制，其余部分仍按各自的画法表示，如图 9-22（a）、（b）所示。

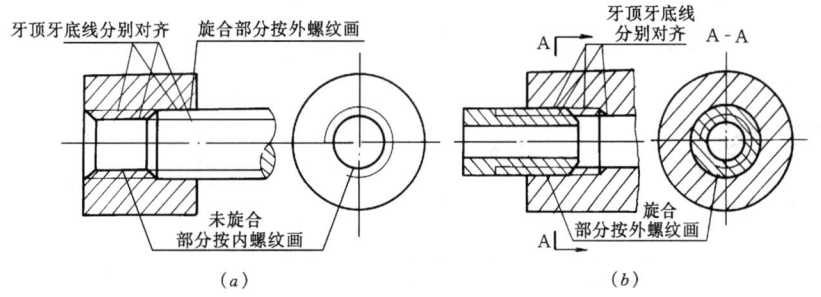

图 9-22 内外螺纹连接的画法

二、螺纹紧固件及其连接比例画法

常用螺纹紧固件它们由专门的工厂生产，一般情况下都不单独画出零件图，只按规定进行标记，根据标记从相应的国家各标准中查到它们的结构形式和尺寸数据。表 9-6 列举了常用螺纹紧固件的简化规定标记。

常用螺纹紧固件的简化规定标记　　　　　表 9-6

名　　称	规定标记示例	名　　称	规定标记示例
六角头螺栓	螺栓 GB/T 5780—2000 M12×50	开槽长圆柱端紧定螺钉	螺钉 GB/T 75—1985 M8×40—14H
双头螺栓 A 型	螺柱 GB/T 897—1988 AM12×50	1 型六角螺母—C 级	螺母 GB/T 41—2000 M16
开槽圆柱头螺钉	螺钉 GB/T 65—2000 M10×45	1 型六角开槽螺母	螺母 GB/T 6178—1986 M16
开槽盘头螺钉	螺钉 GB/T 67—2000 M10×45	十型槽沉头螺钉	螺钉 GB/T 819.1—2000 M10×50
开槽沉头螺钉	螺钉 GB/T 68—2000 M10×50	内六角圆柱头螺钉	螺钉 GB/T 70.1—2000 M10×45
开槽半圆头木螺钉	木螺钉 GB/T 99—1985 6×20	垫圈	垫圈 GB/T 97.1—1985 16
开槽锥端紧定螺钉	螺钉 GB/T 71—1985 M8×40—14H 注：14H 为性能等级	标准型弹簧垫圈	垫圈 GB/T 93—1987 16

1. 常用螺纹紧固件如：螺栓、螺钉、螺母、垫圈等都已标准化。在装配图中，为了作图方便，常将螺纹紧固件各部分尺寸，取其与螺纹大径（d）成一定比例画出（图9-23）。

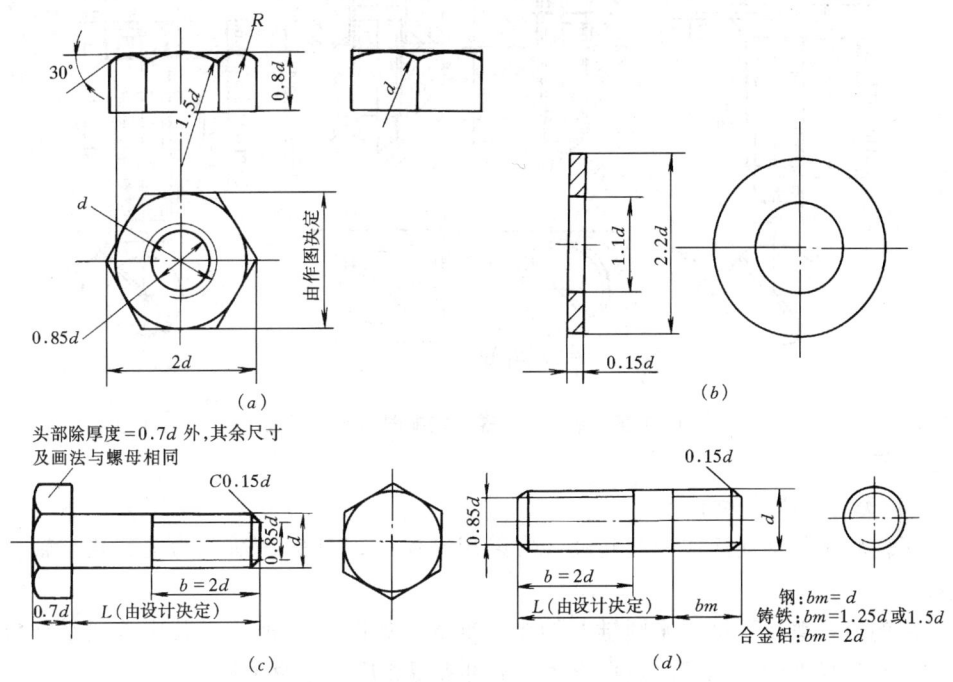

图 9-23 常用紧固件比例画法

2. 六角螺栓装配图的比例画法见图9-24所示。

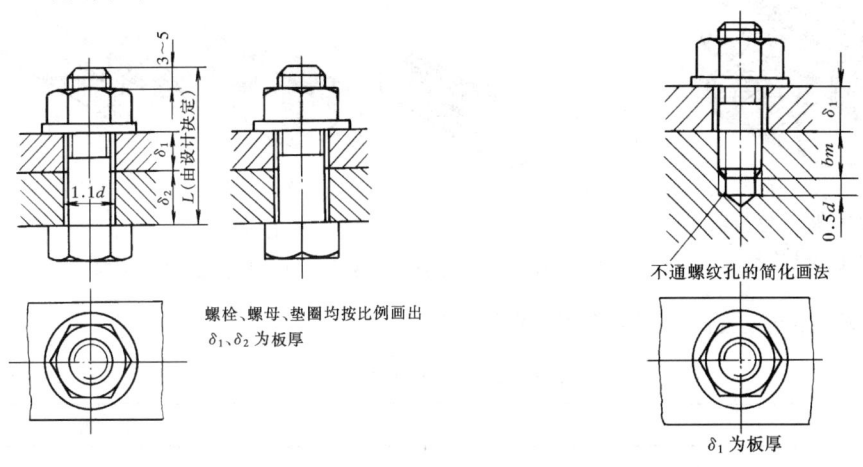

图 9-24 六角螺栓装配图的比例画法

图 9-25 双头螺柱装配图的比例画法

3. 双头螺柱装配图的比例画法见图9-25。两个被连接零件中，有一个较厚或不适宜螺栓连接时，常采用双头螺柱连接，双头螺柱的两端都有螺纹，螺纹较短的一端用来旋入较厚的被连接件的螺孔中，螺纹较长的一端称为紧固端，该端穿过被连接的件的通孔中（孔径 = $1.1d$）后，套上垫圈，再用螺母拧紧。

4. 常用金属螺钉装配图的比例画法，图9-26所示。

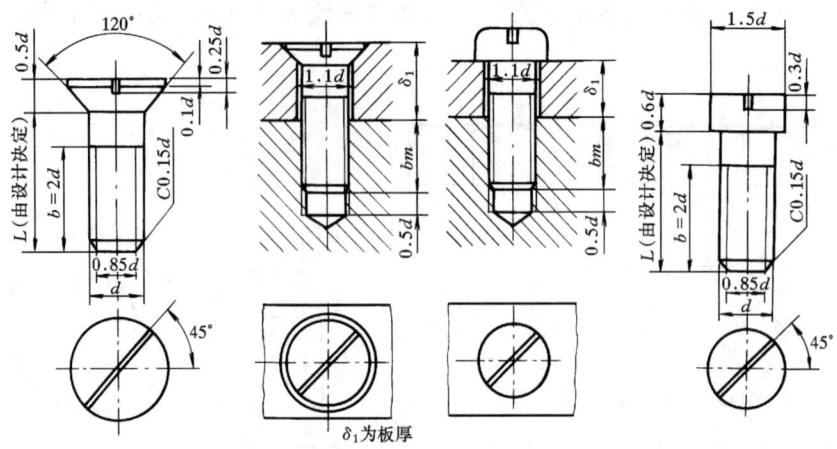

图9-26 常用金属螺钉装配图的比例画法

三、键

（一）键的画法及标注

为了使轮子与轴能连在一起转动，常采用键连接，图9-27所示为皮带轮与轴之间的键连接。

常用的键有普通平键、半圆键及钩头楔键等，如图9-28所示。其中普通平键应用最广，它们都是标准件，画图时根据有关标准可查得相应尺寸及结构。

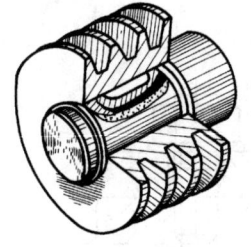

图9-27 皮带轮与轴
之间的键连接

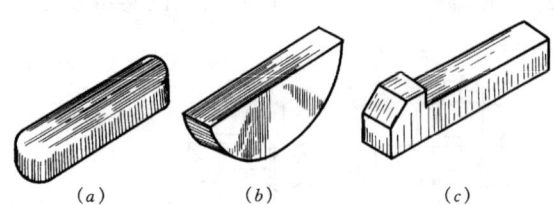

图9-28
(a) 平键；(b) 半圆键；(c) 钩头楔键

键的型式、标准、画法及标记示例见表9-7。

键的型式、标准、画法及标记　　　　　表9-7

型　式	图　例	标　记　示　例
半圆键		键 6×25　GB/T 1099—1979 说明：半圆键 $b = 6$mm　$h = 10$mm $d_1 = 25$mm

续表

型 式		图 例	标 记 示 例
普通楔键	A	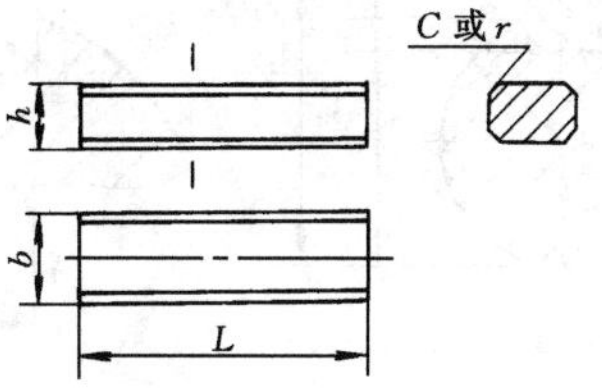	键 16×100 GB/T 1564—1979 说明：圆头普通楔键（A型） $b = 16$mm　$h = 10$mm $L = 100$mm
	B	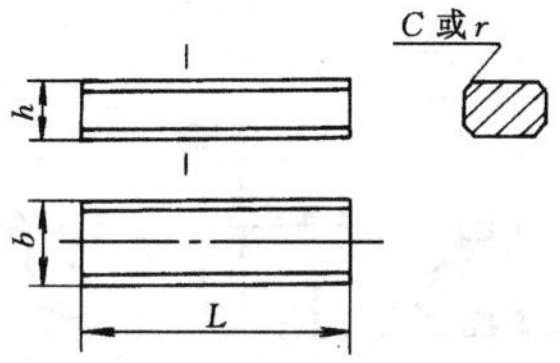	键 B16×100 GB/T 1564—1979 说明：平头普通楔键（B型） $b = 16$mm　$h = 10$mm $L = 100$mm
	C	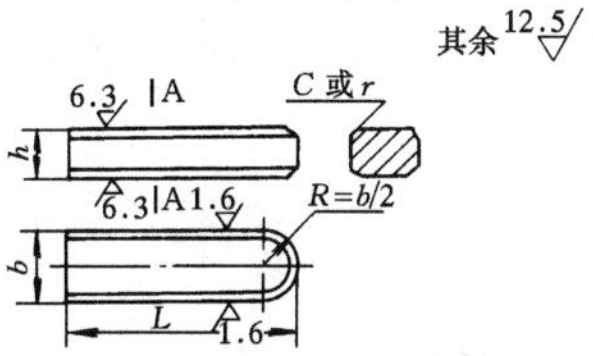	键 C16×100 GB/T 1564—1979 说明：单圆头普通楔键（C型） $b = 16$mm　$h = 10$mm $L = 100$mm
钩头楔键		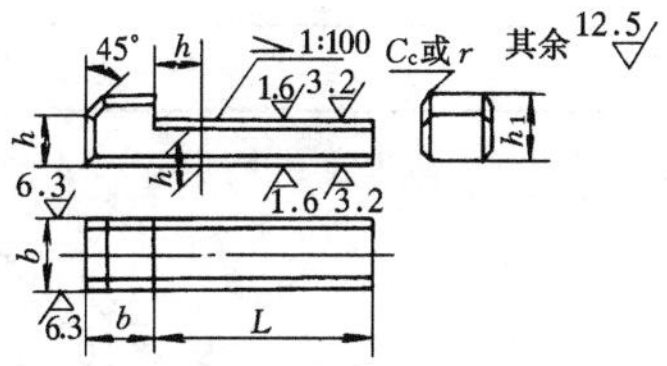	键 16×100 GB/T 1565—1979 说明：钩头楔键 $b = 16$mm　$h = 10$mm $L = 100$mm

（二）键连接

键及键槽的尺寸可根据轴的直径、键的型式、键的长度从相应的标准中查得。

平键与半圆键的连接画法相似（图9-29），它们的侧面与被连接零件接触，顶面留有间隙。

四、销

销主要起定位作用，也可用于联结和锁紧。常见的有圆柱销、圆锥销和开口销等，销的主要类型、结构特点及应用见表9-8。

五、轴承

滚动轴承是一种支撑旋转轴，并承受轴上荷载的组件，滚动轴承一般由外圈、内圈、滚动体、保持架组成，如图9-30所示。

169

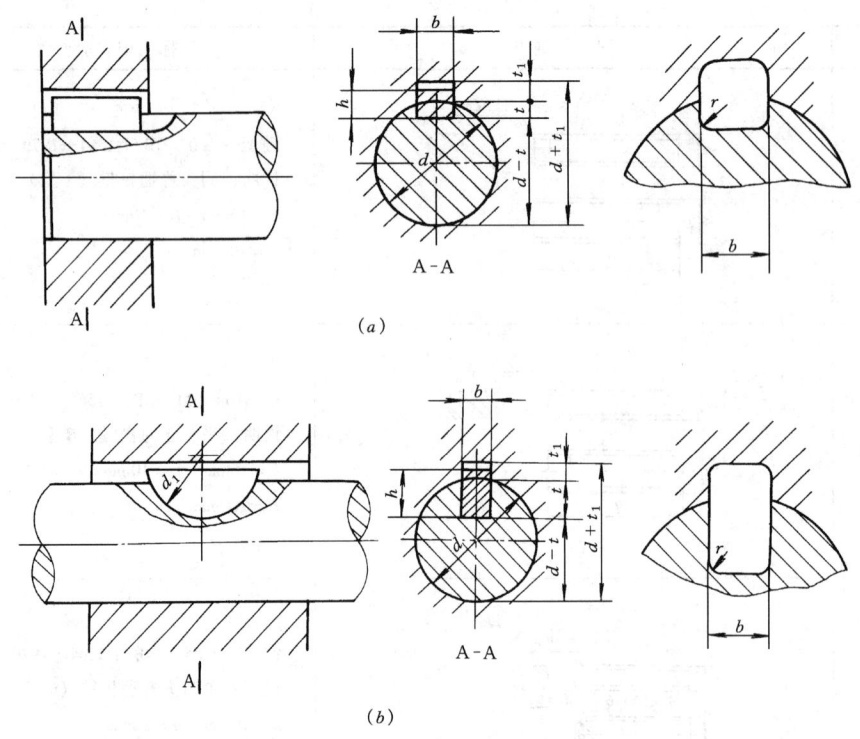

图 9-29 键连接的画法

（a）平键连接的画法；（b）半圆键的连接画法

销的主要类型、结构特点及应用　　　　　　　　　　　　表 9-8

类型	标记示例	结构特点及用途	应用图例
圆柱销	普通圆柱销 销 GB/T 119 8×30	主要用于定位，也用于联结	定位用
	内螺纹圆柱销 销 GB/T 120.1 10×60	内螺纹为拆卸用	联结用

170

续表

类型	标 记 示 例	结构特点及用途	应 用 图 例
圆锥销	普通圆锥销 1∶50 销 GB/T 117 10×60	圆锥销上有一1∶50的锥度，其小头为公称直径 d。有 A 型（磨削）和 B 型（切割或冷镦）两种	定位用
圆锥销	内螺纹圆锥销 销 GB/T 118 B10×50	用于不穿通孔处。分 A、B 两种型号。A 型为磨削，B 型为切削或冷镦	联结用
销轴	销轴 GB/T 882 B10×50	常用于铰接处。分 A 型（无孔）和 B 型（有孔）两种	
开口销	销 GB/T 91 5×50	用于锁紧其他零件	

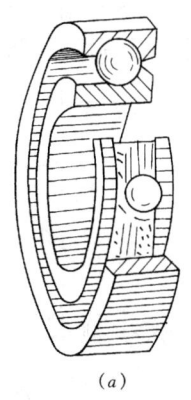 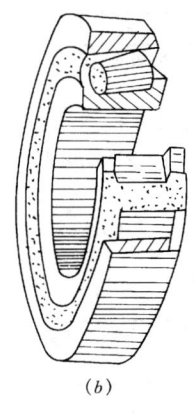 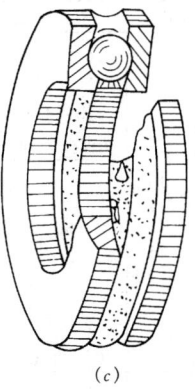

(a) (b) (c)

图 9-30 常见的几种轴承

(a) 深沟球形轴承；(b) 圆锥滚子轴承；(c) 推力球轴承

轴承类型代号、尺寸系列代号及他们的组成组合代号一般由数字和字母表示，如表9-9所示。表中类型代号后或前加字母和数字表示轴承不同种类和结构，如圆柱滚子轴承（代号为N）中的NU、NJ等，深沟轴承球轴承（代号为6）中的1g。括号中的数字代号在组合代号中省略。尺寸系列代号由轴承宽（高）度系列代号和直径系列代号组合而成，专用数字表示。尺寸系列代号左边的一位数字为宽（高）度系列代号，凡在括号中的-数字，在组合代号中省略。右边的一位数字为直径系列代号。

轴承类型代号、尺寸系列代号及它们组成组合代号　　　　表9-9

轴承类型	简　图	类型代号	尺寸系列代号	组合代号	标　准　号
调心球轴承		1 (1) 1 (1)	(0) 2 22 (0) 3 23	12 22 13 23	GB/T 281
深沟球轴承		6 6 6 6	17 37 18 19	617 637 618 619	GB/T 276
圆柱滚子轴承		N N N N	10 (0) 2 22 (0) 3	N10 N2 N22 N3	GB/T 283
推力球轴承		5 5 5 5	11 12 13 14	511 512 513 514	GB/T 301

轴承公称内径的代号见表9-10，常用轴承类型、结构及轴承代号见有关资料。

轴承公称内径的代号　　　　表9-10

轴承公称内径（mm）		内　径　代　号	示　例
0.6～10（非整数）		用公称内径毫米数直接表示，在其与尺寸系列代号之间用"/"分开	深沟球轴承 618/2.5 $d=2.5mm$
1～9（整数）		用公称内径毫米数直接表示，对深沟及角接触球轴承7、8、9直径系列，内径与尺寸系列代号之间用"/"分开	深沟球轴承 625 618/5 $d=5mm$
10～17	10 12 15 17	00 01 02 03	深沟球轴承 6200 $d=10mm$
20～480 （22、28、32除外）		公称内径除以5的商数，商数为个位数，需在商数左边加"0"，如08	调心滚子轴承 23208 $d=40mm$
≥500以及22、28、32		用公称内径毫米数直接表示，但在与尺寸系列之间用"/"分开	调心滚子轴承 230/500 $d=500mm$ 深沟球轴承 62/22 $d=22mm$

现以表 9-10 中调心滚子轴承 23208 为例，说明代号中各位数字意义如下：

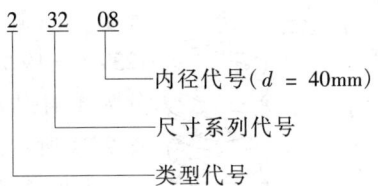

滚动轴承的规定画法和特征画法，如表 9-11 所示，规定画法一般绘制在轴的一侧，另一侧按通用画法绘制。常用滚动轴承有关尺寸可查阅 GB/T 276—1994 等有关标准。

滚动轴承的规定画法和特征画法　　　　　　　表 9-11

六、弹簧

弹簧具有储存能量的特性，所以在机械中广泛地用来减震、夹紧、测力等，它的种类

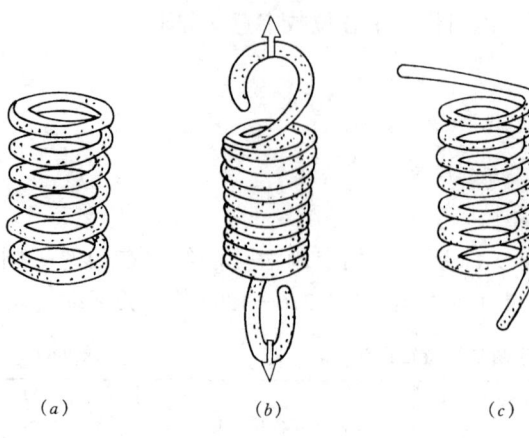

很多，有螺旋弹簧、碟形弹簧、平面涡卷弹簧、板弹簧及片弹簧等。根据 GB/T 1239.6—1992 标准，普通圆柱螺旋弹簧又分为压缩弹簧、拉伸弹簧及扭转弹簧，如图 9-31 所示弹簧的种类。

1. 螺旋压缩弹簧的画法

现主要介绍圆柱螺旋压缩弹簧的尺寸计算和画法（其他弹簧可参阅 GB/T 4459.4—1984 的有关规定），螺旋压缩弹簧的作图步骤如下（图 9-32）：

已知圆柱螺旋压缩弹簧的钢丝直径 $d = 6$，弹簧外径 $D = 42$，节距 $t = 12$，有效圈数 $n = 6$，支承圈数 $n_0 = 2.5$，右旋，其作图步骤如图 9-32 所示。

图 9-31 弹簧的种类

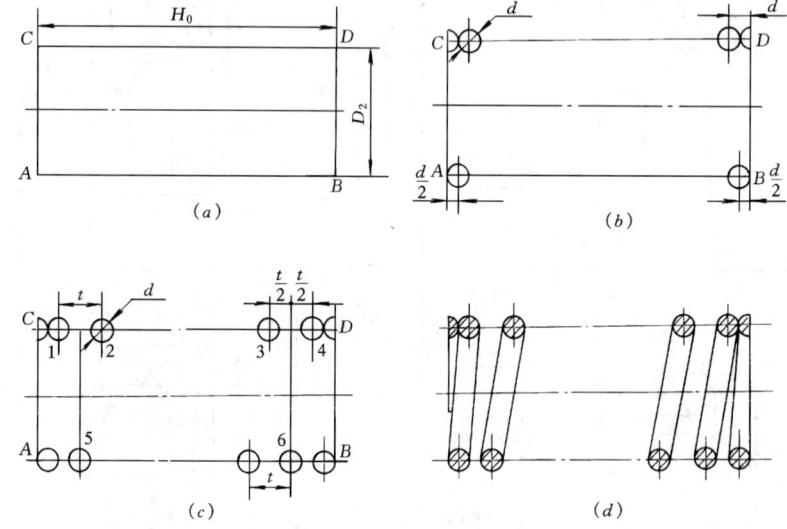

图 9-32 螺旋压缩弹簧的作图步骤

（1）算出弹簧中径 $D_2 = D - d$ 及自由高度 $H_0 = nt + (n_0 - 0.5)d$，可画出长方形 ABCD（图 9-32（a））。

（2）画出支承圈部分弹簧钢丝的剖面（图 9-32（b））。

（3）画出有效圈部分弹簧钢丝的剖面（图 9-32（c））。

（4）先在 CD 线上根据节距 t 画出圆 2 和 3，然后从 1、2 和 3、4 的中点作垂线与 AB 线相交，画圆 5 和圆 6。

（5）画出剖面线，加粗图线，完成作图（图 9-32（d））。

圆柱螺旋压缩弹簧的标准尺寸系列和图样示例见国家标准（GB/T 1358—1993，GB/T 1239.6—1992）。

第三节 零件图的识读

读零件图时,除了看懂零件图的形状、大小外,还要弄清楚它的结构特点和质量要求,并了解零件的名称、材料和用途等,下面以图9-34的泵体零件图为例说明看图的一般步骤和方法:

1. 读标题栏:标题栏内列出了零件的名称、材料、比例、设计和设计单位等;可为了解零件在机器中的作用、制造要求以及有关结构形状等提供线索;

图9-33中泵体零件直观图,这是齿轮油泵的主要零件,泵体空腔是用来安放一对互相啮的齿轮,泵体前后有两个进出油口、从材料代号TH200,可知泵的材料为铸铁,按比例结合图形的大小和尺寸,可以判断零件的实际大小。知道这些线索,对后面的看图是有帮助的。

2. 分析视图关系,想像零件形状;所谓分析视图关系,主要指视图间的投影关系。这点,根据视图配置和有关标注,就可以判断出视图的名称和剖切位置,它们之间的投影联系也就明白了。

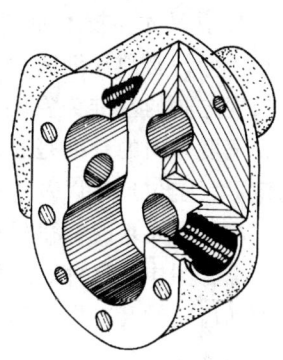

图9-33 泵体零件直观图

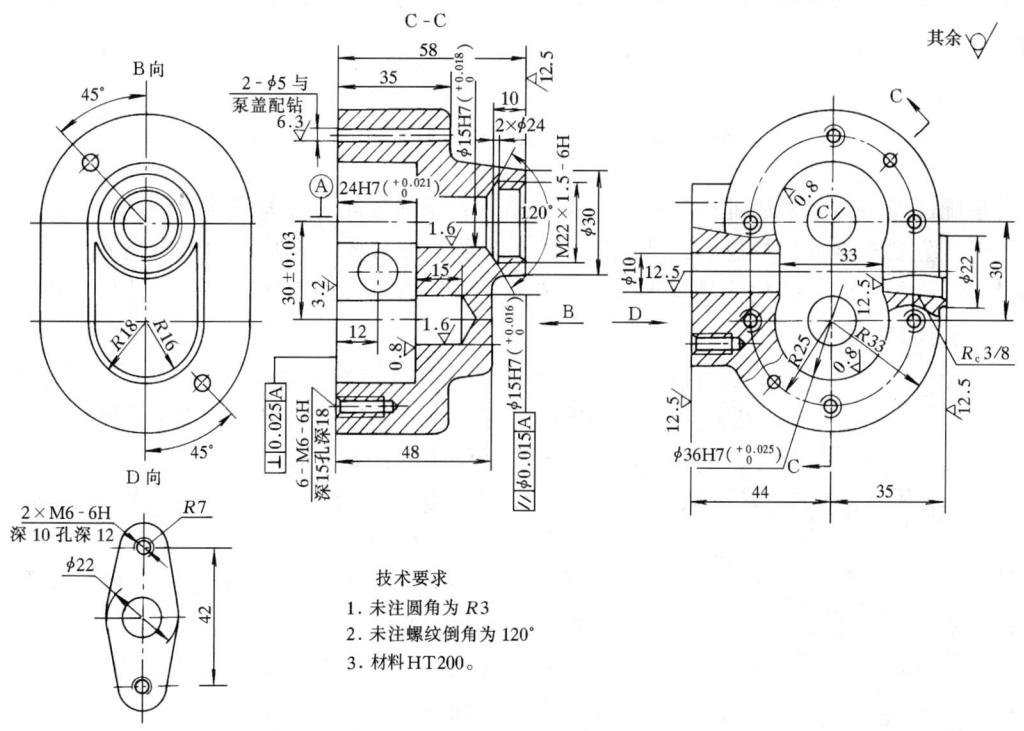

图9-34 泵体零件图

图9-34采用了主、左、右(B向)三个视图和一个局部视图(D向)组成。主视图为C-C旋转剖视,它表示了泵体从正面看的内部结构及外形轮廓,主要表达了两个齿轮轴

孔、销孔、螺纹孔、油孔的形状和位置；左视图采用局面剖视，它表达了泵体空腔的基本轮廓形状，两个局部剖视则表示了两个油孔的尺寸大小；右视图与主视图配合，表达了泵体主轴孔及端面的结构形状，D向视图与左视图一道，表达了泵体出油口及端面的结构形状。

经上述看图分析，基本上弄清了泵体的整体结构形状。除此之外，还应看懂对每一个局部的位置，每条线、面的含义，从而对泵体的形状、结构有一个全面的了解。

3. 看尺寸和技术要求：图上的尺寸、标注的表面粗糙度和其他技术要求，是零件的质量指标，必须仔细阅读。看尺寸时，宜先分析长、宽、高三个方面的尺寸基准。即泵体的长度方向的基准为左端面，高度方向的基准为通过主动轴轴孔（上轴孔）轴线的水平面，宽度方向的基准是通过两个齿轮轴轴孔的正平面，然后从尺寸基准出发，搞清各部分的定形、定位尺寸以及总体尺寸。哪些是主要尺寸，还要检查尺寸是否齐全合理。

看技术要求时，可根据表面粗糙度、表面形状和位置公差，弄清哪些是主要加工面。

综合图中的尺寸、表面粗糙度和技术要求可知，泵体的主要加工面是左端面、空腔右端面和齿轮轴孔。左端面相对于泵体轴线有垂直度公差 0.025mm，泵体的两轴孔中心线间的平行度公差 ϕ0.015，ϕ15H7 的轴线为基准轴线，符号 Ⓐ 为基准代号。

4. 最后要把看图所知有关零件的结构形状、尺寸和技术要求的印象加以综合，充分应用所学的投影知识，分析问题。要真正看懂一张零件图，在许多情况下还要参考有关技术资料，如装配图和有关零件的零件图，并去现场参观和了解情况，从而达到读懂零件图的目的。

第四节 装配图的识读

装配图是表达机器或部件的结构、工作原理和零件之间装配关系的图样，在进行产品设计时，先要根据人们构思画出装配图，然后再画出零件图，把加工制造出来的零件又按照装配图进行装配。装配图是指导装配、检验、安装和维修的图样，也是对外从事技术交流的重要文件。

现以图 9-35 齿轮油泵立体图和图 9-36 齿轮油泵装配图为例，说明装配图的识读方法及步骤。

一、装配图的内容

1. 一组视图：用来表达装配体的整体装形状、工作原理、各零件间的装配关系。

2. 必要的尺寸：标注与装配体的性能、外形及装配、检验、安装等有关的尺寸。

3. 技术要求：说明装配体在装配、检验、安装、调试中应达到的要求。

4. 标题栏、零件序号和明细栏：标题栏用来说明装配体的名称、重量、绘图比例及图号等；并在标题栏上方绘制了明细表，用于填写各零件的简要情况。

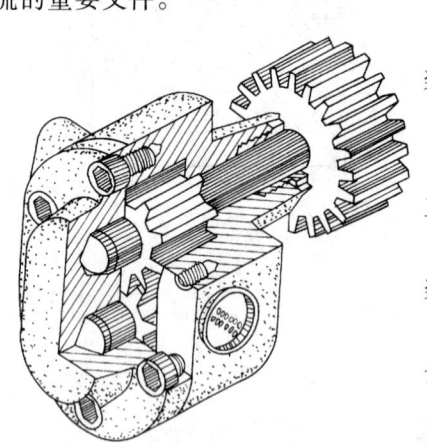

图 9-35 齿轮油泵立体图

二、装配图表达特点

1. 视图表达：装配图应清楚的表达出装配体的装配关系和工作原理，零件之间相互位置、拆装顺序、运行过程等，因此应合理选择视图的数量和投影方向，绘制出的装配图应符合机械制图标准中的有关规定。

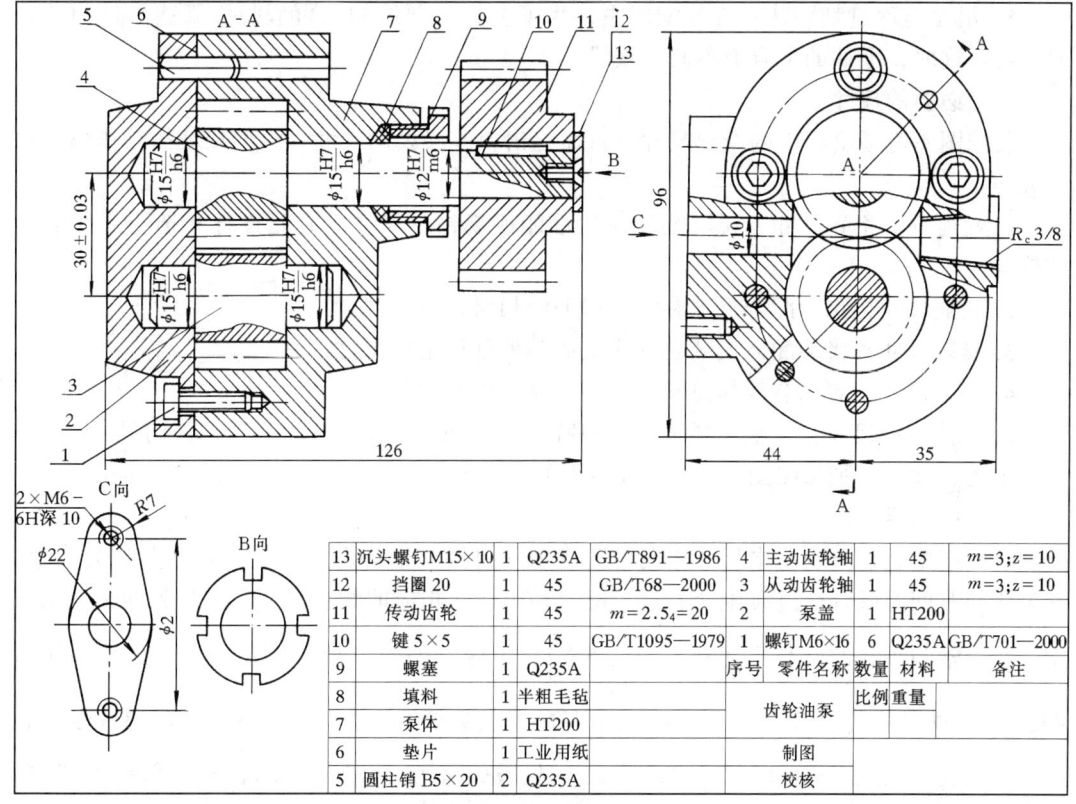

图 9-36 齿轮油泵装配图

2. 装配的画法：画装配图除按投影规律作图外，还有一些特殊表达方法。

1) 拆卸画法：图样中当某些零件遮挡了需要表达的部位或结构时，可假想将该零件拆卸后再绘制，但需要说明可加标注"拆去××"。

2) 假想画法：为了表示运动零件的极限位置或不属于本装配体而由于本装配体有关联的零件，可以用双点画线画出其轮廓线。

3) 夸大画法：在装配图中对薄片、细弹簧丝、微小间隙等，若按图样比例难以明显表示时，可以夸大画出。

4) 规定画法：

①装配图中两零件间的结合面画一条线，不接触面画两条线。

②相互邻接的金属的剖面线，其倾斜方向相反，或方向一致而间隔不同。在各图中，同一零件的剖面线方向相同，间隔相等。宽度小于或等于 2mm 的狭小面积的剖面，可涂黑表示。

③对于标准件（如螺钉、螺母、螺栓、垫圈等）和实心零件（如轴、连杆、球、键、销等），或剖切平面通过其轴线或对称面时，则这些零件均按不剖切绘制，仍画外形，需

177

要时,可采用局部剖视。

5) 简化画法:在装配图中,零件的工艺结构,如小圆角、直角、退刀槽等可不画出。对于若干相同的零件组,如螺栓连接等,可详细地画出一组或几组,其余只需用点画线表示其装配位置。

6) 沿结合面剖切画法:在装配图中,为了表达内部结构,可假想沿某些零件的结合面剖切,这时,零件的结合面不画剖面线。

三、必要的尺寸

装配图不需画出零件的全部尺寸,只需标出一些必要的尺寸,这些尺寸按其作用大致有五种:

1. 性能(规格)尺寸:说明装配体的性能或规格的尺寸,它是设计和选用产品的主要依据。

2. 装配尺寸:包括配合尺寸和需要保证的相对位置尺寸。

3. 安装尺寸:将装配体安装到支座上或其他部件上的尺寸。

4. 外形尺寸:表示装配体总长、总高、总宽的尺寸。

5. 其他重要尺寸:反映主要零件结构特征或运动极限位置等有必要标注的尺寸。

上述尺寸在一张装配图中,不一定同时具备,有时其中一种尺寸具有两种作用。

四、技术要求

装配图中经常出现基本尺寸相同的孔或轴(包括凹槽和凸缘)装配在一起称为配合。它们之间有间隙配合、过渡配合、过盈配合,应标注相应的配合尺寸。如齿轮油泵装配图中,齿轮轴与轴孔的配合尺寸标注为 $\phi 15 \frac{H7}{h6}$,齿轮泵的输入轴与齿轮的配合尺寸标注为 $\phi 12 \frac{H7}{m6}$。H7 是孔的公差带代号,h6、m6 是轴的公差带代号。可从 GB/T 1800.3—1998 表中可查出孔 H7 的极限偏差为 $^{+0.018}_{0}$,轴 h6 的极限偏差为 $^{0}_{+0.018}$、轴 m6 的极限偏差为 $^{+0.004}_{+0.007}$,从而可以读出齿轮轴与轴孔中间的配合存在极小的间隙配合,齿轮泵的输入轴与齿轮的配合紧密,为过渡配合。

除配合要求以外,其他技术要求常用文字在图中说明。

五、零件序号、明细栏和标题栏

在装配图中应对所有零件进行编写序号,且与零件表中的序号一致。相同的零件只用一个序号,一般只标记一次。在指引线的水平线(细实线)上注写序号,序号字高比尺寸数字大一号,指引线应自所指部分的可见轮廓线内引出,并在末端画一圆点,若零件很薄或已涂黑,不便画圆点时,可画箭头指向该部分的轮廓。指引线相互不能相交,通过剖面线区域时,不应与剖面线平行,必要时可转折一次。一组紧固件以及装配关系清楚的零件组,可采用公共指引线,如图 9-36 中的挡圈 12 和沉头螺钉 13。装配图中的序号应按水平和竖直方向依次排列整齐。

明细栏一般由序号、名称、数量、材料、备注等组成,配置在标题栏上方,自下而上依次填写,如位置不够,可紧靠标题栏左边自下而上延续。

装配图的标题栏格式和内容基本上与零件图一致。

六、读装配图的步骤和方法

1. 概括了解:拿到装配图首先看标题栏,了解部件的名称;看明细表和图上的零件编号，了解组成的零件概况；粗略地浏览一下视图，尺寸和技术要求等，以便对部件有个粗浅的印象。从图中明细表和零件编号看，齿轮油泵是由 13 种零件组成的，其中属于标准件的有 5 种，这种油泵可作低压油泵使用也可在机床上作润滑泵用。必要时，可看产品说明书或有关参考资料，了解部件的工作运动情况。

2．分析视图：先定出视图名称，找出它们之间的投影关系；对于剖视图，还要找到剖切位置和有关视图的联系。更重要的是分析各视图所表达的主要内容，以便深入了解零件之间的装配连接关系和部件的工作运动情况。

齿轮油泵用了两个视图和两个向视图来表达。主视图为 A-A 剖视，表达了主要零件的装配关系，根据规定实心轴应画出剖切符号，但为了表达齿轮轴上的轮齿、键、螺钉等，又采取了局部剖视。

左视图分三个层次表达：上半部分为外形，主要是泵盖的外部结构；下半部分采用了假想从泵盖与泵体结合面剖切的画法，表示了齿轮的啮合位置、齿轮与泵体结合关系及螺钉、销的位置；中间部分则从油孔中心线处做局部剖视图，表示出、入油孔的内部结构及位于泵体后部螺钉孔的结构。

C 向视图表达了泵体后部凸台的结构和尺寸，用于指导安装；B 向视图进一步表达螺塞头部的形状，用于指导采用何种工具将其旋入。

通过以上对视图的分析，对主要零件的位置和结构有了大致了解。

3．分析零件：图 9-36 所示的齿轮油泵的主要零件是齿轮、轴、泵体、端盖等，轴和齿轮凭主视图就可以定下来，泵体和端盖的结构形状根据主、左两个视图可以确定，泵体后部凸台的结构形状由左视图和 C 向视图可以确定。螺塞序号 9 的结构形状由主视图和 B 向视图可以确定，然后再来确定泵体内框的投影轮廓线就比较容易了。

识读装配图的工作原理，装拆顺序，至此完成了整个齿轮油泵装配图的读图过程。

第三篇 计算机绘图

第十章 计算机绘图的基本知识

第一节 概述

一、CAD 技术

（一）CAD 的发展史

CAD 是 Computer Aided Design 的缩写，即计算机辅助设计，也就是使用计算机和信息技术来辅助工程师进行产品或工程设计。它起源于计算机图形技术的发展，随着计算机技术的飞速发展，CAD 技术现在在机械、电子、建筑、冶金、纺织等领域有着广泛的应用。CAD 技术的发展大致可分为以下几个阶段：

20 世纪 60 年代，由于计算机及图形设备价格的昂贵，技术的复杂，只有少数实力雄厚的大公司才使用这一技术。但作为 CAD 技术的基础，计算机图形学在这一时期得到了很快的发展。

20 世纪 70 年代是 CAD 技术充实提高的时期。由于电子电路设计采用了 CAD 技术，使集成电路技术很大发展。集成电路用于计算机，使计算机平台的性能大为提高。20 世纪 70 年代推出了以小型计算机为平台的 CAD 系统。同时，图形软件和 CAD 应用支持软件也不断充实提高。图形设备的相继推出和完善。于是，70 年代出现了面向中小型企业的商业化 CAD 系统。

20 世纪 80 年代是 CAD 技术取得大发展的时期。微型计算机进入绘图领域，图形软件更趋成熟，二维、三维图形处理技术、真实感图形技术以及有限元分析、优化、模拟仿真、动态景观、科学计算可视化等各方面都已进入实用阶段。包括 CAD/CAE/CAM 一体化的综合软件包使 CAD 技术又更上一层次。

20 世纪 90 年代是 CAD 技术广泛普及、继续完善和向更高水平发展的时期。出现了成熟的高度标准化、集成化的 CAD 系统，由于 PC 平台的性能越来越好，基于 PC 平台的价廉物美的系统相继出现，使 CAD 技术的普及应用更具广阔诱人的前景。

（二）CAD 的系统构成

CAD 系统是一个综合的、集成了各种技术在内的系统，它将信息技术与应用领域技术紧密结合在一起。CAD 系统的组成如图 10-1 所示。

（三）CAD 技术在建筑设计中的应用

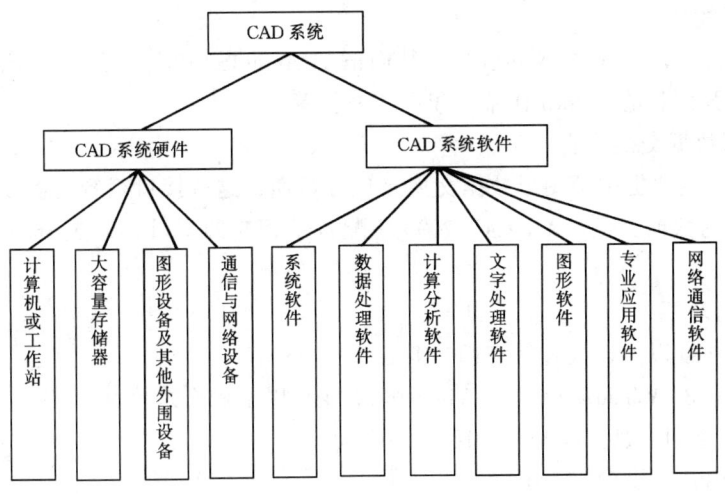

图 10-1 CAD 系统的组成

自 20 世纪 70 年代以来，我国工程界一直在努力研制、开发适合我国国情的 CAD 系统，并取得了很好的成效。诸如 ABD、建筑之星 ArchStar、圆方、天正 Tangent、华远 House 等一大批以 AutoCAD 作为平台的建筑专业设计软件在建筑设计中得到了广泛的应用。在建筑上，从方案设计、三维造型、建筑渲染到平面布景、建筑构造设计、小区规划、日照分析、室内装潢等方面，AutoCAD 无不发挥着重要的作用。在美国，从 1997 年起，注册建筑师、工程师考试已全部采用计算机进行，而不再用手工绘图。在我国，AutoCAD 也已成为建筑设计师的必修课。

二、AutoCAD 软件

AutoCAD 2000 是由美国 Autodesk 公司开发的绘制二维和三维图形的交互式软件包。是我国目前应用最广泛的绘图软件。

（一）基本功能

1. 绘图功能

它提供的方便的绘图命令可使用户通过键入命令，或选取系统提供的菜单项或拾取工具条中有关图标，迅速准确地形成图形。

2. 编辑功能

在 AutoCAD 2000 中有 Modify 的下拉菜单和工具条用于对已绘制好的图形进行各种不同功能的修改和编辑操作。

3. 辅助绘图功能

AutoCAD 提供了全面的辅助绘图功能。它包括 Snap（捕捉），Grid（栅格），Ortho（正交），Isoplane（等轴面选择）等基本辅助功能；同时它也包括有 Osnap（目标捕捉）及 UCS（设置用户坐标系）等功能使绘图变得准确而方便。

4. 图形显示功能

AutoCAD 提供了灵活多样的显示方式。可以改变当前视区中图形可见范围的大小及观察区域；还可以利用多视区选择不同视点显示图形，得到三维图形的多面正投影图和轴测投影图，以及动态观察图形得到透视投影图。

5．二次开发功能

AutoCAD 具有开放式的体系结构。其内嵌的 AutoLISP 语言和基于 C 语言的开发环境 ADS 允许用户开发新的 AutoCAD 命令和系统文件等。

6．完善的数据交换功能

AutoCAD 为用户提供了图形数据交换接口。可通过这些接口很容易实现 AutoCAD 与其他应用程序间的数据交换。AutoCAD 2000 还配备了相应的工具，通过 Internet 与远程用户进行文件传递。

（二）运行环境

1．Pentium 133 以上，或者是它们的兼容机
2．Windows 98，Windows 95，或 Windows NT 4.0 以上操作系统
3．130 MB 空闲硬盘空间和 64 MB 交换空间
4．64 MB 内存（至少 32 MB）
5．1024×768 VGA 显示器（至少 800×600 VGA 显示器）
6．定点输入设备（鼠标或数字化仪）
7．4X CD–ROM 光驱
8．打印机或绘图仪

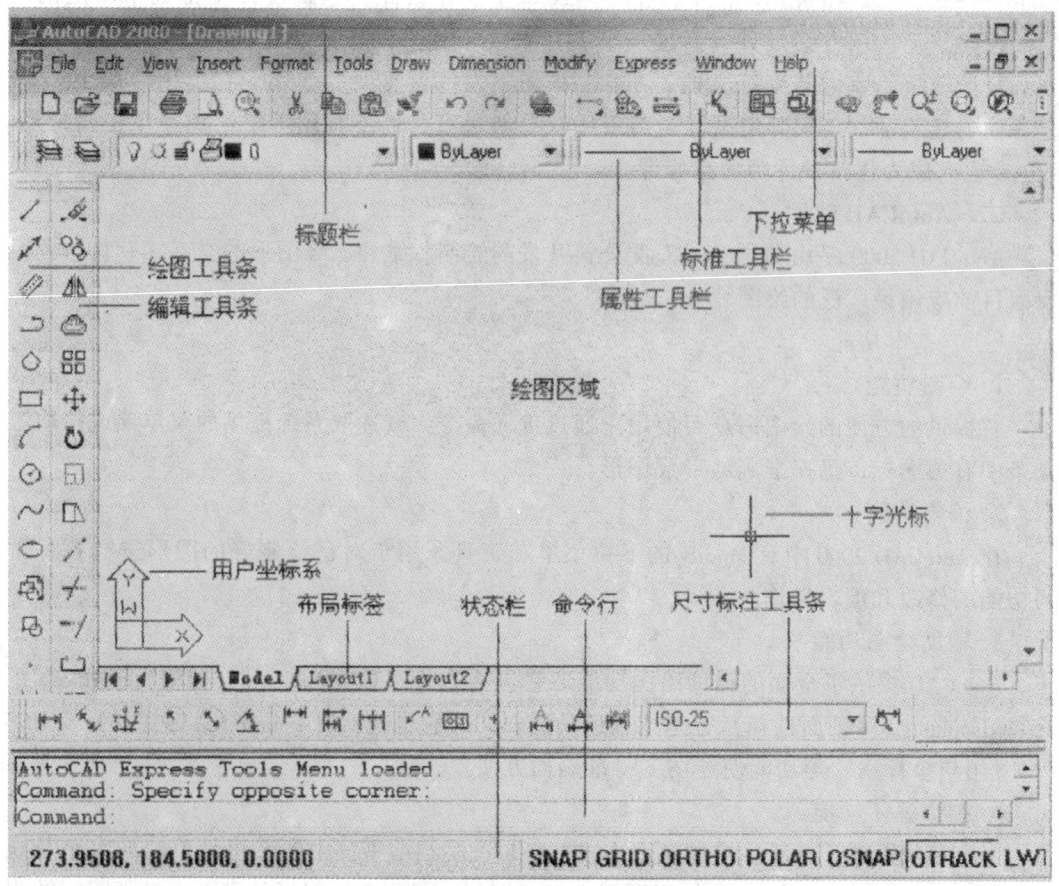

图 10-2　AutoCAD 2000 的工作界面

三、AutoCAD 2000 快速入门

（一）工作界面

正确安装 AutoCAD2000 以后，就可以双击桌面上的 AutoCAD 图标启动 AutoCAD 2000，进入如图 10-2 所示的工作界面，它主要包括以下内容。

1. 标题栏

它位于程序窗口的顶部，显示当前运行的程序名称及当前打开的图形文件名，在标题栏的右侧有三个按钮，依次为"最小化"、"还原窗口/最大化"、"关闭"按钮。

2. 菜单栏

它位于标题栏下方，共有 File、Edit、View、Insert、Format、Tools、Draw、Dimension、Modify、Express、Window、Help 等 12 个主菜单项，它们包括 AutoCAD 中 70％以上命令功能。

当鼠标单击某一主菜单项，则该菜单项高亮，并出现下拉式菜单，在下拉菜中有"▶"的菜单项含有子菜单，有省略号"…"时，会弹出相应对话框；无标记为 AutoCAD 命令。

3. 工具栏

工具栏是一种代替命令的简便的工具。利用工具栏可以完成绝大部分的绘图工作，用户可通过点取下拉菜单 View 下的 Toolbars 菜单项开关工具栏。常用的工具栏有标准（Standard）工具栏、对象特性（Property）工具栏、绘图（Draw）工具栏及编辑（Modify）工具栏。

4. 绘图区域

绘图区域是显示界面最大的一块区域，用户所做的一切工作都需在这一区域完成。光标在绘图区显示为十字光标线，可移动鼠标或按键盘箭头键使光标在屏幕上移动，十字光标是用定位的基本工具。

5. 命令提示区

命令提示区是用户通过键盘输入命令的区域。显示提示符"Command:"，表示处于接收命令状态。可直接在提示符后键入命令名，它显示用户输入的命令或通过其他方式激活的命令及命令的各种提示，并在此区域可选择响应激活命令的子命令和输入坐标值。

6. 状态栏

状态行位于命令提示区的下方，它用于显示当前光标的坐标位置，AutoCAD 辅助绘图工具（Snap、Grid、Ortho、Osnap 等）的状态，可用鼠标左键单击这些按钮来切换状态，各按钮陷下为开启状态。

（二）图形文件管理

AutoCAD 2000 的图形文件管理主要包括创建新图、打开已有图形、保存所绘图形和退出系统等，其基本操作和其他 Windows 应用程序相似。用户既可以采用下拉菜单、【标准工具栏】上的相应按钮、快捷键，也可以直接输入命令。

1. 创建新图（NEW）

（1）命令

下拉菜单：【File】→【New...】

工具条：【Standard Toolbar】→【New】

命令行：New（Ctrl + N）

(2) 说明

启动 NEW 命令后会弹出 Create New Drawing（创建新图形）对话框，通常可通过缺省向导（Start from Scratch）（图 10-3）来开始绘制一张新图，点击"OK"进入绘图界面。

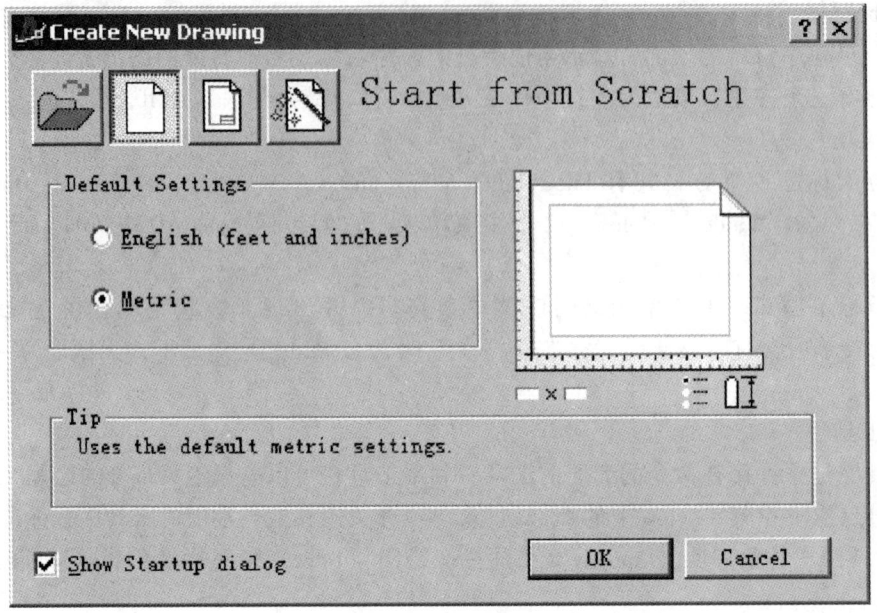

图 10-3　"启动"对话框的"缺省设置"选项

2．打开图形文件（OPEN）

(1) 命令

下拉菜单：【File】→【Open…】

工具条：【Standard Toolbar】→【Open】

命令行：Open（Ctrl + O）

(2) 说明

启动 OPEN 命令后系统会弹出 Select File（选择文件）对话框，如图 10-4 所示。用户可以选择所要打开文件的路径和文件名，也可以根据关键字查找图形文件，或通过 Internet 选择或查找 Web 上的文件。

3．图形文件保存（SAVE/SAVE AS）

(1) 命令

下拉菜单：【File】→【Save/Save as】

工具条：【Standard Toolbar】→【Save】

命令行：Qsave/Save as（Ctrl + S）

(2) 说明

在绘图过程中，文件保存是非常重要的工作。执行 SAVE AS 命令后，系统弹出如图 10-5 所示的 Save Drawing As 对话框。用户可以在对话框中输入要保存文件的文件名和文件路径，在"保存类型"下拉选项栏中还可以选择图形文件的保存类型。

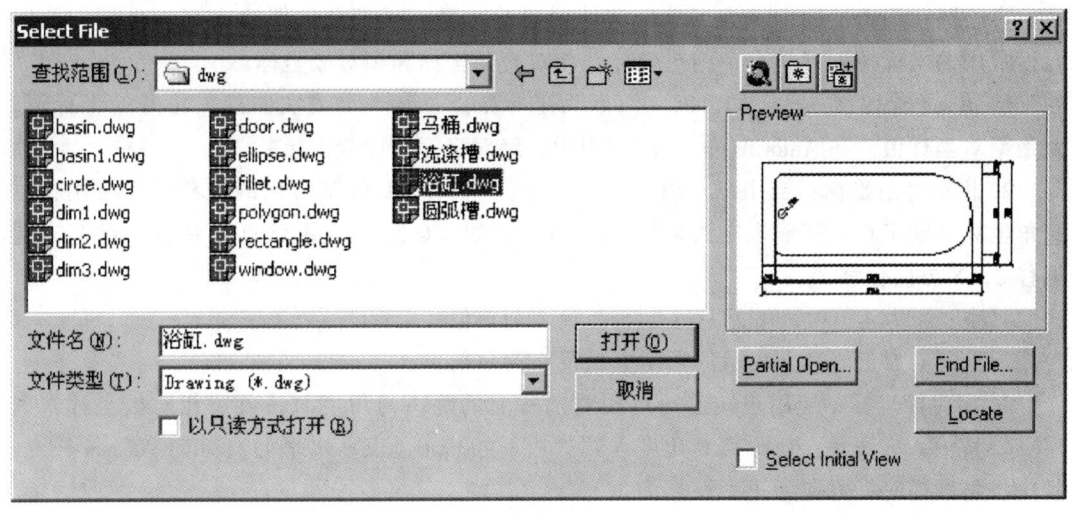

图 10-4　打开文件对话框

图 10-5　保存文件对话框

4．退出（QUIT/EXIT）

（1）命令

下拉菜单：【File】→【Exit】

命令行：Quit 或 Exit

（2）说明

QUIT 或 EXIT 命令用于退出 AutoCAD 系统。如果当前编辑的图形用户还没有保存，则系统会弹出一个对话框（图 10-6）提醒用

图 10-6　是否保存文件对话框

户是否存盘，选择"是"则或弹出"保存文件"对话框，其使用如上所示；选择"否"则不存盘退出系统。

四、AutoCAD 2000 绘图环境的设置

（一）坐标系统

在绘图和编辑过程中，为了确定实体的准确位置，大部分数据输入都为坐标点的输入，常用的坐标输入方式有：绝对坐标，相对直角坐标和相对极坐标。

1. 绝对坐标：它是以（0，0，0）点为坐标原点，某一点或实体某一位置的坐标值，就是绝对坐标值。在 AutoCAD 的实际应用中，绝对坐标使用较少。

2. 相对直角坐标：当用户知道一点相对于前一点的 X 和 Y 方向的位移时，可用相对直角坐标来确定点，其输入方法是：@X，Y。例如：@2，3 表示该点相对前一点 X 方向偏移 2，Y 方向偏移 3。

其中：X 为正值时，表示从左向右，反之为负值。
　　　Y 为正值时，表示从下至上，反之为负值。

3. 相对极坐标：当用户知道一点相对前一点的距离与角度时，可用相对极坐标来确定点，其输入方法是：@距离<角度。例如：@900<0，表示水平向右方向 900mm 长度。其中，角度逆时针方向为正，反之为负。

（二）图形界限设置（LIMITS）

绘图界限是用于定义用户的工作区域和图纸的边界。设置绘图界限的目的在于避免绘制的图形超出边界，相当于在绘图时确定了图纸的大小。绘图界限的设置可以通过使用【Format】菜单的【Drawing Limits】命令来完成。具体如下：

Command：'_limits　　　　　　　　　　　　　　　　　　输入命令
Reset Model space limits：　　　　　　　　　　　　　　系统提示重设图形界限
Specify lower left corner or [ON/OFF] <0.0000,0.0000>：　图形界限左下交角坐标，不输入值，则采用默认值
Specify upper right corner <420.0000,297.0000>：59400，42000 Command：　输入右上角坐标，回车结束

（三）绘图单位设置（UNITS）

设置绘图单位的目的是为了确定绘图过程中所采用的长度（Length）单位类型和角度

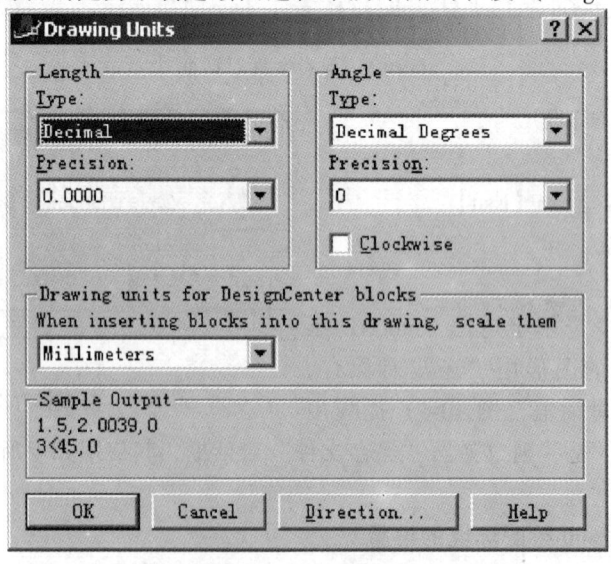

图 10-7　绘图单位设置

(Angle)单位类型。最简单的方法是使用【Fomat】菜单下的【Units...】命令打开 Drawing Units 对话框,如图 10-7 所示。点击【Direction...】按钮可以通过弹出的 Direction Control 对话框进一步设置角度的方向(如图 10-8)。

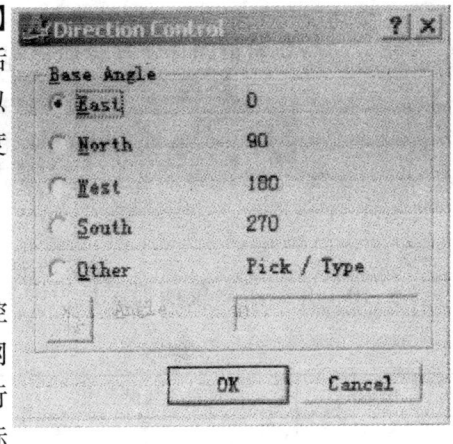

图 10-8 绘图方向设置

五、AutoCAD 2000 绘图辅助工具

(一)栅格、捕捉和正交

栅格(GRID)是显示在图形界限内,由用户控制是否可见而不能打印出来的点构成的精确定位网格;捕捉(SNAP)是约束鼠标只能以栅格间距进行移动的工具;而正交(ORTHO)则是用于约束光标在水平或垂直方向上的移动,打开时光标所确定的两点连线必定平行或垂直于坐标轴。通常可以通过点击状态栏上的相应按钮来打开和关闭栅格、捕捉和正交。当按钮被陷下时,该模式将被打开,再次点击即可关闭。

通常我们还可以根据需要来设定栅格和捕捉间距,选择【Tools】【Drafting Settings】,AutoCAD 弹出如图 10-9 所示的【Drafting Settings】对话框。在【Snap and Grid】选项卡的 SNAP 和 GRID 选项组中,可以设置横向和纵向间距。

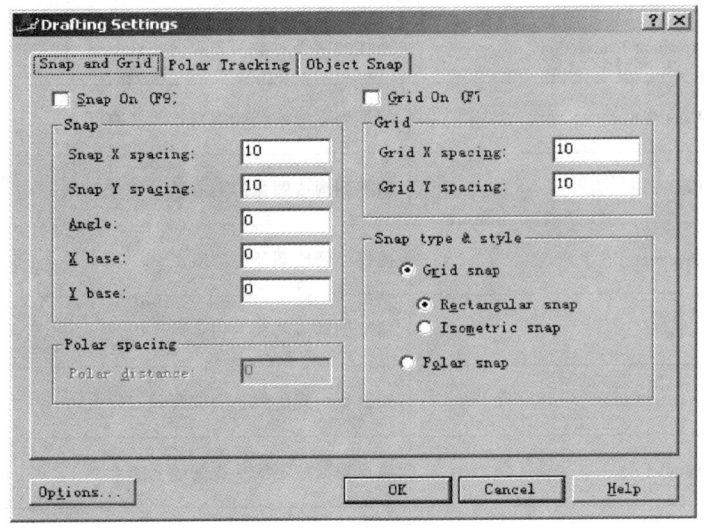

图 10-9 栅格间距设置对话框

(二)对象捕捉

绘图时,经常要拾取已绘制图形实体中的某些特殊点(如直线和圆弧的交点、中点、端点、圆心等)进行绘图,AutoCAD 提供了对这些特殊点进行对象捕捉(OSNAP)的功能,利用该功能可有效、迅速地锁定实体的特殊点,从而准确地绘制图形。

对象捕捉的使用主要有 3 种方式:对象捕捉工具栏、对象捕捉菜单和自动对象捕捉。

1. 对象捕捉工具栏

对象捕捉工具栏如图 10-10 所示。在绘图过程中，当需要指定点时，单击工具栏相应的特征点按钮，再把光标移动到要捕捉对象的特征点附近，即可捕捉到相应的特征点。

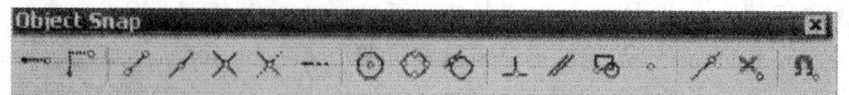

图 10-10　对象捕捉工具栏

表 10-1 介绍了对象捕捉工具栏中各种对象捕捉模式的名称和功能。

对象捕捉模式　　　　　　　　　　　　　　　　　　表 10-1

图标	对象捕捉模式	功　能
	Temporary Tracking Point	创建对象捕捉时使用的临时点
	Snap From	从临时参照点偏移
	Endpoint	捕捉到线段或圆弧的最远点
	Midpoint	捕捉线段或圆弧等对象的中点
	Intersection	捕捉线段、圆弧、圆等对象之间的交点
	Apparent Intersection	捕捉到两个对象的外观的交点
	Extension	捕捉到直线或圆弧的延长线上的点
	Center	捕捉到圆或圆弧的圆心
	Quadrant	捕捉到圆或圆弧的象限点
	Tangent	捕捉到圆或圆弧的切点
	Perpendicular	捕捉到垂直于线、圆或圆弧上的点
	Parallel	捕捉到与指定线平行的线上的点
	Insert	捕捉到块、图形、文字或属性的插入点
	Node	捕捉到节点对象
	Nearest	捕捉离拾取点最近的线段、圆、圆弧或点等对象上的点
	none	关闭对象捕捉模式
	Settings	设置自动捕捉模式

2. 对象捕捉菜单

当要求指定点时，可以按下 Shift 键或 Ctrl 键，同时单击鼠标右键，即可弹出如图 10-11 所示的对象捕捉快捷菜单，其使用类似于对象捕捉工具栏。

3. 自动对象捕捉

在绘图过程中，对象捕捉的使用频率非常高。为避免每次使用都选择使用模式，AutoCAD 提供了自动对象捕捉，只要将光标定位到特征点附近，就会自动使用相应的捕捉模式。

自动对象捕捉功能的设置是在【Drafting Settings】对话框的【Object Snap】选项卡中进行（图 10-12）。单击状态栏上的【OSNAP】按钮，按钮陷下为打开，再次单击则可以关闭。

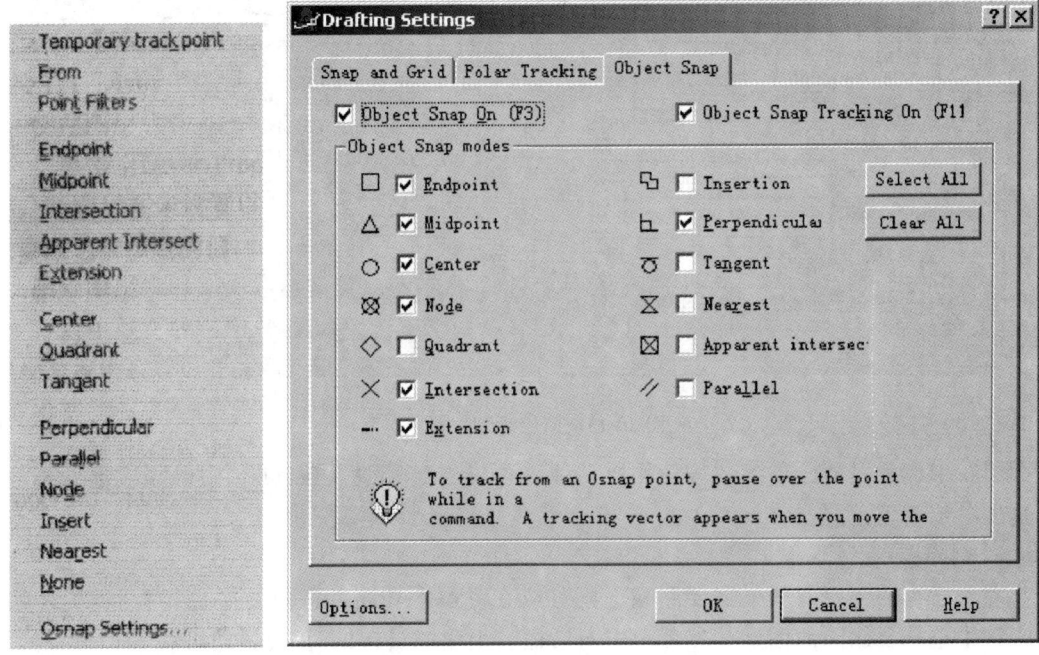

图 10-11 快捷菜单　　　　　　图 10-12 自动对象捕捉设置

（三）图层设置和管理

图层是 AutoCAD 中极为重要的一个图形组织工具，它采用类似于叠加的方法来存放图的各种类型的信息。AutoCAD 允许用户根据需要建立无限多个层，并可以对每个层指定相应的名称、线型、颜色、线宽等，通过图层对图形进行管理，可以方便的对图形进行绘制和编辑，并可节约大量时间。图层管理对话框如图 10-13 所示。

1. 启动图层管理

下拉菜单：【Format】→【Layer...】

工具条：【Object Properties】→【Layers】

命令行：Layer

2. 创建图层

单击【Layer Properties Manager】对话框右上角的【New】按钮，可创建一个新的图层。

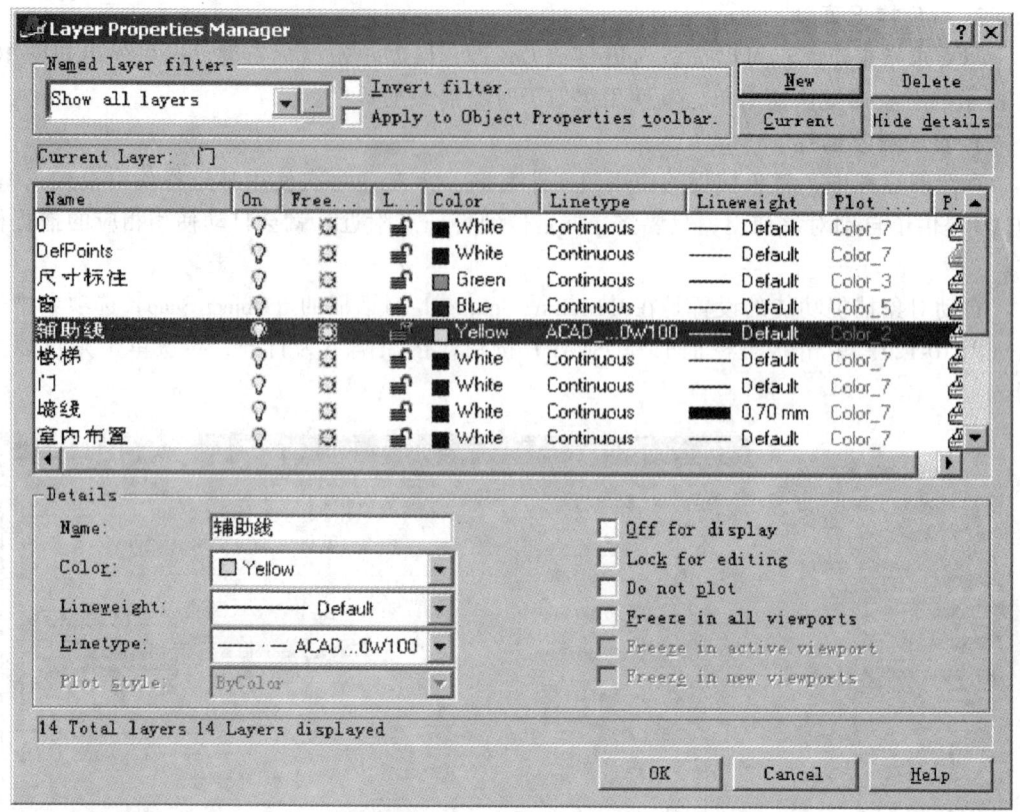

图 10-13　图层管理对话框

新图层在未设置以前,各参数均使用默认值,可以通过修改【Details】中的相应选项来修改这些参数的值。

3．删除图层

对于已有的图层,如果需要删除,则可以在【Layer Properties Manager】对话框的图层列表框中选择要删除的图层,然后单击对话框右上角的【Delete】按钮即可。

4．设置当前层

在绘图过程中,为了在某一层上绘制图形,首先应将该层设为当前层。在【Layer Properties Manager】对话框的图层列表框中选择要设置为当前层的图层,然后单击对话框右上角的【Current】按钮即可。

设置当前图层的另一种简单方法是通过【Object Properities】工具栏的【Layer】下拉列表框来实现。在【Layer】下拉列表框中将要设置为当前层的图层选中,即可将该层设为当前层,如图 10-14 所示。

5．图层特性

每个图层都有一些基本的特性,现将它们分述如下:

Name（名称）:用于设置图层的名称,一般可按照具体意义采用易记忆的名称（可用汉语）;

On/Off（打开/关闭）:用于控制该层是否显示;

Freeze/Thaw（冻结/解冻）:冻结后,该层实体将不能在屏幕上显示也不能被绘出;

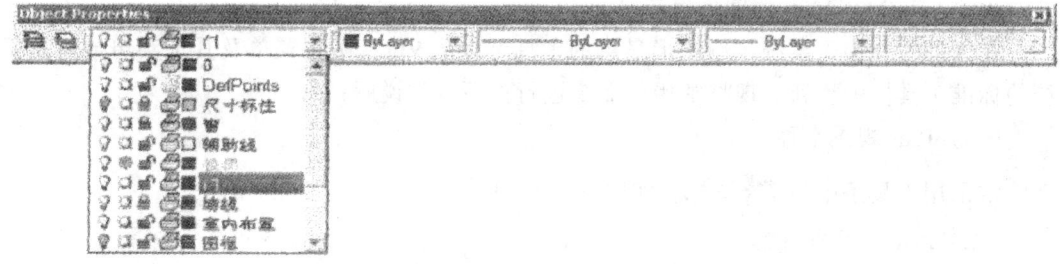

图 10-14 图层下拉列表框

Lock/Unlock（锁定/解锁）：图层锁定后，该层实体仍能显示，但不能被编辑和修改；
Color（颜色）：用于打开颜色对话框，选择该层的显示颜色（图 10-15）；
Lineweight（线宽）：打开线宽对话框，选择绘图线宽（图 10-16）；
Linetype（线型）：打开线型对话框，点击【Load...】装载其他线型（图 10-17、图 10-18）。

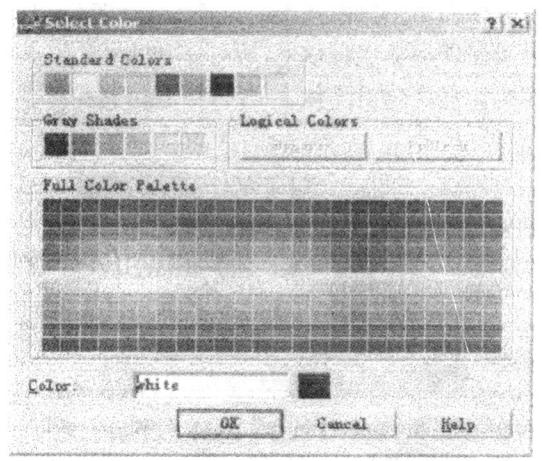

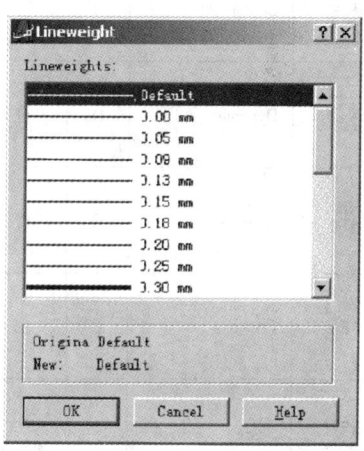

图 10-15 选择颜色对话框　　　　　　　图 10-16 选择线宽对话框

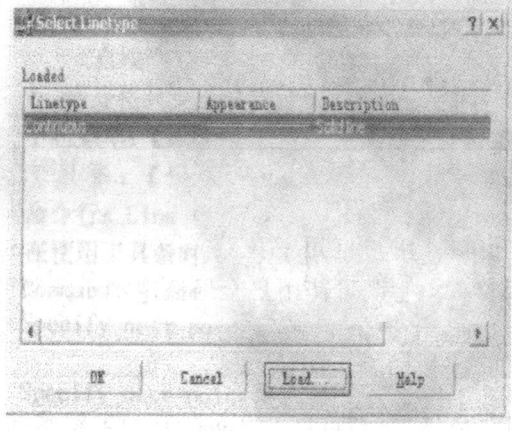

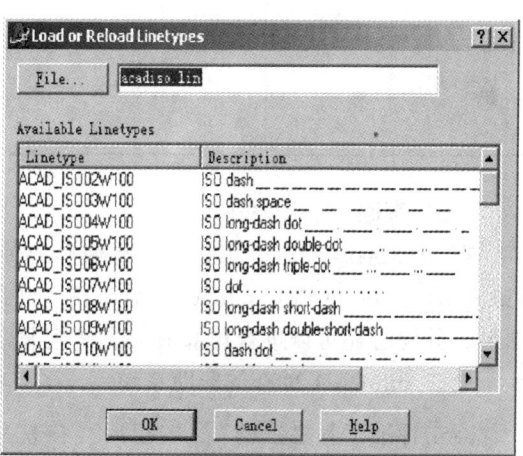

图 10-17 选择线型对话框　　　　　　　图 10-18 装载线型对话框

六、AutoCAD 2000 的图形显示

在 AutoCAD 中，系统控制图形显示的工具可以从 VIEW 下拉菜单及其子菜单或者从系统的标准工具栏中找到。现将常用的命令进行如下分类说明：

（一）PAN 视图平移

常采用工具条中的 图标，实时平移视图。

（二）ZOOM 视图缩放

常用命令和参数相结合的方式，有时也采用工具栏图标。现列表 10-2。

ZOOM 命令的常用子命令　　　　　　　　　　　　　　　表 10-2

图标	参数	简写	意义
	All	A	在绘图界限内下显示整个图形的内容
	Center	C	屏幕显示的中心点，同时输入新的缩放倍数
	Dynamic	D	进行动态缩放图形的大小和自由移动
	Extends	E	将当前视窗口中的图形以最大可能地使其充满屏幕
	Previous	P	回到上一个视图（最多不超过 10 次）
	Scale	S	比例缩放（有相对图纸空间缩放 mXP、相对于当前视图缩放 mX 和相对于原图缩 m 放三种，其中 m 为比例因子）
	Window	W	以指定窗口的位置和大小来决定显示的范围和缩放比例
	real time		对当前窗口的内容进行实时缩放（为系统默认方式）

（三）鹰眼（DSVIEWER）

在 AutoCAD 绘图过程中，经常使用鹰眼窗口，用户可用下拉菜单（VIEW→Aerial View）或用 DSVIEWER（或 AV）命令打开鹰眼窗口。它既可使用户全局性观察所绘制的图形，并同时还可以进行局部放大。使用非常方便、直观。

七、AutoCAD 2000 的帮助系统

点击标准工具栏上的 按钮或直接使用快捷键 F1 即可打开 AutoCAD 的系统帮助。通过帮助，用户可以更加深入的了解 AutoCAD 系统的命令。

第二节 基本绘图及编辑命令

一、基本绘图命令

（一）绘制直线

直线（LINE）命令用于在画面上生成直线线段。

1. 命令格式

下拉菜单：【Draw】→【Line】

工具条：【Draw ToolBar】→ 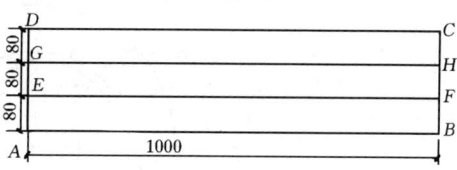【Line】

命令行：Line（或 L）

在使用工具条时，在命令窗口出现如下提示：

Command：_ line Specify first point：	要求输入线段的起始点坐标
Specify next point or ［Undo］：	要求输入线段的终止点坐标，即下一连续线段的起始点坐标
Specify next point or ［Undo］：	系统要求输入下一点坐标值，或 U 取消
……	
Specify next point or ［Close/Undo］：c	如果绘制封闭图形，则可以输入 C 闭合
Command：	命令结束

2. 说明

用坐标定位绘制图 10-19 所示的窗体平面图。

图 10-19 窗体平面图

Command：_ line Specify first point：300,300	输入 A 点绝对坐标
Specify next point or ［Undo］：1300,300	用绝对坐标输入 B 点
Specify next point or ［Undo］：@0,240	用相对直角坐标输入 C 点
Specify next point or ［Close/Undo］：@1000<180	用相对极坐标输入 D 点
Specify next point or ［Close/Undo］：c	输入 C 闭合长方形 ABCD
Command：	结束命令
Command：_ line Specify first point：300,380	输入 E 点绝对坐标
Specify next point or ［Undo］：@1000,0	用相对直角坐标输入 F 点
Specify next point or ［Undo］：	回车结束
Command：	
Command：_ line Specify first point：300,460	输入 G 点
Specify next point or ［Undo］：1000	输入 H 点（注①）
Specify next point or ［Undo］：	结束命令

注①：在绘制这类图形时，可以打开 SNAP、GRID、ORTHO 来定位。此处利用了在打开 ORTHO 时，用距离和鼠标指引画线方向直接绘制出长度为 1000 的水平线段的方法。

（二）绘制弧形

1. 绘制圆

CIRCLE 命令用于在画面上生成圆周图形。

a. 命令

下拉菜单：【Draw】→【Circle ▶】

工具条：【Draw ToolBar】→【Circle】

命令行：Circle（或 C）

AutoCAD 在 Circle 命令下提供 6 条子命令（图 10-20）。

Center, Radius	圆心，半径
Center, Diameter	圆心，直径
2 Points	位于直径上的两个端点
3 Points	圆上任意三点
Tan, Tan, Radius	相切、相切、半径
Tan, Tan, Tan	相切、相切、相切

b. 说明

用基本画圆命令绘制同心圆（见图 10-21）。

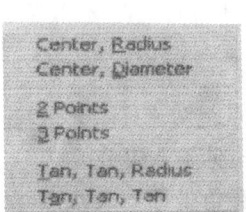
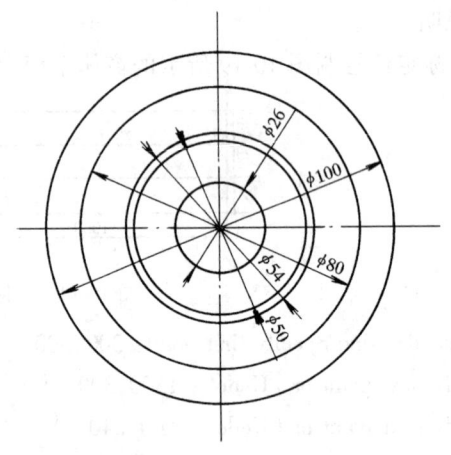

图 10-20　画圆子菜单　　　　图 10-21　用基本画圆命令绘制同心圆

Command: circle	输入画圆命令
Specify center point for circle or [3P/2P/Ttr (tan tan radius)]:	拾取圆心
Specify radius of circle or [Diameter]: 50	输入半径 50
Command:	
CIRCLE Specify center point for circle or [3P/2P/Ttr (tan tan radius)]:	回车继续，拾取圆心
Specify radius of circle or [Diameter] <40.0000>: d	输入 d，改用直径
Specify diameter of circle <80.0000>: 80	直径 80
………	

注：在画圆时，通常需要确定圆心的坐标，所以在绘图时首先应该绘制中心线。本例可采用首先打开 SNAP、GRID 绘制互相垂直而长度适当的两条相交线段作为中心线，在打开 OSNAP（特殊点捕捉）拾取交点作为圆心坐标。

2. 绘制圆弧线

ARC 命令用于在画面上生成具有一定曲率半径的非圆周圆弧线图形。

a. 命令

下拉菜单：【Draw】→【Arc ▶】

工具条：【Draw ToolBar】→【Arc】

命令行：Arc（或 A）

AutoCAD 在 Arc 命令下提供 11 条子命令（图 10-22）。

3 Points	三点画圆弧
Start, Center, End	起点、中心点、终点；
Start, Center, Angle	起点、中心点、角度；
Start, Center, Length	起点、中心点、弦长；
Start, End, Angle	起点、终点、角度；
Start, End, Direction	起点、终点、方向；
Start, End, Radius	起点、终点、半径；
Center, Start, End	中心点、起点、终点；
Center, Start, Angle	中心点、起点、角度；
Center, Start, Length	中心点、起点、弦长；
Continue	连续绘制光滑连接的圆弧。

图 10-22

b. 说明

使用 ARC 命令绘制圆弧槽（图 10-23）。

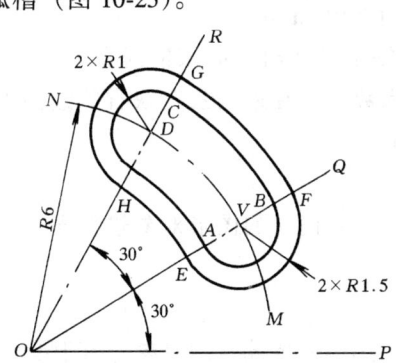

图 10-23 绘制圆弧槽实例

首先，利用绘制图形基准线，利用直线命令绘制 OP、OQ 和 OR，并绘制弧线 MN。

Command：-arc Specify start point of arc or [CEnter]: ce　　画圆弧 MN,改为输入中心点

Specify center point of arc：　　拾取 O

Specify start point of arc：@6<10　　输入 M

Specify end point of arc or [Angle/chord Length]: a　　改为输入角度

Specify included angle: 70	输入角度70°

其次,绘制圆弧槽内周 ABCD。

Command:_arc Specify start point of arc or [CEnter]: ce	画圆弧 AD,改为输入中心点
Specify center point of arc:	拾取 O
Specify start point of arc: @4.5<30	输入 A
Specify end point of arc or [Angle/chord Length]: @4.5<60	输入 D
Command:	
ARC Specify start point of arc or [CEnter]: ce	画圆弧 BC,改为输入中心点
Specify center point of arc:	拾取 O
Specify start point of arc: @7.5<30	输入 B
Specify end point of arc or [Angle/chord Length]: a	改为输入角度
Specify included angle: 30	输入角度30°
Command:	
Command:_arc Specify start point of arc or [CEnter]: ce	三点画弧 AB,改输中心
Specify center point of arc:	拾取 V
Specify start point of arc:	拾取 A
Specify end point of arc or [Angle/chord Length]:	拾取 B
Command:	
Command:_arc Specify start point of arc or [CEnter]: ce	三点画弧 CD,改输中心
Specify center point of arc:	拾取 U
Specify start point of arc:	拾取 C
Specify end point of arc or [Angle/chord Length]:	拾取 D

最后,采用同上方法绘制外周 EFGH

注:在使用 ARC 命令绘制圆弧线时,应该根据实际情况选择合适的方法,注意命令行的提示信息,及时调整输入数据。在采用系统缺省的绘图方向时,画弧方向为逆时针,用户可以自己改变画弧的方向。

二、基本编辑命令

图形编辑就是使用编辑工具对已有的图形对象进行删除、移动、旋转等操作的过程,使之满足用户的要求。

(一) 对象选择

在图形编辑之前,首先要选择所要编辑的对象。由于编辑操作通常对多个对象同时进行,为了提高编辑的效率,AutoCAD 提供了多种选择对象的方式,允许同时选择多个对象。当选择了对象之后,AutoCAD 会以虚线亮显它们,而这些对象就构成了选择集,可以对它们同时进行操作。

下面就对几种常用的对象选择方式做如下介绍:

1. 拾取框选择

在【Select Objects:】提示下,绘图区出现小方框,这就是拾取框。只要在想要选择的对象上单击,就可以将该对象选中,选中后的图形将以细小的点线组合的形式来显示。

2．窗口选择

选择窗口是绘图区域中的一个矩形区域（如图 10-24）。在【Select Objects：】提示下单击屏幕区域指定选择窗口的左上角点（①），然后向右下方拖动鼠标，在适当位置（②）单击，拖动的区域就是选择窗口，包含在其中的对象将被选中。

 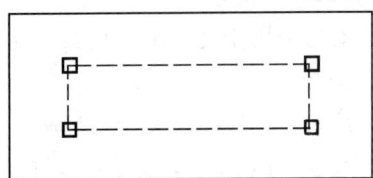

图 10-24　窗口选择

3．交叉选择

交叉选择和窗口选择相似，也是通过选择窗口来选择对象，只是不但选择了窗口内的对象，而且和选择窗口边界相交的对象也都被选中。和窗口选择不同，交叉选择时鼠标拖动的方向是从右下方向左上方或者从右上方向左下方，如图 10-25 所示。

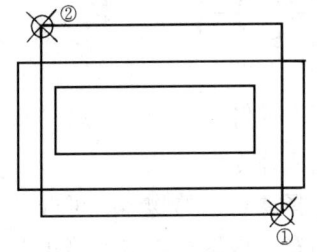 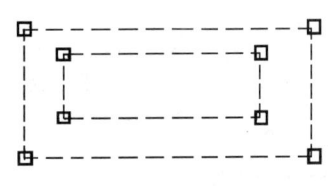

图 10-25　交叉选择

（二）删除命令

在绘图过程中常会产生种种错误，ERASE 命令可用于从画面上删除多余的实体。

1．命令

下拉菜单：【Modify】→【Erase】

工具条：【Modify Toolbar】→【Erase】

命令行：Erase（或 E）

2．说明

Command：_ erase	输入命令(工具条)
Select objects：1 found	选择要删除对象
Select objects：1 found，2 total	继续选择对象
Select objects：Specify opposite corner：2 found，4 total	框选 2 个，共选中 4 个
Select objects：	回车（或鼠标右击）删除

注：a. 若要删除全部实体，可以简单地在【Select objects：】后面输入 all。

b. 有时删除对象可以先选中要删除的对象，然后按 Delete 键直接删除。

（三）取消和重做

取消（UNDO）命令用于取消上个命令或上组几个命令。而重做（REDO）命令是UNDO（U）命令的逆操作，用于重做UNDO或U命令取消了的操作，可在中间未插入其他操作情况下，马上键入REDO命令来恢复UNDO/U命令前的结果。

（四）移动形体

1．移动（MOVE）

移动命令用于把一组图形实体从当前位置移动到新的位置。如图10-26。

a．命令

下拉菜单：【Modify】→【Move】

工具条：【Modify Toolbar】→【Move】

命令行：Move（或M）

b．说明

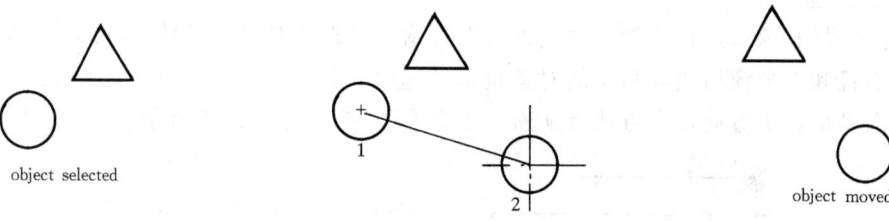

图10-26　移动实体实例

Command：_move	输入命令
Select objects：1 found	选择要移动的物体（可选多个）
Select objects：	回车（或鼠标右击）停止选择
Specify base point or displacement：	拾取移动物体的基点1
Specify second point of displacement or <use first point as displacement>：	拾取目标点2（可以输入移动距离）

2．旋转（ROTATE）

旋转命令用于精确地旋转一个或一组实体。如图10-27。

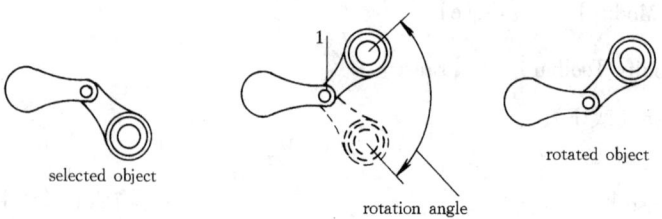

图10-27　旋转实体实例

a．命令

下拉菜单：【Modify】→【Rotate】

工具条：【Modify Toolbar】→【Rotate】

命令行：Rotate（或RO）

b. 说明

Command：_ rotate	输入命令
Current positive angle in UCS：	该行提示信息为目前坐标系的设置情况：
ANGDIR = counterclockwise ANGBASE = 0	角度旋转方向为逆时针，基准角为0°
Select objects：Specify opposite corner：3 found	选择要旋转的实体（如左1，框选）
Select objects：	回车停止选择
Specify base point：	选择旋转基准点1
Specify rotation angle or [Reference]：60	输入旋转角60°（负值则表示顺时针）

（五）复制形体

1. 复制（COPY）

复制命令可以将一组已有的实体复制到一个或多个合理的位置上。如图10-28。

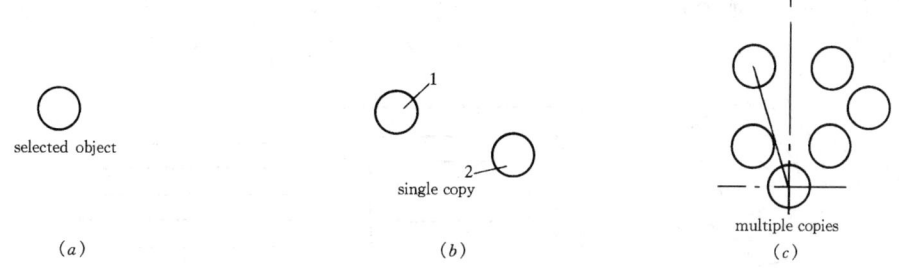

图 10-28

a. 命令

下拉菜单：【Modify】→【Copy】

工具条：【Modify Toolbar】→【Copy】

命令行：Copy（或 CO、CP）

b. 说明

单次复制实体（图10-28b）：

Command：_ copy	输入命令
Select objects：1 found	选择要复制的实体
Select objects：	回车停止选择
Specify base point or displacement, or [Multiple]：	单次复制，采用默认值。拾取基点
Specify second point of displacement or <use first point as displacement>：	拾取目标点(或输入与基点的偏移距离)

多次复制实体（图10-28c）：

Command：COPY	输入命令
Select objects：1 found	选择要复制的实体
Select objects：	回车停止选择
Specify base point or displacement, or [Multiple]：m	多次复制，输入 m
Specify base point：	拾取基点
Specify second point of displacement or	拾取第一个目标点

< use first point as displacement > :

Specify second point of displacement or   继续拾取第二个目标点

< use first point as displacement > :

……

Specify second point of displacement or   回车结束命令

< use first point as displacement > :

2. 偏移（OFFSET）

偏移命令用于产生同心或平行的实体，如图 10-29。

a. 命令

下拉菜单：【Modify】→【Offset】

工具条：【Modify Toolbar】→【Offset】

命令行：Offset（或 O）

b. 说明

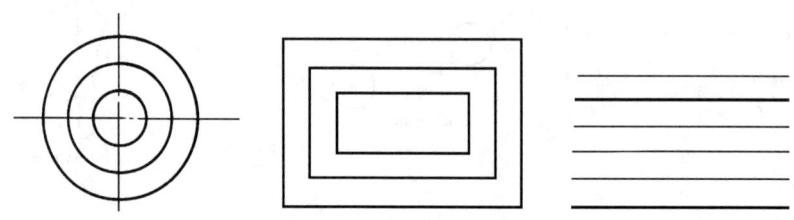

图 10-29　实体偏移实例

Command:_ offset   输入命令

Specify offset distance or [Through] <20.0000>:输入要偏移的距离（through 为从图中量取）

Select object to offset or < exit > :   选择偏移原型

Specify point on side to offset: 点取偏移位置（哪一侧）

Select object to offset or < exit > :   继续选择偏移原型

Specify point on side to offset: 点取偏移位置（哪一侧）

……   可以重复多次，回车结束命令

注：实体偏移命令常用于将单一实体进行定距复制，可用于直线、圆、矩形等。

（六）修剪形体

1. 倒圆角（FILLET）

倒圆角命令用于在两个已存在的实体间产生圆弧过渡。

a. 命令

下拉菜单：【Modify】→【Fillet】

工具条：【Modify Toolbar】→【Fillet】

命令行：Fillet（或 F）

b. 说明

设定倒圆半径（如图 10-30a）：

Command:_ fillet   输入命令

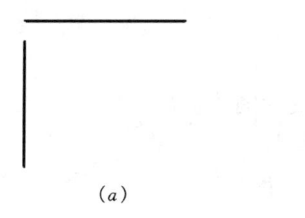 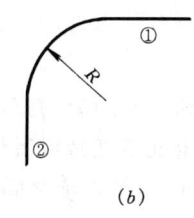 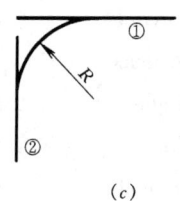

(a) (b) (c)

图 10-30 修剪形体

Current settings：Mode = TRIM，Radius = 10.0000　　系统显示初始倒圆半径和修剪模式
Select first object or [Polyline/Radius/Trim]：r　　输入 R,修改半径
Specify fillet radius ＜10.0000＞：40　　输入新半径,回车确认

倒圆修剪（系统初始为修剪），图 10-30(b)：

Command：FILLET　　输入命令
Current settings：Mode = TRIM，Radius = 40.0000　　系统显示初始倒圆半径和修剪模式
Select first object or [Polyline/Radius/Trim]：　　选择第一条边
Select second object：　　选择第二条边,回车结束命令

倒圆不修剪（图 10-30(c)）：

Command：FILLET　　输入命令
Current settings：Mode = TRIM，Radius = 40.0000　　系统显示初始倒圆半径和修剪模式
Select first object or [Polyline/Radius/Trim]：t　　输入 T,修改修剪模式
Enter Trim mode option[Trim/No trim]＜Trim＞：n　　输入 N,不修剪
Select first object or[Polyline/Radius/Trim]：　　选择第一条边(可继续修改其余参数)
Select second object：　　选择第二条边,回车结束命令

注：在倒圆和后面的倒角中，其中有一个参数为"Polyline"，它表示系统提供对"多义线"的倒圆、倒角功能，具体可参阅帮助。

2．倒角（CHAMFER）

倒角命令用于在两个实体之间加一倒角，如图 10-31。

 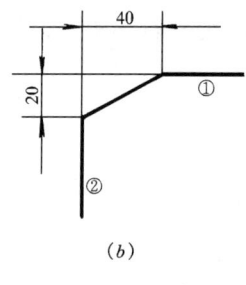 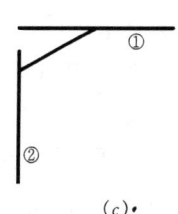

(a) (b) (c)·

图 10-31

a．命令

下拉菜单：【Modify】→【Chamfer】

工具条：【Modify Toolbar】→【Chamfer】

命令行：Chamfer（或 CHA）

使用 CHAMFER 命令时，系统的提示参数较多，现分述如下：

Polyline	在二维多义线的所有顶点处产生倒角
Distance	设置倒角距离
Angle	以指定一个角度和一段距离的方法来设置倒角距离
Trim	选择的对象在倒角处被裁减或者保留原状
Method	在 Distance 和 Angle 两个选项之间选择一种方法

b. 说明

修改倒角的距离参数:

Command:_chamfer	输入命令
(NOTRIM mode) Current chamfer Dist1 = 10.0000, Dist2 = 10.0000	系统提示信息
Select first line or [Polyline/Distance/Angle/Trim/Method]: d	修改倒角距离
Specify first chamfer distance <10.0000>: 40	第一倒角距离(40)
Specify second chamfer distance <40.0000>: 20	第二倒角距离(20)

倒角、修剪(图 10-31(b))

Command: CHAMFER	输入命令
(NOTRIM mode) Current chamfer Dist1 = 40.0000, Dist2 = 20.0000	系统提示信息
Select first line or [Polyline/Distance/Angle/Trim/Method]: t	修改修剪模式
Enter Trim mode option [Trim/No trim] <No trim>: t	改为修剪
Select first line or [Polyline/Distance/Angle/Trim/Method]:	拾取第一条线
Select second line:	拾取第二条线(结束)

注:在使用 FILLET 和 CHAMFER 命令时,它们对 TRIM 参数的设定是相互依赖的。图 10-31(c)为不修剪时 CHAMFER 命令的执行结果。

第三节 高级绘图和编辑命令

一、高级绘图命令

(一) 多线绘制

多线是一种间距和数目可以调整的平行线组合,可包含 1 到 16 条平行线,多用于绘制建筑墙体。

1. 多线绘制 (MLINE)

a. 命令

下拉菜单:【Draw】→【MultiLine】

工具条:【Draw ToolBar】→【MultiLine】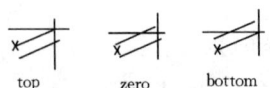

命令行:Mline (或 ML)

b. 说明,如图 10-32。

图 10-32 多线绘制

(a) 上对正;(b) 中间对正;(c) 下对正

Command：_mline　　　　　　输入命令

Current settings：　　　　　系统当前设置

Justification = Top，Scale = 20.00，Style = STANDARD

Specify start point or [Justification/Scale/STyle]：

Specify start point　　　指定绘多线的起始点（以当前系统格式）

Justification　　　　　　 对正，指从左到右绘制多线时，顶端多线与中心线的位置

Enter justification type [Top/Zero/Bottom] < top >：

Scale　　　　　　　　　所绘多线宽度相对于多线定义宽度的比例因子

STyle　　　　　　　　　指定绘制多线的样式，可以预先定义

2．设置多线偏移量及线型（MLSTYLE）

a．命令

下拉菜单：【Format】→【Multiline Style...】

命令行：Mlstyle

b．说明

输入 MLSTYLE 命令后，系统弹出如图 10-32 所示的【Multiline Style】对话框，其中的按钮的定义如表 10-3。

【Multiline Style】对话框元素说明　　　　　　　　　　　　　表 10-3

名　称	含　义
Current	当前多线的名称（列表中列举了当前加载的所有多线）
name	编辑多线的名称
Description	编辑多线的描述信息
Load...	点击弹出线形装载文件对话框，可从中选取（.mln）文件装载
Save...	点击弹出保存对话框，可保存当前的线形文件供其他文件使用
Add	将当前编辑的线形添加到线形列表
Rename	重命名当前的线形文件
Element properties...	点击弹出"元素属性"编辑对话框（图10-34）
Multiline Properties...	点击弹出"多线属性"编辑对话框（图10-35）
"Element Properties"	对话框用于增加、删除多线线数（但至少保留一根），还可设定各线的偏移量、颜色和线形
"Multiline Properties"	对话框用于控制多线的角点连接是否显示、是否填充、端点是否生成以及末端的倾斜角等

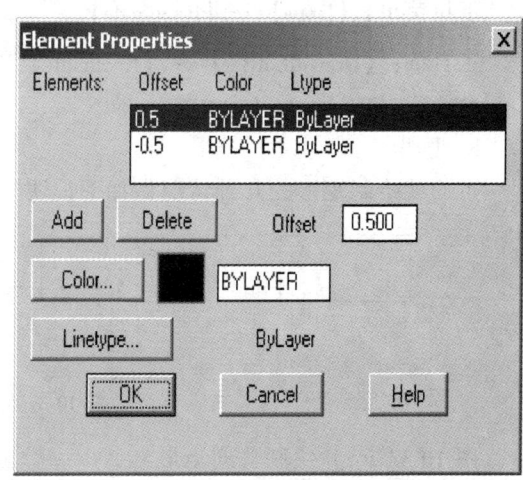

图 10-33　多线类型对话框　　　　　　　图 10-34　元素属性对话框

203

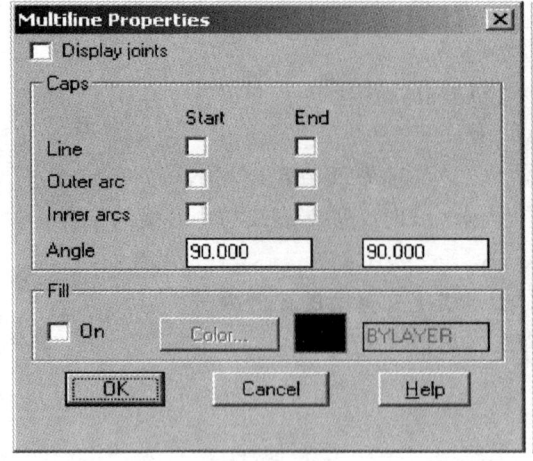
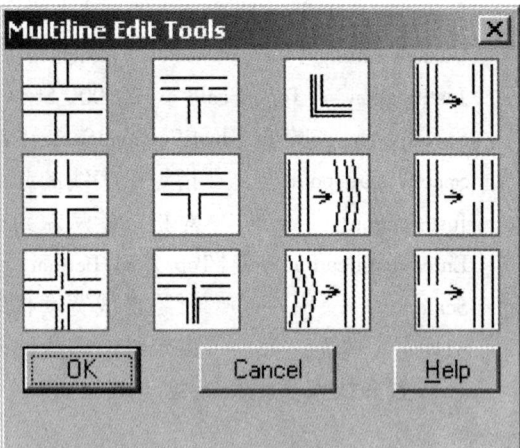

图 10-35　多线属性对话框　　　　　　　图 10-36　多线编辑对话框

3. 多线编辑（MLEDIT）

a. 命令

下拉菜单：【Modify】→【Multiline...】

命令行：Mledit

b. 说明

多线编辑命令可用于消除、编辑多线。MLEDIT 有 12 种工具用于编辑多线（如图 10-36），可以把它们分为 4 类：十字形、T 字形、直角以及切断。只要点击其中的一种形式，然后从图中按提示选择相应的多线即可实现编辑。

（二）绘多边形

1. 绘制矩形

矩形命令（RECTANGLE）命令用于生成常用的各种矩形，在 AutoCAD 中矩形作为一个独立的实体。

a. 命令

下拉菜单：【Draw】→【Rectangle】

工具条：【Draw ToolBar】→【Rectangle】 ▭

命令行：Rectangle（或 REC）

b. 说明

下面就绘制矩形的几种情况做如下说明（图 10-37）。

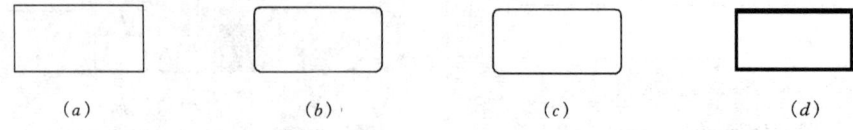

(a)　　　　　　(b)　　　　　　(c)　　　　　　(d)

图 10-37　绘制矩形

图 10-37（a）绘制普通矩形

Command：_ rectang　　　　　　　　　　　　　　　　　　　　　　　输入命令

Specify first corner point or [Chamfer/Elevation/Fillet/Thickness/Width]:	拾取一角
Specify other corner point: @100,50	输入对角点,回车结束

图 10-37(b) 绘制倒角矩形

Command:_rectang	输入命令
Specify first corner point or [Chamfer/Elevation/Fillet/Thickness/Width]: c	倒角
Specify first chamfer distance for rectangles <0.0000>: 5	倒角一边长度
Specify second chamfer distance for rectangles <5.0000>:	倒角另一边长度
Specify first corner point or [Chamfer/Elevation/Fillet/Thickness/Width]:	拾取一角
Specify other corner point: @100,50	输入对角点,回车结束

图 10-37(c) 绘制圆角矩形

Command:_rectang	输入命令
Current rectangle modes: Chamfer = 5.0000 x 5.0000	画矩形当前状态
Specify first corner point or [Chamfer/Elevation/Fillet/Thickness/Width]: f	倒圆角
Specify fillet radius for rectangles <5.0000>:	圆角半径
Specify first corner point or [Chamfer/Elevation/Fillet/Thickness/Width]:	拾取一角
Specify other corner point: @100,50	输入对角点

图 10-37(d) 绘制宽边矩形

Command: RECTANG	输入命令
Current rectangle modes: Fillet = 5.0000	画矩形当前状态
Specify first corner point or [Chamfer/Elevation/Fillet/Thickness/Width]: f	倒圆角
Specify fillet radius for rectangles <5.0000>:0	输入0,去掉圆角
Specify first corner point or [Chamfer/Elevation/Fillet/Thickness/Width]: w	修改线宽
Specify line width for rectangles <0.0000>: 2	输入线宽
Specify first corner point or [Chamfer/Elevation/Fillet/Thickness/Width]:	拾取一角
Specify other corner point: @100,50	输入对角点

注：在绘制矩形时，当其中的参数被修改时，将会影响后续的操作，并将在输入后续命令时反映出来。要消除这种影响，需要重设参数。其中 Fillet 和 Chamfer 参数互相影响，系统将只保留其中之一。

2. 绘制正多边形

POLYGON 命令用于绘制边数从 3 到 1024 条的正多边形。

a. 命令

下拉菜单：【Draw】→【Polygon】

工具条：【Draw ToolBar】→【Polygon】 ⬠

命令行：Polygon（或 POL）

b. 提示说明

下面就绘制正多边形的几种情况做如下说明（图 10-38）。

图 10-38（a）利用某一边上两点画正多边形

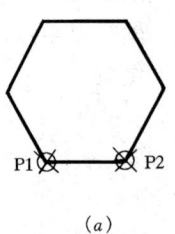 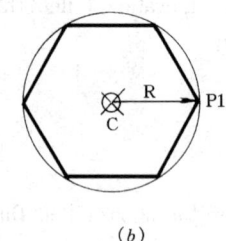 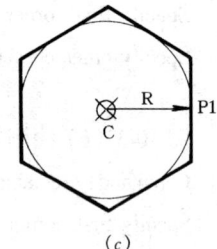

图 10-38　绘制正多边形

Command：	输入命令
Command：_ polygon Enter number of sides ＜4＞：6	输入边数
Specify center of polygon or ［Edge］：e	改为用边上两点
Specify first endpoint of edge：	输入一点 P1
Specify second endpoint of edge：	输入 P2

图 10-38(b) 画圆的内接正多边形

Command：	输入命令
POLYGON Enter number of sides ＜6＞：	输入边数,默认
Specify center of polygon or ［Edge］：	输入多边形中心
Enter an option ［Inscribed in circle/Circumscribed about circle］ ＜I＞：	采用内接,默认
Specify radius of circle：100	输入外接圆半径

图 10-38(c) 画圆的外切正多边形

Command：	输入命令
POLYGON Enter number of sides ＜6＞：	输入边数,默认
Specify center of polygon or ［Edge］：	输入多边形中心
Enter an option ［Inscribed in circle/Circumscribed about circle］ ＜I＞：c	采用外切
Specify radius of circle：	拾取 P1,表示内切圆半径长度为 |CP1|

注：在采用内接或外切画法时，输入半径可以采用在绘图区域拾取点的方法，此时半径长度为中心到该点的距离。

(三) 绘制椭圆

ELLIPSE 命令用于绘制椭圆和椭圆弧。

1. 命令

下拉菜单：【Draw】→【Ellipse ▶】

工具条：【Draw ToolBar】→【Ellipse】

命令行：Ellipse（或 EL）

AutoCAD 在 Ellipse 命令下提供 3 条子命令（图 10-39）。

Center　　　中心、轴的一个端点和另一个轴的半轴长度

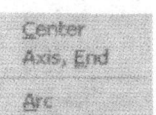

图 10-39　子命令

Axis, End　　　一轴的端点和另一个轴的半轴长度

Arc　　　　　　绘制椭圆弧，需借助绘椭圆的参数

2．说明

以下以绘制椭圆、椭圆弧的过程说明其中的参数（图10-40）。

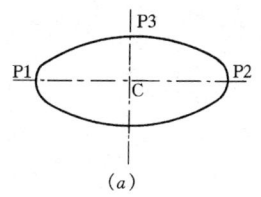 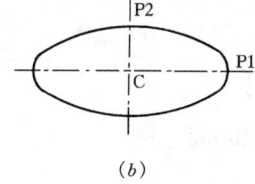 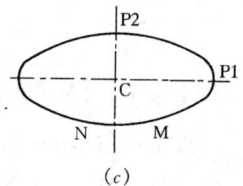

(a)　　　　　　　　　　　(b)　　　　　　　　　　　(c)

图 10-40　绘制椭圆、椭圆弧

(a) 两点、半轴；(b) 中心、一点、半轴；(c) 画椭圆弧

图 10-40（a）绘制椭圆的说明：

Command：_ ellipse　　　　　　　　　　　　　　　　输入命令

Specify axis endpoint of ellipse or［Arc/Center］：　　采用默认方式，拾取 P1

Specify other endpoint of axis：　　　　　　　　　　拾取 P2

Specify distance to other axis or［Rotation］：　　　输入|CP3|，即半轴长度

图 10-40（b）绘制椭圆的说明：

Command：ELLIPSE　　　　　　　　　　　　　　　　输入命令

Specify axis endpoint of ellipse or［Arc/Center］：c　　改为中心输入

Specify center of ellipse：　　　　　　　　　　　　　拾取中心 C

Specify endpoint of axis：　　　　　　　　　　　　　拾取 P1

Specify distance to other axis or［Rotation］：　　　输入半轴长度（可输入数据）

图 10-40（c）绘制椭圆弧的说明：

Command：ELLIPSE　　　　　　　　　　　　　　　　输入命令

Specify axis endpoint of ellipse or［Arc/Center］：a　　改为画椭圆弧

Specify axis endpoint of elliptical arc or［Center］：c　采用输入中心

Specify center of elliptical arc：　　　　　　　　　　拾取中心点 C

Specify endpoint of axis：　　　　　　　　　　　　　拾取端点 P1

Specify distance to other axis or［Rotation］：　　　输入另一半轴长度

Specify start angle or［Parameter］：　　　　　　　　定义椭圆弧起始角的点 M

Specify end angle or［Parameter/Included angle］：　输入终止角的点 N

注：椭圆的绘制过程中还有一个参数"Rotation"提供了以圆围绕直径旋转投影而成椭圆的绘图方法，圆的直径即为椭圆的长轴，投影角度需自己输入。

二、高级编辑命令

(一) 复制命令

1．镜像（MIRROR）

镜像命令可以复制出与原实体相对于某直线有轴对称关系的实体，如图10-41。

a. 命令

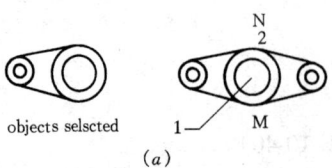 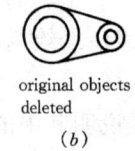 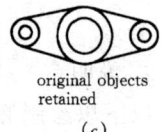

objects selscted　　　　　　original objects deleted　　　　　original objects retained

(a)　　　　　　　　　　　(b)　　　　　　　　　　　　(c)

图 10-41　镜像

下拉菜单：【Modify】→【Mirror】

工具条：【Modify Toolbar】→【Mirror】

命令行：Mirror（或 MI）

b. 说明

镜像实体，但不保存原有实体（图 10-41（b））：

Command:_ mirror	输入命令
Select objects: Specify opposite corner: 4 found	选择要镜像的实体
Select objects:	右击停止选择
Specify first point of mirror line:	选择镜像基准直线的第一点 M
Specify second point of mirror line:	选择另一点 N
Delete source objects?［Yes/No］＜N＞: y	是否保留原有实体，y 表示不保留(删除)

注：如果要保留原有实体（图 10-41（c）），则在最后输入"N"（或默认回车）。

2. 阵列（ARRAY）

阵列命令用于将具有相同参数相同形状的图形实体生成有规则的图形阵列，如图 10-42。

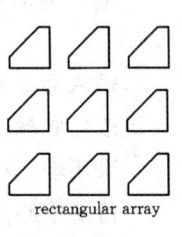 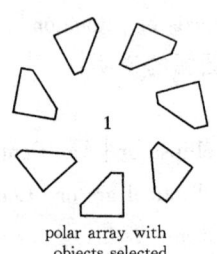 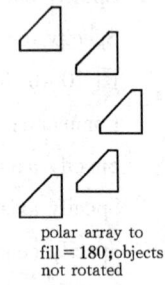

object selected　　　rectangular array　　　polar array with objects selected　　　polar array to fill=180；objects not rotated

(a)　　　　　　　　　(b)　　　　　　　　　　　　　　　　(c)

图 10-42　阵列

a. 命令

下拉菜单：【Modify】→【Array】

工具条：【Modify Toolbar】→【Array】

命令行：Array（或 AR）

b. 说明

矩形阵列（图 10-42（b））

| Command:_ array | 输入命令 |
| Select objects: Specify opposite corner: 2 found | 选择要阵列的实体 |

Select objects:	右击停止选择
Enter the type of array [Rectangular/Polar] < R >:	默认(R),矩形阵列
Enter the number of rows (- - -) < 1 >: 3	输入行数(3)
Enter the number of columns (|||) < 1 > 3	输入列数(3)
Enter the distance between rows or specify unit cell (- - -): 90	输入行间距(90)
Specify the distance between columns (|||): 90	输入列间距(90),回车结束

圆周阵列(图10-42(c)左)

Command:_ array	输入命令
Select objects: Specify opposite corner: 2 found	选择实体
Select objects:	右击停止选择
Enter the type of array [Rectangular/Polar] < R >: p	输入(P),圆周阵列
Specify center point of array:	输入中心(拾取,或输入坐标)
Enter the number of items in the array: 7	输入阵列数目(包括自身)
Specify the angle to fill (+ = ccw, - = cw) < 360 >:	输入所包含的角度
Rotate arrayed objects? [Yes/No] < Y >:	是否旋转实体(Y,旋转),结束

注：在采用圆周阵列时,如最后选择"N",则实体不旋转(图10-42(c)右为包含角度为180°而且不旋转后的结果)。

(二) 延伸 (EXTEND)

延伸命令用于将某一实体延伸到与其他的图形实体相交,如图10-43。

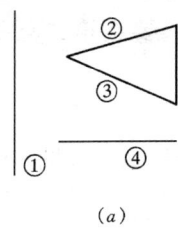 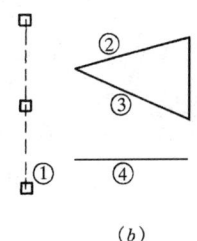 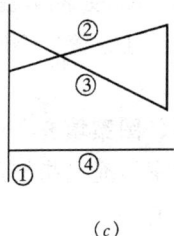

(a)   (b)   (c)

图 10-43 延伸
(a) 初始; (b) 选择延伸目标; (c) 延伸结果

1. 命令

下拉菜单:【Modify】→【Extend】

工具条:【Modify ToolBar】→【Extend】

命令行: Extend (或 EX)

2. 说明

Command:_ extend	输入命令
Current settings: Projection = UCS Edge = None	系统参数
Select boundary edges ...	选择延伸目标实体
Select objects: 1 found	选择结果(①线被选中)
Select objects:	询问是否继续选择其他目标实体,回

Select object to extend or [Project/Edge/Undo]:　　车结束
……　　　　　　　　　　　　　　　　　　点击要延伸的实体（如②）

　　　　　　　　　　　　　　　　　　　　继续点击其他实体延伸（如③④），
　　　　　　　　　　　　　　　　　　　　回车结束

（三）打断（BREAK）

BREAK 命令可以已有的对象分成两个或删除对象的某个部分，如图10-44。

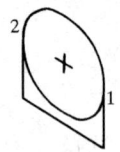 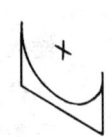　　　　　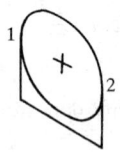

图 10-44　图形打断命令

1. 命令

下拉菜单：【Modify】→【Break】

工具条：【Modify ToolBar】→【Break】

命令行：Break（或 BR）

2. 说明

Command: _ break Select object:　　　　　输入命令，拾取要打断的实体
Specify second break point or [First point]: f　　输入 F，表示将要拾取第一点
Specify first break point:　　　　　　　　拾取第一点
Specify second break point:　　　　　　　拾取第二点，同时结束命令

注：如果第二个断点和第一个断点重合（在某一点断开），则只要在第二点处输入"@"。

三、图案填充

图案填充是指按用户指定的图案方式填充一个由用户指定的封闭区域，如图10-45。

1. 命令

下拉菜单：【Draw】→【Hatch】

工具条：【Draw Toolbar】→【Hatch】

命令行：Bhatch（或 BH、H）

2. 说明

a. 选择填充图案（图10-46）

Type　　　　　　用户允许使用的图样类型（Predefined、User-defined、Custom）
Pattern　　　　　所选填充样式的名称（点击后面的按钮将弹出图样选择对话框）
Swatch　　　　　用户所选样式的预览图样
Angle　　　　　　图样的旋转角度
Scale　　　　　　填充图样的缩放比例

b. 确定填充边界

Pick Points　　　拾取封闭区域的任何内点，系统将选择该封闭区域
Select Objects　　选择实体边界

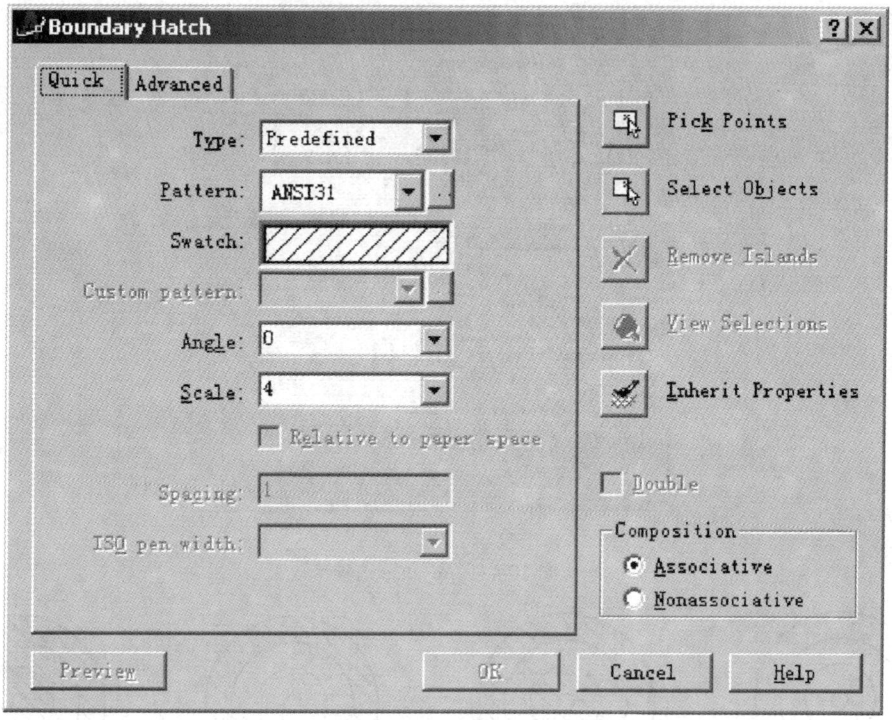

图 10-45 图案区域填充对话框

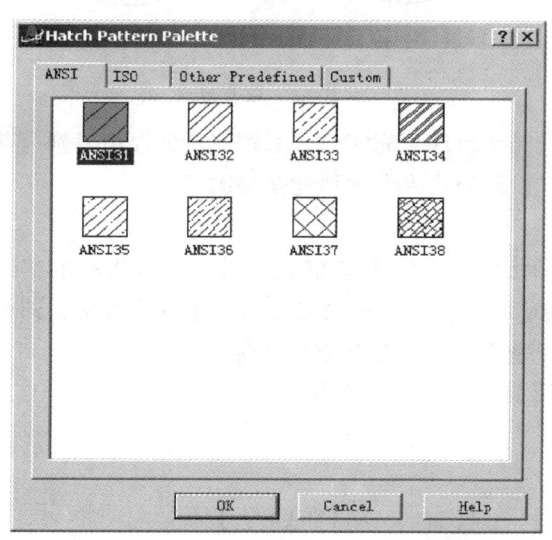

图 10-46 图样选择对话框

Remove Islands　　去除封闭区域中的独立的小区域（孤岛）
View Selections　　查看所确定的边界
Inherit Properties　继承特性，允许用户使用已有区域填充图样来设置新的类似图样
c．确定填充方式
Normal　　　　　　从外边界向内填充时，采用交替进行的方式

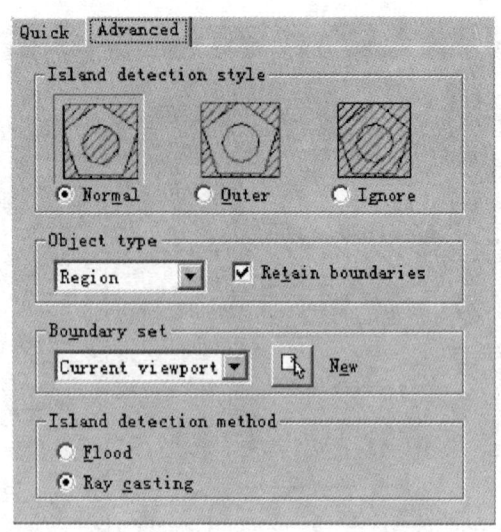

图 10-47　Advance 选项卡

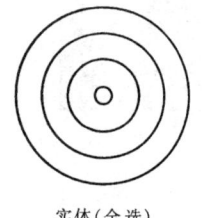 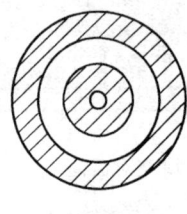 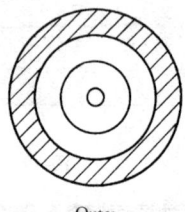 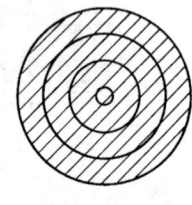

　　　实体（全选）　　　　　　　　Normal　　　　　　　　　Outer　　　　　　　　　Ignore

图 10-48　填充方式

Outer　　　　　　对于所选填充实体，只填充最外层边界到内部第一边界的区域
Ignore　　　　　　以最外边界向内填充全部图形

四、使用图块

在手工绘制建筑图形时，常常需要重复绘制大量形状基本相同的构件，如：门、窗等。对于这类问题，AutoCAD 提供了一种非常理想的解决方案，即将一些经常使用的对象组合在一起，形成一个块对象，并按指定的名称保存起来，以后可随时将它插入图形而不必重新绘制，下面介绍块在绘图中的使用。

（一）定义块

1. 命令

下拉菜单：【Draw】→【block】→【Make…】

工具条：【Draw Toolbar】→【Make Block】

命令行：Block（或 B）

2. 提示说明，如图 4-49。

name　　　　　　用于设置块的名字。
Base Point　　　用于设置块的插入基点。可以在 X、Y、Z 中输入基点坐标，也可以单击按钮切换到绘图窗口拾取基点。
Objects　　　　　用于设置组成块的图形对象。为选择对象。

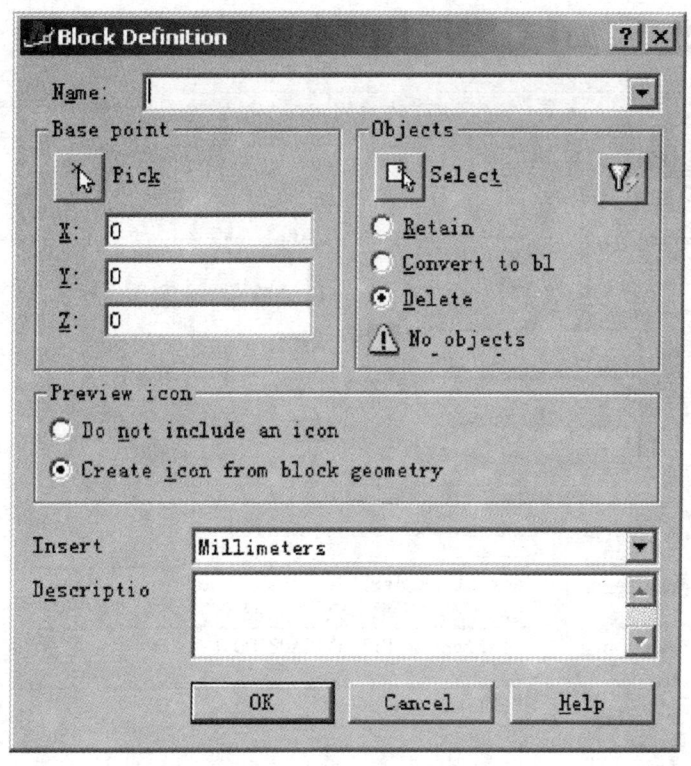

图 10-49 定义块对话框

Preview icon　用于设置是否添加预览图标。
Insert　　　从设计中心中拖动块时的缩放单位
Description　块的说明文字。
注：Block 命令创建的块只能用于本块所在图形。

（二）保存块

1. 命令

命令行：Wblock

2. 说明，如图 10-50。

Source　　　Block：可从当前图形中创建的块中选择后保存到块文件；
　　　　　　Entire Drawing：将当前整个图形的全部对象保存为块文件；
　　　　　　Objects：类似于定义块，从当前图形中选择部分实体保存为块文件。
Destination　File Name：保存块的名称；
　　　　　　Location：块保存的位置；
　　　　　　Insert：从设计中心中拖动块时的缩放单位。

注：Wblock 命令保存的块可用于其他 AutoCAD 绘图。

（三）插入块

1. 命令

下拉菜单：Insert→block

工具条：Draw Toolbar→Insert Block

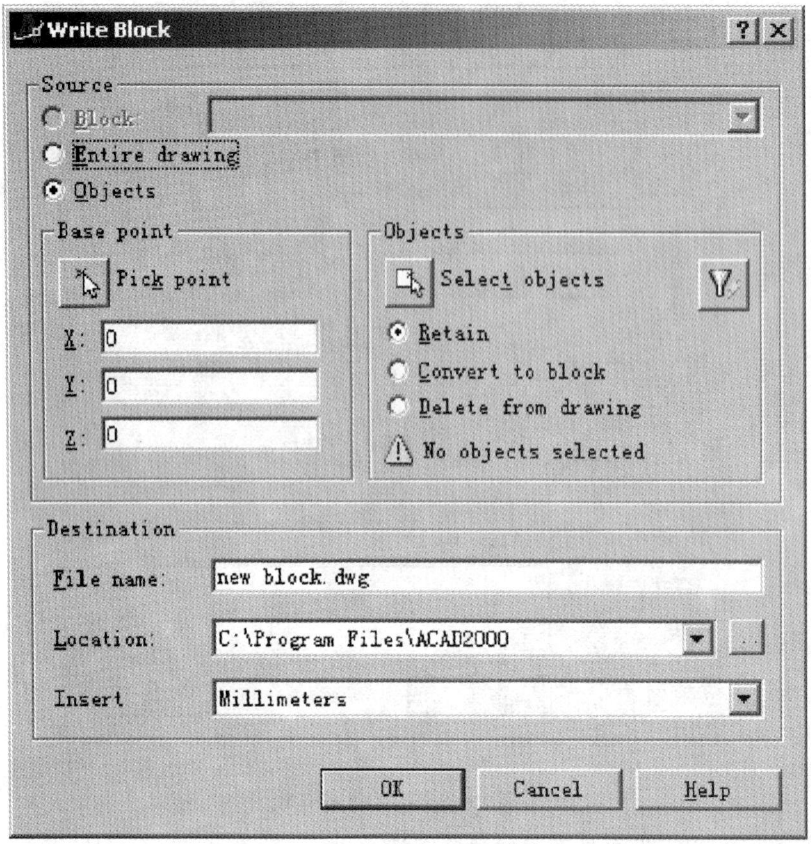

图 10-50 保存块对话框

命令行：insert

2．说明（如图 10-51）

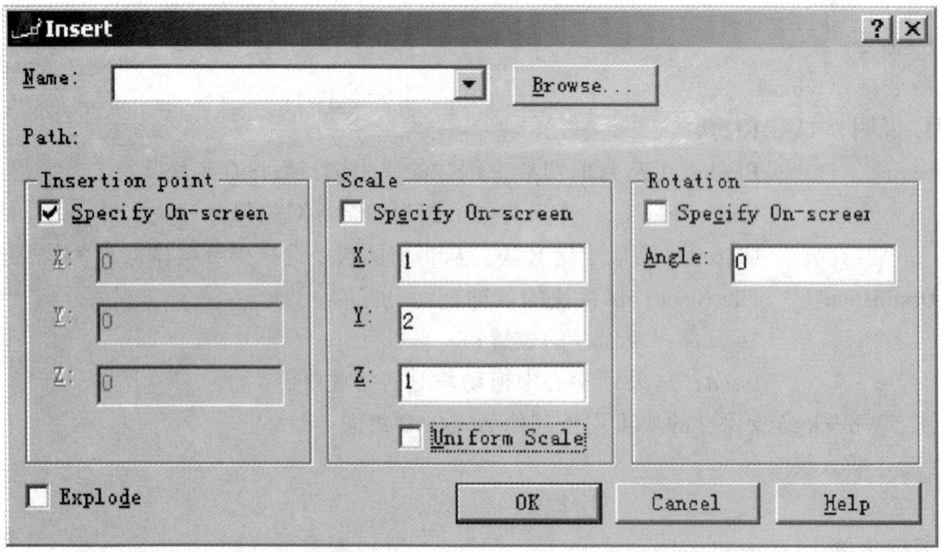

图 10-51 插入块对话框

name	从下拉列表或点击"Browse..."选取已有块
Insertion point	块的插入点,可以在文本框中输入,也可以从屏幕上拾取
Scale	块插入时的缩放比例
Rotation	块插入时的旋转角度
Specify on-screen	选中表示直接从绘图区中实时选择插入点、比例或旋转角度
Uniform Scale	选中表示X、Y、Z轴方向上的比例一致
Explode	选中表示将插入的实体分解,而不是作为一个单一实体

（四）分解（EXPLODE）

EXPLORE命令用于对图块进行整体分解,将图块分解为可编辑的单个实体。

1. 命令

下拉菜单:【Modify】→【Explode】

工具条:【Modify ToolBar】→【Explode】

命令行：Explode（或 X）

2. 说明

Command：_explode	输入命令
Select objects：1 found	选择要分解的图块（或其他复合实体）
Select objects：	系统询问是否继续选择其他实体,回车分解所选实体并结束命令

五、文本标注

1. 命令

下拉菜单:【Draw】→【Text（Multiline text 或 Single line Text）】

工具条:【Draw Toolbar】→【Multiline Text】

命令行：Text（或 T）

2. 提示说明

Command：_mtext	输入命令(多行文字)
Current text style："Standard" Text height：2.5	系统提示当前状态
Specify first corner：	输入第一角点
Specify opposite corner or [Height/Justify/Line spacing/Rotation/Style/Width]：	
Specify opposite corner	输入另一角点
Height	设置文字的高度
Justify	设置多行文字的排列形式
Line spacing	设置多行文字的行间距
Rotation	设置文字行的旋转角度
Width	设置文字行的宽度

注：单行文字的输入类似于多行文字,使用命令"dtext"。

3. 控制符输入（表10-4）

输入控制符只需在文本编辑对话框中输入以下符号来代替该符号即可。

图 10-52　插入多行文字对话框

AutoCAD 2000 中的控制符号　　　　　　　　　　　表 10-4

符　号	功　能
％％O	打开或关闭文字上画线
％％U	打开或关闭文字下画线
％％D	标注"度（°）"符号
％％P	标注"正负公差（±）"符号
％％C	标注"直径（φ）"符号

六、尺寸标注

尺寸标注是图形的测量注释，可以测量和显示对象的长度、角度等测量值，如图 10-53 为组成尺寸标准的基本元素。

1．基本组成元素

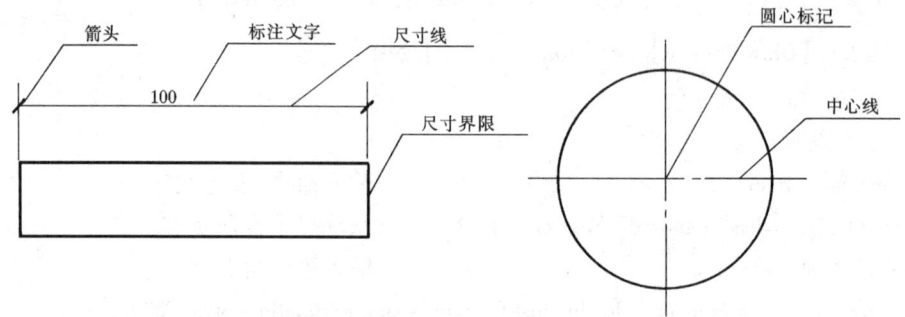

图 10-53　组成尺寸标注的基本元素

标注文字	表明实际测量值，可以自己指定或取消文字。
尺寸线	表明标注的范围，通常用箭头来指出尺寸线的起点和端点。
尺寸界限	从被标注的对象延伸到尺寸线。
箭头	表明测量的开始和结束位置。AutoCAD 提供多种箭头可供选择。
圆心标记和中心线	标记圆或圆弧的圆心。

2．标注样式

在进行尺寸标注时，通常需要根据具体的图形创建新的标注样式，具体步骤如下：

a. 输入命令：选择"Dimention→Style"，或者单击标注工具栏上的按钮，AutoCAD 将弹出如图 10-54 所示的"标注样式管理对话框"。该对话框显示当前的标注样式，以及在样式列表中被选中项目的预览图和说明。

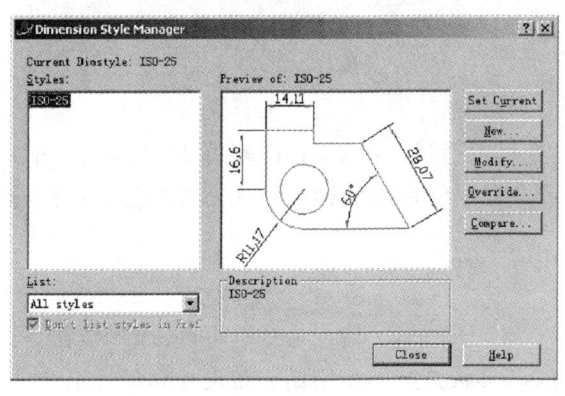

图 10-54　标注样式管理对话框　　　　图 10-55　创建新样式对话框

b. 单击"New..."按钮，弹出如图 10-55 所示的"Create New Dimention Style"对话框。在该对话框中输入新的标注样式的名称并选择基础样式。

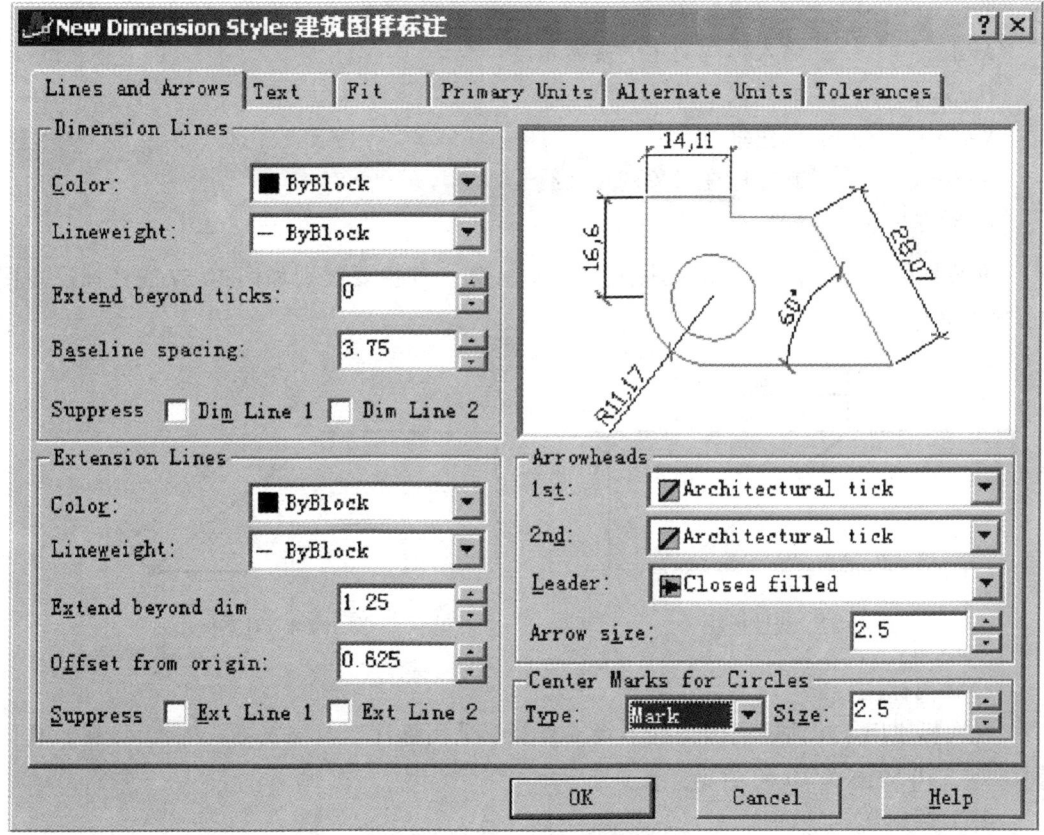

图 10-56　新建标注样式对话框

217

c. 单击"Continue"按钮,弹出如图 10-56 所示的"New Dimention Style"对话框。在该对话框中可以修改箭头的形状、大小等。

d. 单击"Text"、"Fit"等选项卡,可以设置其中的具体内容。

e. 设置完毕后,单击"OK"按钮。单击"Set Current"按钮,再单击"Close",完成标注样式的定义。

3. 标注命令

在 AutoCAD 中,几乎所有的尺寸标注都可以通过"Dimension"菜单和"Dimension"工具栏所提供的 12 种标注命令完成。这里重点介绍常用的线性标注、对齐标注、径向标注和连续标注。

a. 线性标注

Command: _dimlinear	输入命令(可点击 按钮)
Specify first extension line origin or <select object>:	指定第一条尺寸界限的原点
Specify second extension line origin:	指定第二条尺寸界限的原点
Specify dimension line location or	指定尺寸线位置(系统同时测量出距离)

[Mtext/Text/Angle/Horizontal/Vertical/Rotated]:

Mtext	系统弹出"多行文字编辑器"对话框,从中可以输入要标注的文字
Text	输入单行文字
Angle	输入标注文字的旋转角度
Horizontal	标注水平尺寸
Vertical	标注垂直尺寸
Rotation	旋转标注对象的尺寸线

b. 对齐标注

和线性标注相似,可采用工具条上的 按钮。其主要区别如图 10-57 线性标准与图 10-58 对齐标准。

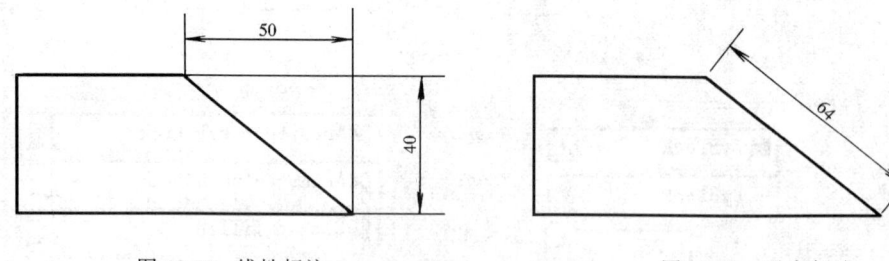

图 10-57 线性标注　　　　　　　　图 10-58 对齐标注

c. 径向标注

径向标注用来标注圆或圆弧的半径或直径。采用标注工具条的 和 按钮,具体标注如图 10-59 和图 10-60 所示。

d. 连续标注

连续标注是将一个图形上不同部分的尺寸以最边上的尺寸起点为标注的起始位置,其他部分的尺寸连续进行标注。采用工具条上的 按钮，其标注如图 10-61 所示。

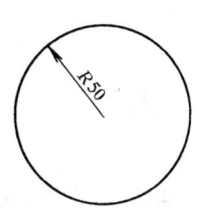
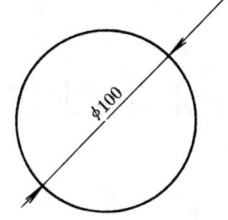
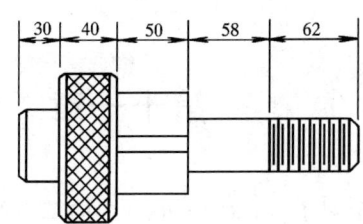

图 10-59　半径标注　　　　　图 10-60　直径标注　　　　　图 10-61　连续标注

4．编辑标注对象

标注也是一种图形对象，所以可以用前面介绍的编辑对象的命令来编辑它。为了提高编辑的效率，AutoCAD 提供了一个专门用来编辑标注的命令。

a．DIMEDIT 命令：

点击工具栏上的 按钮或直接输入命令（DIMEDIT）来完成，利用它可以修改标注对象的文字、调整文字到默认位置、旋转文字及尺寸界限等。

Command：_ dimedit　　　输入命令
Enter type of dimension editing ［Home/New/Rotate/Oblique］＜Home＞：
Home　　　　　　　选择该选项，系统按默认的位置、方向放置标注文字
New　　　　　　　 该选项用来指定标注对象的标注文字
Rotate　　　　　　 用于将标注文字按指定的角度旋转（图 10-62）
Oblique　　　　　　用于对线性标注的延伸线按指定的角度进行倾斜（图 10-63）

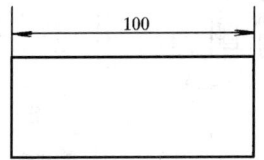
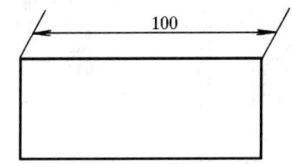

图 10-62　旋转标注文字　　　　　　　　图 10-63　倾斜标注延伸线

b．DIMTEDIT 命令：

点击工具栏上的 按钮或直接输入命令（DIMTEDIT）来完成，利用它可以修改标注对象的标注文字的位置。

Command：_ dimtedit　　　　　　　　　　　输入命令
Select Dimension：　　　　　　　　　　　　选择要修改的标注
Specify new location for dimension text or　　指定标注文字的新位置（拾取）
［Left/Right/Center/Home/Angle］：　　　　 左、右、中心、默认或输入角度

第十一章 计算机绘专业工程图

在学习了 AutoCAD 2000 中的基本绘图和编辑命令以后，本章将从建筑工程图、给排水工程图、室内照明工程图等专业工程图的绘制过程中详细介绍 AutoCAD 中各类绘图和编辑命令的综合应用技巧。

第一节 建筑工程图的绘制

图 11-1 是典型的住宅建筑平面图，从图中可以看出，它是对称的两套住房平面图。在建筑图中，其他类型的住宅平面图形无论多么复杂，其主要设施也大多如此。下面详细介绍此建筑施工图的绘制过程。由于本平面图呈对称状，所以仅需画出右半部分，左半部分可以用镜像命令复制而成。右边半个平面图的作图步骤大致为：建立绘图环境、绘制轴线网、绘制墙线、插入门、窗、卫生器具等图块、镜像图形、尺寸标注、文字标注等。

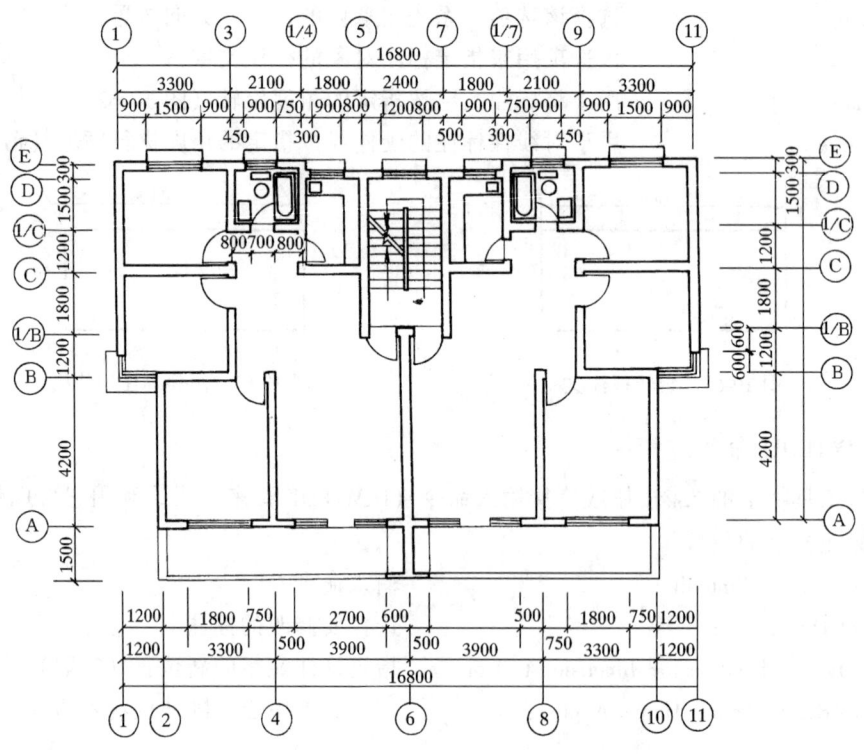

图 11-1 典型的住宅建筑平面图

一、建立绘图环境

建立绘图环境包括：设定绘图单位、绘图精度、设置绘图范围、建立图层等。

1．利用 Ddunits 命令打开"Units Control"对话框，在对话框中选择 Decimal（十进制单位）。Precision 精确度项选择 0，即没有小数点。

2．利用 Limits 命令设置绘图范围，由于此实例的图形为左右对称，可先绘制一半（再利用 MIRROR 命令镜像复制另一半）。它的半长为 8400，总宽为 10240，可设置比这两个数据略大的绘图范围。

3．执行 Zoom 命令选择 All 选项，使图形界限和屏幕显示范围保持一致。

4．利用 Layer 命令，打开"Layer Properties Manager"对话框，建立如下图层。

图层名	颜色	线型	放置的图形
Axis	Red	Center	轴线
Wall	White	Continuous	墙线
Win	Green	Continuous	门窗
Column	Green	Continuous	柱
Dim	Cyan	Continuous	尺寸标注
Text	Yellow	Continuous	文字标注
Other	Yellow	Continuous	其他
Temp	White	Continuous	辅助图形

二、绘制轴线网

将 Axis 层设为当前层，按图 11-1 的图形尺寸，利用 Line，Offset 命令绘制轴线网（根据对称性，先绘制轴线网的一半），如图 11-2 为绘制轴线图。

三、绘制墙线

1．利用 Offset 命令偏移轴线，偏移量 120。（注意：最左边的轴线只向右偏移 120，最下边的轴线向上下各偏移 60）

2．再利用 Ddchprop 命令修改偏移轴线的属性，将改为 Temp 图层，作细墙线。

Command：Ddchprop↙或点最下拉菜单项 Modify→Properties...

将弹出 Properties 对话框。如图 11-3。

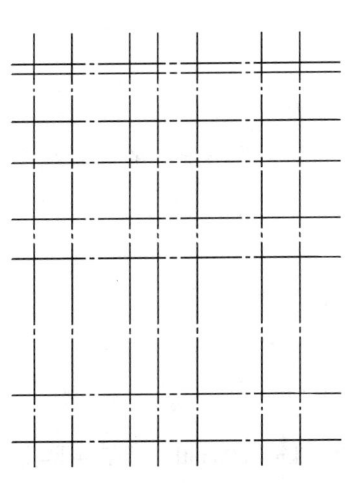

图 11-2　绘制轴线图

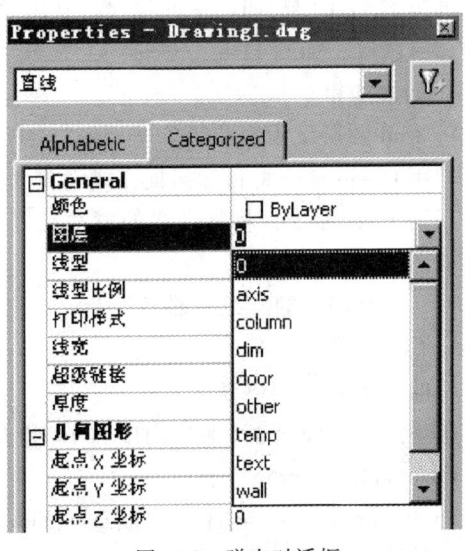

图 11-3　弹出对话框

选择偏移后的所有轴线，在 Properties 对话框中，选择图层（Layer），点击图层右边向下三角形，将弹出所有的图层，选择 Temp 图层即可，用鼠标点击 Properties 对话框标题栏右边的关闭按钮退出此对话框。如图 11-4。

3．再利用 Trim 等命令修剪图 11-4 的细墙线。操作时可将 Axis 图层关闭。如图 11-5。

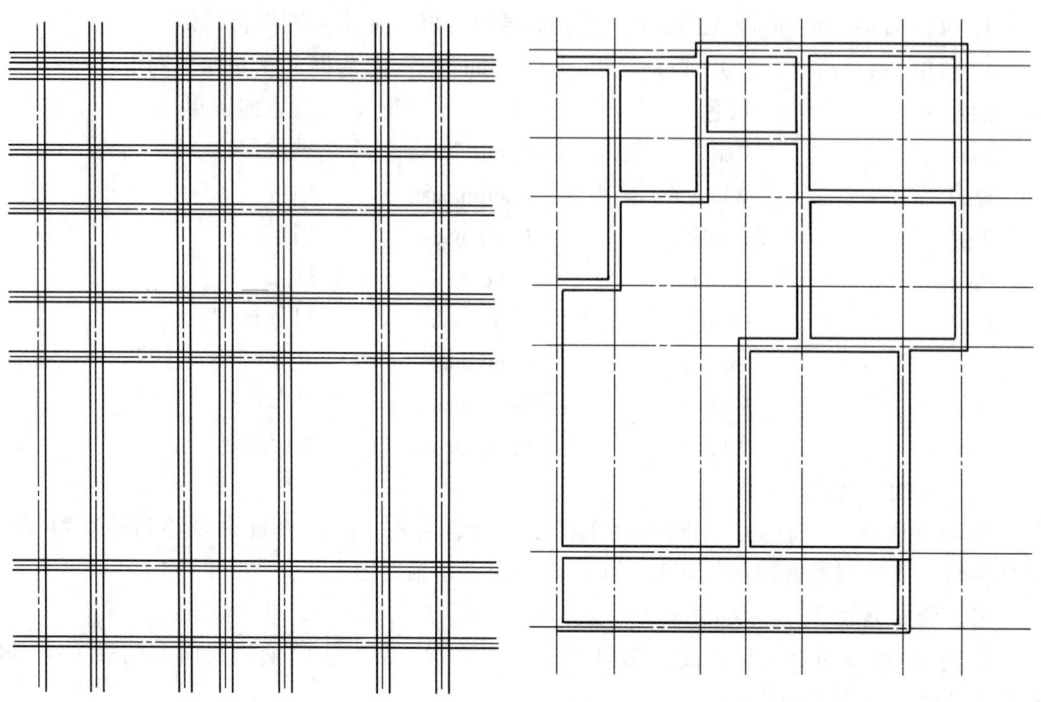

图 11-4　选择偏移后的所有轴线　　　　　图 11-5　图层关闭

再按图 11-1 中的门、窗的尺寸，利用 Offset 命令将轴线偏移，再利用 trim 等命令开出各门、窗洞口。如图 11-6。

4．墙线加粗

将 Wall 图层设为当前层。

利用 Osnap 命令将目标捕捉方式设置为捕捉交点、端点。

利用 Pline 命令，将复合线的宽度设置为 50，把在 Temp 图层绘制的细墙线变为粗实线。如图 11-7。

四、绘制门、窗、卫生器具

1．门的绘制

门的样图如图 11-8 所示

① 利用 Rectang 命令画出门中 900×40 的矩形。

Command：Rectang　↙

Specify first corner point or ［Chamfer/Elevation/Fillet/Thickness/Width］：在屏幕上单击鼠标左键拾取一点为矩形的第一个角点。

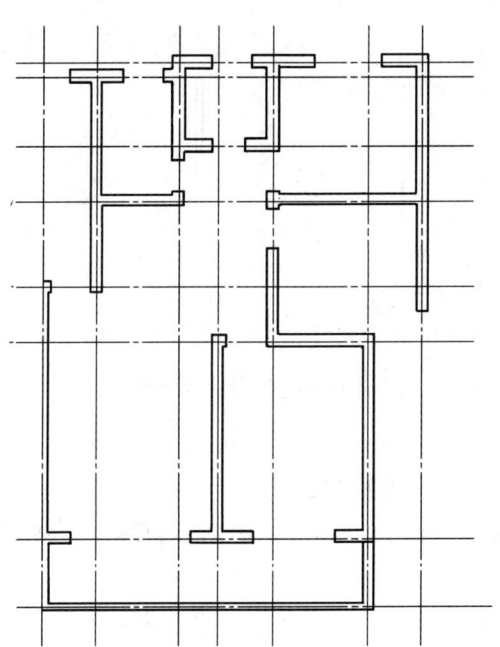
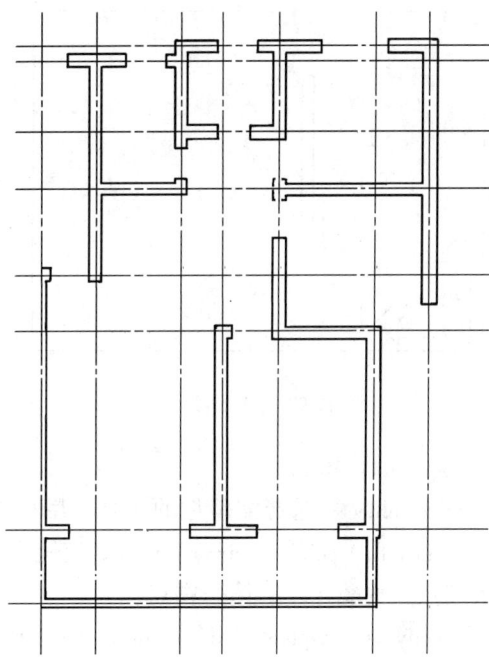

图 11-6　各门、窗洞口　　　　图 11-7　将复合线变为粗实线

Specify other corner point：要求确定矩形的第二角点，输入@40，900↙，完成矩形的绘制。如图 11-9。

② 利用 Arc 命令完成门 90°弧线的绘制。

Command：A↙（A 为 Arc 命令的快捷方式）

Specify start point of arc or [CEnter]：int of 用目标捕捉方式捕捉矩形右上角的交点。(也可 shift + 鼠标右键激活光标菜单，选择捕捉交点。)

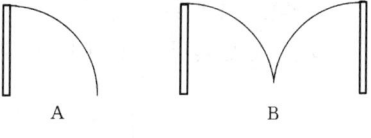

图 11-8　门的样图

Specify second point of arc or [CEnter/ENd]：CE↙选择确定圆弧中心点选项。

Specify center point of arc：int of 用目标捕捉方式捕捉矩形右上角的交点。

Specify end point of arc or [Angle/chord Length]：A↙选择确定圆弧的圆心角选项。

Specify included angle：-90↙输入角为 90°（逆时针方向为正），结束 90°圆弧的绘制。此时完成了单扇门的绘制，见图 11-10。

③双扇门的绘制

Command：M↙（M 为 Move 命令的快捷方式）

Select objects：用窗口选择方式绘制的门。

Specify base point or displacement：在屏幕上点取一点作为基准点。

Specify second point of displacement or < use first point as displacement >：水平左移鼠标到合适的位置，按下鼠标左键。

下面利用 Mirror 命令完成图 11-8 中双扇门 B 的绘制。

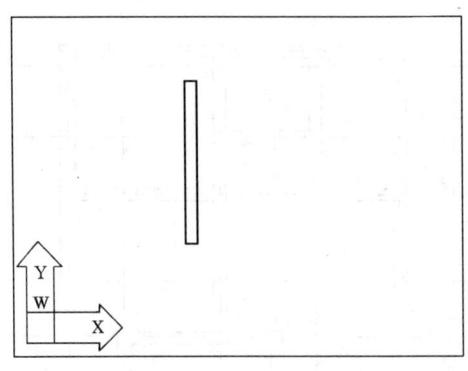
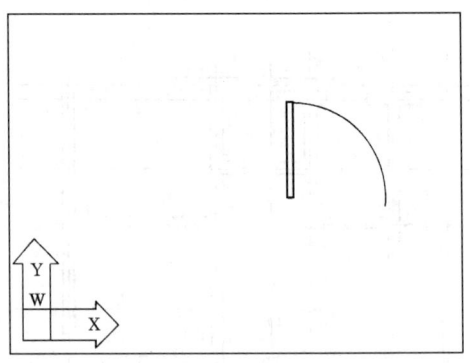

图 11-9 矩形图绘制　　　　　　图 11-10 单扇门的绘制

Command：Mirror↙

Select object：选择需镜像的对象，用窗口选择方式选择门。

Specify first point of mirror line：确定镜像线的第一端点，输入 end of，选择门中圆弧线的下端点作为镜像线的第一端点。

Specify second point of mirror line：镜像线的第二端点，此时只需打开正交方式（F8），垂直移动鼠标，按下左键，即可确定镜像线的第二端点。

Delete source objects？[Y/N] <N>：确定是否删除原先所选择的实体，按回车选择默认值 N。此时从屏幕可以看到双扇门已绘制完成。见图 11-11。

2．坐式大便器的绘制

坐式大便器尺寸如图 11-12 所示。

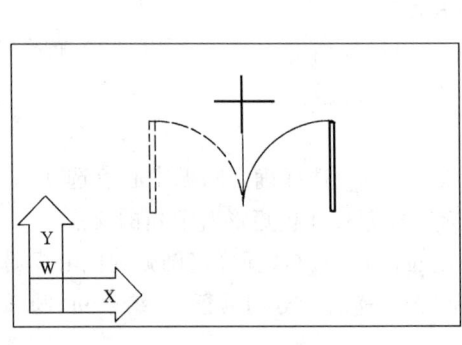
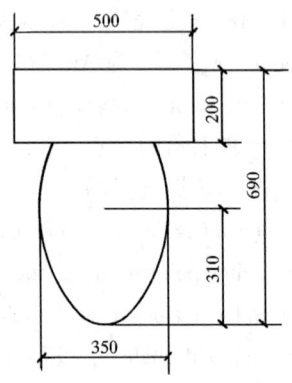

图 11-11 双扇门绘制　　　　　　图 11-12 坐式大便器尺寸

① 先用 Line 命令绘制坐式大便器 500×200 的水箱。

② 利用 Ellipse 命令来生成便池的几何图形。

在生成椭圆之前，先作一条辅助线，用来确定椭圆和水箱的相对位置关系。

Command：L↙

LINE specify first point：mid of 激活 Midpoint 目标捕捉方式，捕捉水箱矩形上部水平线的中点。

Specify next point or [Undo]：@0，－690↙

Specify next point or [Undo]: ↵
下面绘制便池的椭圆形状。
Command: Ellipse↵
Specify axis endpoint of ellipse or <Arc/Center>: 确定椭圆第一根轴的端点，输入 end of，捕捉辅助线的下端点。
Specify other endpoint of axis: 确定另外一个端点，输入 @0，-620↵
Specify distance to other axis or [Rotation]: 确定另一根轴的长度，输入 175↵
坐式大便器绘制结果如图 11-13 所示。
利用 Trim 命令修剪便池的椭圆图形与水箱的相交部分。
Command: Trim↵
Select cutting edges…
Select object: 选择修剪的边界线。用鼠标点选水箱矩形的下边线作为修剪的边界线。
Select object: ↵按回车键退出选择修剪的边界线状态。
Select object to trim or [Project/Edge/Undo]: 选择被修剪的对象，用鼠标选择椭圆图形与水箱的相交部分，按 Enter 结束命令，完成修剪。
最后利用 Erase 命令删除辅助线。如图 11-14 所示，坐标大便器绘制。

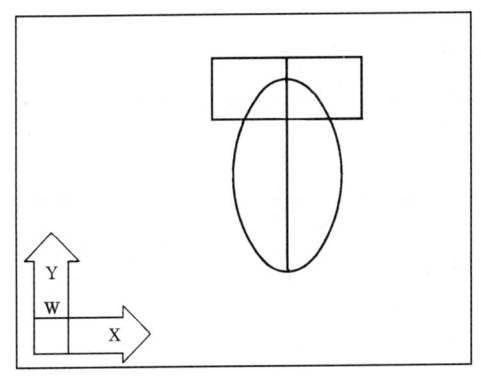
图 11-13　坐式大便器绘制（一）

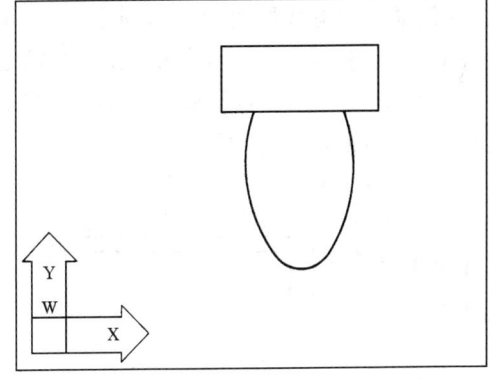
图 11-14　坐式大便器绘制（二）

3. 浴缸的绘制

浴缸尺寸如图 11-15 所示。

① 首先利用 Rectang 命令画出浴缸的外轮廓线 1540×700 的矩形，再利用 Offset 命令将所绘制的矩形向内偏移 75 个单位，生成浴缸的内轮廓线。

用 Rectang 命令画的矩形为一个实体，而不是由四条线段组成的矩形。若要使它变为单独的四条线段，可用炸开命令（Explode），炸开后的矩形为四条线段，与用 Line 命令画出的效果一样。

② 为了对内部的小矩形进行操作，需用 Explode 命令对其进行分解。

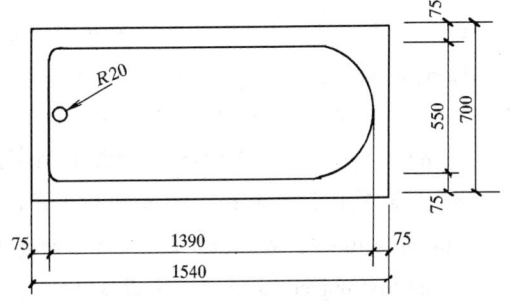
图 11-15　浴缸的尺寸

225

Command：Explode↙

Select objects：选择需被分解的对象，点选内部的小矩形，按回车键即可将小矩形分解成四根单独的线段。

③ 利用 Offset 命令作两条辅助线。

Command：O↙

Offset distance or Through < 75.0000 > : 50↙

Select object to offset or [exit]：点取小矩形左边线段按回车。

Specify point on side to offset：在选择线段的右边单击左键，完成一次偏移。

Select object to offset or [exit]：↙按回车键退出 Offset 命令。

按 Enter 键或鼠标右键重复执行 Offset 命令

Offset distance or Through < 50.0000 > : 250↙

Select object to offset or [exit]：点取小矩形右边线段按回车。

Specify point on side to offset：在选择线段的左边单击左键，完成一次偏移。见图 11-16。

④利用 Circle 命令绘制浴缸的出水口。

Command：C↙（C 为 Circle 命令的快捷键）

Specify center point for circle or [3P/2P/Ttr（tan tan radius）]：要求确定圆心，输入 mid of 捕捉左侧最右边的线段的中点为圆心。

Specify radius of circle or [Diameter]：确定圆周的半径，输入 30↙

利用 Arc 命令用三点画弧完成右侧圆弧的绘制，如图 11-17，再用 Erase 命令删除两条辅助线和小矩形最右边的线段。

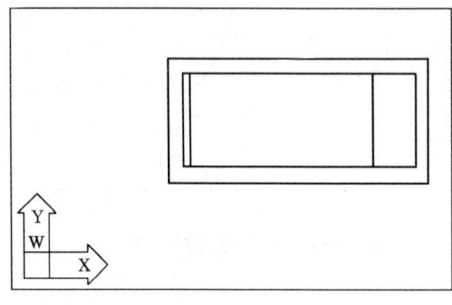

图 11-16　浴缸绘制（一）

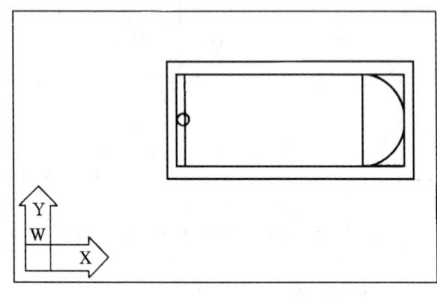

图 11-17　浴缸绘制（二）

⑤ 利用 Fillet 命令，将小矩形内的交线部分倒成圆角。

Command：F↙（F 为 Fillet 命令的快捷方式）

Current settings：Mode = TRIM , Radius = 10.0000

Select first object [Polyline/Radius/Trim] > : R↙

Specify fillet radius < 10.000 > : 要求确定倒圆角的半径，输入 50↙

按 Enter 键或鼠标右键，重复执行 Fillet 命令。

Current settings：Mode = TRIM , Radius = 50.0000

Select first object [Polyline/Radius/Trim] > : 要求选择倒圆的第一个实体，选择小矩形的上边线。

Select second object：选择倒圆的第二个实体，选择小矩形的左边线。

结束 Fillet 命令。重复执行 Fillet 命令，将另一个角圆角。

重复执行 Fillet 命令，将倒圆半径定义为0，再重复执行 Fillet 命令，将右侧圆弧与直线圆角，此时的圆角，实际上是连线，将不需要的部分进行剪切。请特别注意 Fillet 命令半径为0时的用法技巧。见图11-18。

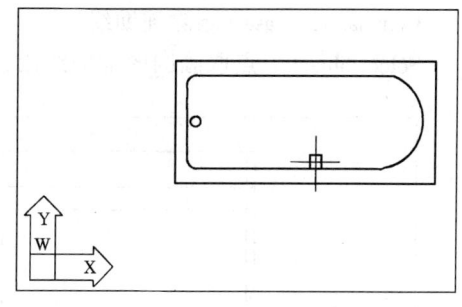

图11-18　浴缸的绘制（三）

4．绘制洗涤池

Command：L↙

LINE specify first point：在屏幕的上用鼠标左键拾取一点。

Specify next point or [Undo]：@600，0

Specify next point or [Undo]：@0，450

Specify next point or [Undo]：@-600，0

Specify next point or [Undo]：C

Command：Offset

Offset distance or Through <50.0000>：80↙

Select object to offset or [exit]：点取矩形上边线按回车。

Specify point on side to offset：在选择线段的下边单击左键，完成一次偏移。

Select object to offset or [exit]：↙按回车键退出 Offset 命令。

按 Enter 键或鼠标右键重复执行 Offset 命令

Offset distance or Through <80.0000>：20↙

Select object to offset or [exit]：点取矩形右边线按回车。

Specify point on side to offset：在选择线段的左边单击左键，完成一次偏移。

Select object to offset or [exit]：点取矩形左边线按回车。

Specify point on side to offset：在选择线段的右边单击左键，完成一次偏移

Select object to offset or [exit]：点取矩形下边线按回车。

Specify point on side to offset：在选择线段的上边单击左键，完成一次偏移。

Select object to offset：按回车键退出 Offset 命令。

按 Enter 键或鼠标右键重复执行 Offset 命令

Offset distance or Through <20.0000>：130↙

Select object to offset or [exit]：点取矩形上边线按回车。

Specify point on side to offset：在选择线段的下边单击左键，完成一次偏移。

Select object to offset or [exit]：按回车键退出 Offset 命令。见图11-19洗涤的绘制图。

Command：Circle

Specify center point for circle or [3P/2P/Ttr(tan tan radius)]：mid of 捕捉上边最下面的线段的中点为圆心。

Specify radius of circle or [Diameter]：25↙

Command：Erase（删除辅助线）

Select objects：点取画圆的辅助线段，按回车删除。见图11-20。

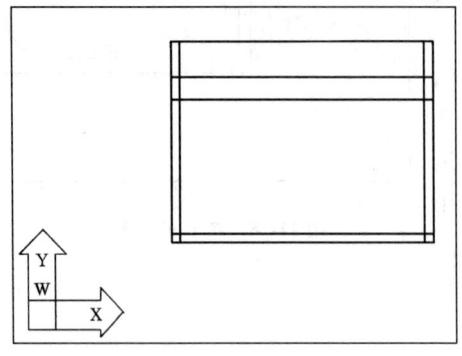

图 11-19　洗涤池的绘制（一）

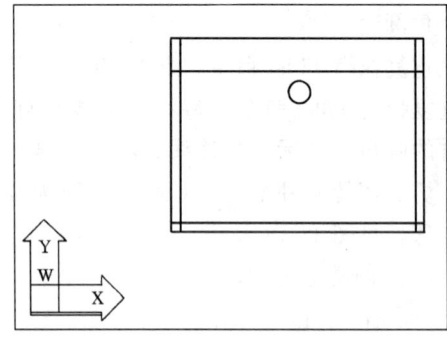

图 11-20　洗涤池的绘制（二）

Command：fillet

Current settings：Mode = TRIM ，Radius = 10.000

Select first object or [Polyline/Radius/Trim]：R

Specify fillet radius < 10.000 > ：0

按 Enter 键或鼠标右键，重复执行 Fillet 命令。

Select first object or [Polyline/Radius/Trim]：选择矩形内右边的线段。

Select second object：选择矩形内上边的线段。

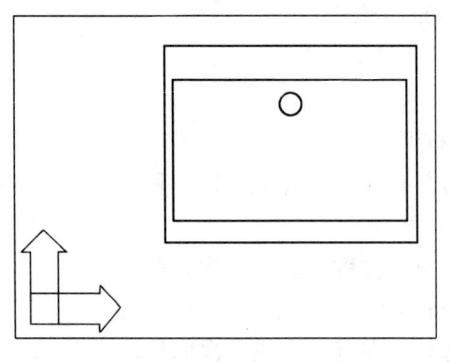

图 11-21　洗涤池的绘制（三）

将两直线不需要的部分进行剪切，再重复执行 Fillet 命令，将另外三个角不需要的部分进行剪切。见图 11-21。

Command：Chamfer（此命令的快捷键为 CHA）

Select first line or [Polyline/Distance/Angle/Trim/Method]：D↙

Specify first chamfer distance < 1 > ：40↙

Specify second chamfer distance < 1 > ：↙

按 Enter 键或鼠标右键重复执行 Chamfer 命令

Select first line or [Polyline/Distance/Angle/Trim/Method]：依次点取外框矩形的左下角两线倒出斜角。

根据同样的方法将外框矩形的右下角两线倒出斜角。

对内框矩形的斜角不能使用 Chamfer 命令完成。

Command：Offset

Offset distance or Through < 80.0000 > ：20↙

Select object to offset or [exit]：点取倒角后的斜线。

Specify point on side to offset：将选择斜线向内偏移 20。（重复执行两次）

Select object to offset or [exit]：按回车键退出 Offset 命令。

Command：Trim

Select cutting edges...

Select object：选择剪切边界。

Select object to trim or [Project/Edge/Undo]：选择实体中要裁去的部分，按 Enter 退出命令，完成修剪。见图 11-22。

五、制作块和插入块

1. 利用前面介绍的方法，将门、窗、坐式大便器、浴盆、洗涤池等实体绘制好，再利用 Wblock 命令，建立图块。

2. 利用 Insert 命令按图 11-23 的位置插入各图块。

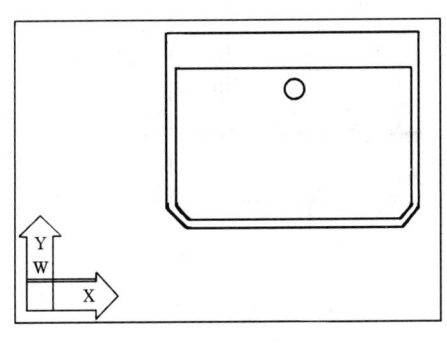
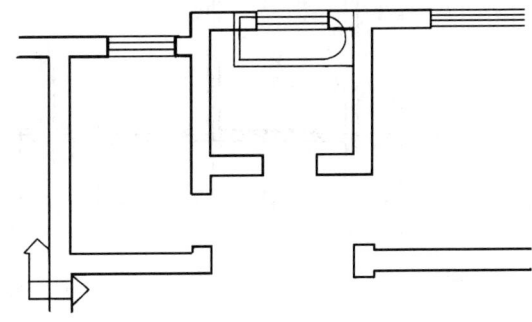

图 11-22　洗涤池的绘制（四）　　　　图 11-23　制作块和插入块

Command：insert

Block name（or ?）：dbq（存在硬盘上的图形块需指出路径，如：d：/block/dbq．dwg）

Insertion Point：按图 11-1 的位置确定好插入点。

X Scale factor < 1 > /corner < c > /XYZ：1↙

X Scale factor < default = x > ：↙

Rotation angle < 0 > ：－90

完成插入，见图 11-23

可参照上述方法插入其他各图块的，但注意窗插入时的 XY 方向比例系数，完成后如图 11-24。

六、完善图形

利用 Line、Trim 等命令，绘制出图 11-1 中的异形门、窗、遮阳板、厨房案台布置等图形。如图 11-24。

七、镜像图形

打开所有的图层，选择所有的图形，利用 Mirror 命令镜像。如图 11-25。

八、绘制楼梯间

将 Other 层设为当前层，用 Line、Pline 等命令绘制好楼梯间。并补充绘制楼梯间的遮阳板。

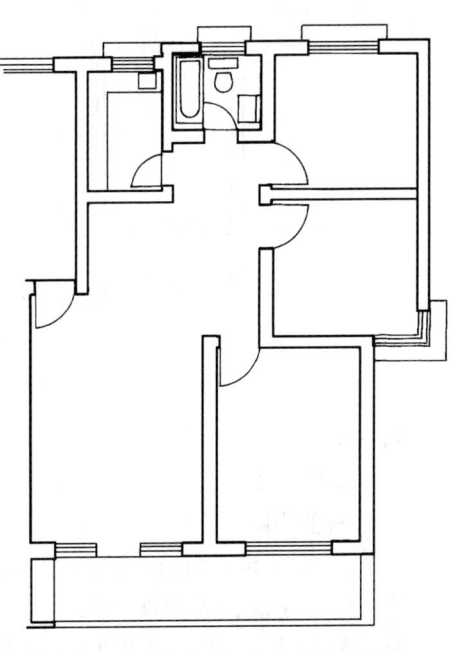

图 11-24　利用 Line、Trim 作出的图

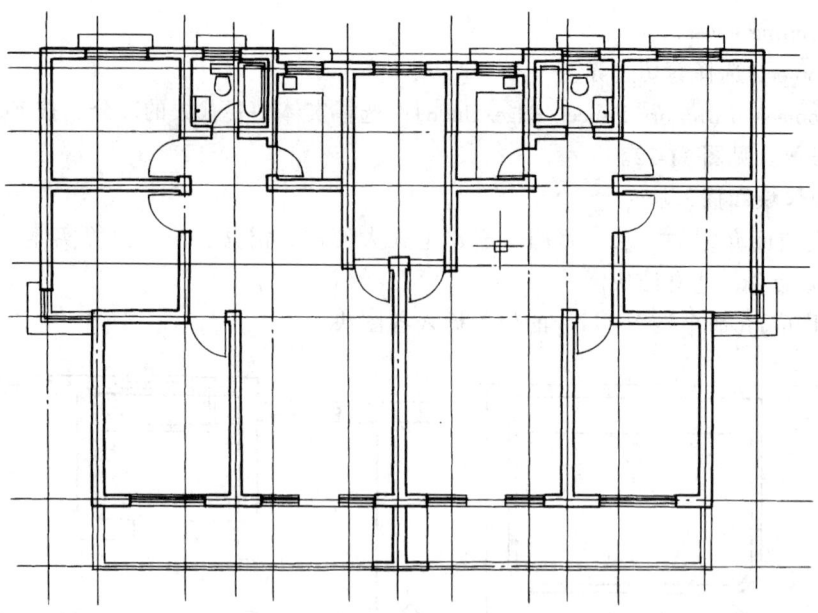

图 11-25 镜像图形

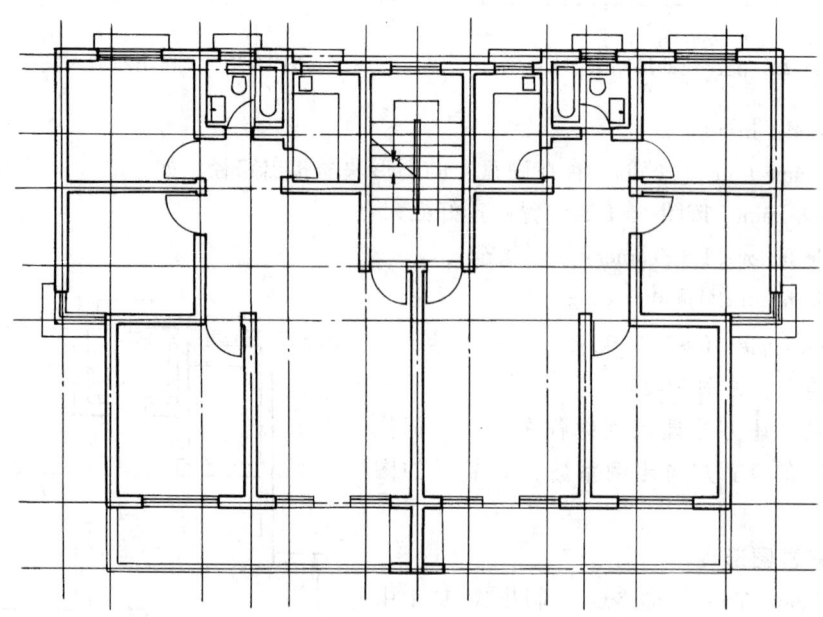

图 11-26 绘制楼梯间

如图 11-26。

九、尺寸标注

1. 绘制轴线圈

（1）将 Temp 设置为当前层，用 Line、Extend 等命令，做出三道尺寸标注线的辅助线。

（2）将 Dim 设置为当前图层，用 Circle 命令绘制轴线圈，轴线圈的半径为 400，用 Move 移动到合适的位置，再用 Copy 命令进行复制。如图 11-27。

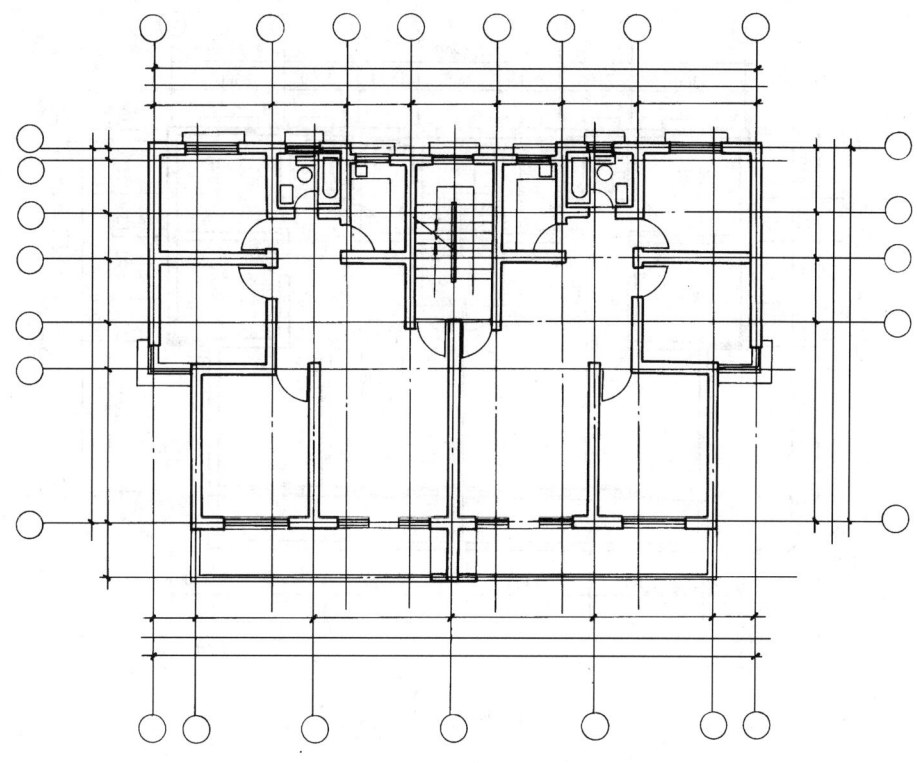

图 11-27 绘制轴线圈

2．尺寸标注

（1）将 DIM 设置为当前层。

（2）利用 DDIM 命令，打开"Dimension style"对话框。

① 在"Dimension style"对话框中按"Geometry"按钮，进入"Geometry..."对话框，设置"Scale"区中的"Overall Scale"为1500，设置"Arrowheads"区中"1st"和"2nd"为"Architectural Tick"，按 OK 按钮返回"Dimension style"对话框。

② 在"Dimension style"对话框中按"Format..."按钮，进入"Format"对话框，设置"Horizontal Justification"栏为 Centered，设置"Vertical Justification"栏为 Above。

③ 完成所有的设置后，在"Dimension style"对话框的"Dimension style"区中"Name"中输入 house，按 Save 保存。按 OK 按钮退出"Dimension style"对话框。

④ 利用适当的尺寸标注命令完成图 11-27 中的尺寸标注。

十、文字标注

1．设置 Text 为当前层。

2．先用 style 命令打开"Text style"对话框，设置恰当的汉字字体，文字的高宽比等。

3．用 DTEXT 命令标出轴线号、阳台、卧室、客厅、卫生间、厨房、标高等文字。注意各文字的高度和位置应当合适。如图 11-28 所示。

十一、图形文件存盘

选择"File"→"Save"把绘制的图形文件进行存盘，文件名为 house．dwg，即完成建筑平面图的整个绘制过程。

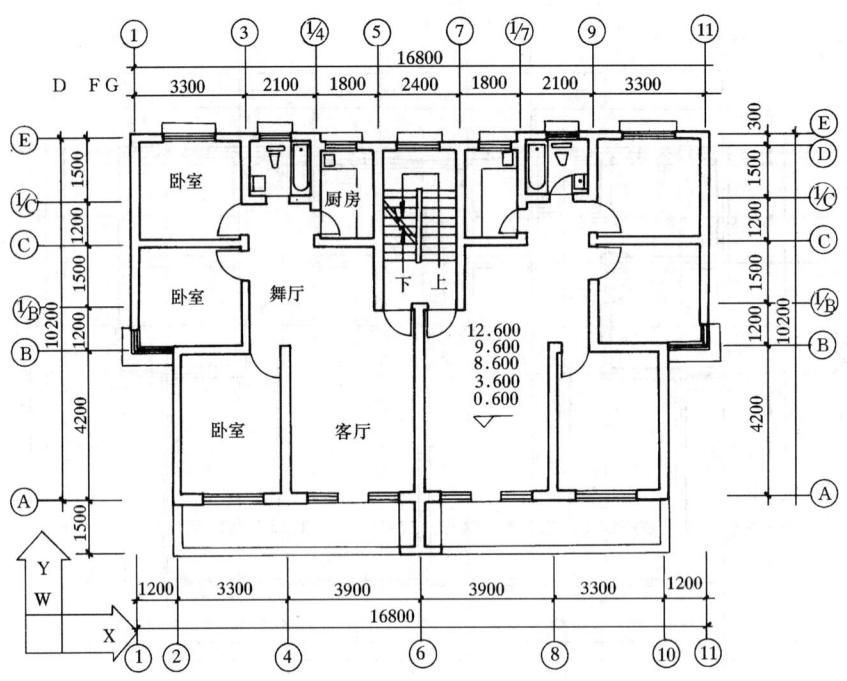

图 11-28 尺寸标注

第二节 给水排水工程图的绘制

图 11-29 是典型的住宅楼给水排水平面布置图，该图尽管简单，但它是绘制给排水工程图的基础，其他给排水工程图的画法大同小异。

下面详细介绍此给排水平面布置图的绘制方法。

一、首先用 OPEN 命令调出前面绘制的建筑平面图，再用 explope 命令炸开所有的粗墙线，使粗墙线变成细实线

利用 Layer 命令增设 GS（给水）、PS（排水）两个图层，

注意：PS 图层的线型设置为 DASHED（虚线）

二、给排水图例的绘制

1. 水表的绘制

Command：recatang↙

Specify first corner point or［Chamfer/Elevation/Fillet/Thickness/Width］：在屏幕上拾取一点。

Specify other corner point：@700，400

Command：Line↙

LINE specify first point：int of（用目标捕捉方式捕捉矩形左边的上交点）

Specify next point or［Undo］：mid of（用目标捕捉方式捕捉矩形右边的中点）

Specify next point or［Undo］：int of（用目标捕捉方式捕捉矩形左边的下交点）

Specify next point or［Close/Undo］：↙

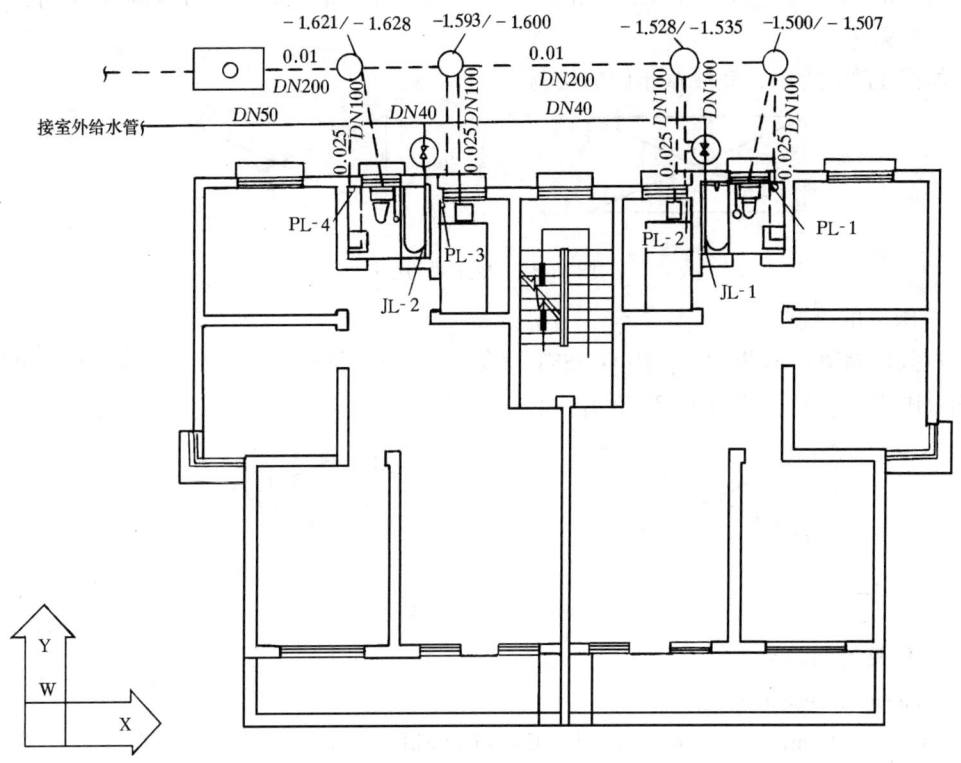

图 11-29 典型的住宅楼给水排水平面布置图

Command：solid

Specify first point：选择三角形的第一点

Specify second point：选择三角形的第二点

Specify third point：选择三角形的第三点

Specify fourth point or ＜exit＞：✓

Specify third point：✓

如图 11-30 所示，完成水表的绘制。

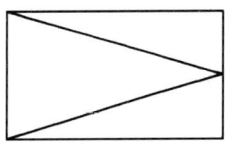 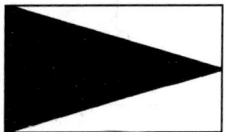

图 11-30 水表的绘制

2．截止阀的绘制

Command：recatang✓

Specify first corner point or ［Chamfer/Elevation/Fillet/Thickness/Width］：在屏幕上拾取一点。

Specify other corner point：@700，300

用 Line 命令画出矩形的两条对角线，用 explode 命令炸开矩形，用 erase 命令删除矩形的上下两条边。

如图 11-31 所示，完成截止阀的绘制

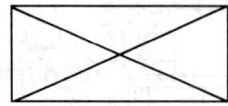 

图 11-31　截止阀的绘制

3. 闸阀的绘制

在截止阀图形的基础上，用 OFFSET 命令把截止阀右边的线段向左偏移 350 个单位即可完成闸阀的绘制。如图 11-32 所示。

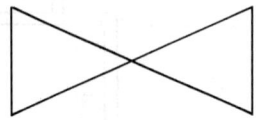 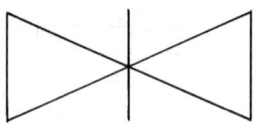

图 11-32　闸阀的绘制

4. 化粪池的绘制

Command：recatang↙

Specify first corner point or [Chamfer/Elevation/Fillet/Thickness/Width]：在屏幕上拾取一点。

Specify other corner point：@700，400

用 LINE 命令作矩形的中线（作为辅助线），如图 11-33 所示。

Command：circle↙

Specify center point for circle or [3P/2P/Ttr (tan tan radius)]：mid of（用目标捕捉方式捕捉矩形中线的中点）

Specify radius of circle or [Diameter]：50

用 erase 命令删除绘制的辅助线。

如图 11-33 所示，完成矩形化粪池的绘制。

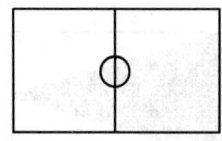 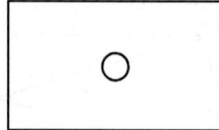

图 11-33　矩形化粪池的绘制

5. 地漏的绘制

Command：circle↙

Specify center point for circle or [3P/2P/Ttr (tan tan radius)]：在屏幕上拾取一点作为圆心。

Specify radius of circle or [Diameter]：150

Command：hatch↙

Enter pattern name or [? / Solid / User defined] < ANSI31 > : ANSI31↙

Specify a scale for the pattern < 1.0000 > : 20↙

Specify an angle for the pattern < 0 > : ↙

Select object: 1found（选择圆）

Select object: ↙

如图11-34所示，完成地漏的绘制。

6. 通风帽的绘制

Command: circle↙

Specify center point for circle or [3P/2P/Ttr (tan tan radius)]: 在屏幕上拾取一点作为圆心

Specify radius of circle or [Diameter]: 150

Command: hatch↙

Enter pattern name or [? / Solid / User defined] < ANSI31 > : ANSI37↙

Specify a scale for the pattern < 1.0000 > : 20↙

Specify an angle for the pattern < 0 > : ↙

Select object: 1found（选择圆）

Select object: ↙

如图11-35所示，完成通风帽的绘制。

图 11-34　地漏的绘制　　　　　　图 11-35　通风帽的绘制

7. 检查井的绘制

Command: circle↙

Specify center point for circle or [3P/2P/Ttr (tan tan radius)]: 在屏幕上拾取一点作为圆心

Specify radius of circle or [Diameter]: 300

如图11-36所示，完成检查井的绘制。

三、给水排水平面图的布置

上面已经绘制了本图所需的全部给排水图例，下面进行给排水平面图的布置。

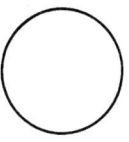

图 11-36　检查井的绘制

1. 制作块

把上面绘制好的给排水图例，用 Wblock 命令，建立图块存放在硬盘上。

2. 插入块

首先在卫生间、厨房内的合适位置布置好给水、排水立管，利用 Insert 命令按图 11-29 的位置插入各图块，并结合 COPY 命令在室外合适位置布置好检查井、化粪池、截止阀等设备的位置。

设置 GS 图层作为当前图层，用 PLINE 命令绘制室内外给水支管，复合线的宽度设置为 50。

然后，设置 PS 图层作为当前图层，用 PLINE 命令绘制室外排水立管，复合线的宽度设置为 50（注：PS 图层的线型应设置为虚线）。如图 11-37 所示。

注意：管道交叉重叠的部分用 Break 命令把导线打断。

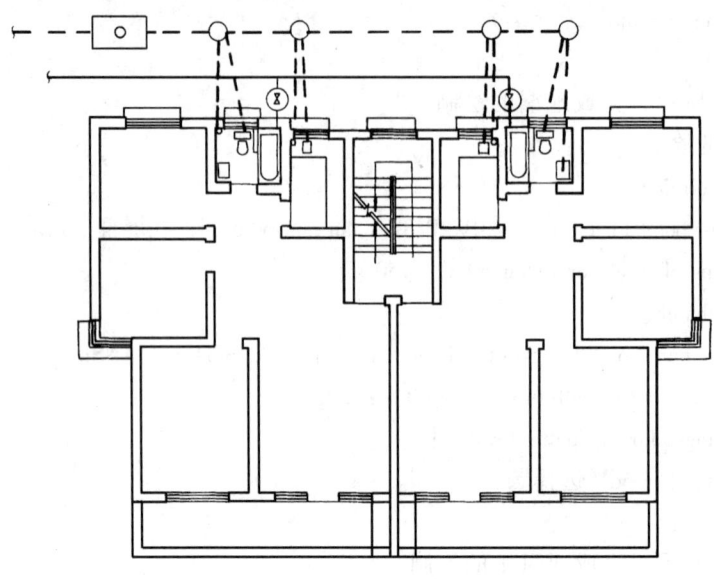

图 11-37　给水排水平面图的绘制

四、标注文字

1. 设置 Text 为当前层。

2. 先用 style 命令打开"Text style"对话框，设置恰当的汉字字体，文字的高度（高度一般设为 300）和高宽比等。

3. 用 DTEXT 命令标出管径大小、管道的坡度等其他说明文字。注意各文字的高度和

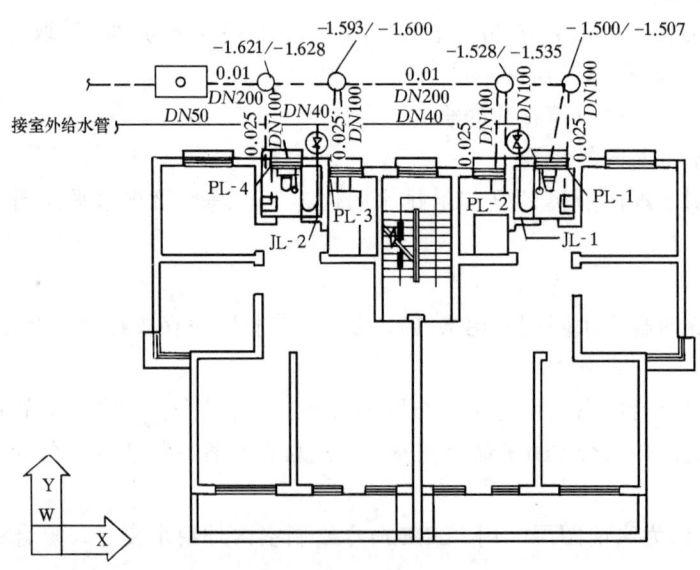

图 11-38　标注文字

位置应当合适。如图 11-38 所示。

第三节 室内照明工程图的绘制

图 11-39 是典型的住宅楼室内照明的平面布置图，该图尽管简单，但它是繁杂的电路图的基础，其他电路图的画法大同小异。

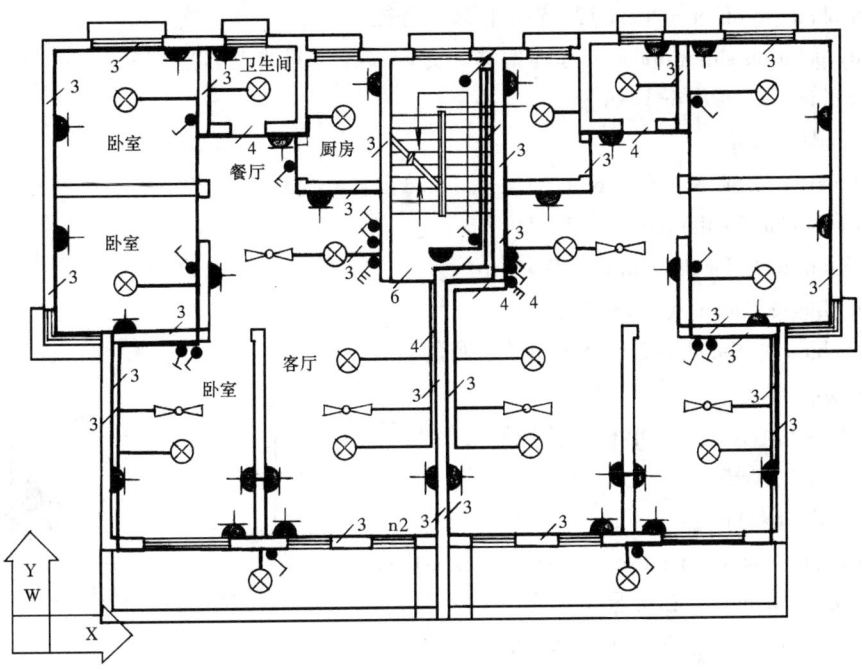

图 11-39 典型的住宅楼室内照明的平面布置

下面详细介绍此电气平面布置图的绘制方法。

一、首先用 OPEN 命令调出前面绘制的建筑平面图，再用 explope 命令炸开所有的粗墙线，使粗墙线变成细实线

二、电气模块图例的绘制

1．单相五孔插座的画法，见图 11-40。

Command：Line↙

LINE specify first point：在屏幕上拾取一点

Specify next point or ［Undo］：@500，0

Specify next point or ［Undo］：↙

Command：Arc↙

Specify start point of arc or ［CEnter］：end of（用目标捕捉方式捕捉刚绘制线段的左端点）

Specify second point of arc or ［CEnter/ENd］：CE↙

Specify center point of arc ：mid of（用目标捕捉方式捕捉线段的中点）

Specify end point of arc or ［Angle/chord Length］：a↙

Specify included angle：－180↙

Command: Line↙

LINE specify first point: mid of（用目标捕捉方式捕捉半圆直径的中点）

Specify next point or [Undo]: @0, 400

Specify next point or [Undo]: @0, 400

Command: offset↙

Specify offset distance or [Though]: 250↙

Select object to offset or [exit]: 选择半圆的直径

Specify point on side to offset: 选择偏移的方向（在半圆的上方）

Select object to offset or [exit]: ↙

Command: hatch↙

Enter pattern name or [? / Solid / User defined] < ANSI31 >: ↙

Specify a scale for the pattern < 1. 0000 >: ↙

Specify an angle for the pattern < 0 >: ↙

Select object: 1found（选择半圆）

Select object: 1found, 2 total（选择半圆的直径）

Select object: ↙

如图 11-40 所示，完成单相五孔插座的绘制。

2．吊风扇的画法

Command: recatang↙

Specify first corner point or [Chamfer/Elevation/Fillet/Thickness/Width]: 在屏幕上拾取一点。

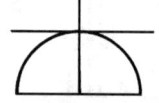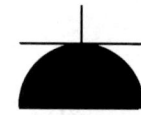

图 11-40　单相五孔插座的绘制

Specify other corner point: @1000, 200

用 Line 命令画出矩形的两条对角线，用 explode 命令炸开矩形，用 erase 命令删除矩形的上下两条边。如图 11-41 所示。

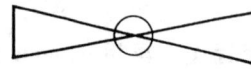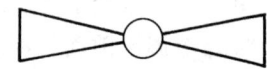

图 11-41　吊风扇的绘制

Command: circle↙

Specify center point for circle or [3P/2P/Ttr (tan tan radius)]: int of（用目标捕捉方式捕捉矩形对角线的交点）

Specify radius of circle or [Diameter]: 80

Command: trim

Select cutting edges...

Select objects: 选择刚绘制的圆

Select object to trim or [Project/Edge/Undo]: 选择包含在圆内的线段进行剪切

如图 11-41 所示，完成吊风扇的绘制。

3．单、双控跷板开关的画法

Command: circle

Specify center point for circle or [3P/2P/Ttr（tan tan radius）]：在屏幕上拾取一点。

Specify radius of circle or [Diameter]：110

Command：Line↵

LINE specify first point：cen of（用目标捕捉方式捕捉圆的圆心）

Specify next point or [Undo]：@350<45

Specify next point or [Undo]：@100<-45

Command：hatch↵

Enter pattern name or [?／Solid／User defined] <ANSI31>：↵

Specify a scale for the pattern<1.0000>：↵

Specify an angle for the pattern<0>：↵

Select object：1found（选择绘制的圆）

Select object：↵

如图 11-42 所示，完成单控跷板开关的绘制，用 copy 命令复制刚绘制的图形。

Command：offset↵

Specify offset distance or [Though]：60↵

Select object to offset or [exit]：选择单控跷板开关最后绘制的线段

图 11-42 单、双控跷板开关的画法

Specify point on side to offset：选择偏移的方向（在线段的下方）

Select object to offset or [exit]：↵

如图 11-42 所示，完成双控跷板开关的绘制

4. 圆形吸顶灯的画法

Command：Line↵

LINE specify first point：在屏幕上拾取一点

Specify next point or [Undo]：@500,0

Specify next point or [Undo]：↵

Command：Arc↵

Specify start point of arc or [CEnter]：end of（用目标捕捉方式捕捉线段的左端点）

Specify second point of arc or [CEnter/ENd]：CE↵

Specify center point of arc：mid of（用目标捕捉方式捕捉线段的中点）

Specify end point of arc or [Angle/chord Length]：a↵

Specify included angle：180↵

Command：hatch↵

Enter pattern name or [?／Solid／User defined] <ANSI31>：↵

Specify a scale for the pattern<1.0000>：↵

Specify an angle for the pattern<0>：↵

Select object：1found（选择半圆）

Select object：1found，2 total（选择半圆的直径）

Select object：↵

如图 11-43 所示，完成圆形吸顶灯的绘制。

5. 白炽灯的画法

Command: circle

Specify center point for circle or [3P/2P/Ttr (tan tan radius)]：在屏幕上拾取一点。

Specify radius of circle or [Diameter]：250

Command: Line↙

LINE specify first point: qua of（用目标捕捉方式捕捉圆的四分之一处）

Specify next point or [Undo]: qua of（用目标捕捉方式捕捉圆的四分之一处）

用同样的方法绘出圆内两条垂直相交的直径。如图 11-44 所示。

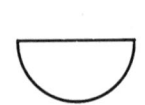  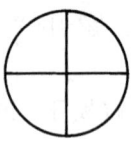 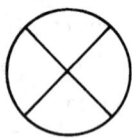

图 11-43　圆形吸顶灯的绘制　　　　图 11-44　白炽灯的绘制

Command: Rotato

Select objects：用窗选的方法选取刚绘制的圆和两条直径

Specify base point: cen of（用目标捕捉方式捕捉圆的圆心）

Specify rotation angle or [Reference]：45

如图 11-44 所示，完成白炽灯的绘制。

6. 配电箱的绘制

Command: recatang↙

Specify first corner point or [Chamfer/Elevation/Fillet/Thickness/Width]：在屏幕上拾取一点。

Specify other corner point：@800，400

Command: hatch↙

Enter pattern name or [? / Solid / User defined] ＜ANSI31＞：↙

Specify a scale for the pattern ＜1.0000＞：↙

Specify an angle for the pattern ＜0＞：↙

Select object：1found（选择矩形）

Select object：↙

如图 11-45 所示，完成配电箱的绘制。

三、电气平面图的布置

1. 制作块

上面已经绘制了本图所需的全部电气模块图例，利用 Wblock 命令，把上面已绘制好电气图例建立图块存放在硬盘上。

2. 插入块

利用 Insert 命令按图 11-39 的位置插入各图块，

图 11-45　配电箱的绘制

并结合 COPY 命令把灯具、开关、电扇、配电箱等电气模块图例布置到建筑平面图合适的位置，然后用 PLINE 命令沿墙绘制出导线，把这些电气模块连接起来。复合线的线宽设置为 50。如图 11-46 所示。

注意：导线交叉重叠的部分用 Break 命令把导线打断。

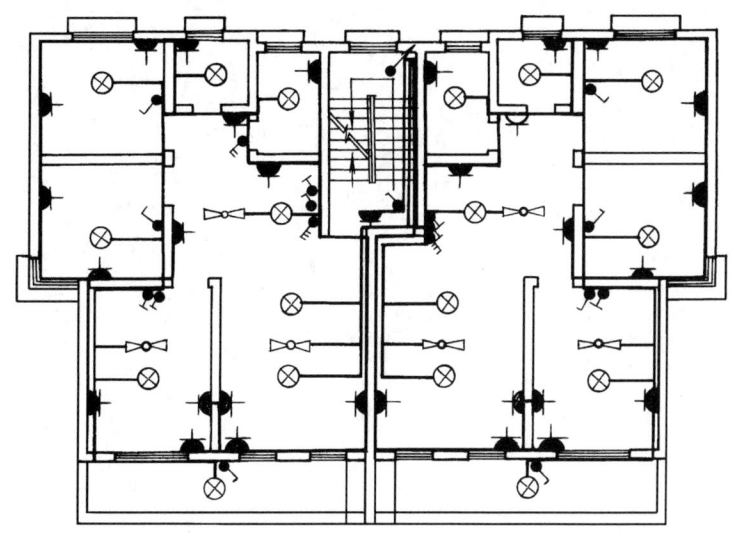

图 11-46 电气平面图的绘制

四、标注文字

1. 设置 Text 为当前层。

2. 先用 style 命令打开"Text style"对话框，设置恰当的汉字字体，文字的高度（文字的高度一般可设为 300）和高宽比等。

3. 用 DTEXT 命令写出卧室、客厅、卫生间、厨房、导线数量等其他设计说明文字。注意各文字的高度和位置应当合适。如图 11-47 所示。

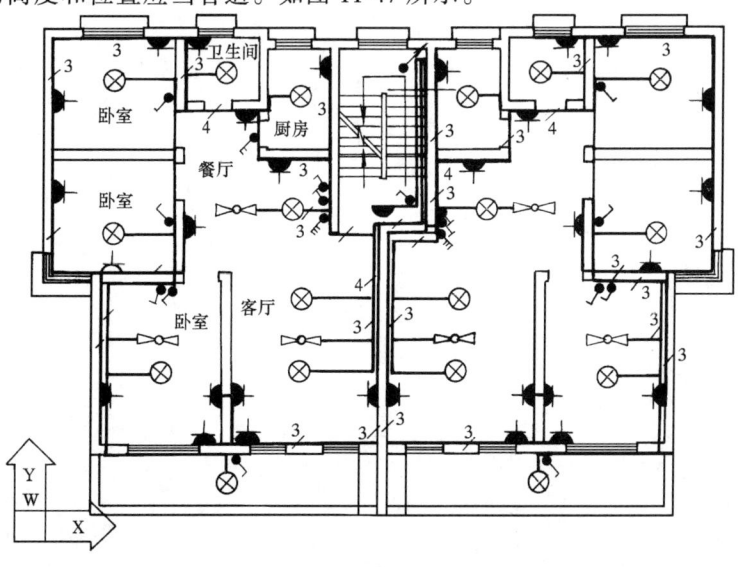

图 11-47 标注文字

中等职业教育国家规划教材
全国中等职业教育教材审定委员会审定
全国建设行业中等职业教育推荐教材

安装工程识图与制图习题集

(建筑设备安装专业)

主　编　刘小聪
责任主审　李德英
审　稿　傅刚毅　邵宗义

中国建筑工业出版社

本书系中等职业教育国家规划教材建筑设备安装专业《安装工程识图与制图》教材的配套习题集。内容包括：制图基本知识、投影作图、给水排水施工图、采暖通风空调施工图、建筑电气施工图。本习题集可供中等职业教育建筑设备安装专业师生。

前 言

本习题集是编者根据国家教委、中国建筑工业出版社 2002 年批准印发的《建筑设备安装专业教材》和国家现行的有关标准编写的，与季敏主编的《安装工程识图与制图》教材配套使用，也可与同类建筑制图、土木制图等教材配套使用。

本习题集的编排次序与配套的教材体系相一致，内容紧扣教材，采用由浅入深，读画结合，联系实际。本习题集以体的表达为重点，从简单的基本形体投影入手，分析构成基本形体的几何元素点、线、面的投影及其关系，培养和发展学生的空间想象能力，构思能力和分析解决问题的能力，逐步过渡到建筑形体的投影图、识读和绘制房屋建筑及结构施工图、室内给水排水施工图、室内采暖工程图、室内电气照明施工图，零件图及装配图等，为了后续课程的学习以及将来步入社会打下良好的基础，还编入了计算机绘图作业。

本习题集由湖南城建职业技术学院刘小聪主编，季敏参编，湖南城建职业技术学院院长潘力治主审。限于编者的水平，本习题集肯定还存在不足之处，恳切希望使用本习题集师生、读者批评指正。

编 者
2002 年 12 月

建筑安装工程识图与制图设影规律长对正高平齐宽相等字体依端正整洁规划清楚排列整齐间隔均匀横平竖直起落有锋结构匀称堆满方格设计制图

审核名称件数比例日期说明姓名专业学号图别
建筑施工平立剖面东西南北结施布置构件设施绘给排水
排水采暖通风电气照明计算机绘图楼梯现浇板

房屋构造组成基础墙体柱子楼地层楼梯门窗屋顶细部构造防潮层勒脚散水踢脚墙裙明沟窗台顶棚过梁园缝变形缝零件螺纹齿轮焊接装配图

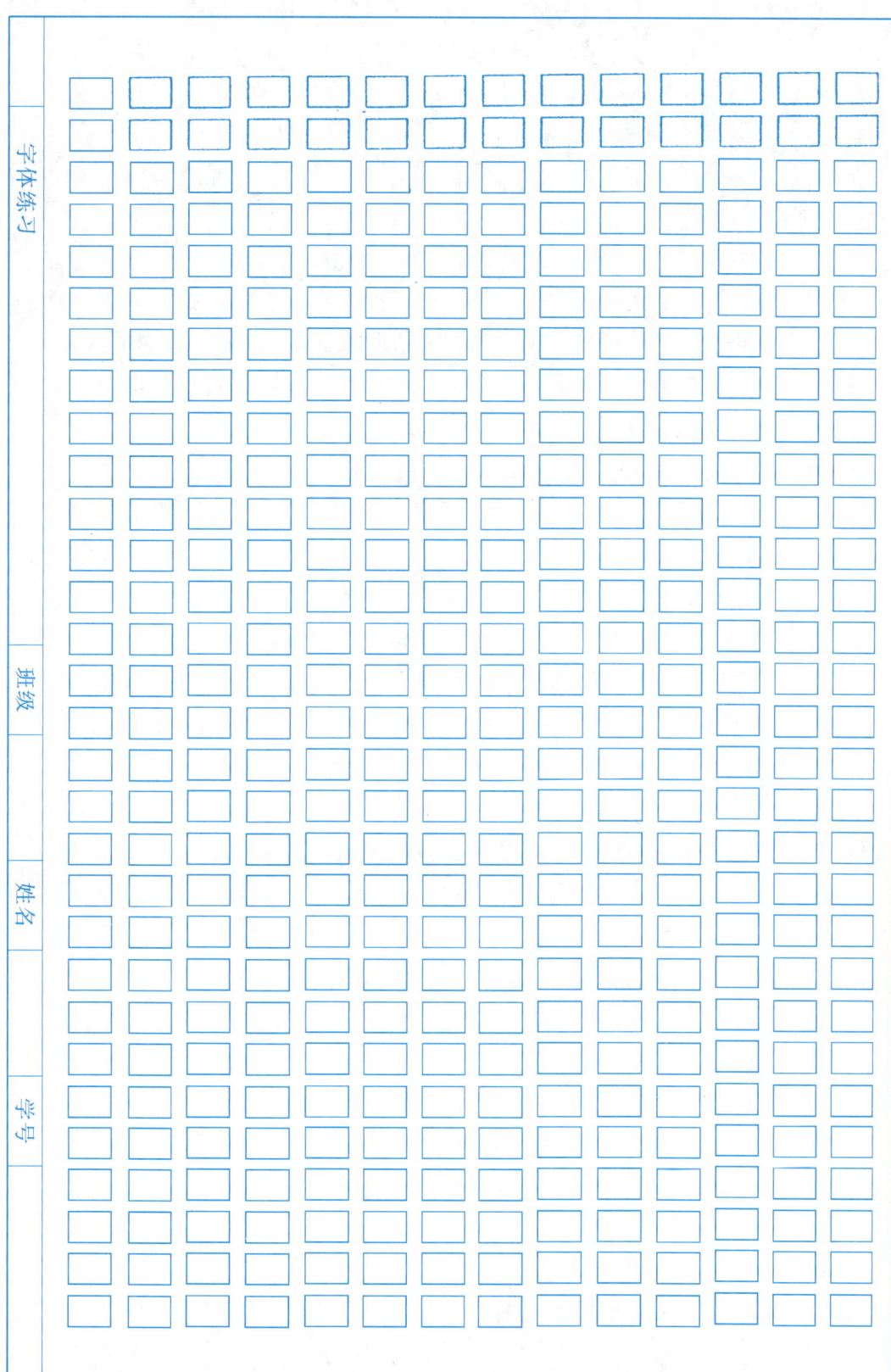

字体练习

直体：1234567890

斜体：1234567890ⅠⅤⅩφ

引头符号标注示例基准指引线高低主次梁隔断达水沟槽盖板压顶坡度

班级　　　姓名　　　学号

字体练习

直体
ABCDEFGHIJKLMNOPQRSTUVWXYZ
abcdefghijklmnopqrstuvwxyz

斜体 75°
ABCDEFGHIJKL
abcdefghijkl

班级　姓名　学号

字体练习 | 班级 | 姓名 | 学号

斜体

直体

图样的比例及尺寸标注

1. 用 1:50 的比例作一直径为 2500mm 的圆。

2. 照下图所示尺寸，按 6:1 的比例作图。

3. 按给定比例量取数值，标注尺寸。

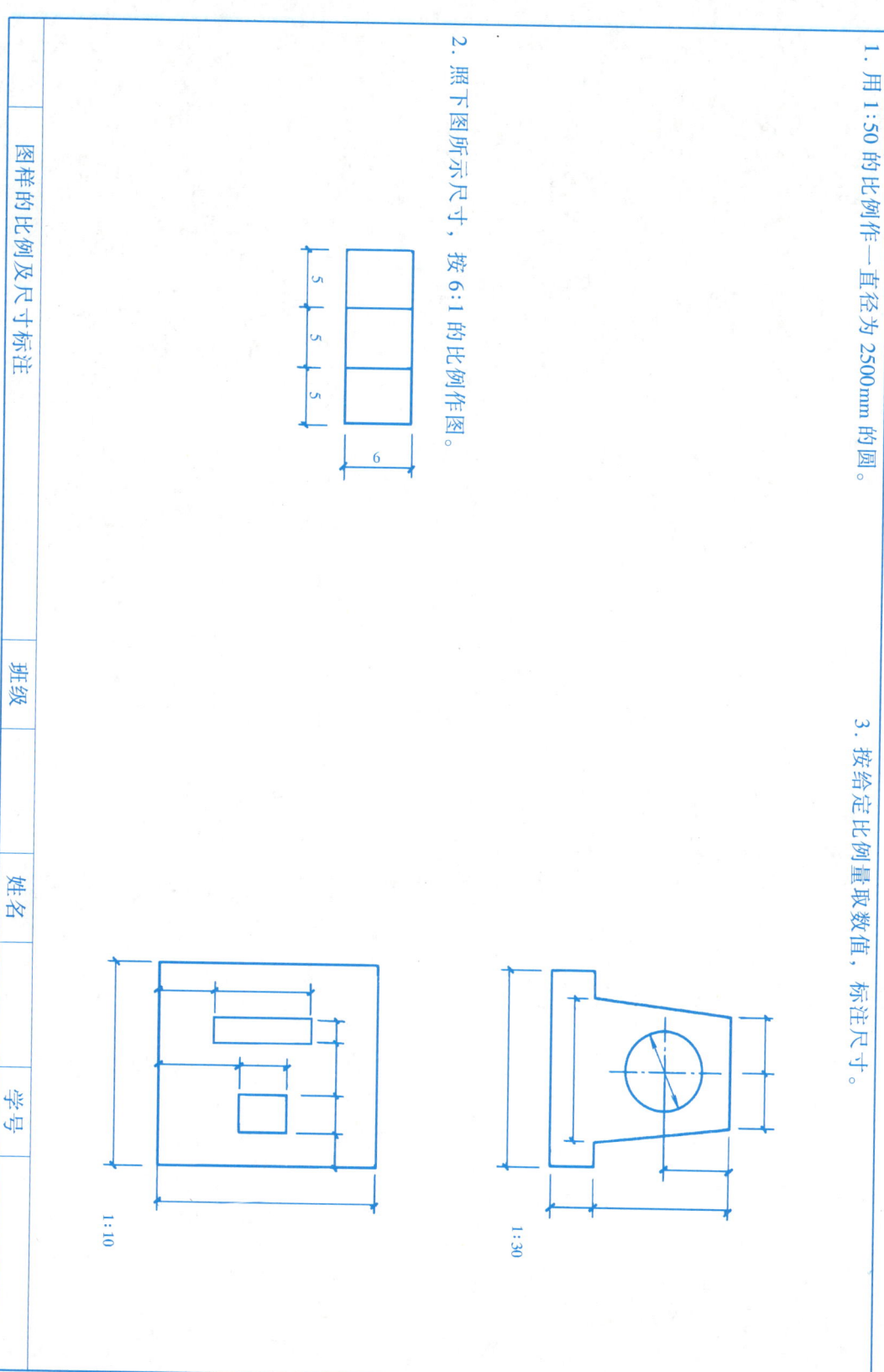

1. 过各等分点分别照画下列图线的水平线。

2. 以中心线的交点为圆心，过其线上给出的五点，由大到小依次画出粗实线、点画线、虚线、虚线、粗实线的圆。

3. 完成图形中左右对称的各种图线。

| 图线 | 班级 | 姓名 | 学号 |

作 业 指 导 书

作业（一）、（二）、（三）线型练习

一、作业目的

1. 熟悉主要线型的规格，掌握各种线型的正确画法；
2. 掌握图框线及标题栏的画法和要求；
3. 练习使用绘图工具，熟悉绘图工具和仪器的正确使用方法；
4. 掌握绘制图样的步骤，为将来使用计算机绘图打下良好的基础。

二、内容与要求

1. 绘制幅面线、图框线和标题栏；
2. 按图例要求绘制各种线型；
3. 按给定比例、图幅大小和尺寸画图，并标注尺寸。

三、绘图步骤

1. 画底稿（用 H 或 2H 铅笔绘图，底稿线应轻、淡、细）
   (1) 画图幅面线、图框线，在图纸右下角画标题栏；
   (2) 根据图中所注尺寸及比例要求在图纸有效幅面范围内布图，并考虑尺寸标注所占的位置，布图应适中，匀称，美观；
   (3) 画图样底稿线，检查校对底稿并擦去多余的图线。
2. 铅笔或墨线笔加深
   (1) 用 HB 或 B 绘图铅笔加深，加粗加上墨线，线条粗细应分明；
   (2) 铅笔图线应达到黑、光、亮的效果，墨线图应用绘图墨水笔加深；
3. 标注尺寸，并用标准字体按要求填写标题栏及说明等。

| 线型练习作业指导书 | 班级 | 姓名 | 学号 |

作业（一） 线型练习

(标题栏) 比例 1:1 图幅 A4

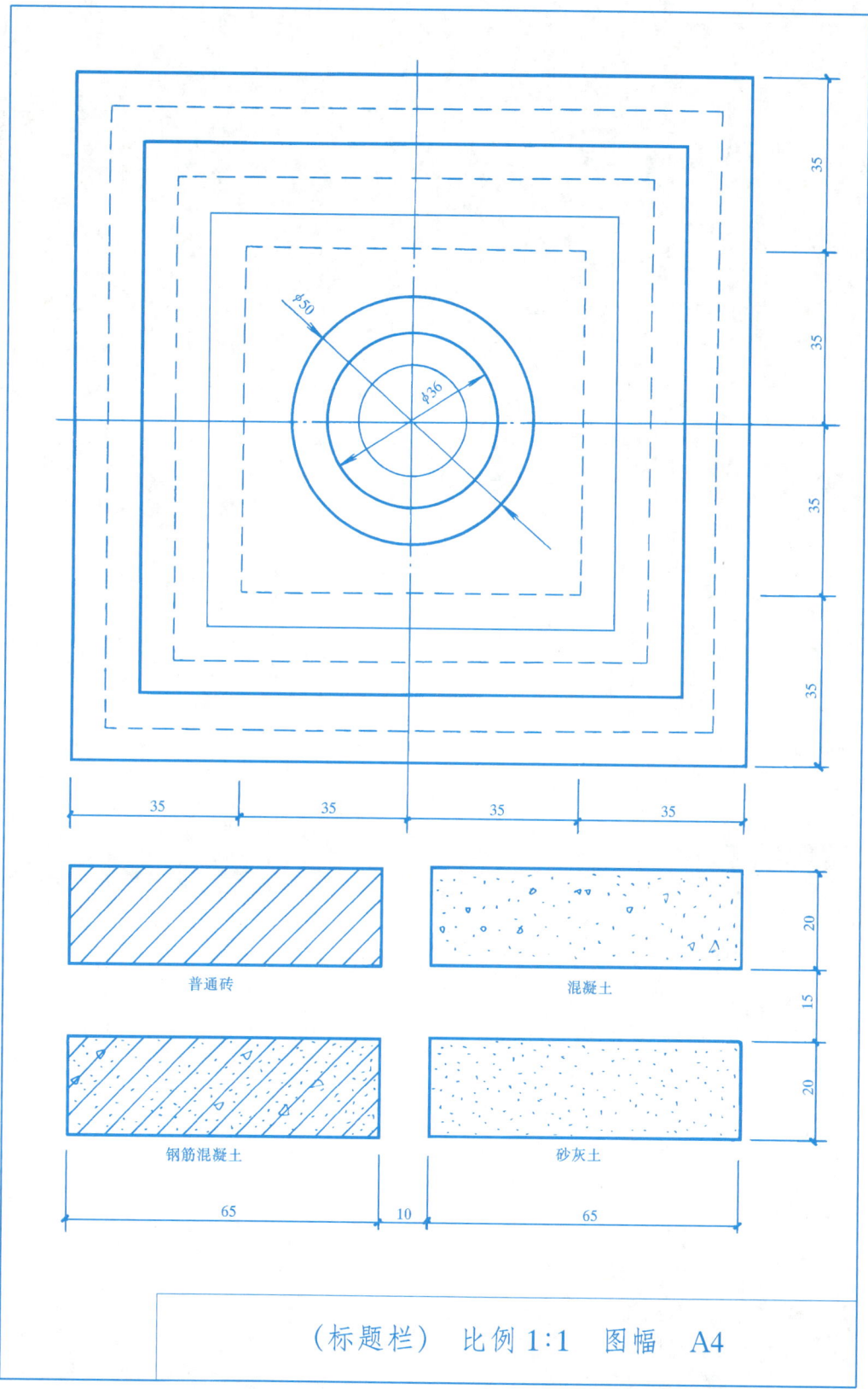

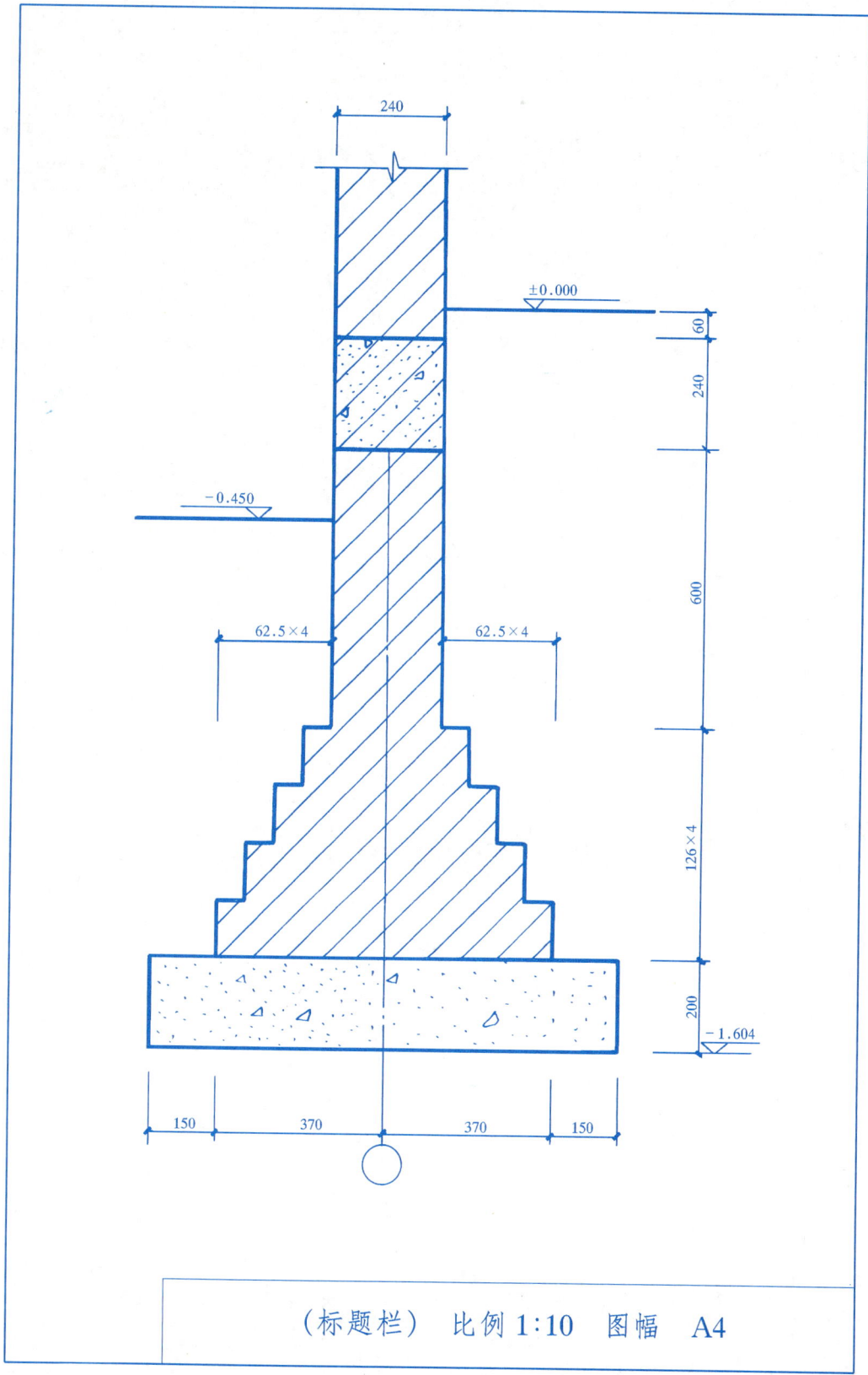

作业(四)、(五)、(六) 几何作图

作 业 指 导 书

一、作业目的

1. 掌握几何作图的基本原理及尺寸标注方法；
2. 掌握线型规格及训练线段的连接技巧；
3. 了解几何作图在绘制工程图样中的实际应用；
4. 掌握几何作图步骤，为将来使用计算机绘图打下良好的基础。

二、内容与要求

1. 按图例，尺寸及几何作图的基本原理绘制各种图线；
2. 按给定比例，图幅大小和尺寸画图，并标注尺寸；
3. 用绘图铅笔或墨线笔绘制仪器图，要求线条光滑，作图正确，注写认真；
4. 掌握圆弧连接的关键是找出连接圆弧的圆心和连接点。

三、绘图步骤

1. 画底稿（用 H 或 2H 铅笔绘图，底稿线应轻、淡、细）
   (1) 画幅面线，图框线，在图纸右下角画标题栏；
   (2) 根据图中所注尺寸及比例要求的幅面范围布图，并考虑尺寸标注所占的位置，布图应适中、匀称、美观；
   (3) 画图样底稿线，检查校对底稿并擦去多余的图线。
2. 铅笔或墨线笔加深
   (1) 用 HB 或 B 绘图铅笔加深、加粗或上墨线，线条粗细应分明；
   (2) 铅笔图线应达到黑、光、亮的效果，墨线图应绘图墨水笔加深且图面整洁；
3. 标注尺寸，并用标准字体按要求填写标题栏及说明等。

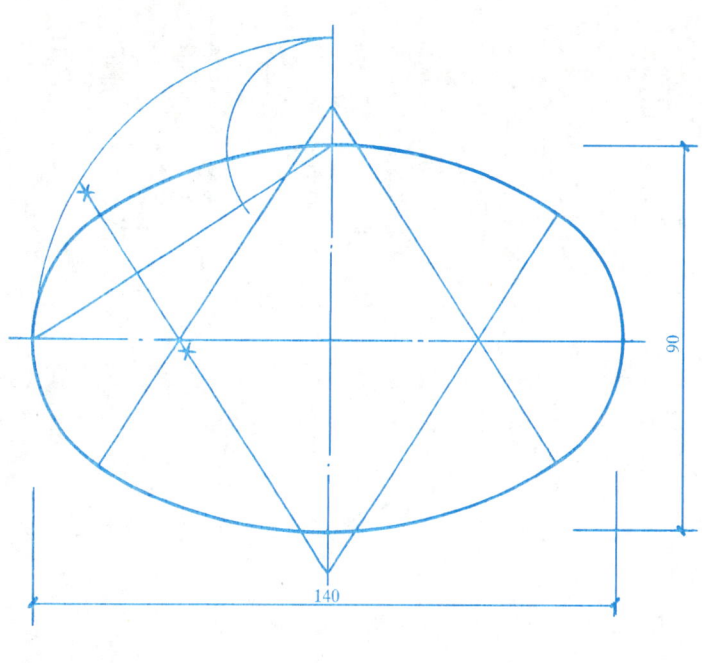

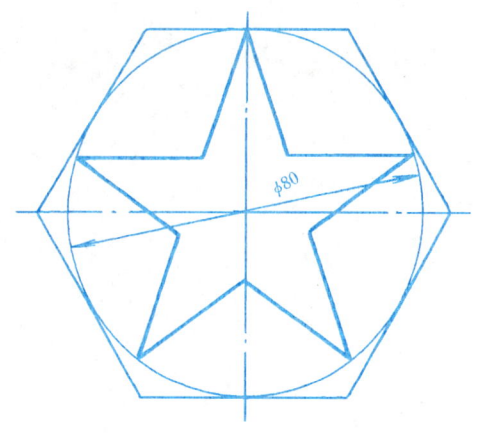

（标题栏） 比例 1:1 图幅 A4

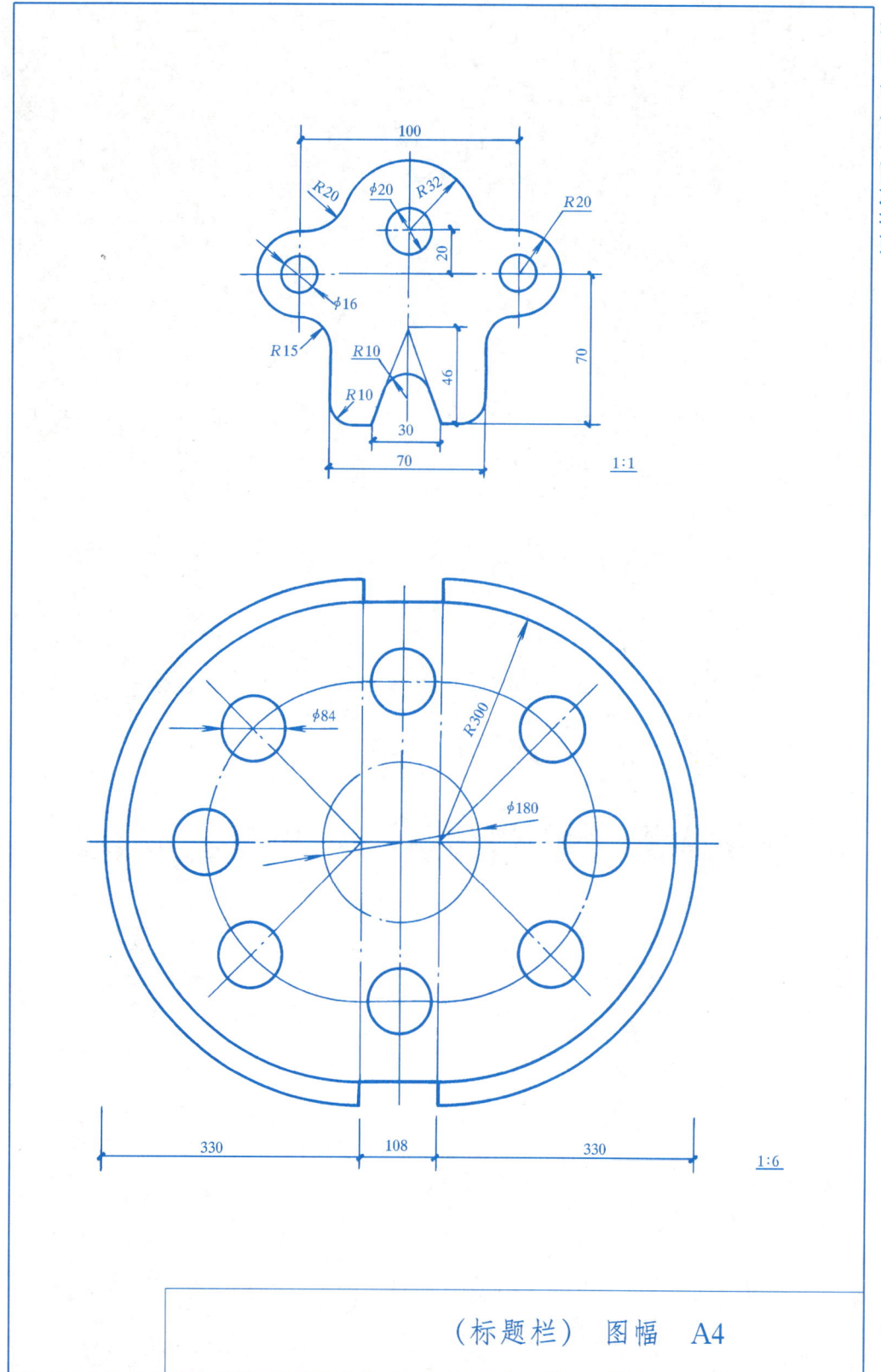

1. 补绘形体的第三投影,并作其正等轴测图。

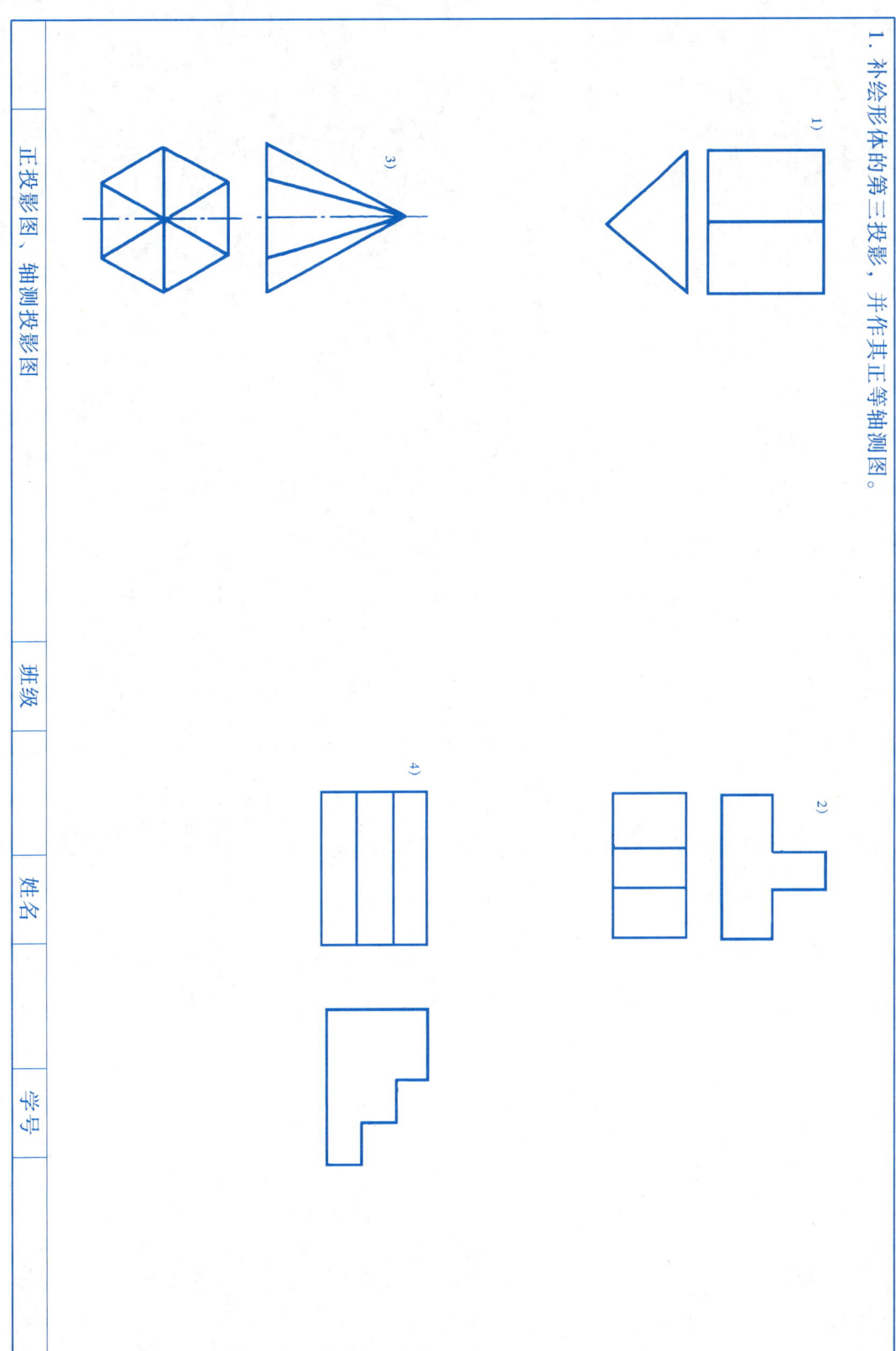

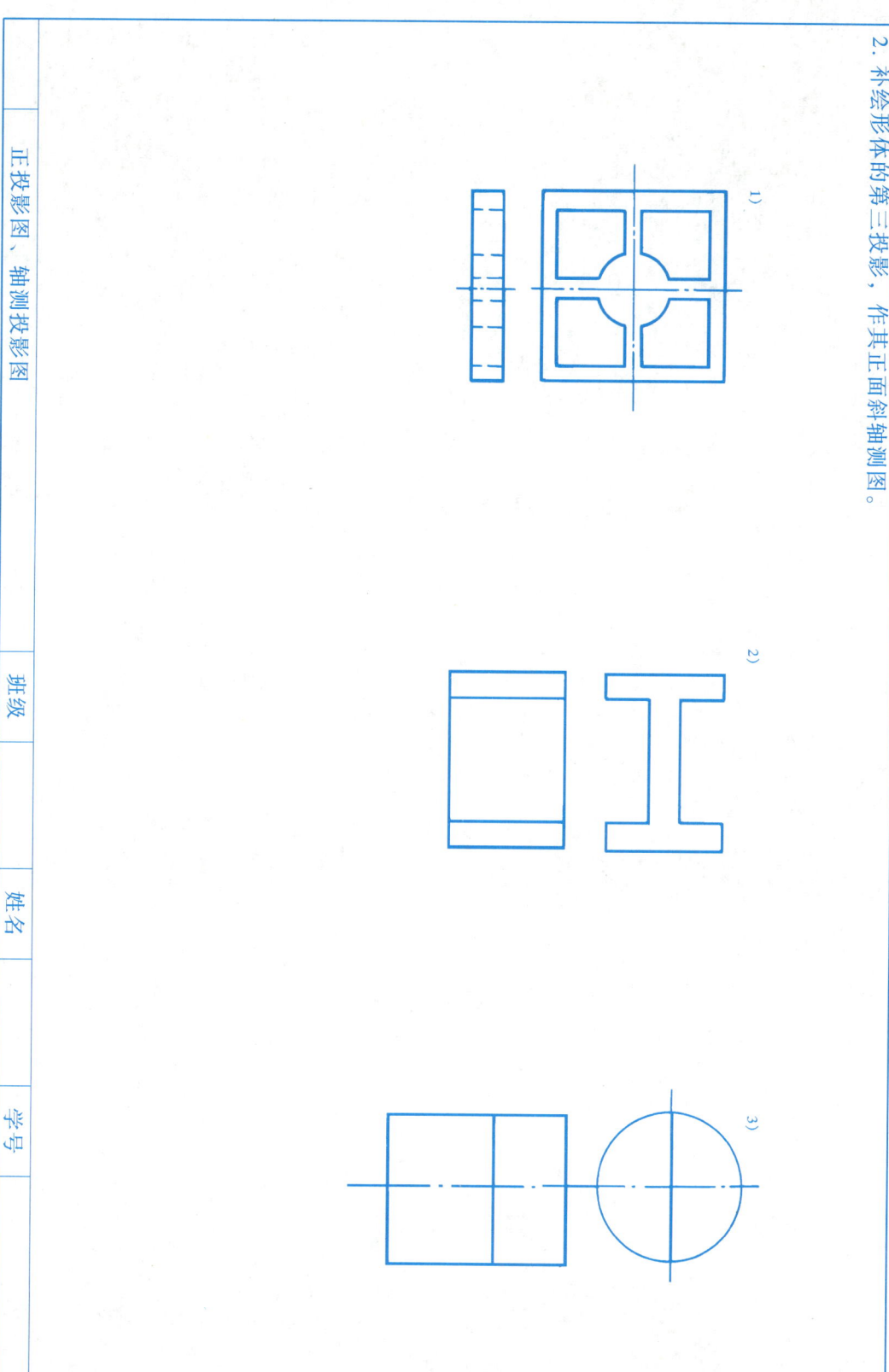

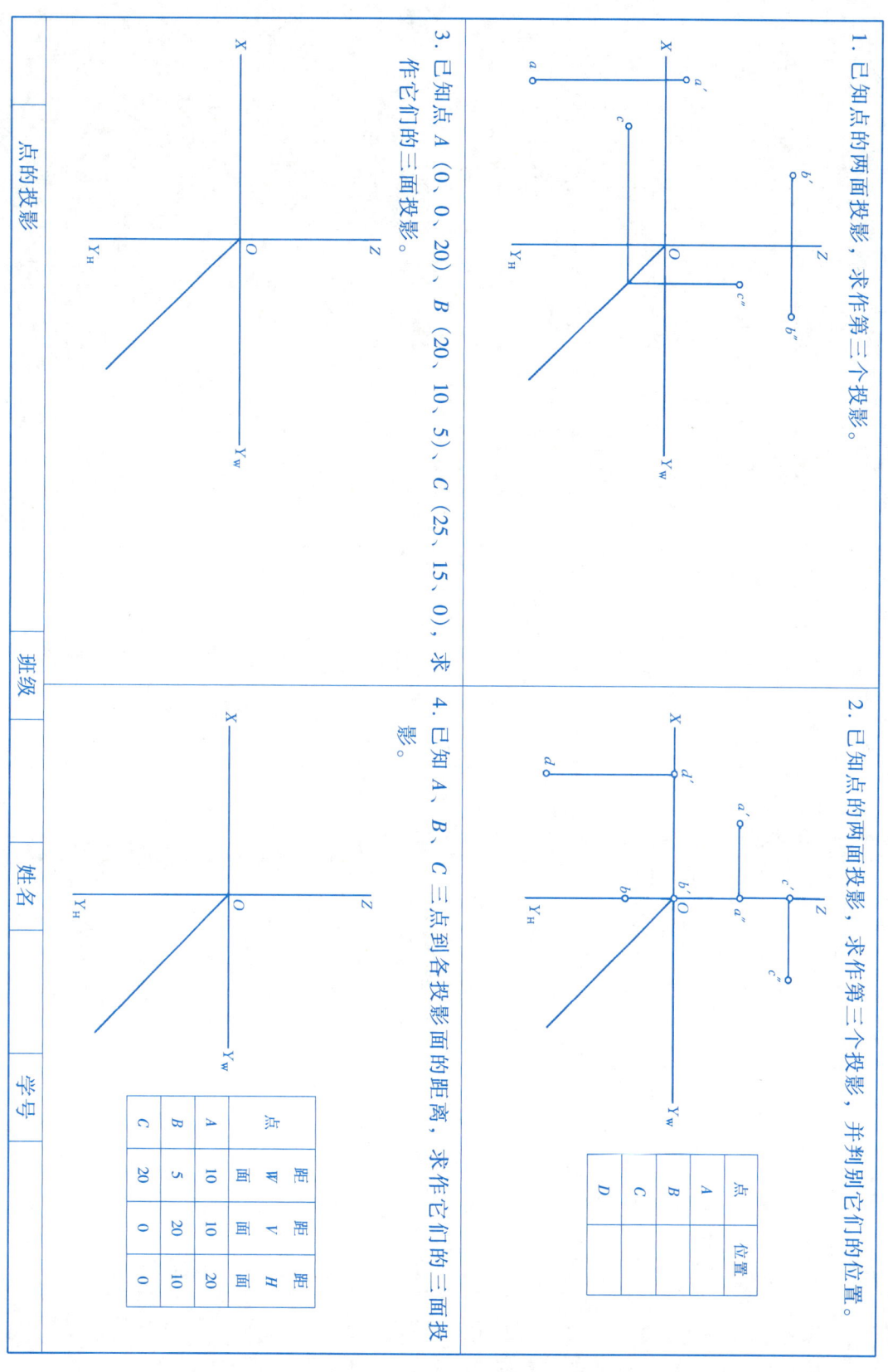

5. 已知四坡房屋的立体图和投影图，将 A、B、C、D、E、F 各点标注在投影图上（不可见的点加上括号），并判别两点的相对位置。

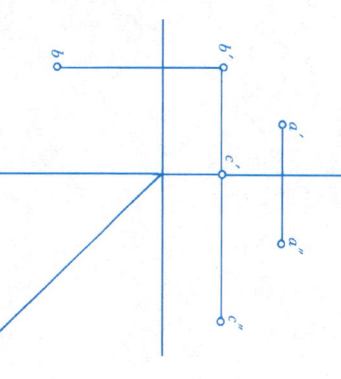

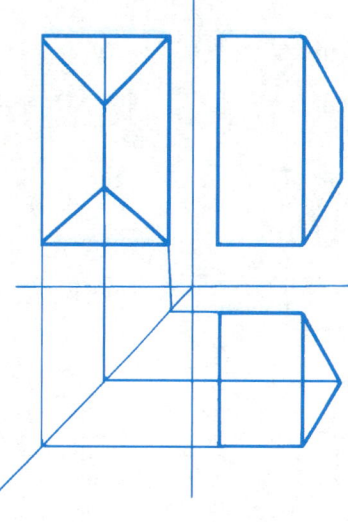

点 A 在点 D 的 _____ 方；
点 C 在点 D 的 _____ 方；
点 E 在点 D 的 _____ 方；
点 B 在点 F 的 _____ 方；
点 C 在点 F 的 _____ 方；
点 E 在点 F 的 _____ 方。

6. 已知 A、B、C 各点的两面投影，求作第三个投影，并判别其相对位置。

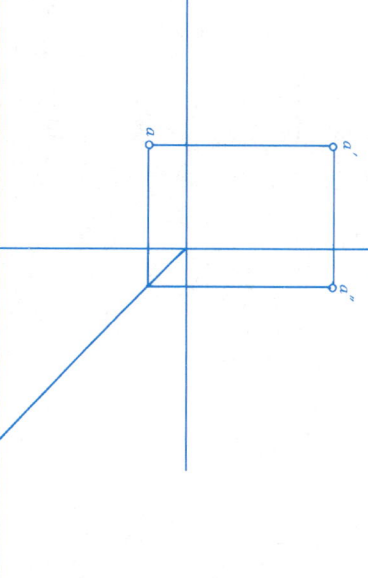

A 点在 B 点的 _____ 方；
A 点在 C 点的 _____ 方；
B 点在 C 点的 _____ 方。

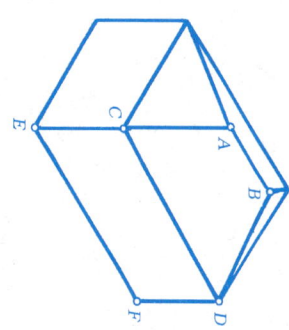

7. 已知 A 点的投影，B 点在 A 点的左方 5mm，下方 10mm，前方 15mm；另一点 C 在 B 点的正左方 10mm，求作 B、C 两点的三面投影（不可见点加上括号）。

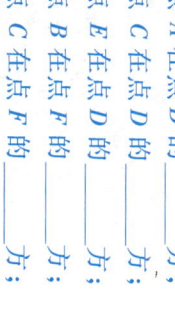

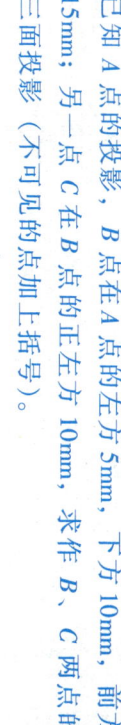

| 点的投影，两点的相对位置 | 班级 | 姓名 | 学号 |

23

1. 求下列直线的第三投影，并判别直线的空间位置。

AB是_____线　　CD是_____线　　EF是_____线　　HG是_____线

2. 判别下列直线的空间位置。

AB是_____线　　CD是_____线　　EF是_____线　　HG是_____线

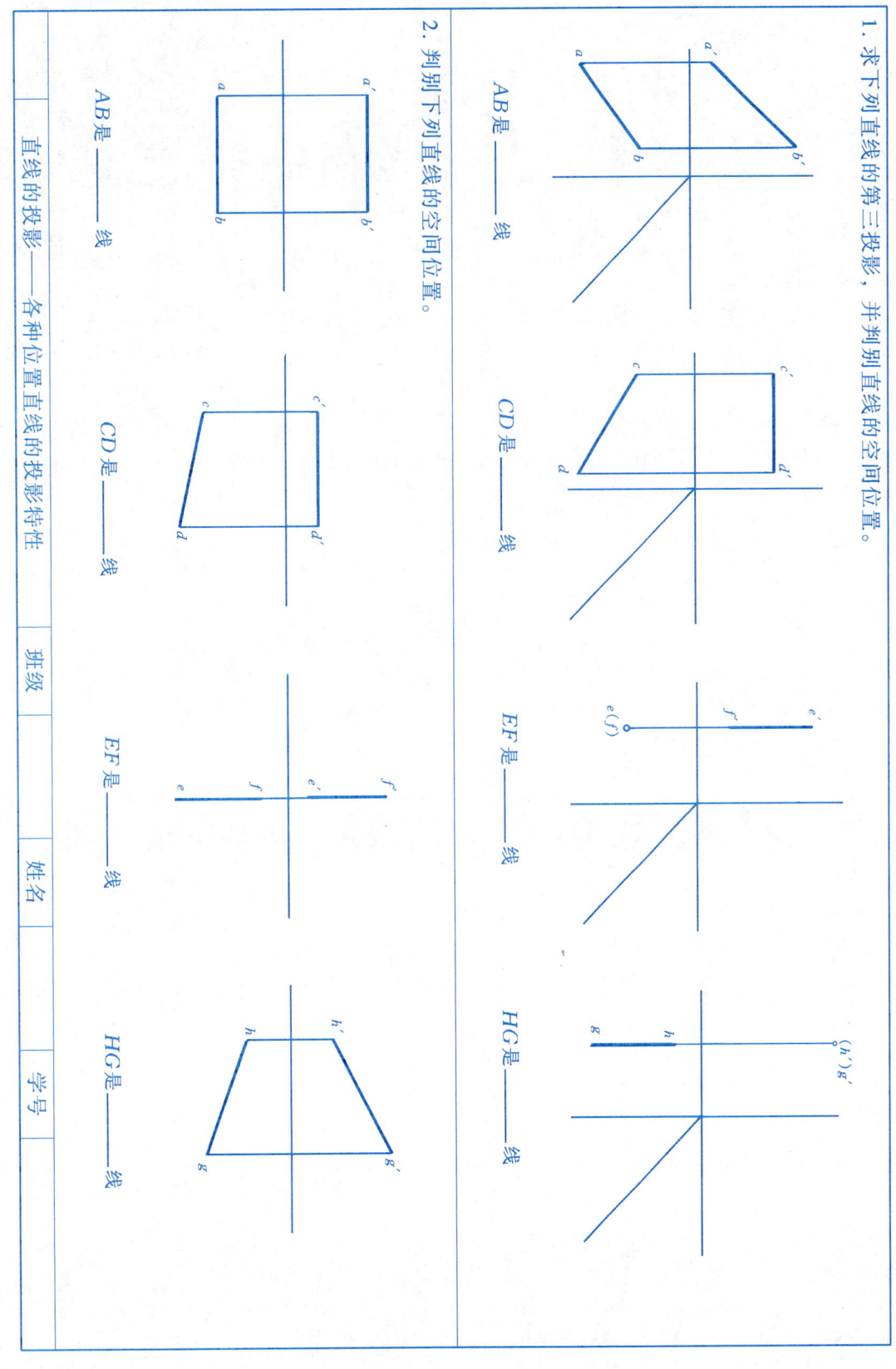

直线的投影——各种位置直线的投影特性

3. 判别下列各图中直线的空间位置。

1) AB是_____线，BC是_____线，AD是_____线

2) AB是_____线，BC是_____线，AC是_____线

3) SA是_____线，SB是_____线，AC是_____线

4) AB是_____线，BC是_____线，CG是_____线

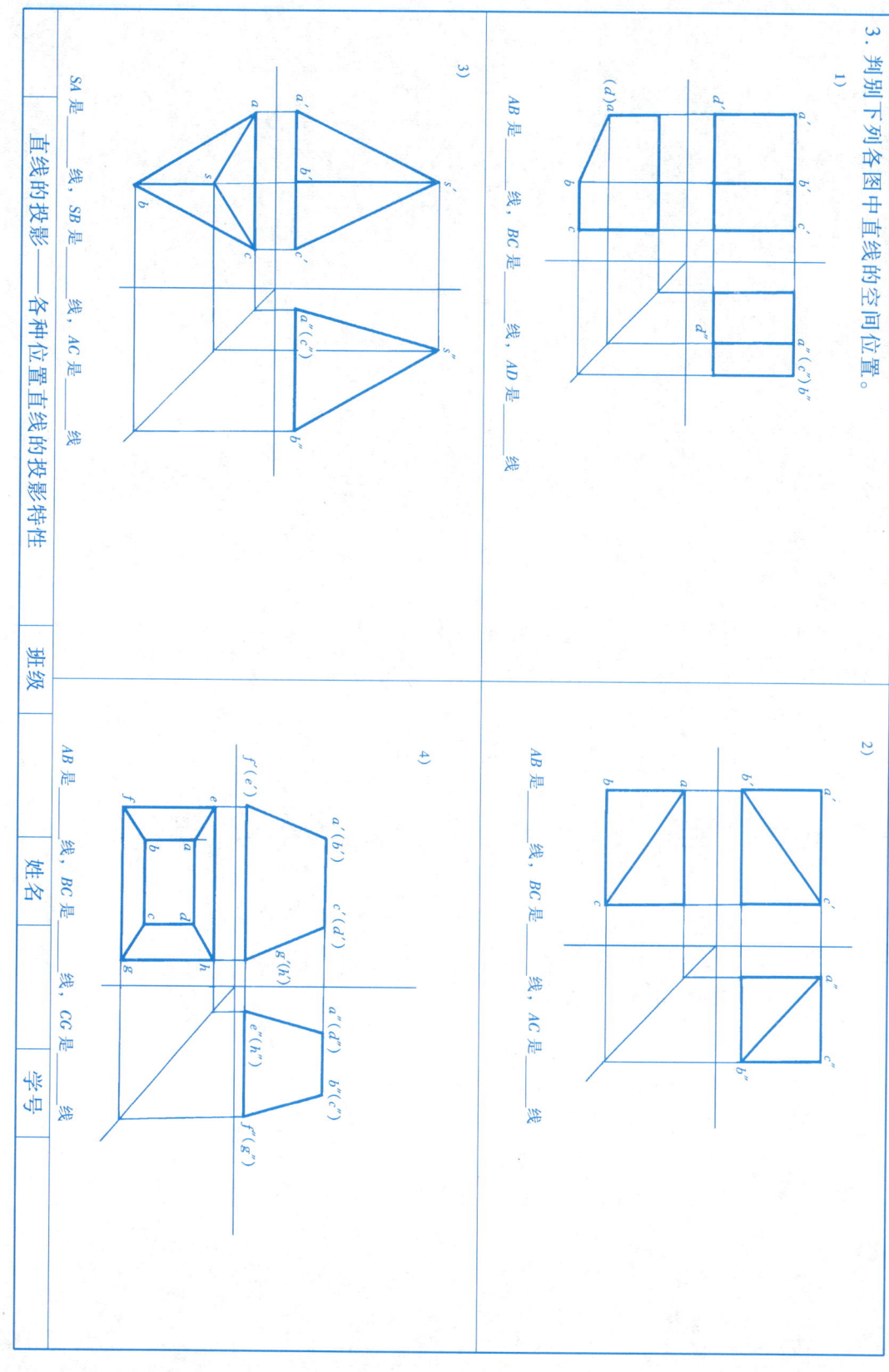

| 直线的投影——各种位置直线的投影特性 | 班级 | 姓名 | 学号 |

4. 已知直线 $AB // H$ 面，$\beta = 30°$，$AB = 20\text{mm}$，求直线 AB 的三面投影。

5. 已知直线 AB 上任意点到三投影面距离相等，求 AB 的三面投影。

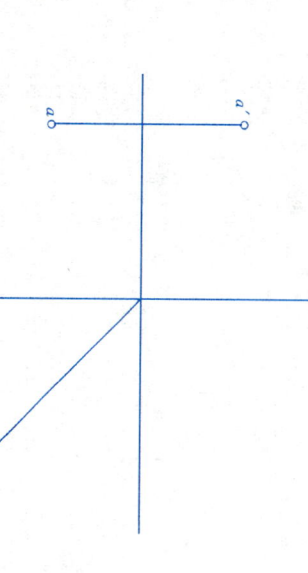

6. 已知坐标 $A(30, 20, 5)$，$B(5, 10, 20)$，求 AB 的三面投影。

7. 已知投影 a、a'，$AB = 20\text{mm}$，且 $\perp V$ 面，求 AB 的三面投影。

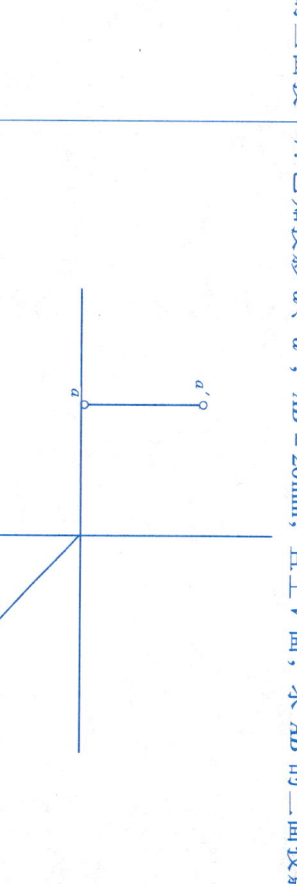

直线的投影——直线的投影画法

8. 已知直线 AB // V 面，距 V 面 20mm，其上任意点到 H、W 面的距离相等，求 AB 的三面投影。

9. 已知直线 AB // W 面，且距 W 面 25mm，求 $a'b'$、ab。

10. 已知直线 AB // H 面，A、B 两点距 V 面分别为 25mm 和 5mm，求 ab、$a''b''$。

11. 已知点 B 在点 A 的上方 20mm，后方 10mm，右方 15mm，求 AB 的三面投影。

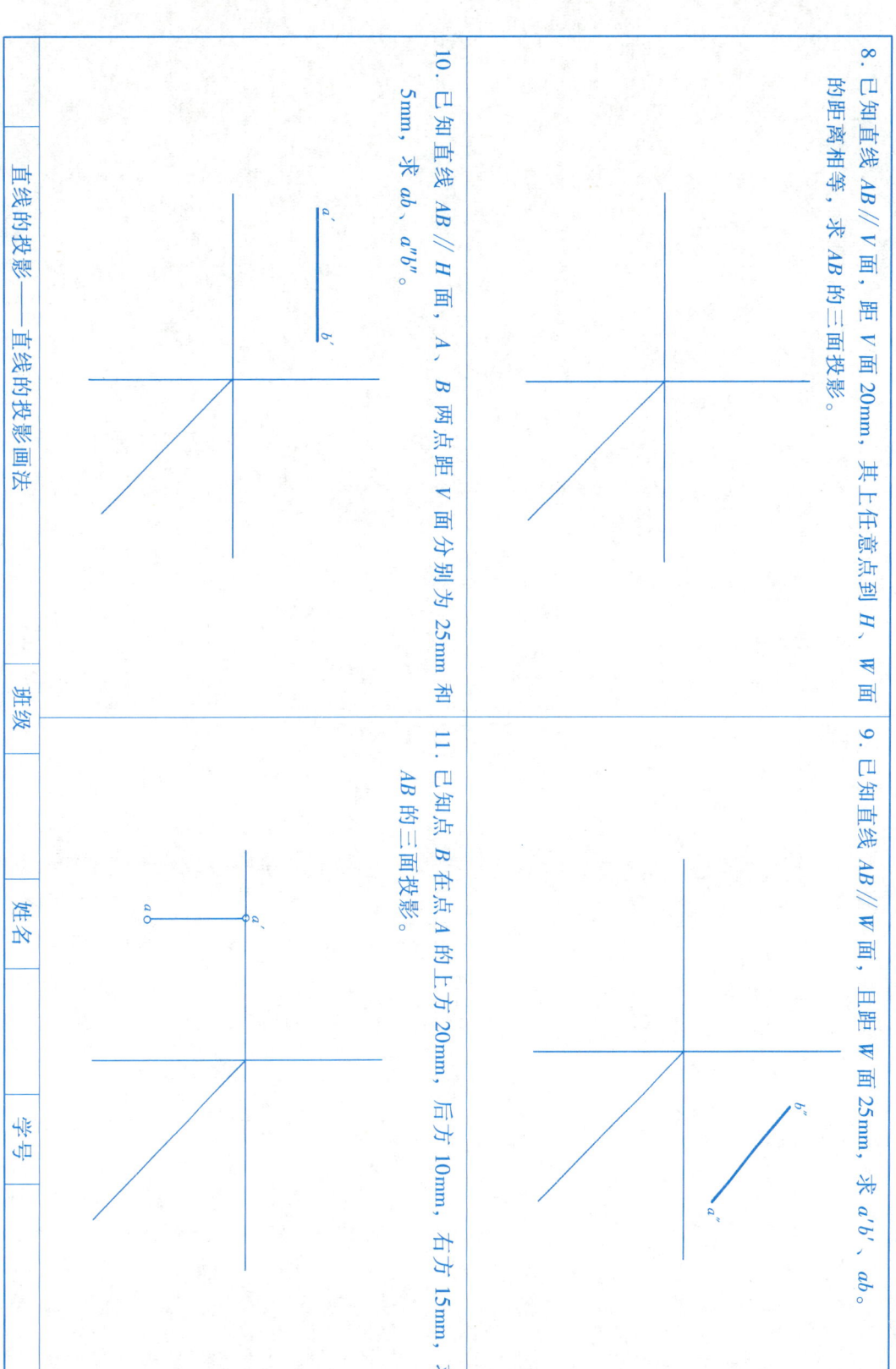

直线的投影——直线的投影画法

12. 判别下列各点是否在直线上。

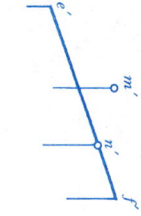

K点_____AB上　G点_____CD上　M点_____EF上　N点_____EF上

13. 已知M，N两点分别在直线AB，CD上，求m'、n。

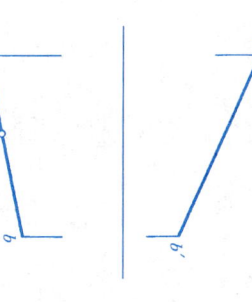

14. 在直线AB上取一点M，在直线CD上取一点N，使$AM:MB = 5:2$，$CN:ND = 5:2$。

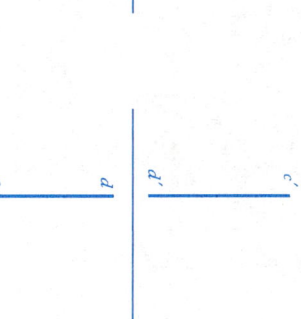
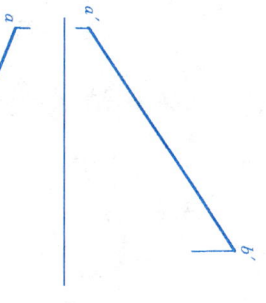

15. 在直线AB上取一点M，在直线CD上取一点N，使其距H面的距离均为20mm。

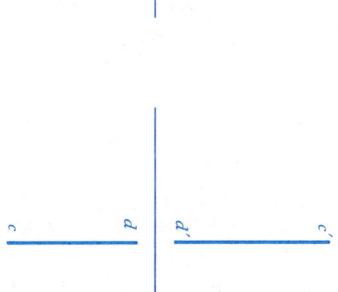

直线的投影——直线上的点

班级　　　姓名　　　学号

28

1. 在投影图中注明各指定表面的名称（如 n, n', n''），并判别各表面与投影面的相对位置。

2. 判别下列各平面的空间位置。

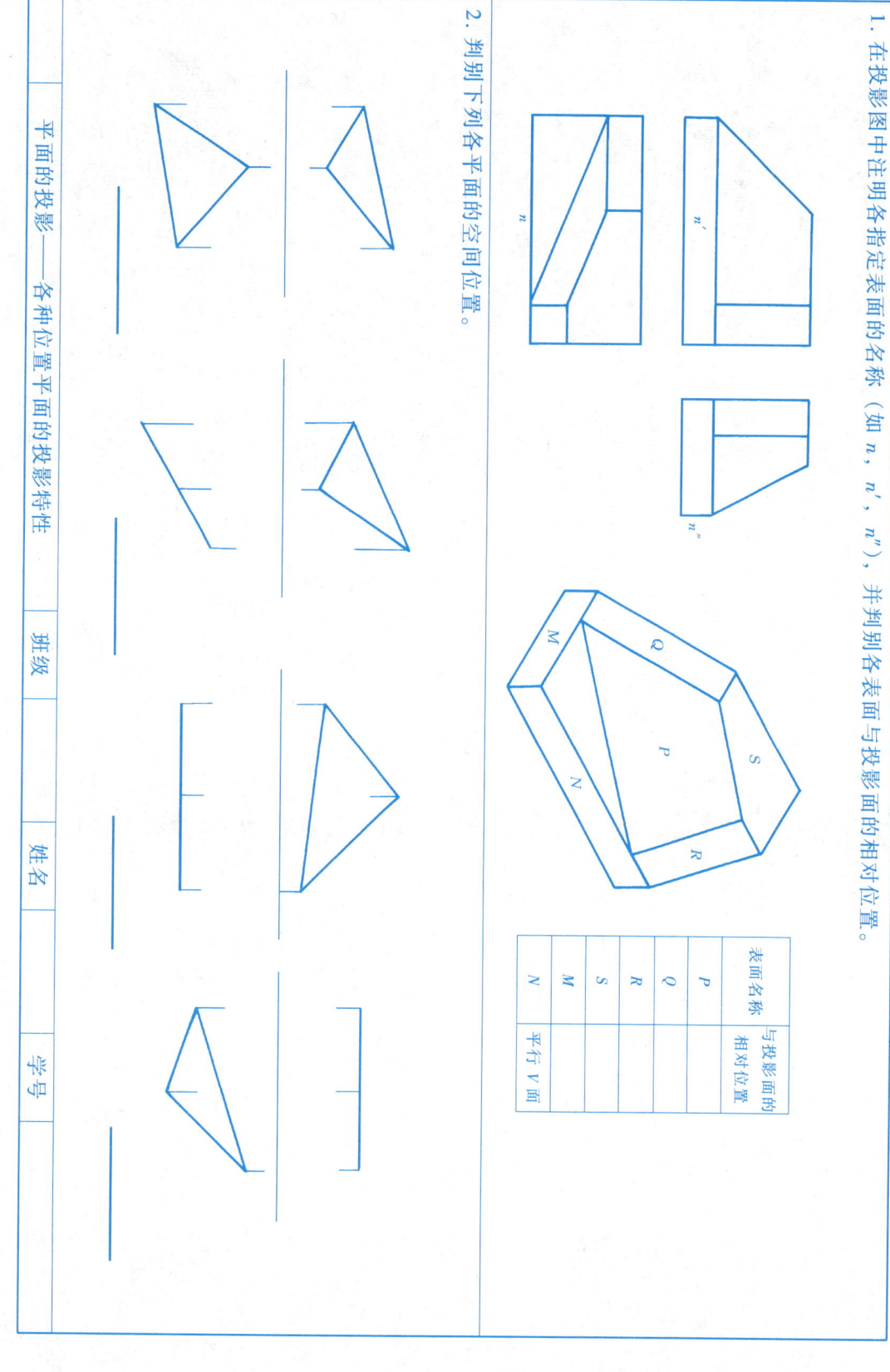

表面名称	与投影面的相对位置
P	
Q	
R	
S	
M	
N	平行 V 面

平面的投影——各种位置平面的投影特性 | 班级 | 姓名 | 学号

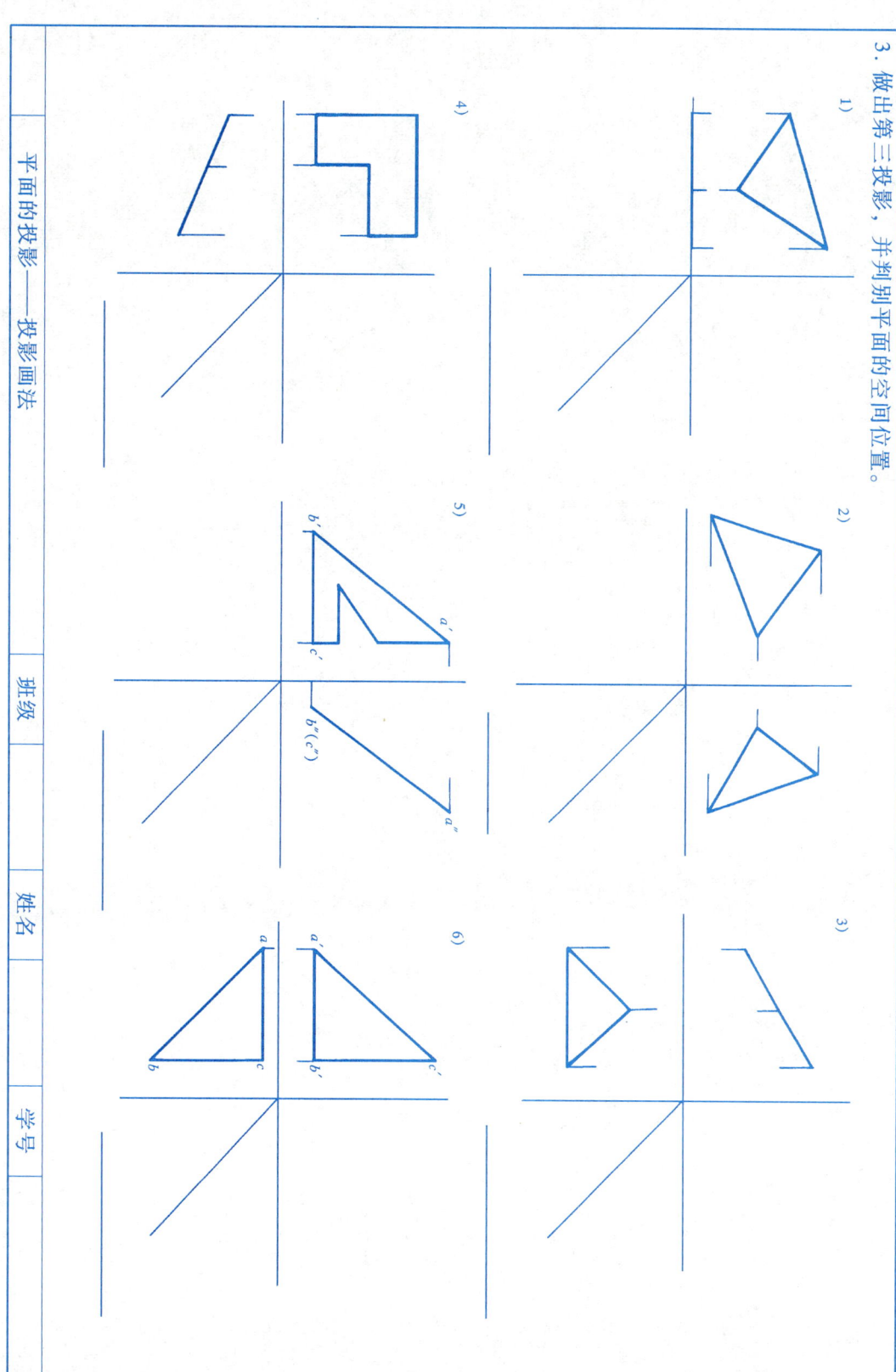

4. 包含直线 AB 作平面图形

1) 以 AB 为斜边作等腰直角三角形   2) 作水平面;   3) 作垂直面;   4) 以 AB 为对角线作正方形 ∥ H 面

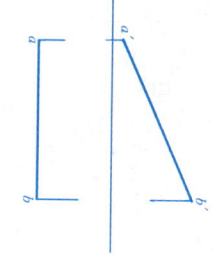
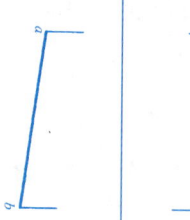
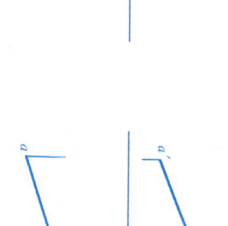
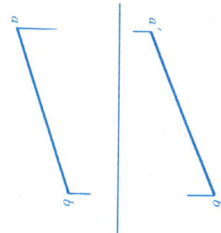
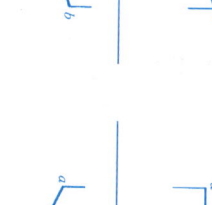
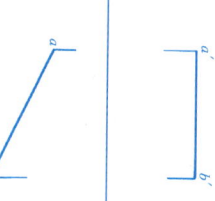

5. 作平面内点及直线的投影

1)

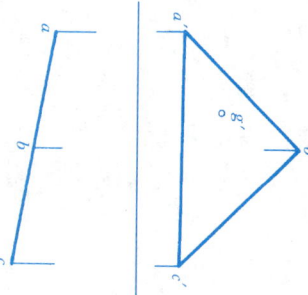

2)

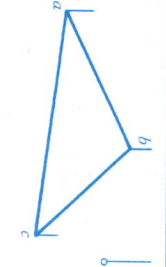

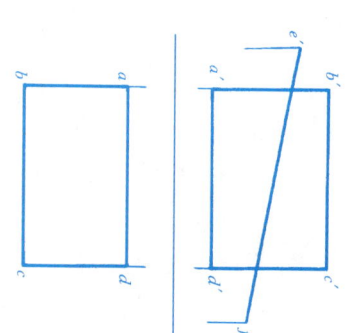

3)

4)

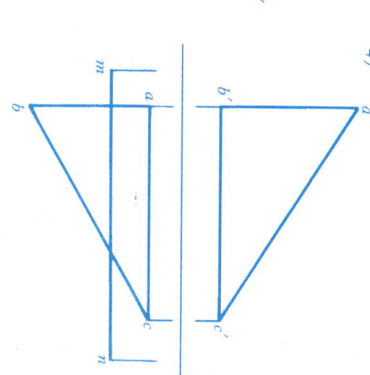

平面的投影及平面上的点和直线 | 班级 | 姓名 | 学号

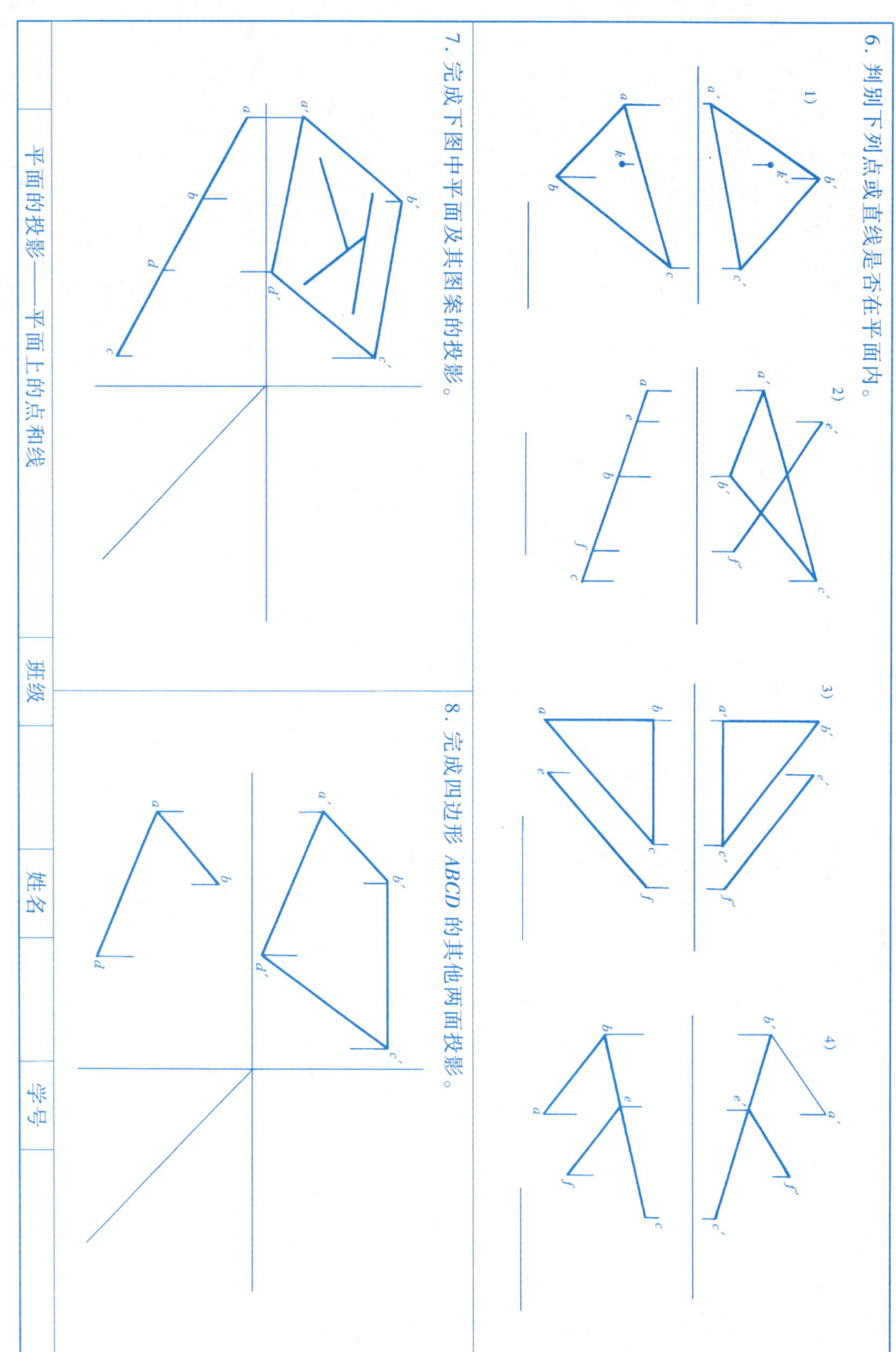

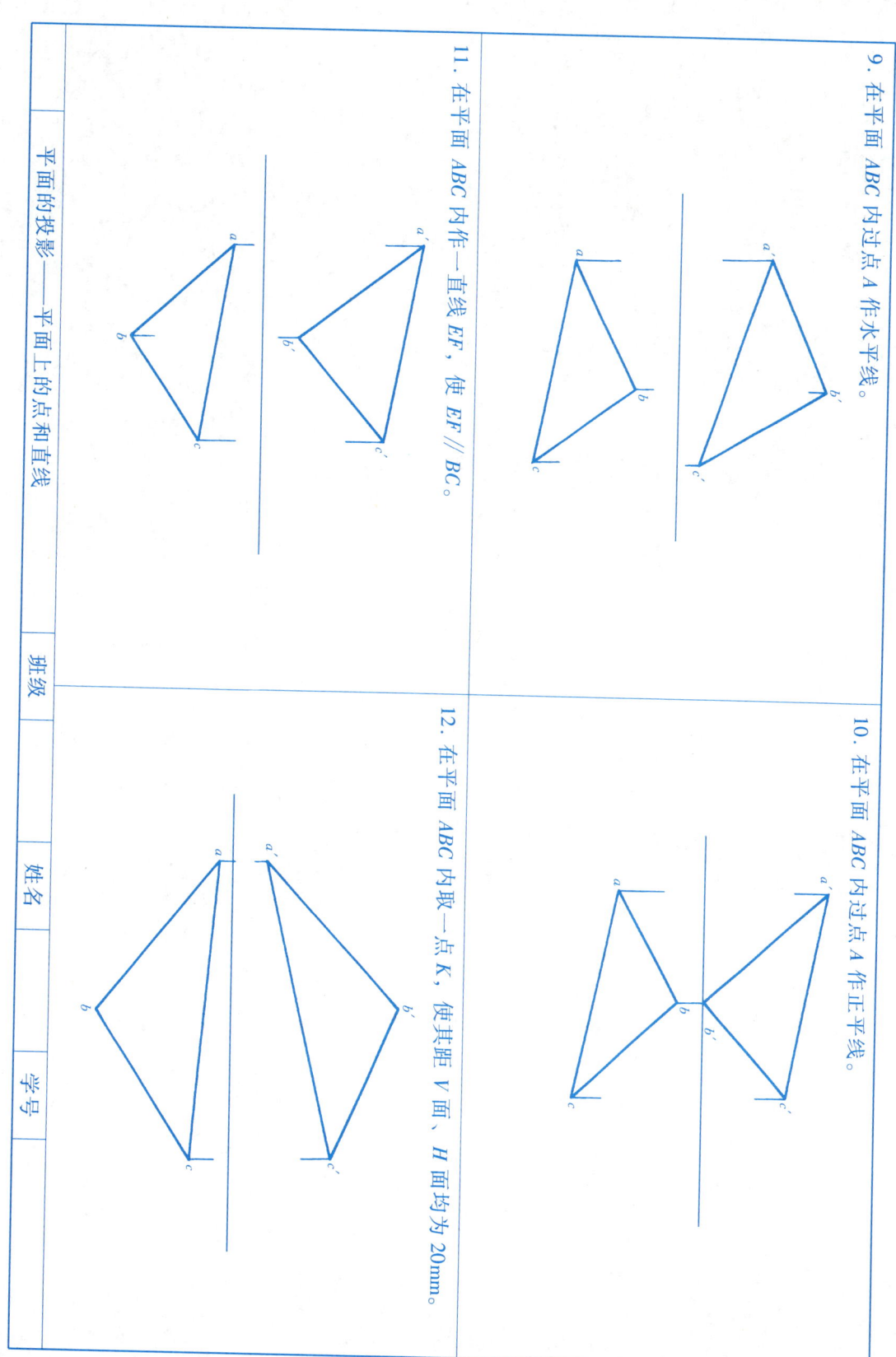

1. 已知四棱柱高 25mm，底面在 H 面上，完成该四棱柱体的投影。

2. 已知正四棱锥底面的 H 面投影，底面在 H 面上，完成该四棱锥的投影。

3. 完成正六棱台的 H、W 面投影。

4. 完成下图示五棱柱的 V、H 面投影。

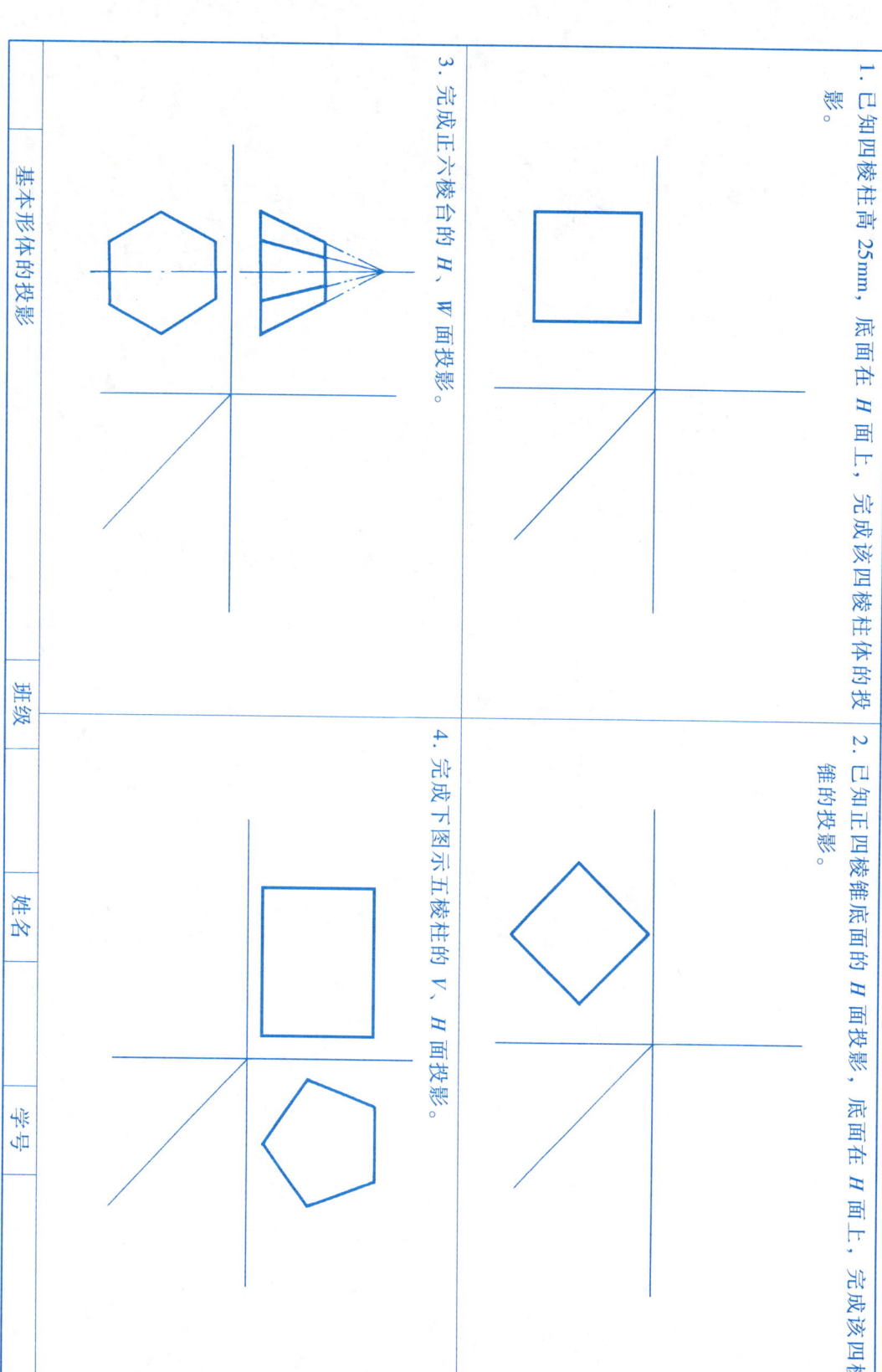

基本形体的投影

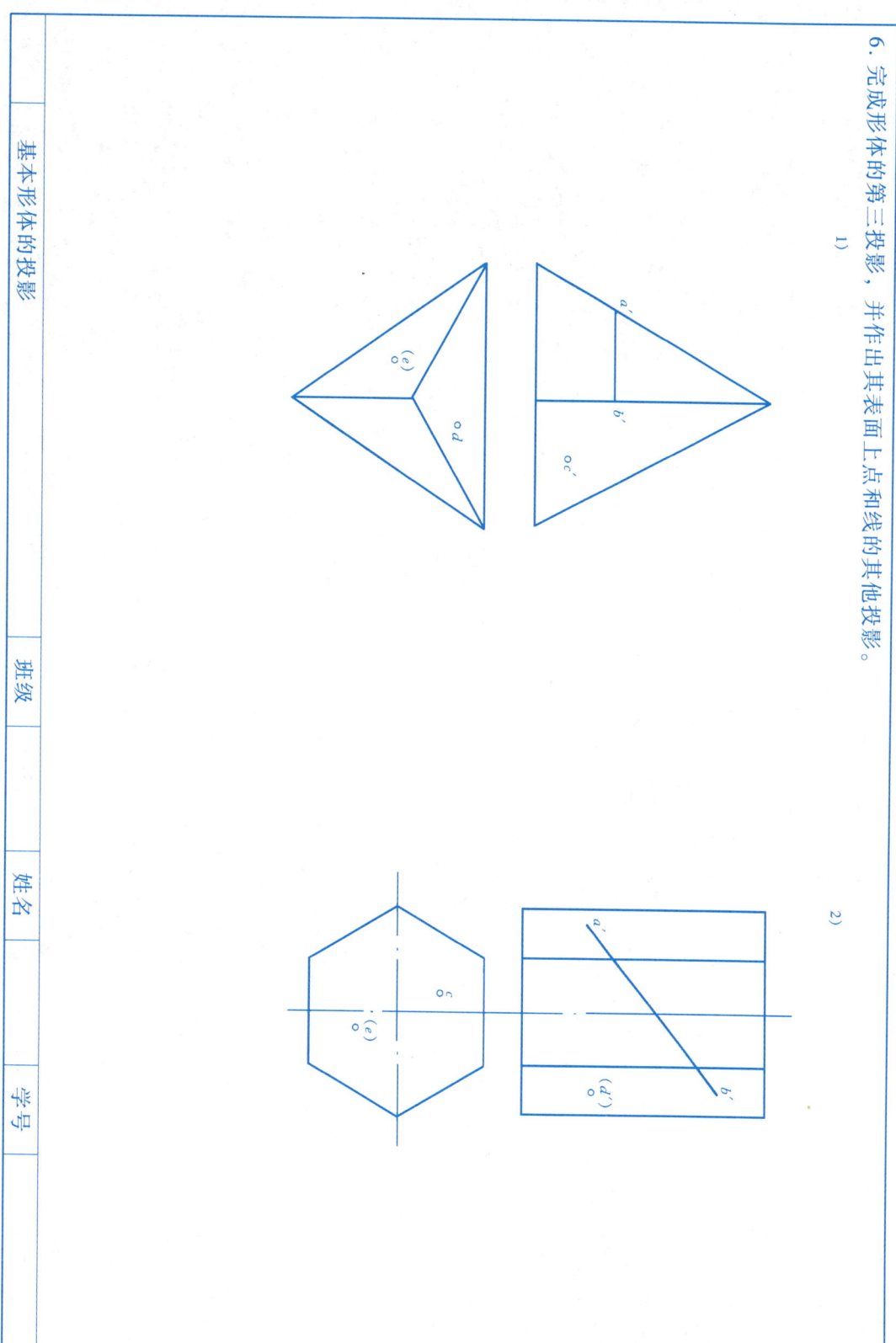

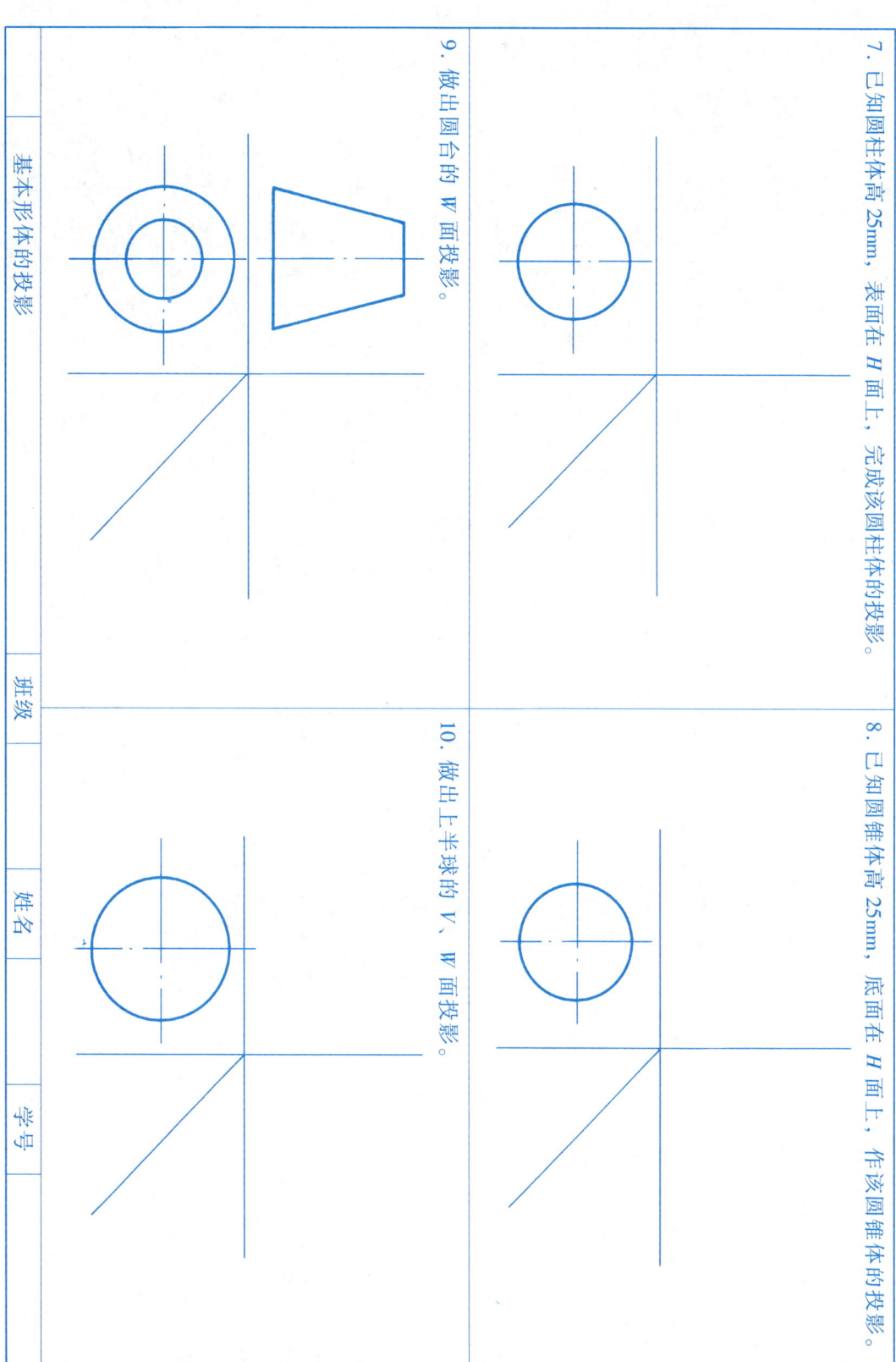

11. 完成形体的第三投影,并作出其表面上点和线的其他两面投影。

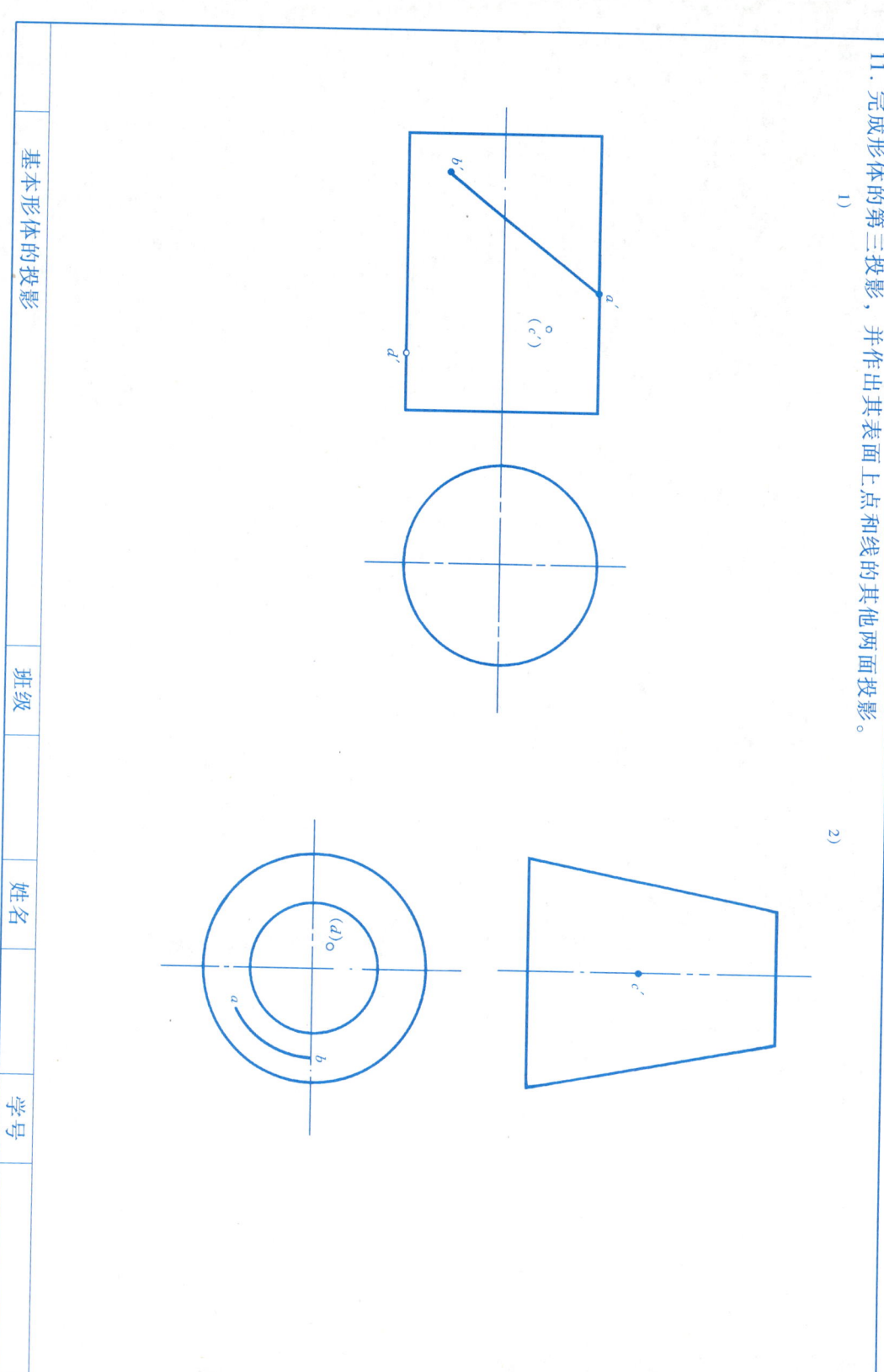

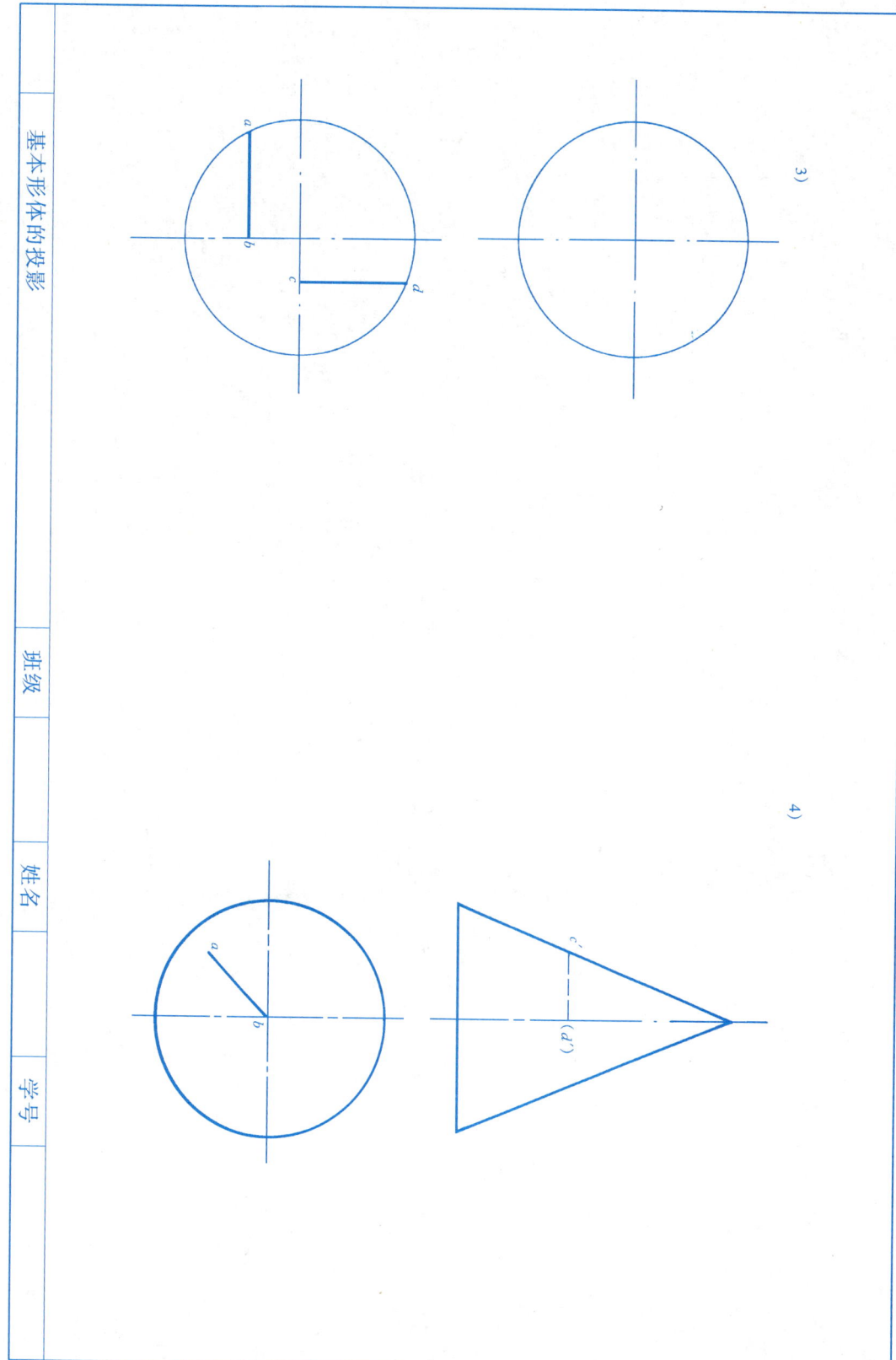

1. 做出下列平面立体被截切后的投影。

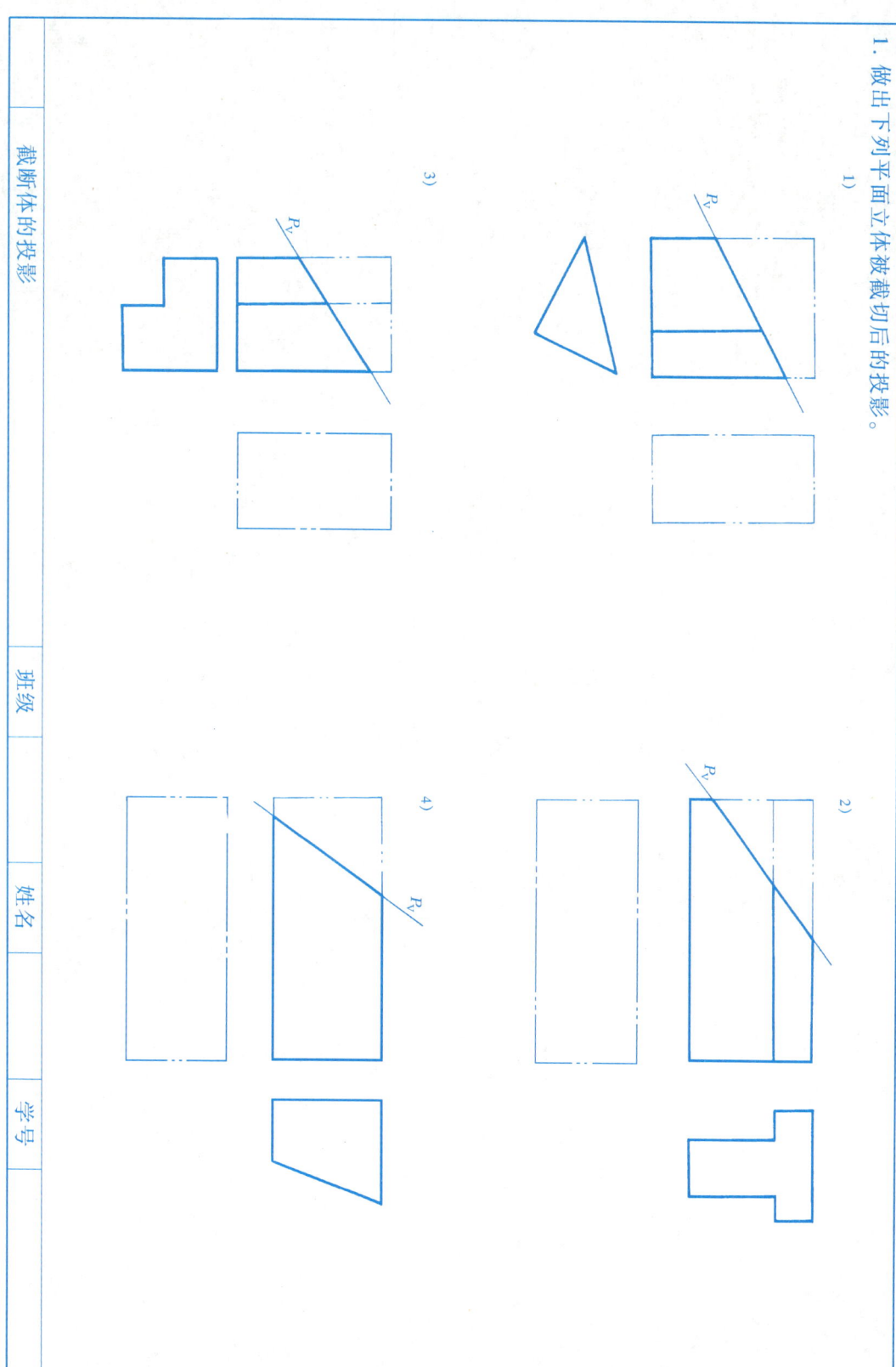

截断体的投影   班级   姓名   学号

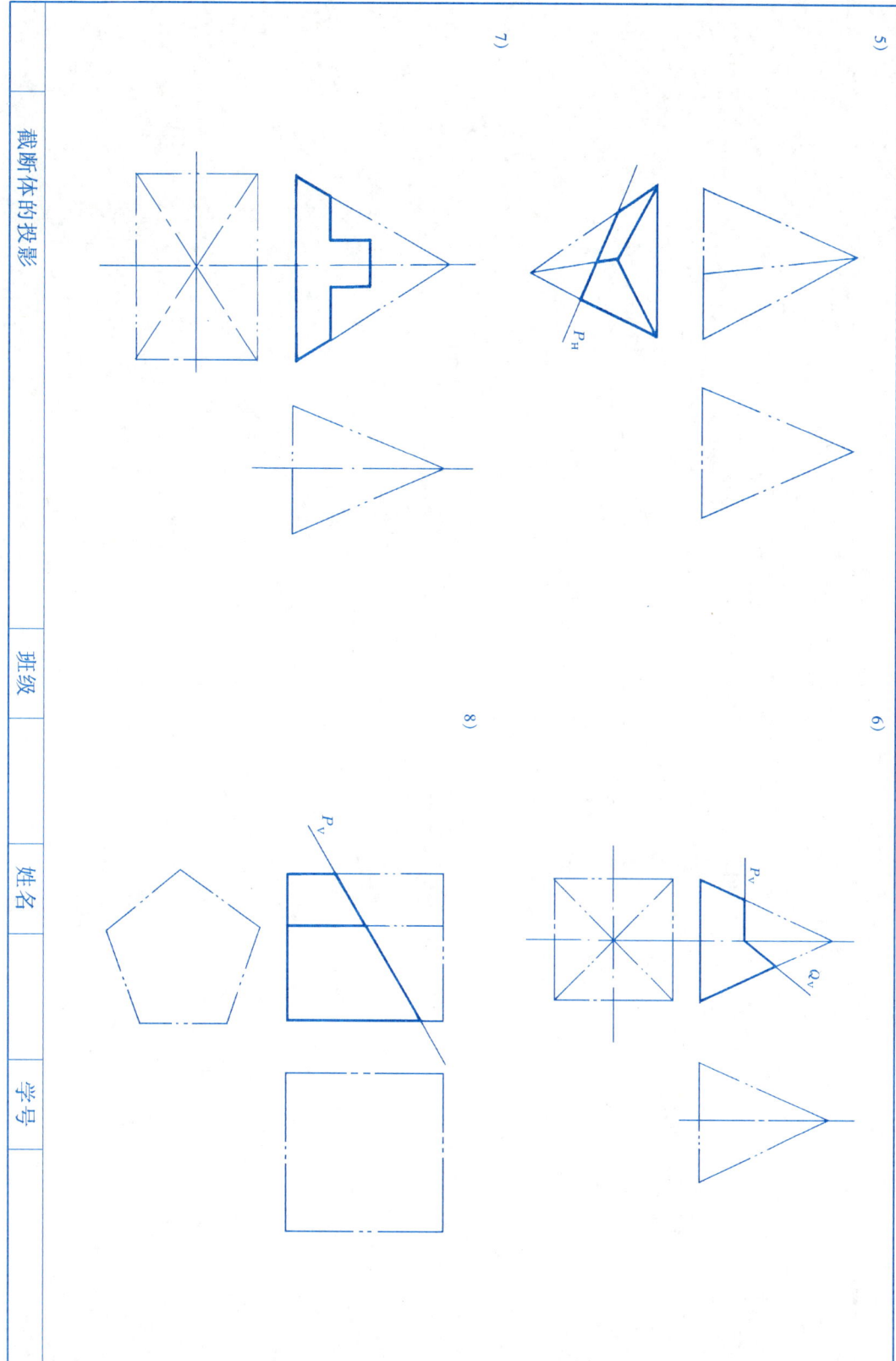

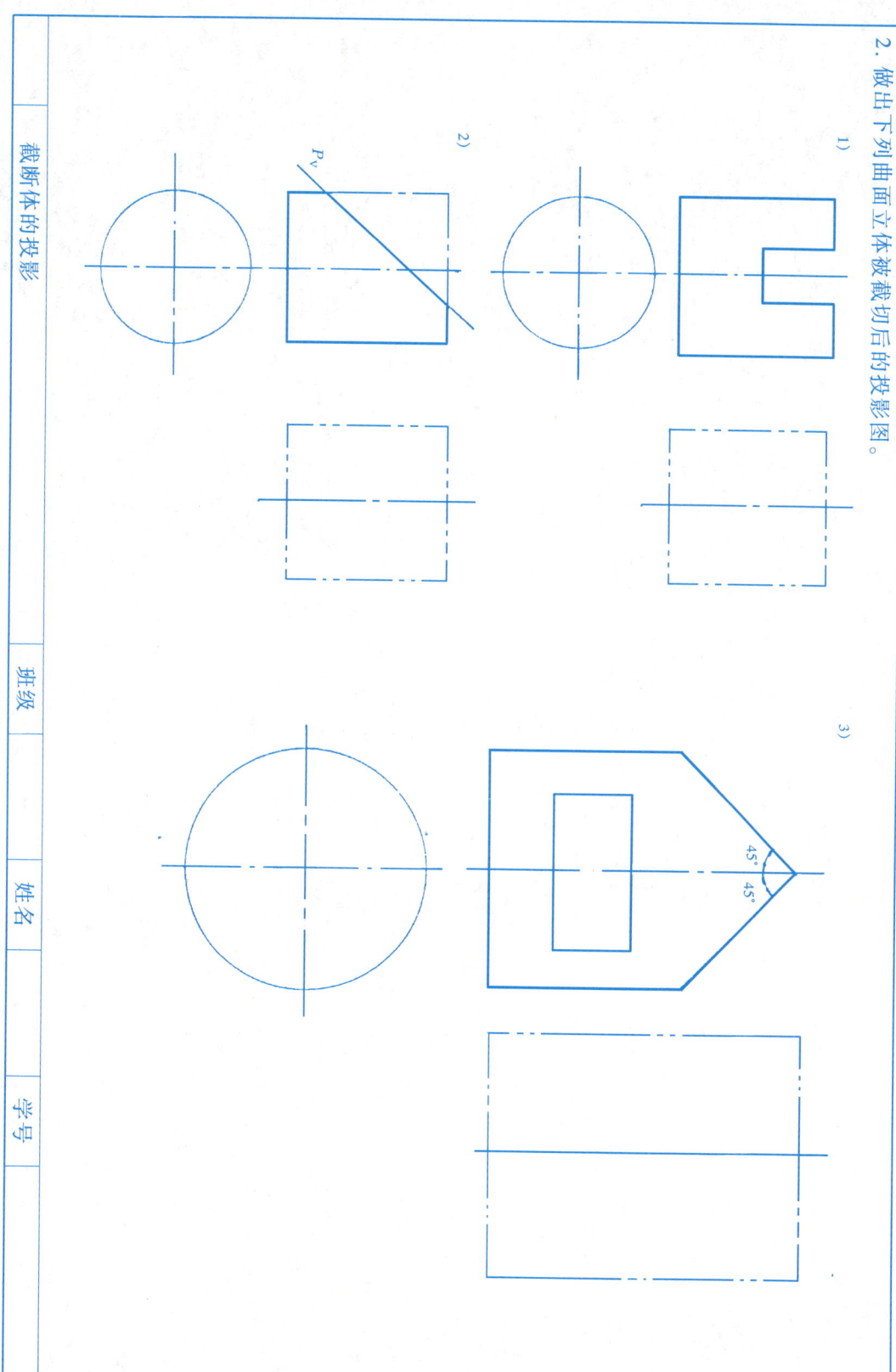

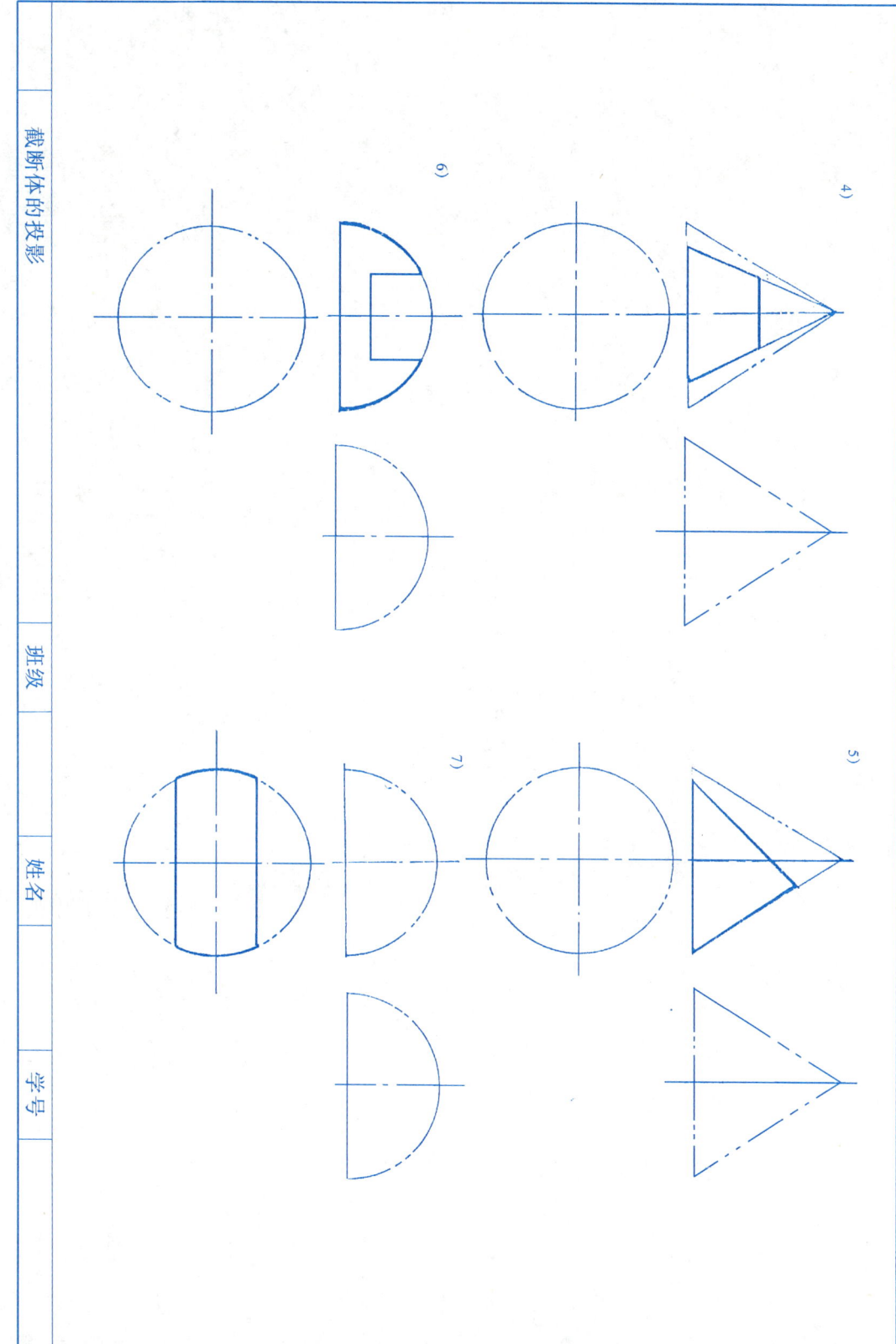

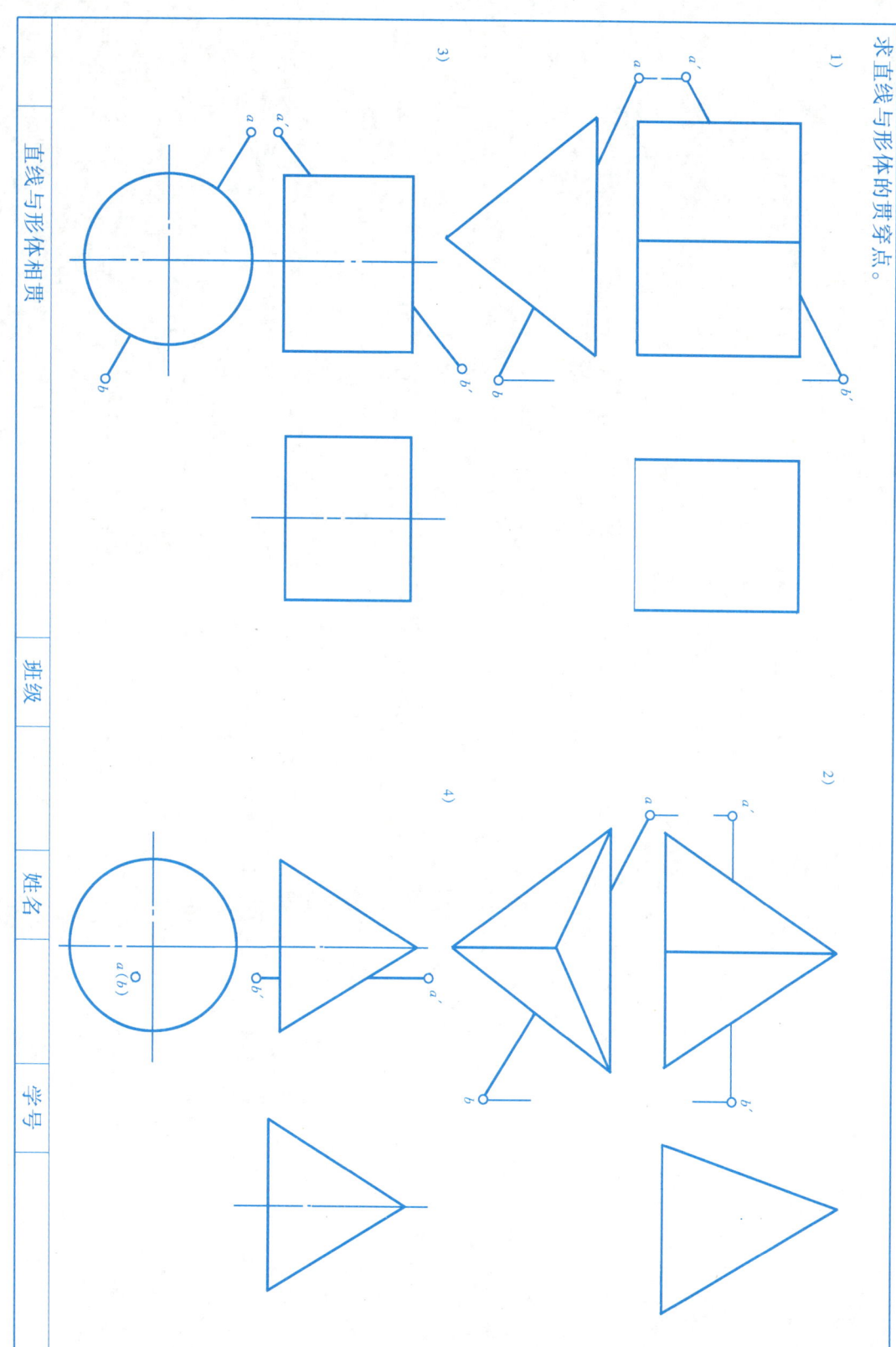

1. 完成下列平面体相贯的投影。

1) 2)

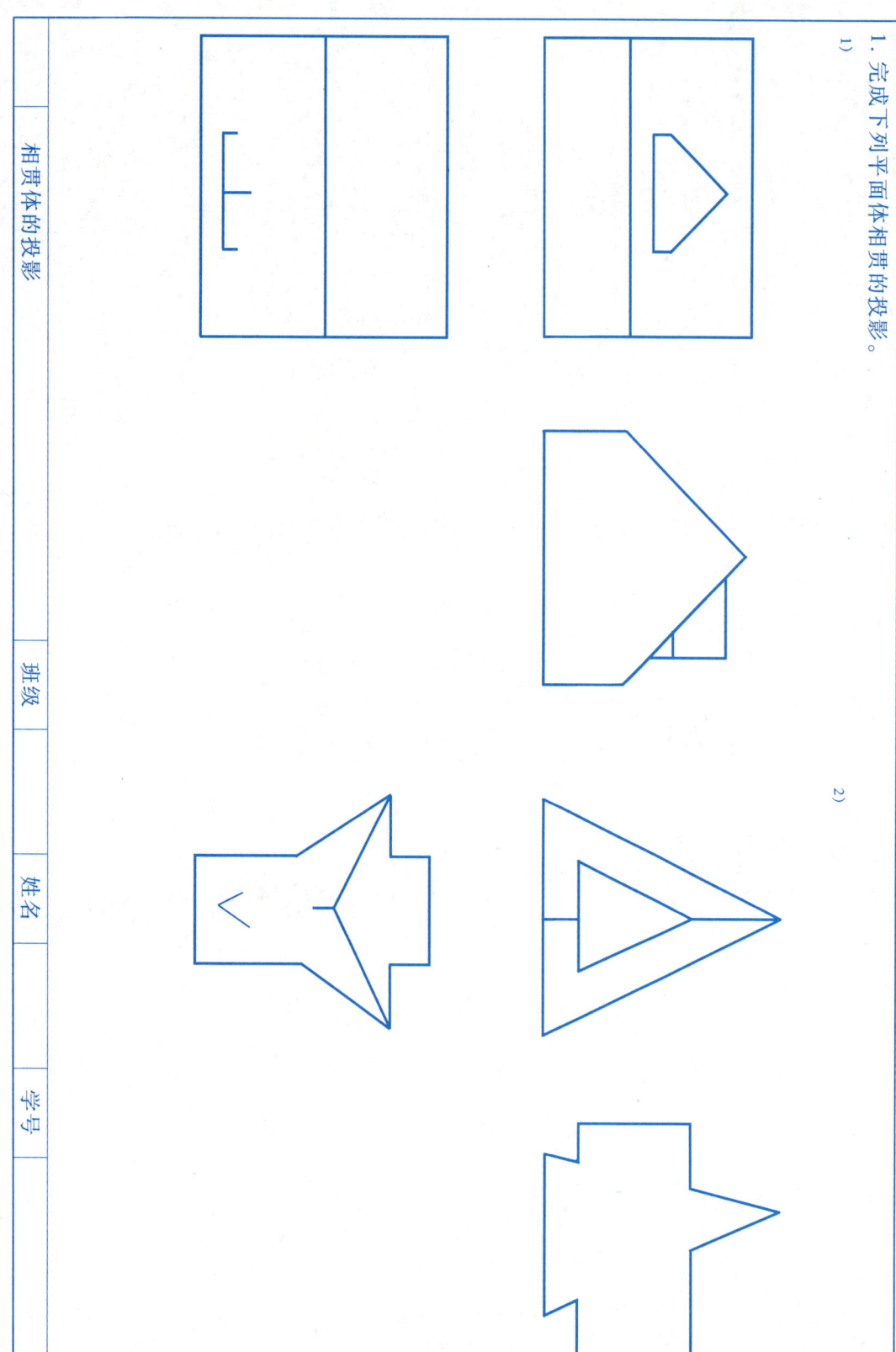

相贯体的投影

2. 已知四坡屋面的倾角 α = 30° 及檐口线的 H 面投影，完成屋面交线的 H、V 面投影。

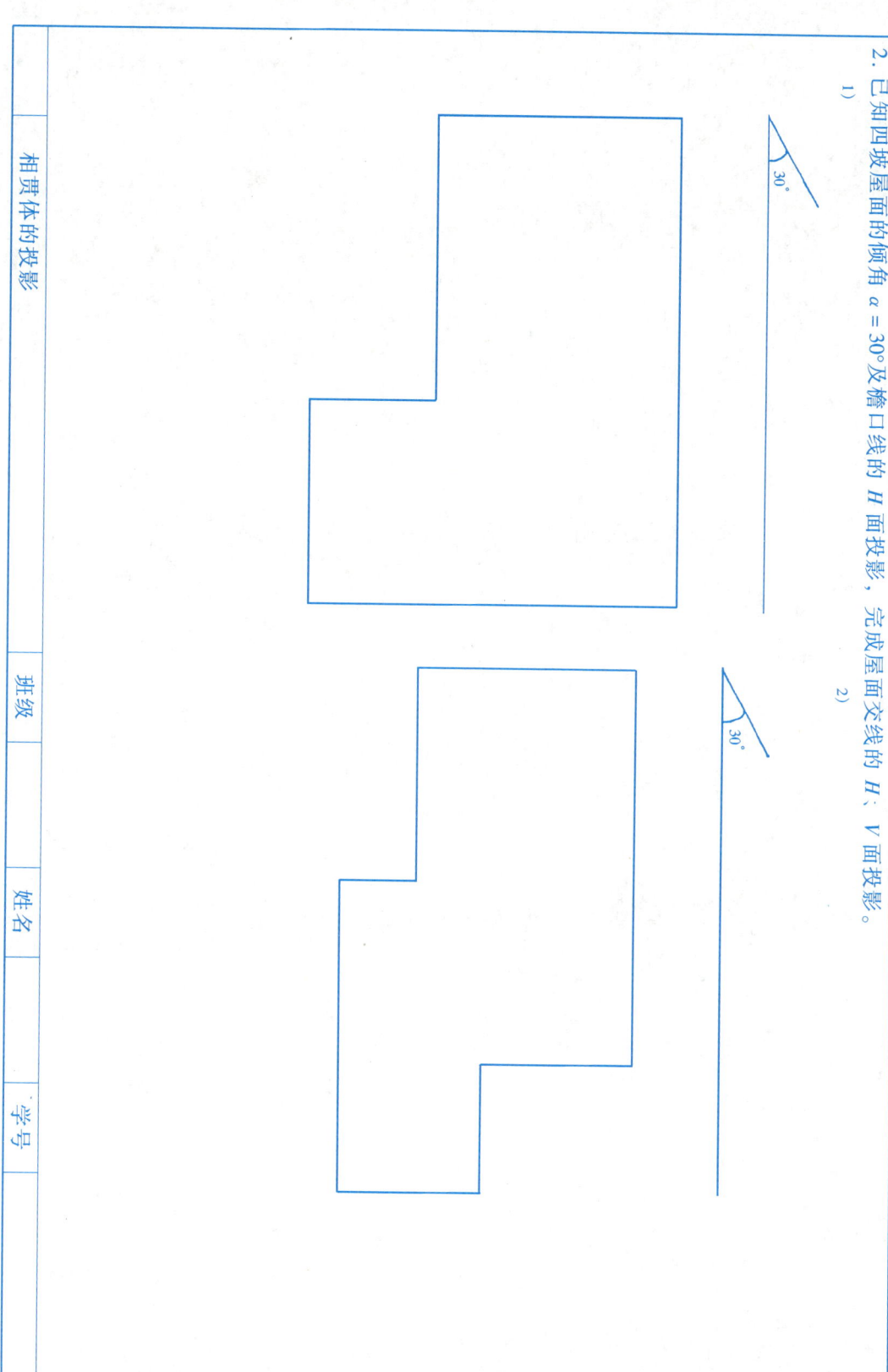

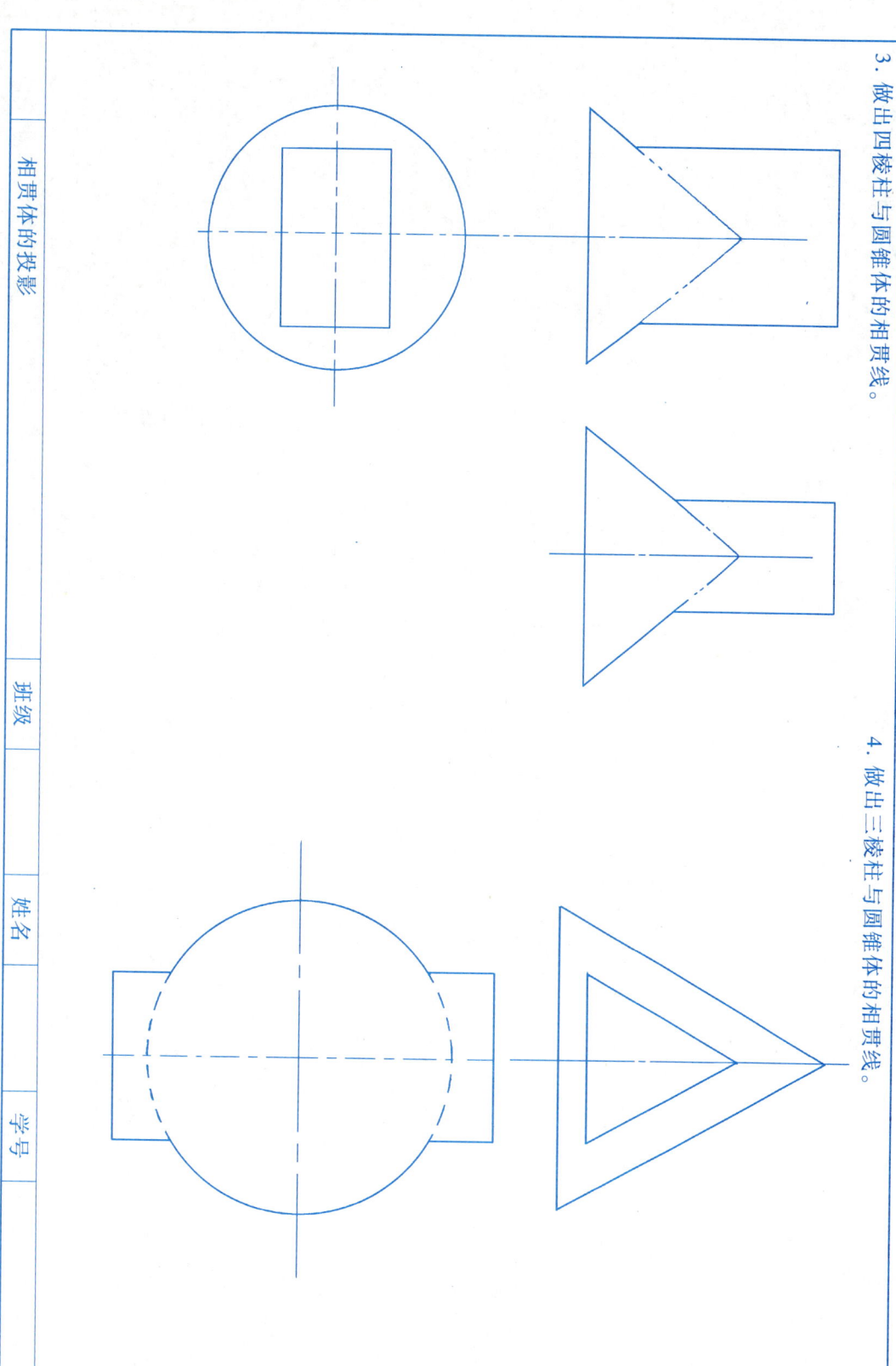

5. 完成下列曲面立体的相贯线。
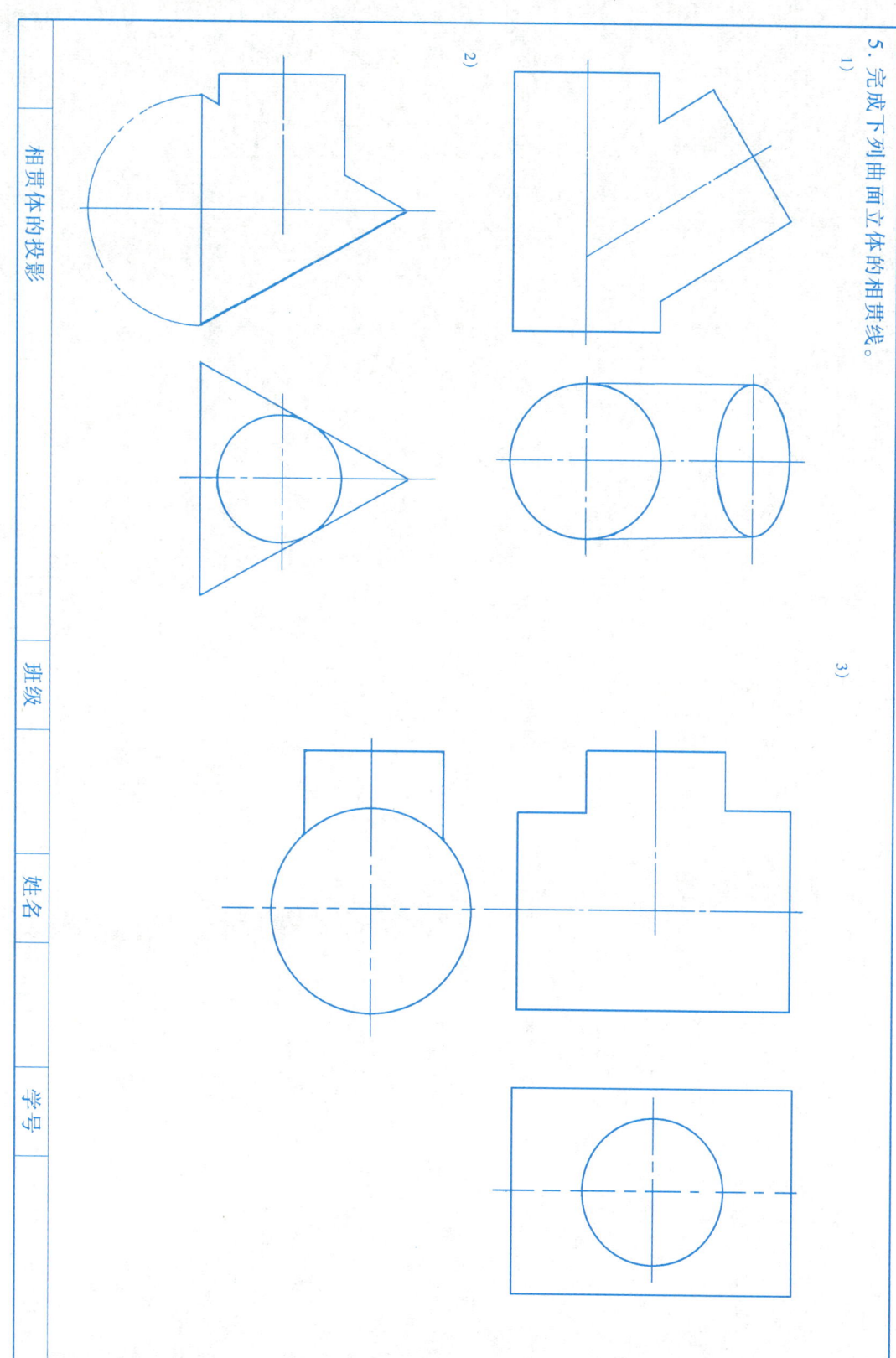

1. 根据组合体的直观图，做出其三面投影图。

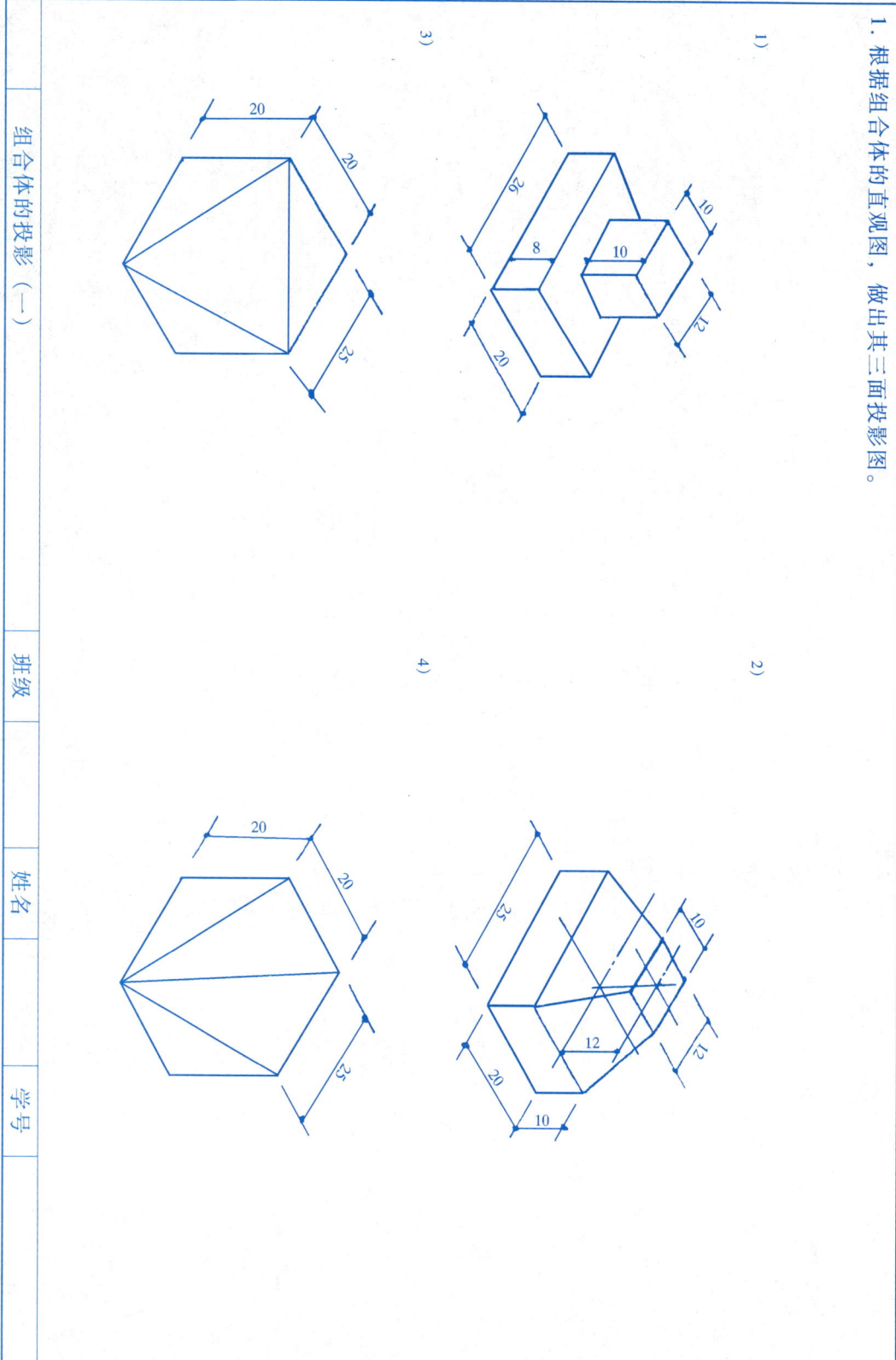

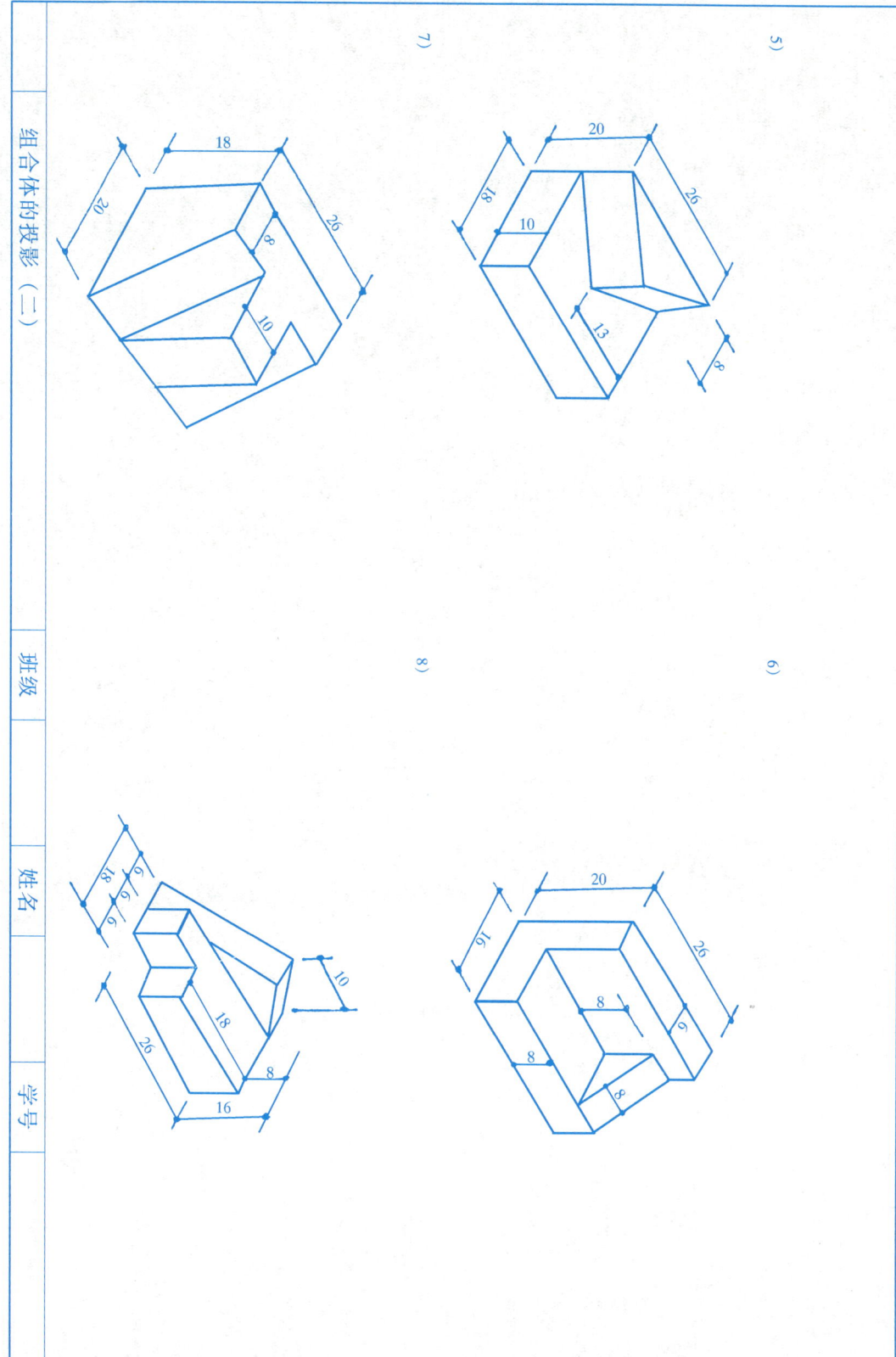

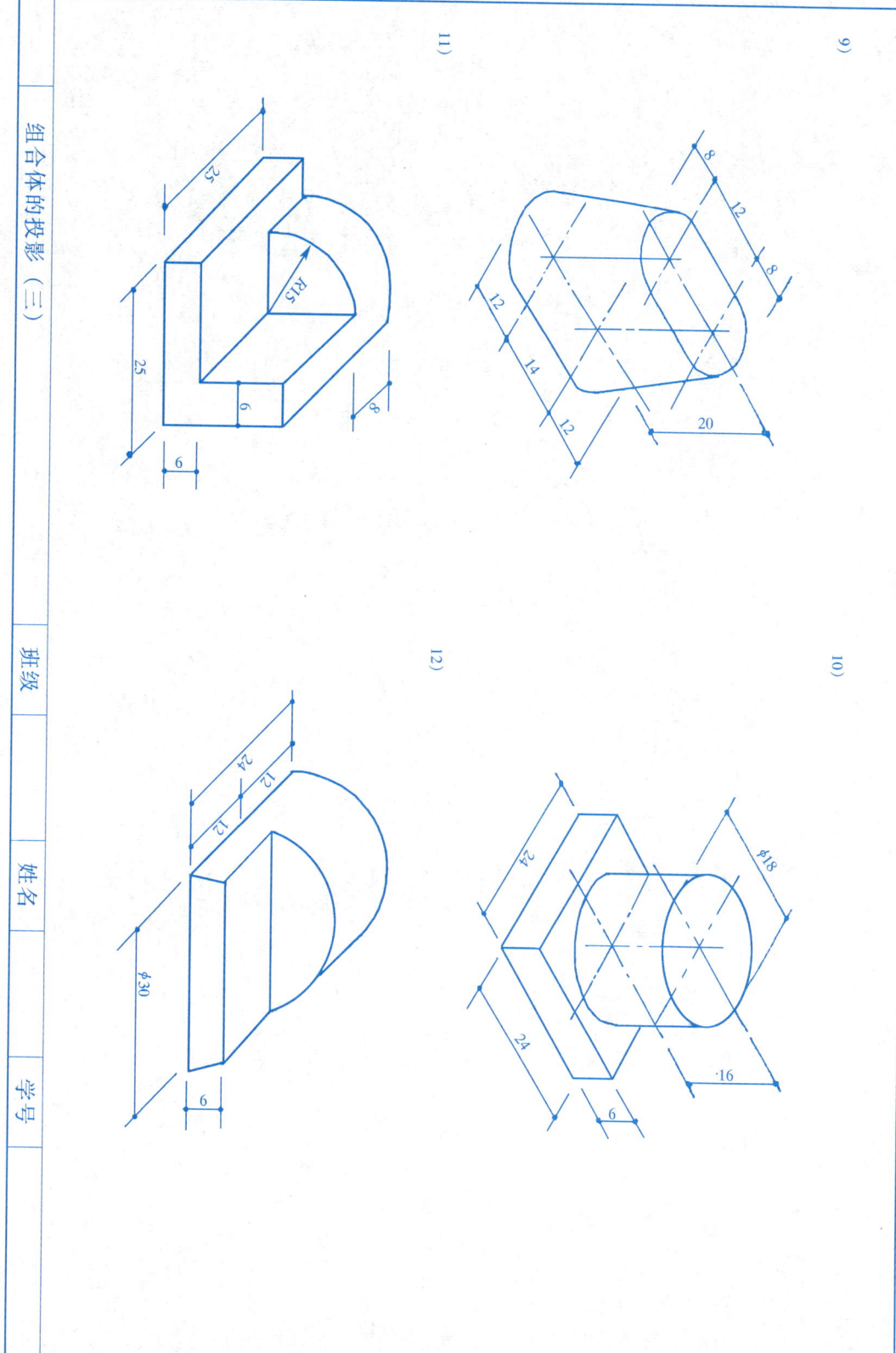

2. 根据组合体的直观图，做出其三面投影图，并标注尺寸。

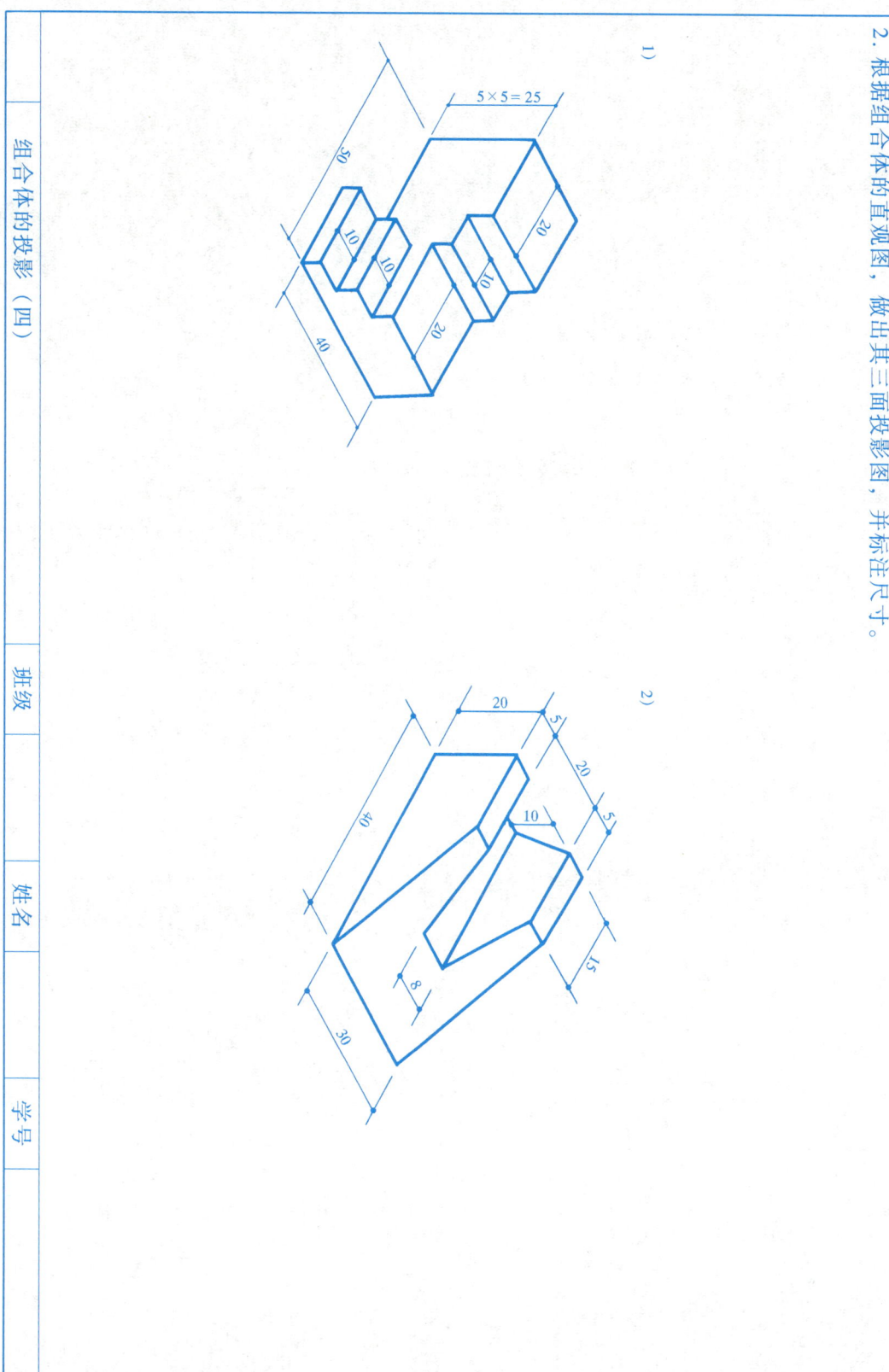

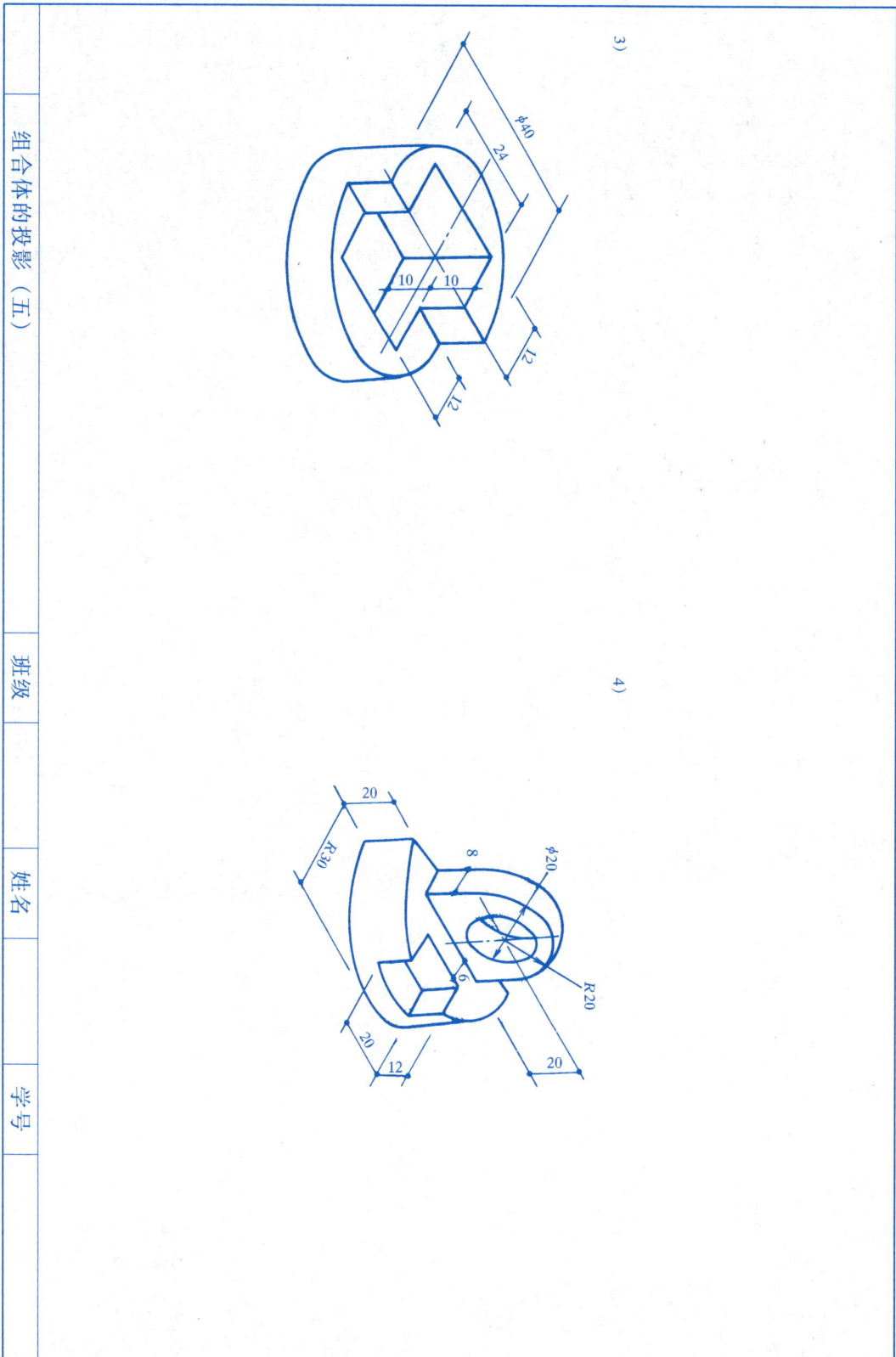

作 业 指 导 书

作业（七）、（八）组合体的投影

一、作业目的
1. 掌握组合体三面投影图的画法步骤；
2. 掌握三面投影图对应关系规律；
3. 进一步掌握制图工具和用品的正确使用方法和绘制图样的步骤，为将来使用计算机绘图打下良好的基础。

二、内容与要求
1. 根据投影轴测图画出三面投影图；
2. 选定比例，A3图幅和尺寸画图；
3. 画出投影轴和全部轮廓线，并标注尺寸。

三、绘图步骤
1. 分析形体，选择V面投影方向，一般应使形体的主要面平行于V面，并考虑作图清晰、虚线少，或反映形状特征的面平行于V面，并考虑作图清晰、虚线少，在草稿纸上画出三面投影草图；
2. 根据选用图幅画图框格式；
3. 根据投影图中的所注尺寸及选定比例在图纸的有效幅面范围内布图，并考虑尺寸标注所占的位置，布图应适中、匀称、美观；
4. 画投影图底稿，作图时，首先画出投影轴，完成底稿，检查、校对、修正，擦出多余的线；
5. 加深图线，按规定的线型要求加深，要求粗细分明，铅笔图线应达到黑、光、亮的效果；
6. 标注尺寸，先画出全部尺寸界线，尺寸线和起止符号，然后按要求标注尺寸数字，尺寸标注应整齐、美观、准确；
7. 填写标题栏内各项内容，注写比例，文字说明，完成全图。

| 组合体的投影作业指导书 | 班级 | 姓名 | 学号 |

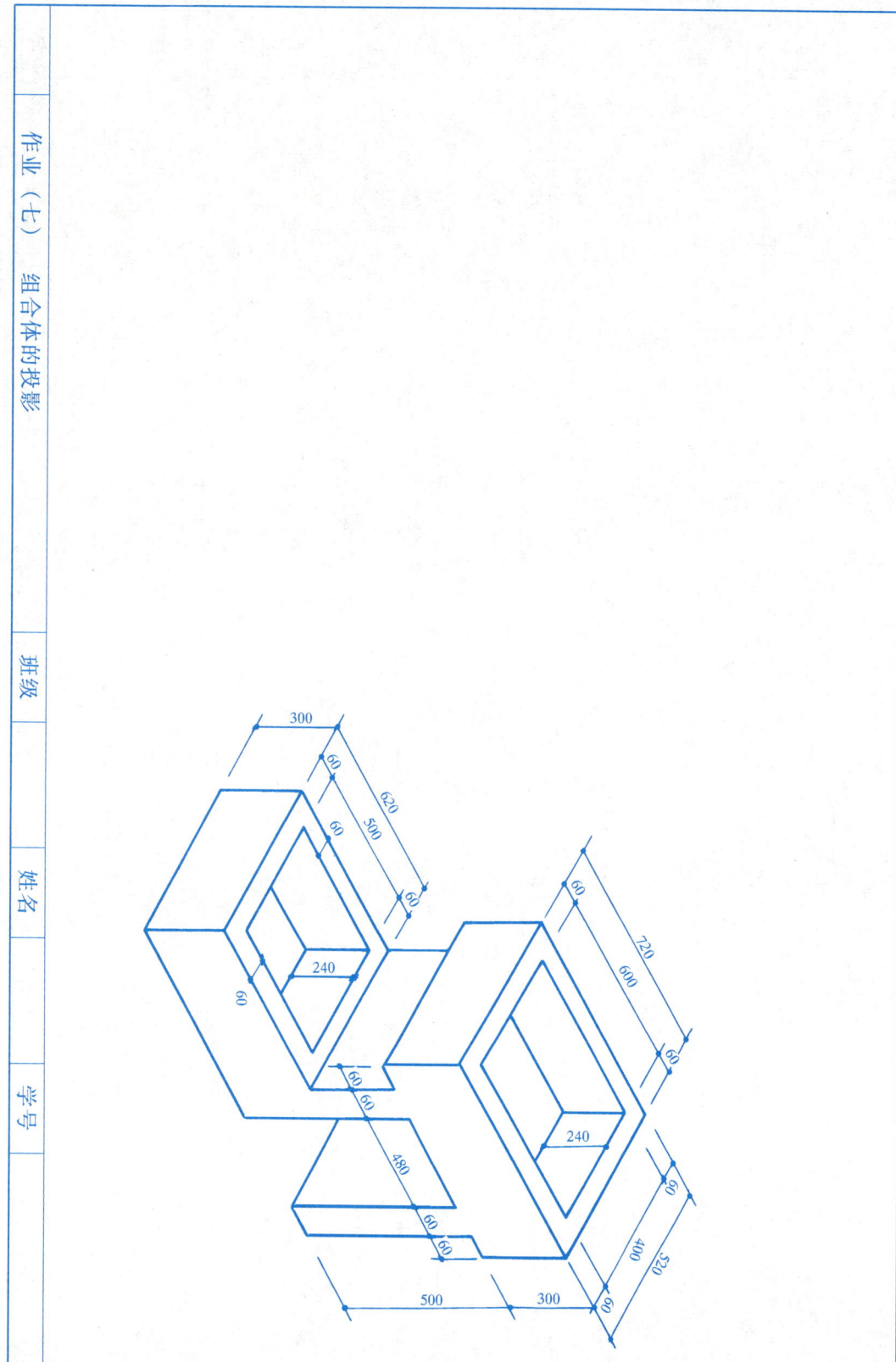

1. 根据形体的一个投影，设计两种不同的形体，补全其他投影。

1)

2)

组合体投影图的识读

班级　　　姓名　　　学号

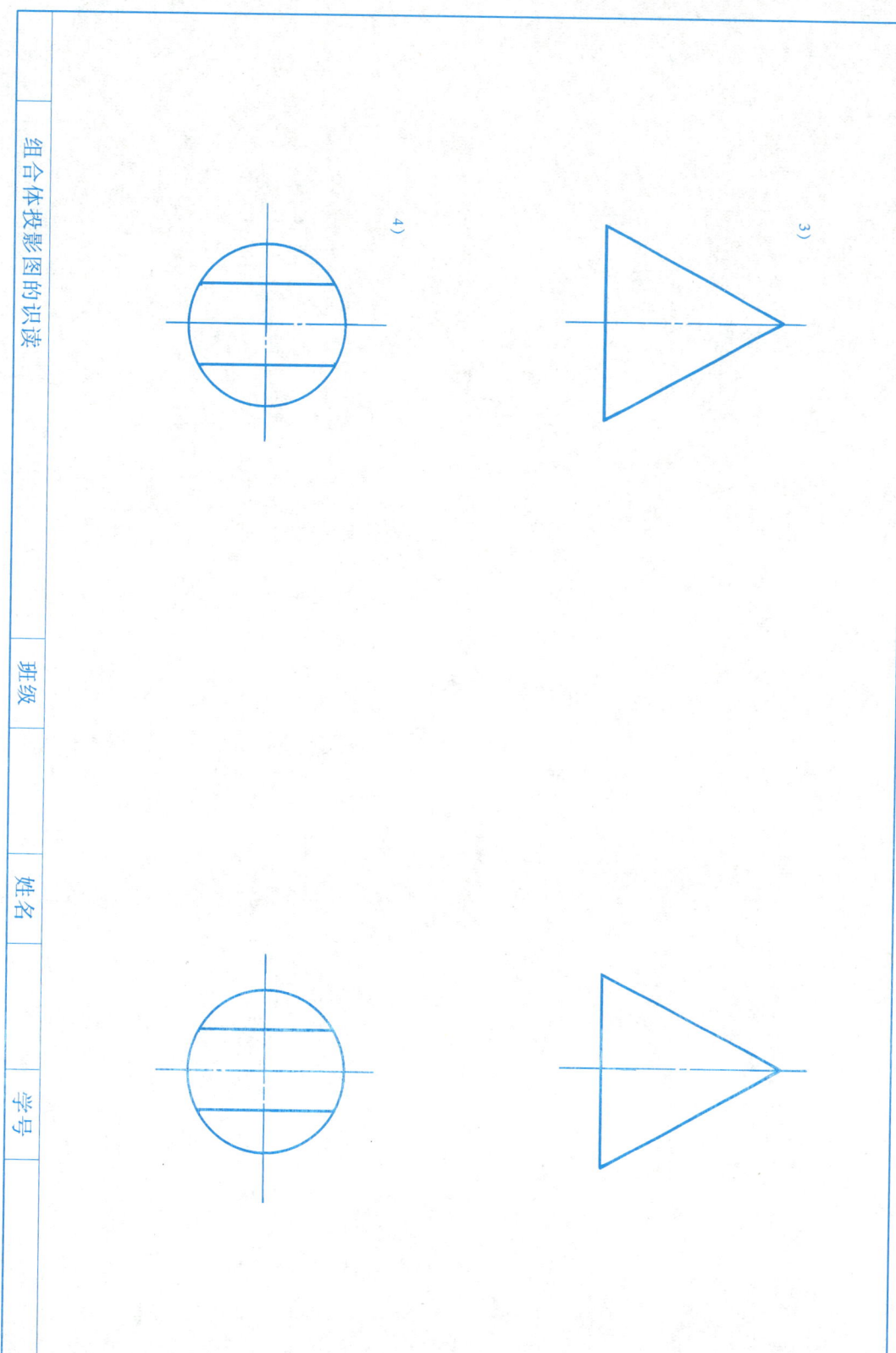

2. 根据形体的两个投影，设计两种不同的形体，补绘第三投影。

1)

2)

组合体投影图的识读 | 班级 | 姓名 | 学号

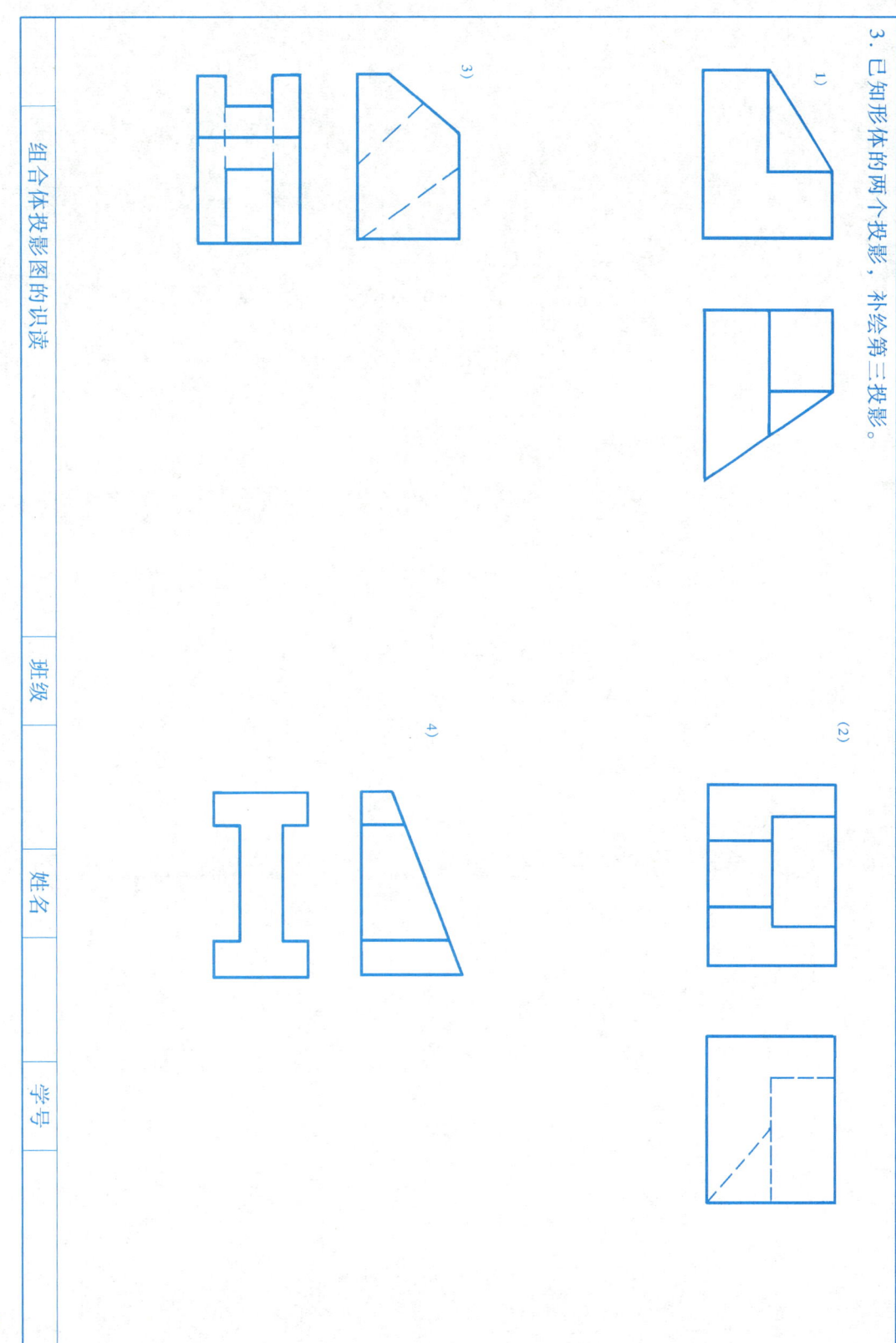

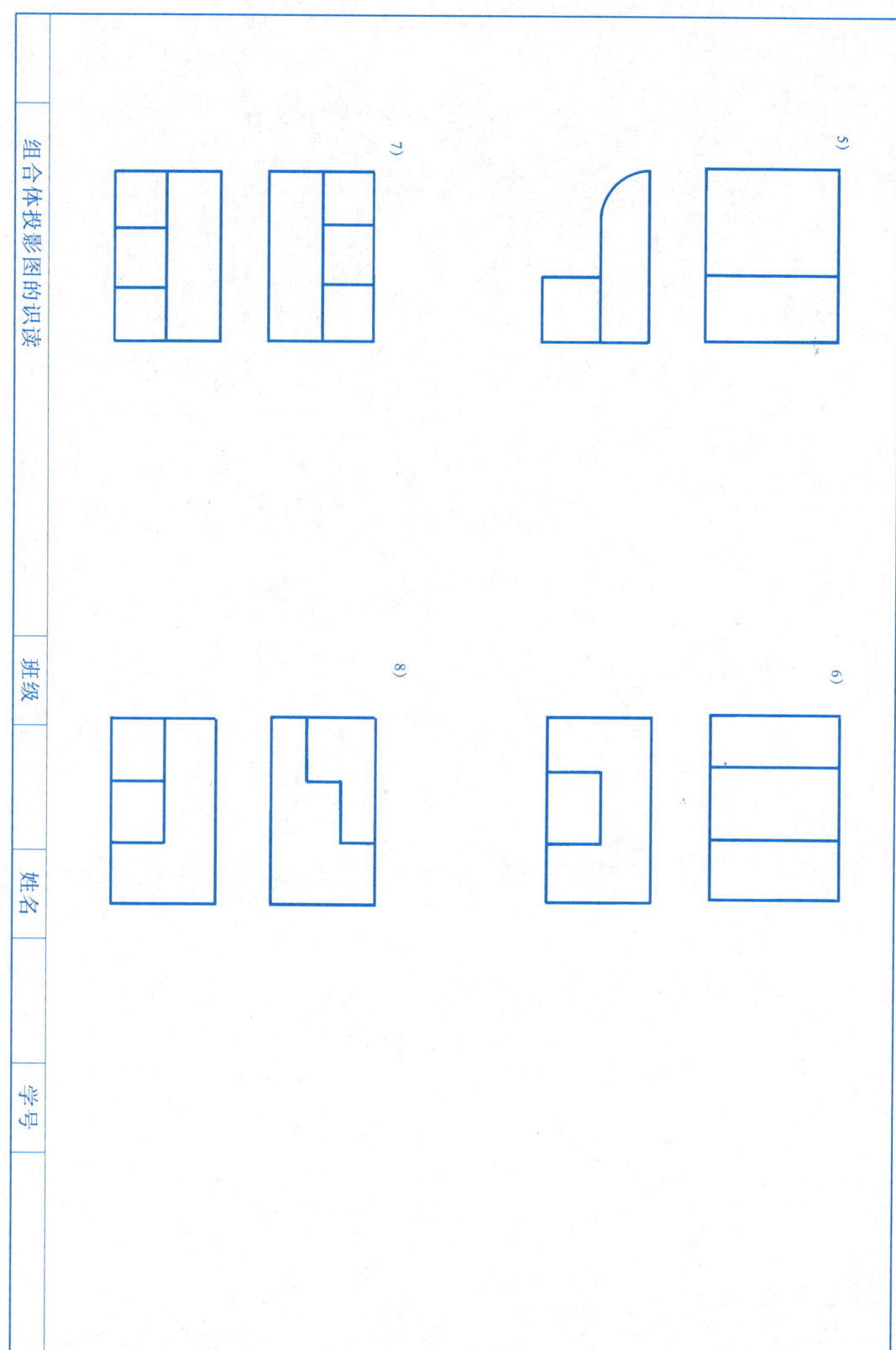

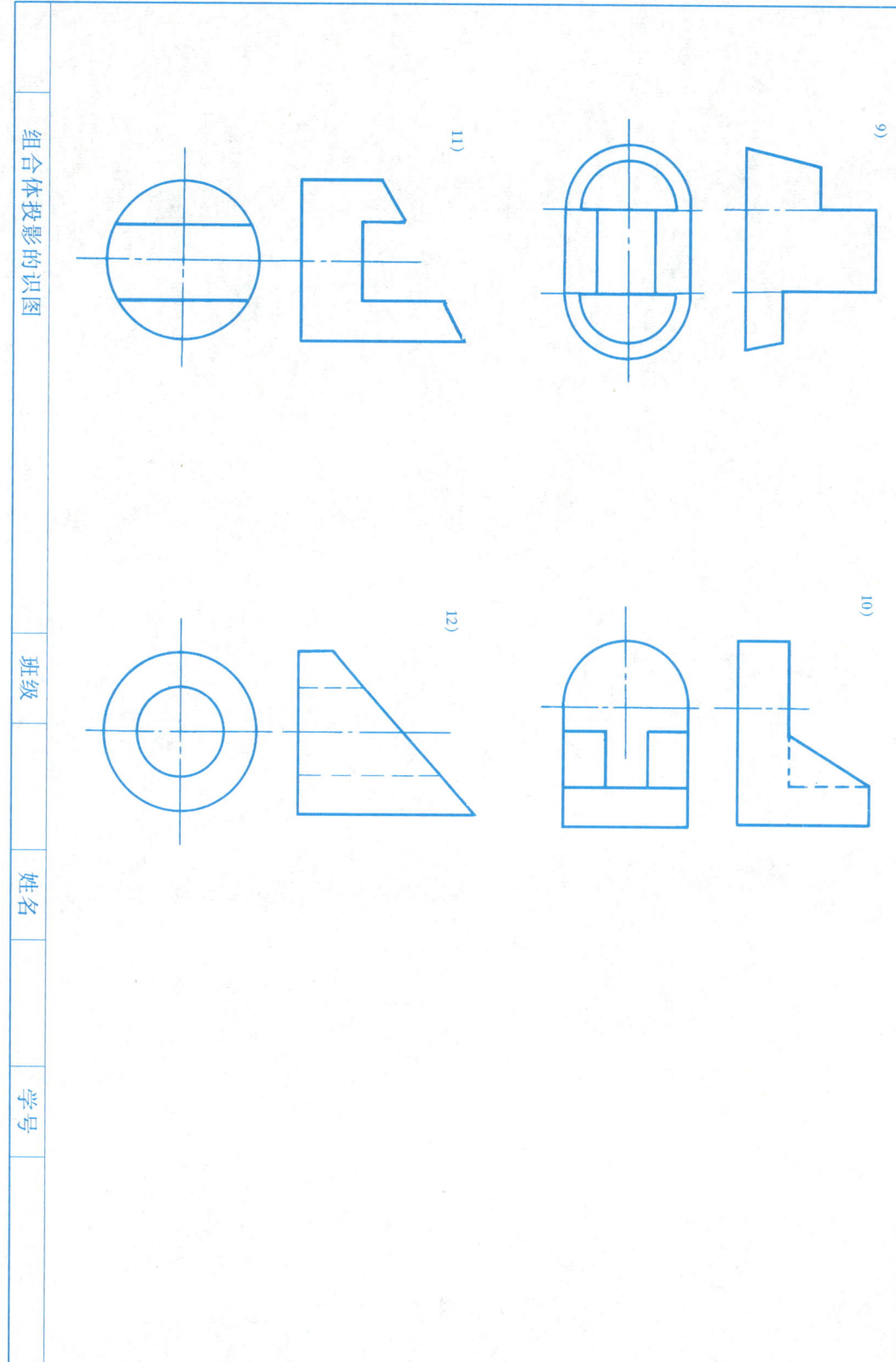

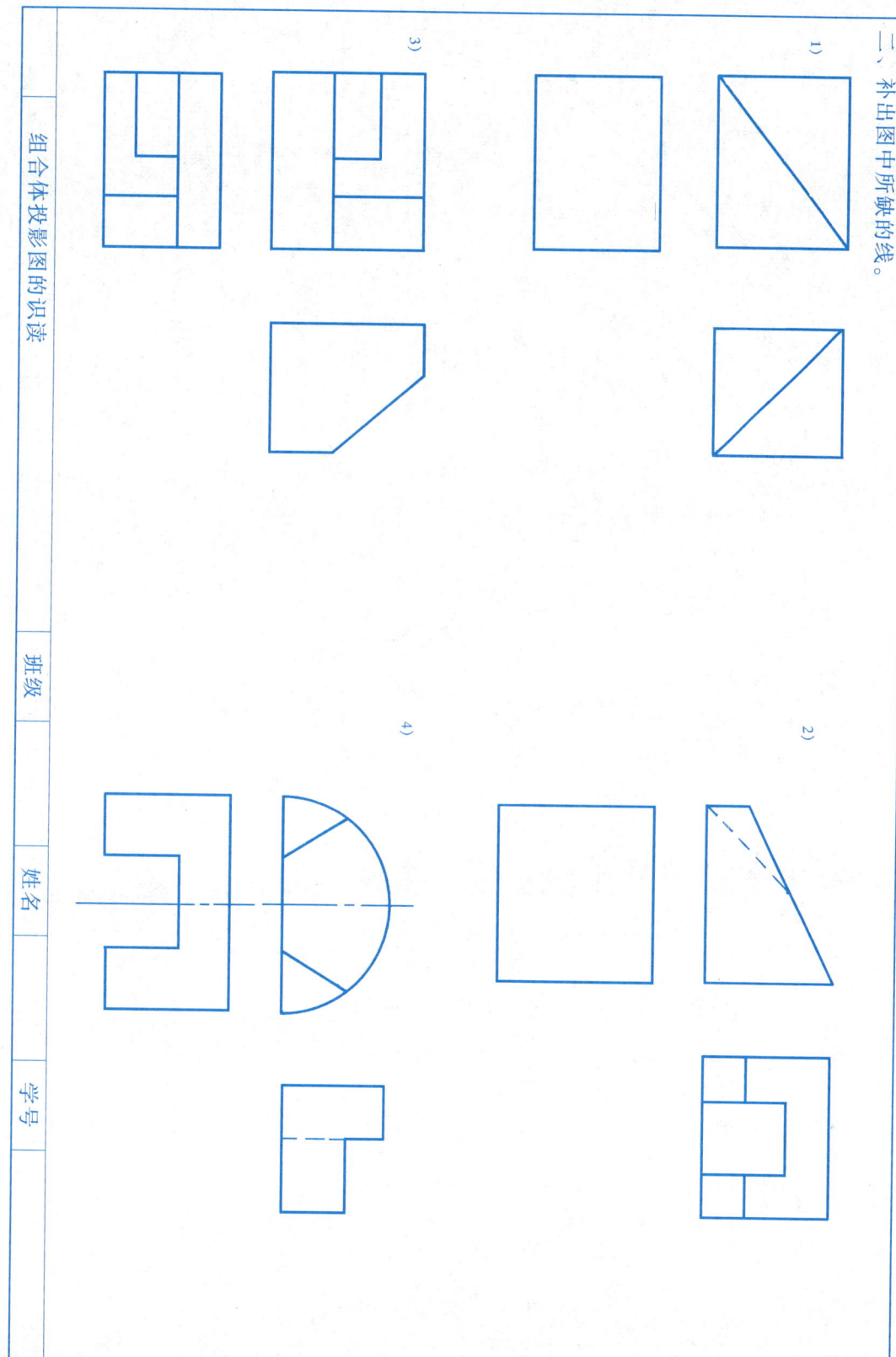

1. 画全剖面图。

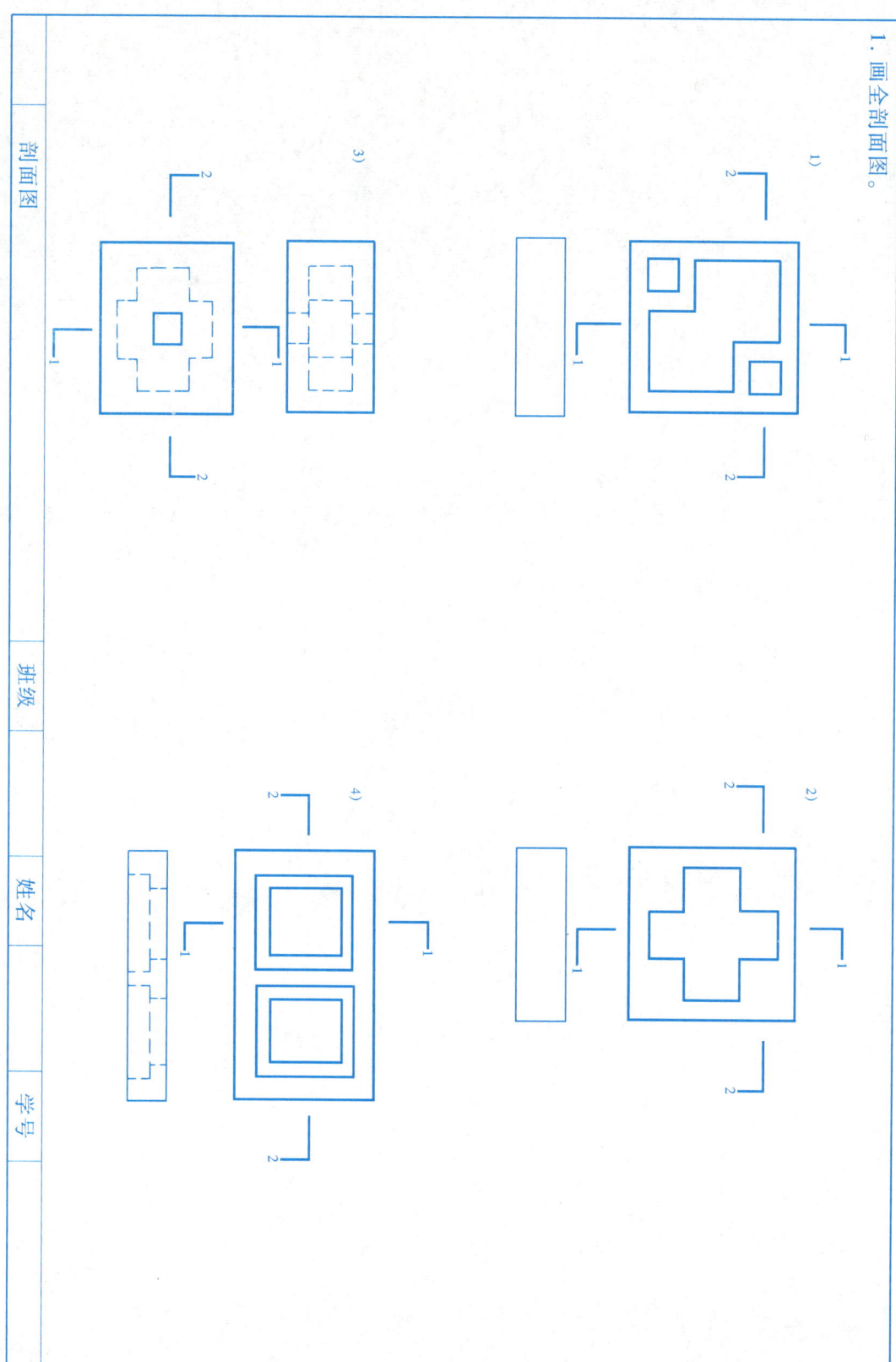

2. 在W面投影上画出半剖面图，并标注相对应的剖切符号。

3. 在W面投影上画出阶梯剖面图，并标注相对应的剖切符号。

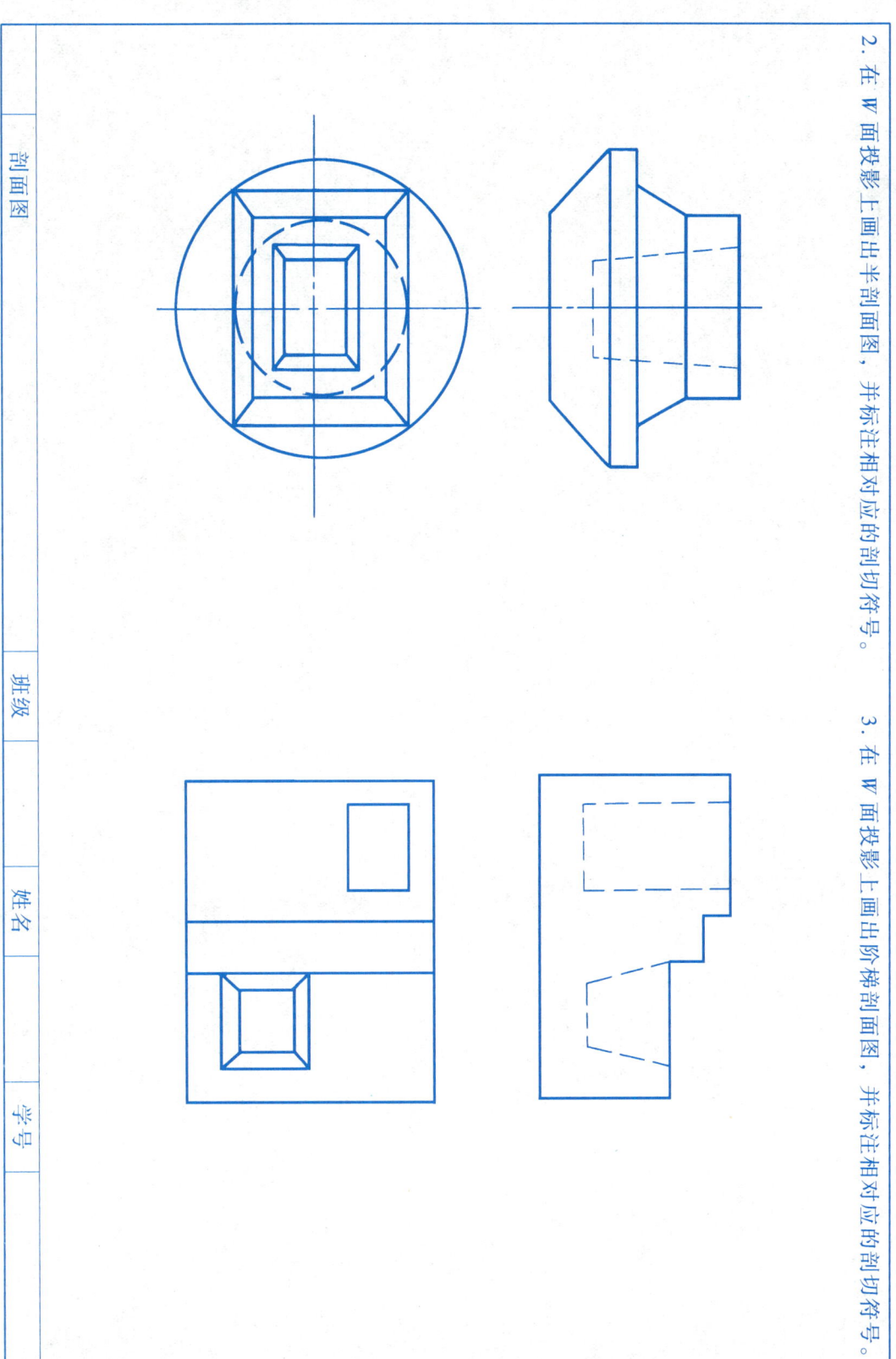

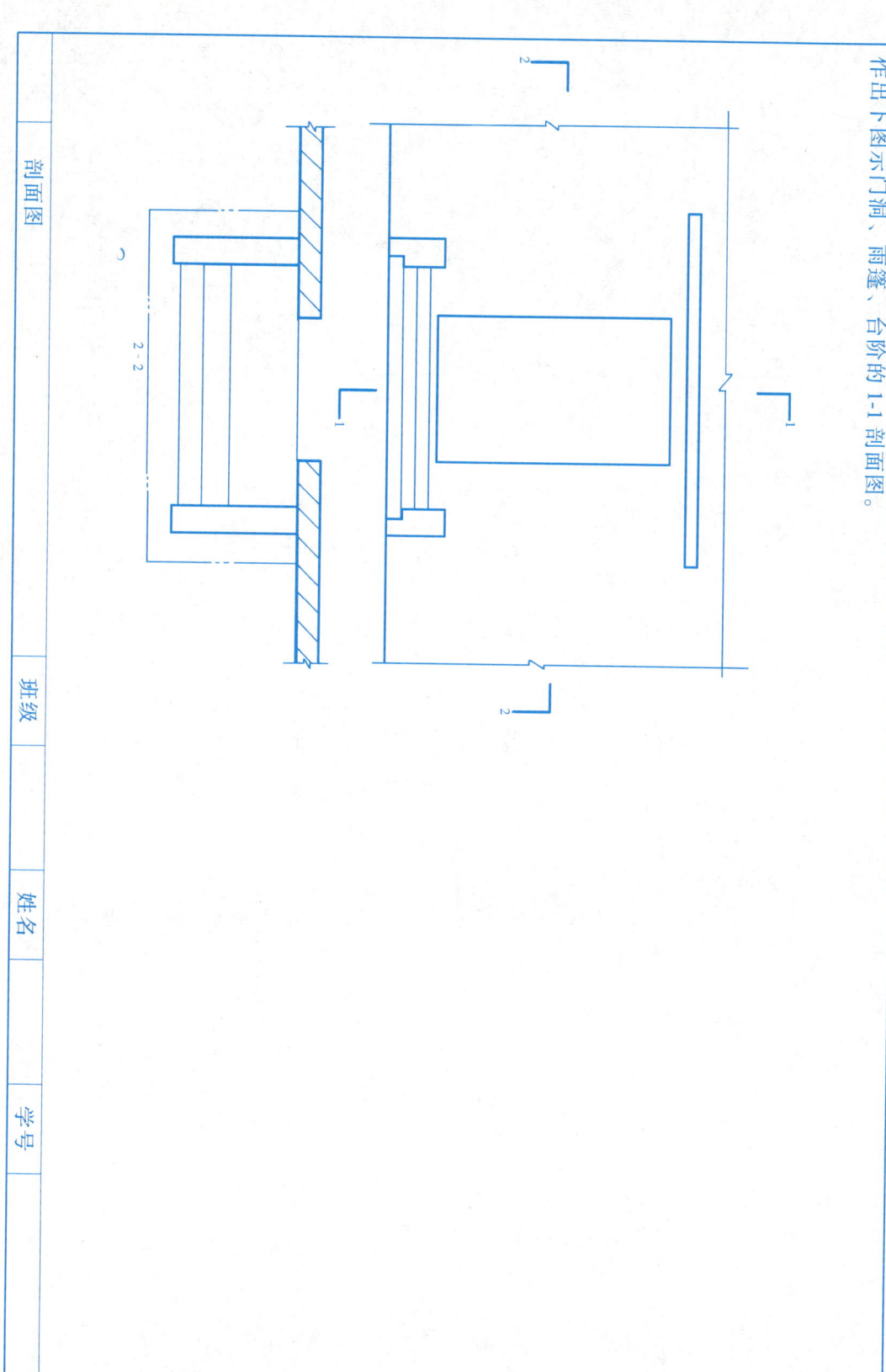

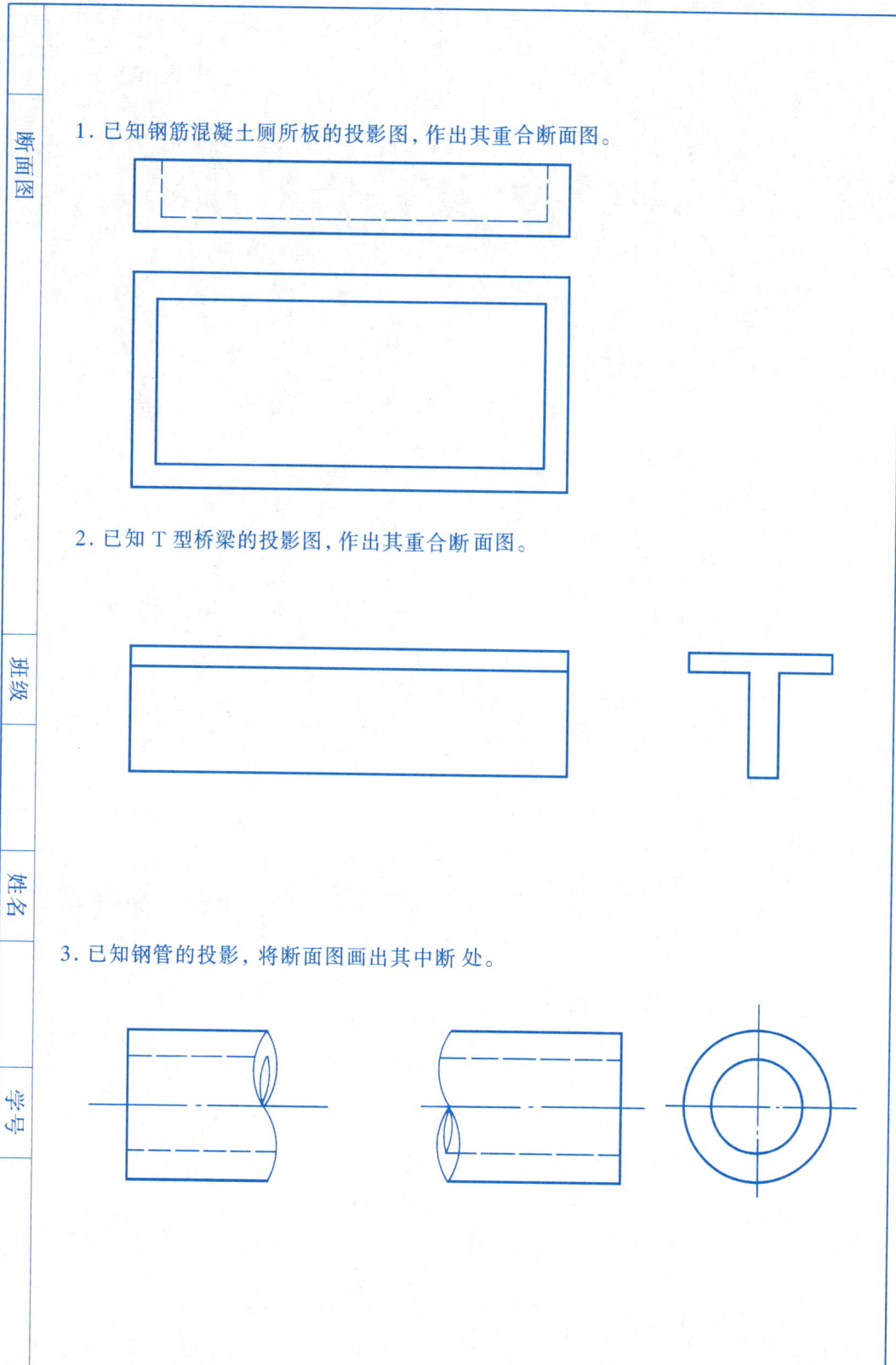

4. 已知钢筋混凝土柱的投影,在剖切位置延长线上画出移出断面图。

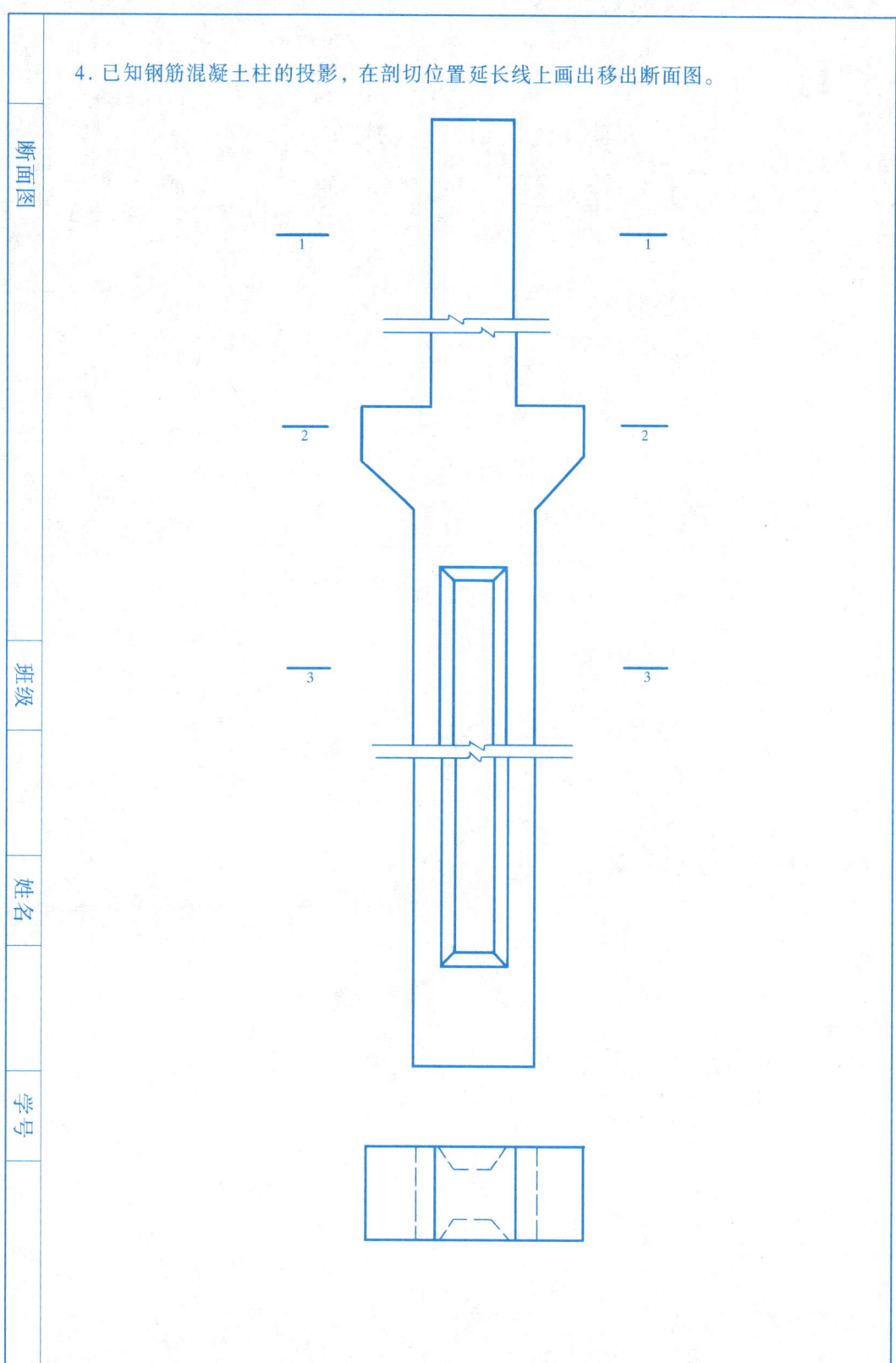

图 纸 目 录

序号	图别	图号	图纸内容
1	首页	00	图纸目录,门窗表
2	建施	01	一层平面图
3	建施	02	二层平面图
4	建施	03	屋顶平面图
5	建施	04	①~⑦轴立面图
6	建施	05	⑦~①轴立面图
7	建施	06	1-1剖面图
8	结施	01	基础平面图,结构设计说明
9	结施	02	基础详图
10	结施	03	一层结构平面
11	结施	04	二层结构平面
12	结施	05	屋顶结构平面
13	结施	06	XB-3
14	结施	07	L-5、XL-1
15	结施	08	WLL-1、Z-1,2,3

门 窗 表

门窗名称	洞口尺寸	数量	图集名称	备注
C-1	1800×4900	2	见 C-1 大样	
C-2	1800×1500	8	98ZJ721 TLC 90-17	铝合金窗
C-3	900×1500	8	98ZJ721 TLC 90-17	白铝绿玻
C-4	1500×1500	6	98ZJ721 TLC 90-17	铝材厚1.2mm
C-5	900×900	2	98ZJ721 TLC 90-2	玻璃厚5mm
C-6	1800×900	2	仿 98ZJ721 TLC 90-17	
M-1	3160×2600	2	88ZJ611 JM703-3324	卷闸门
M-2	1300×2100	2	98ZJ681 GJM215-b-1321	
M-3	900×2100	12	98ZJ681 GJM201-0921	
M-4	800×2100	12	98ZJ681 GJM201-0821	
M-5	800×2100	2	98ZJ681 GJM201-0821	
M-6	700×2100	2	仿 98ZJ681 GJM201-0821	镶玻门
M-7	900×1800	2	仿 88ZJ601 M11-0920	
M-8	700×1500	2	仿 88ZJ601 M11-0820	
MC-1	2000×2100	2	仿 88ZJ601 Mg1c-2121	

(设计单位)		某住宅楼	
制图		图别	首页
设计		图号	00
审核		图纸目录、门窗表	
		日期	

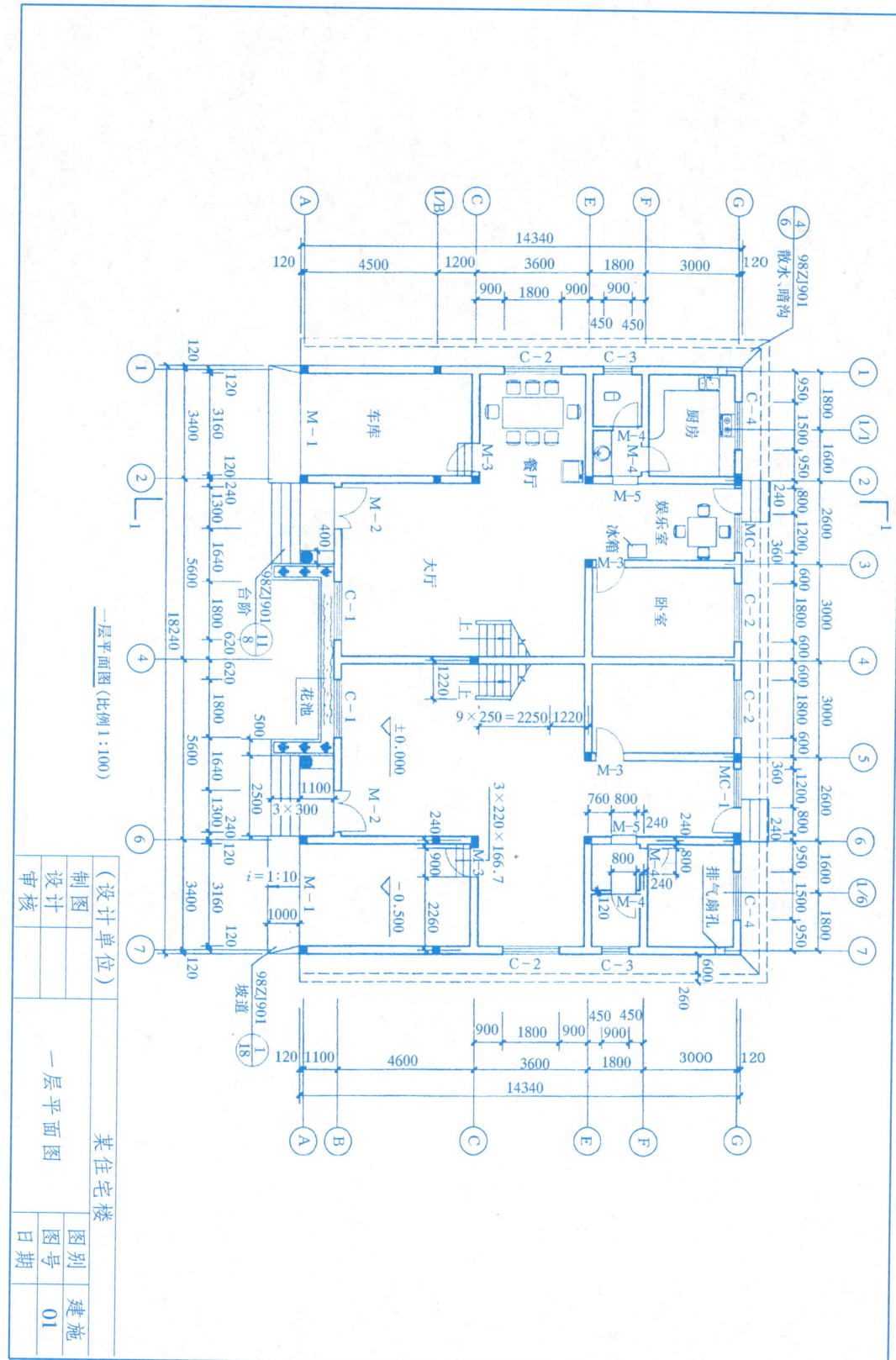

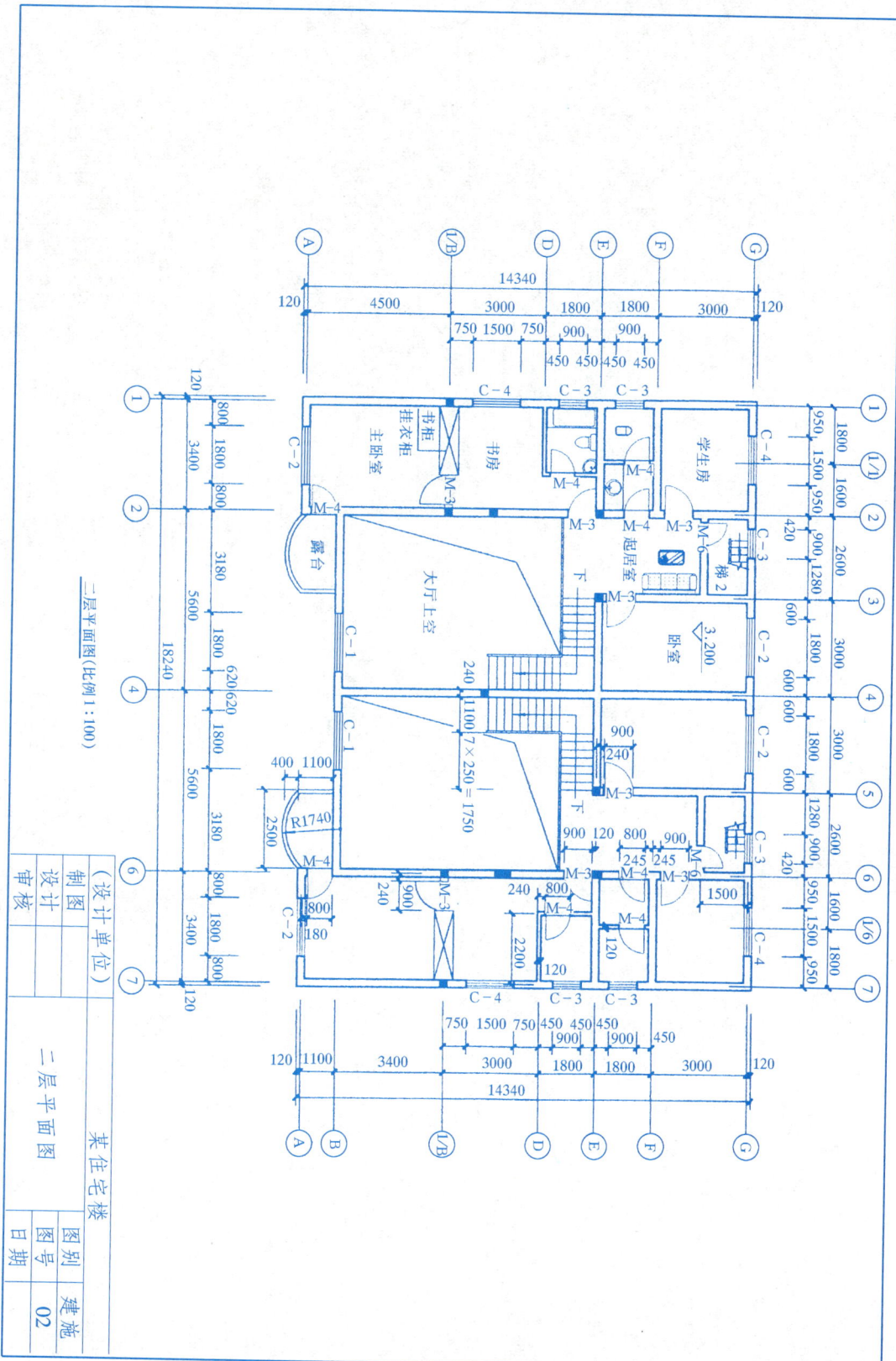

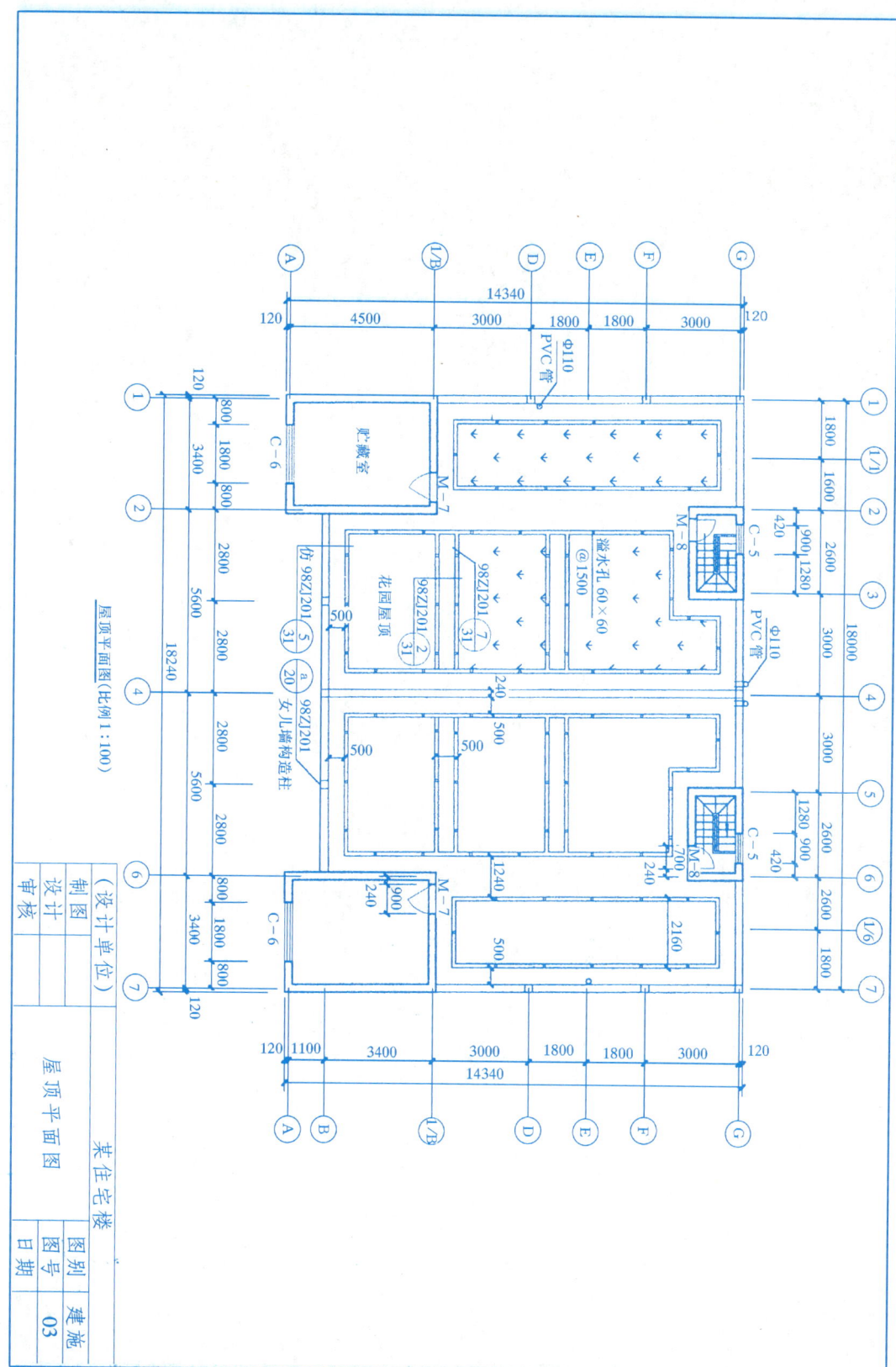

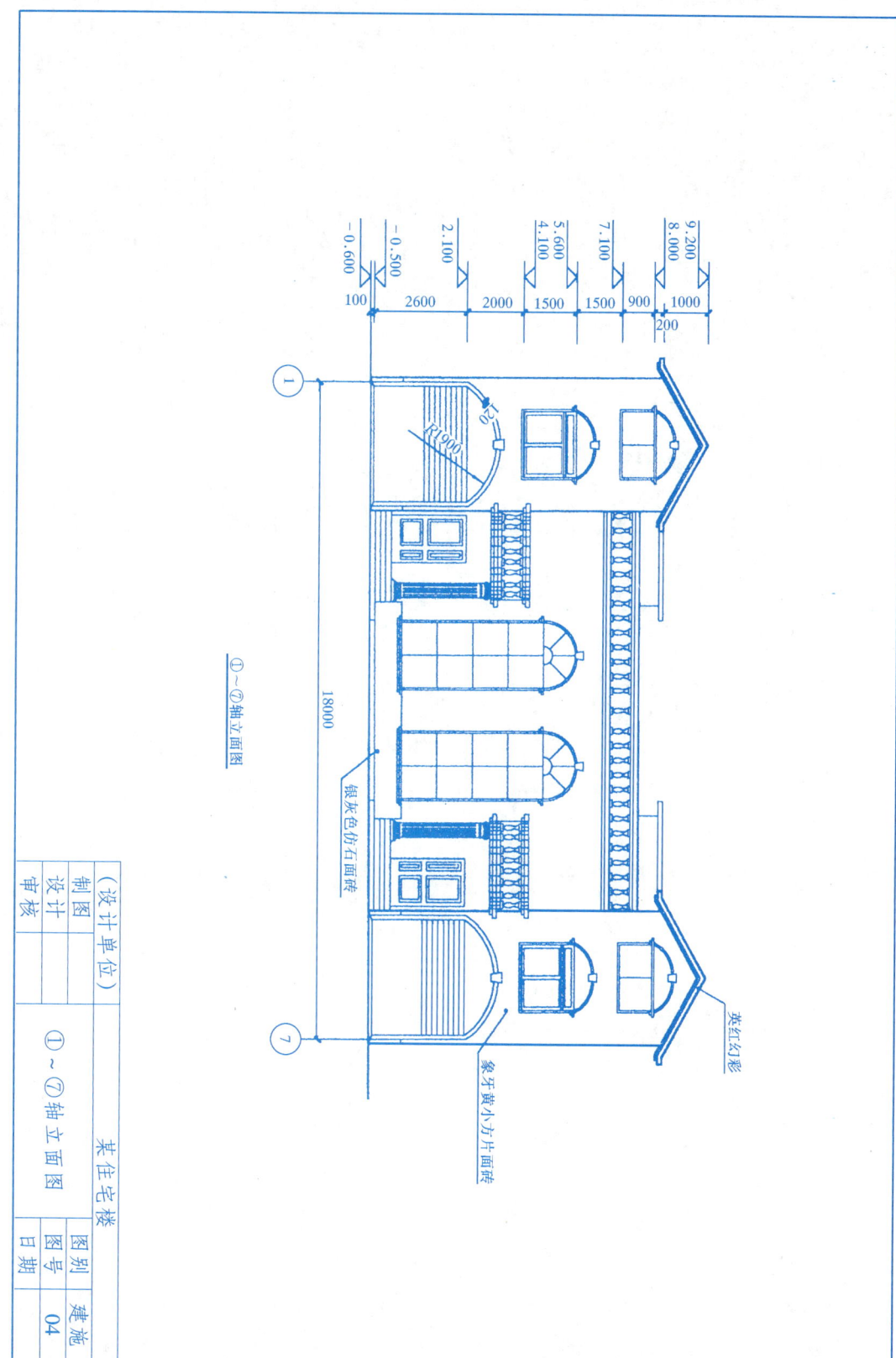

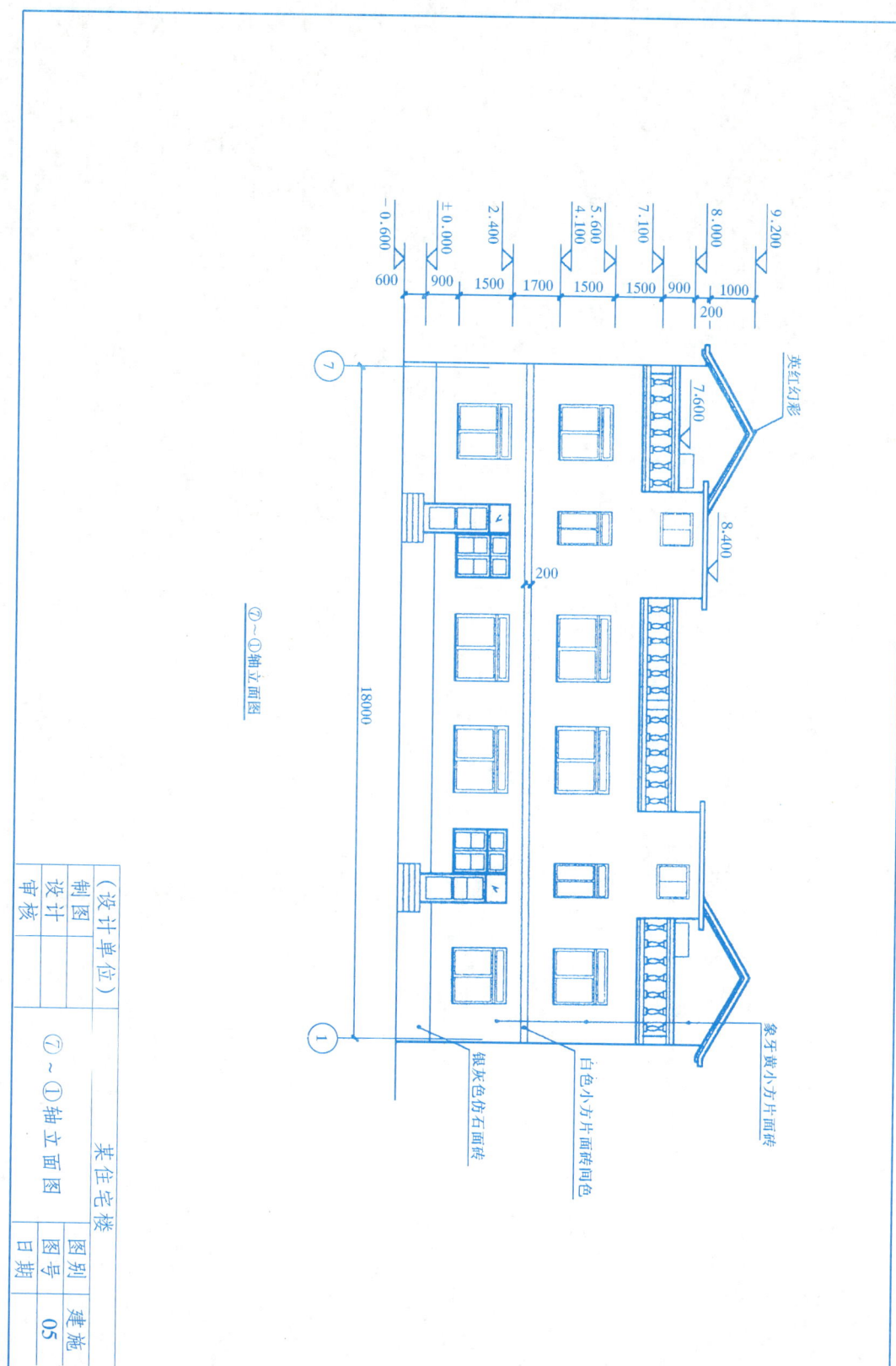

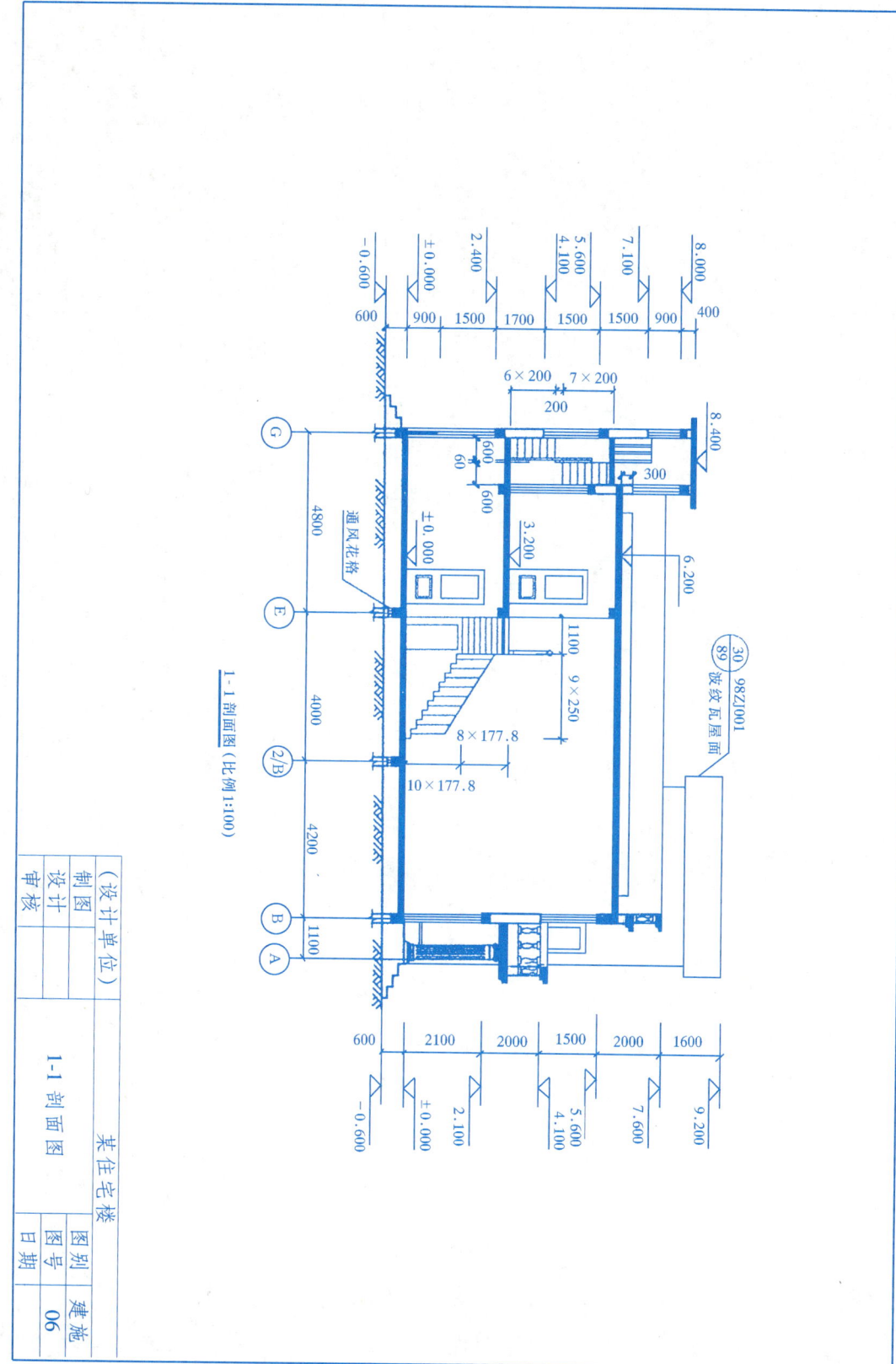

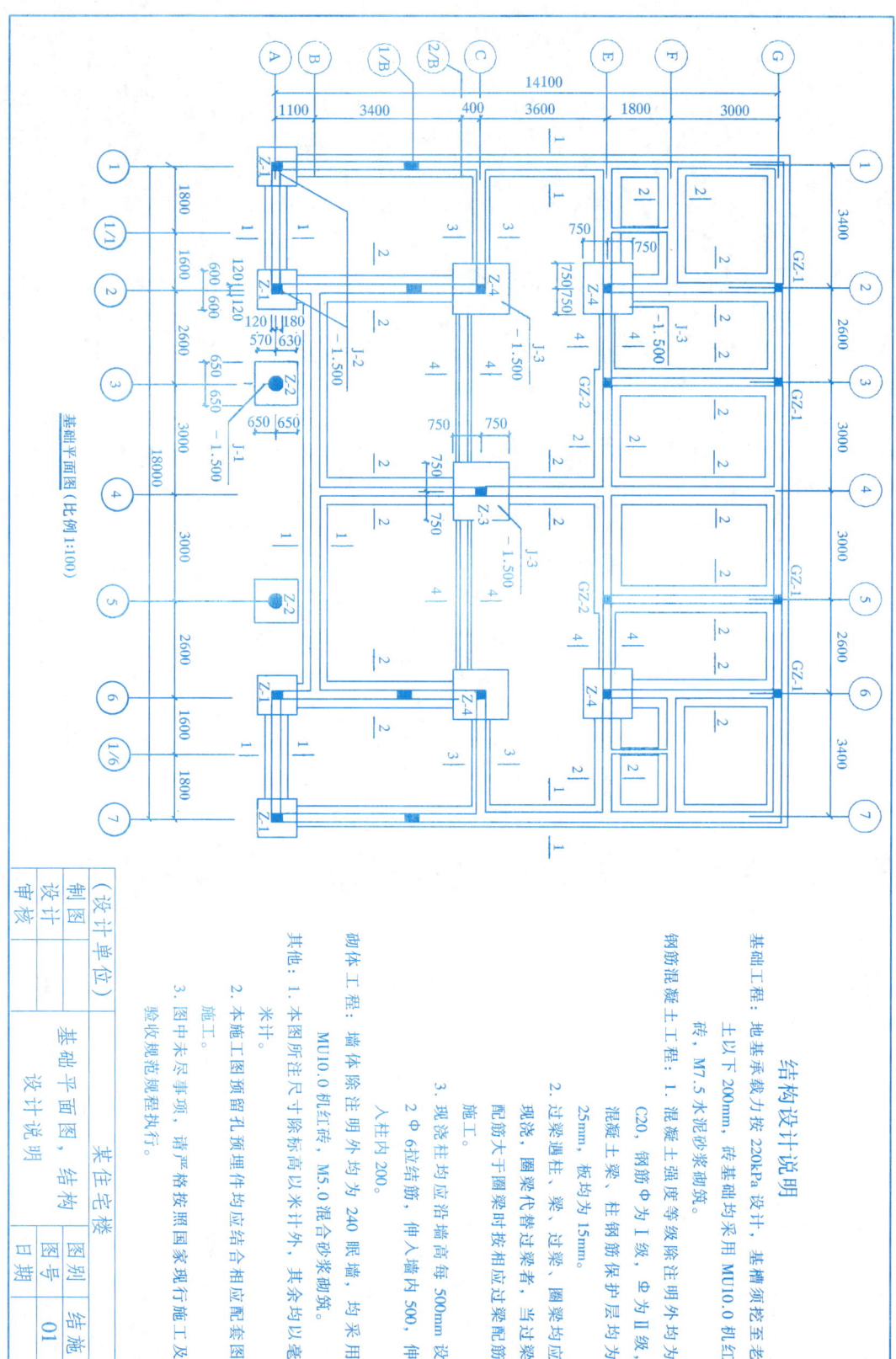

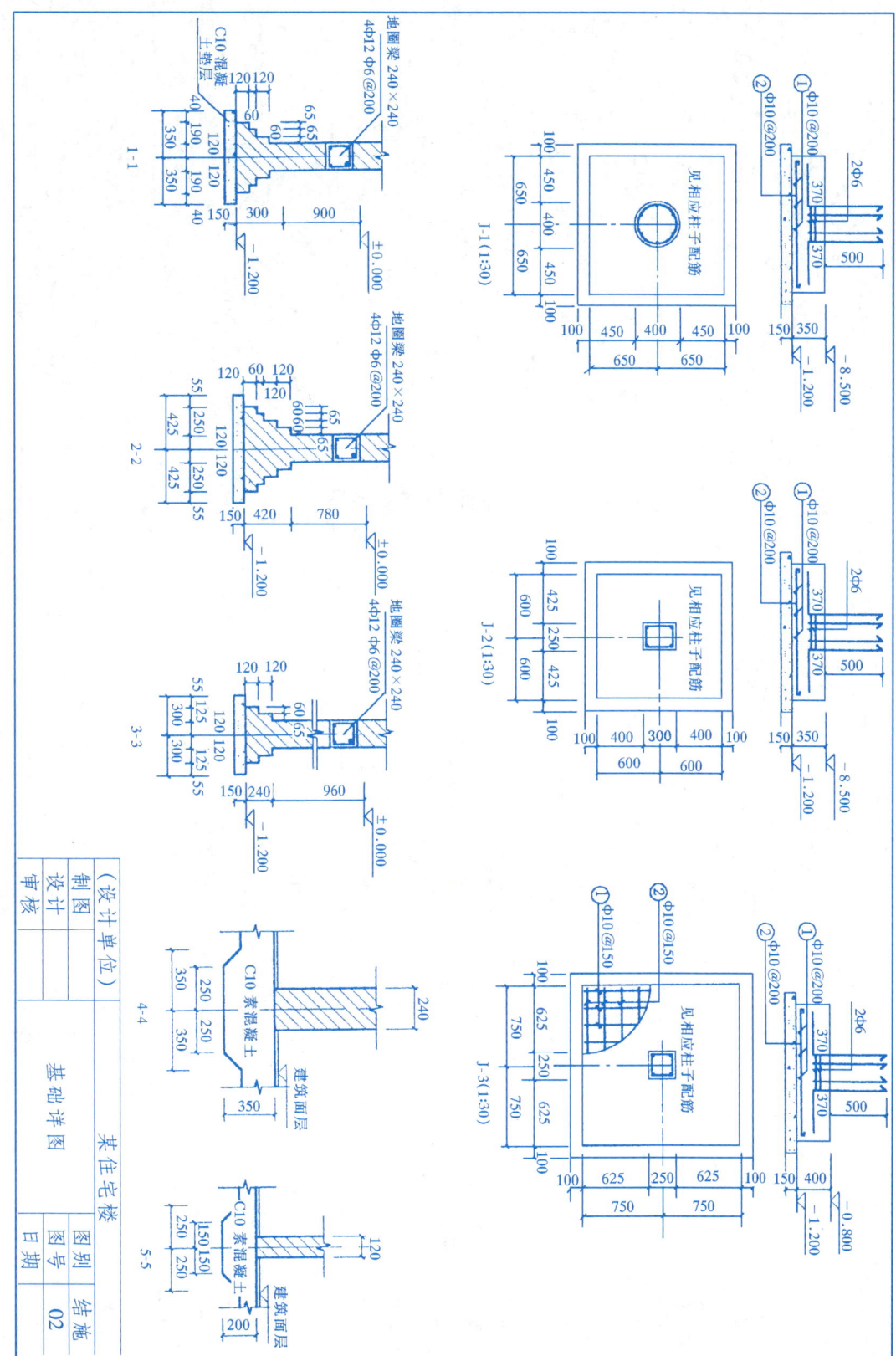

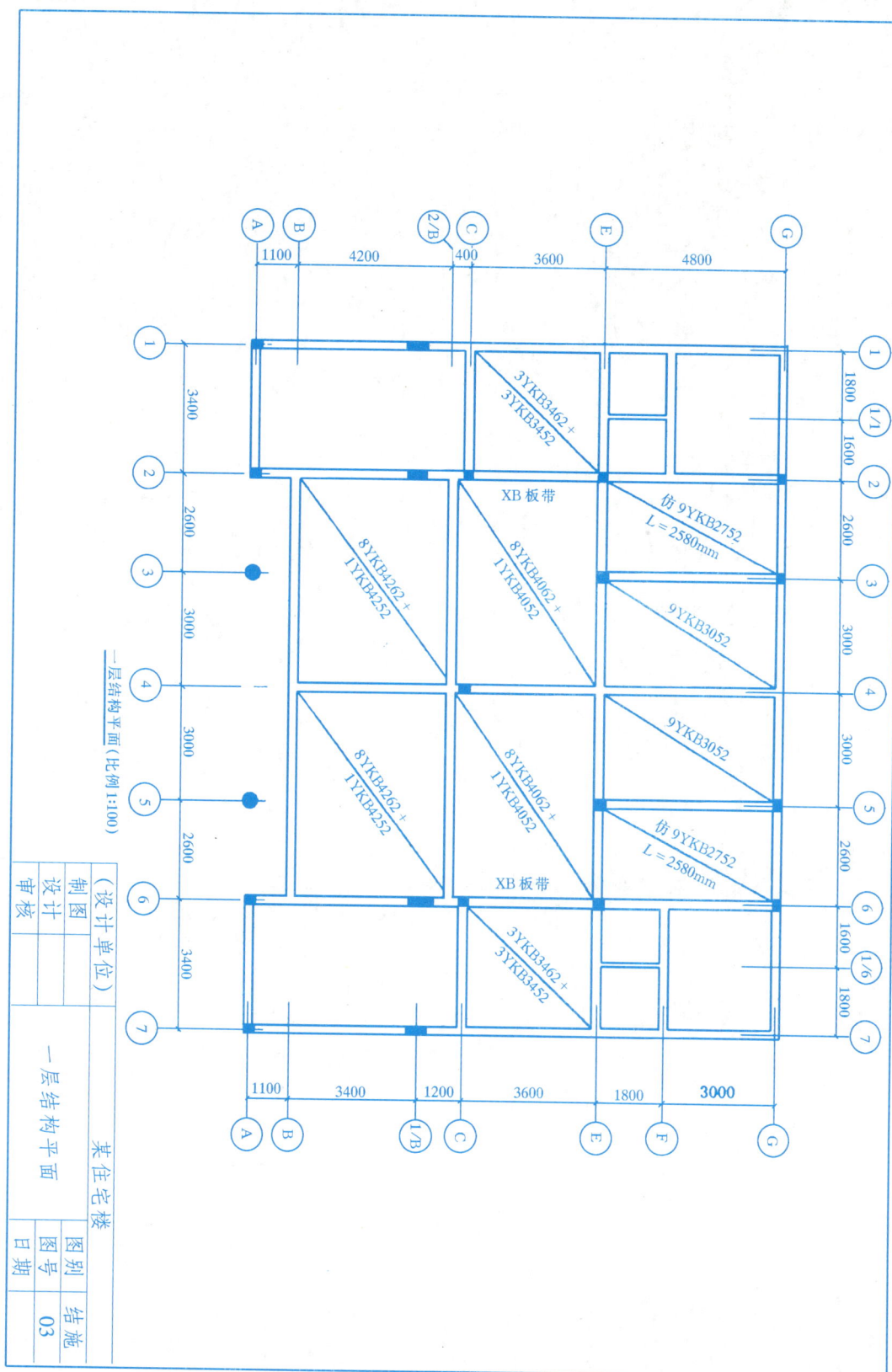

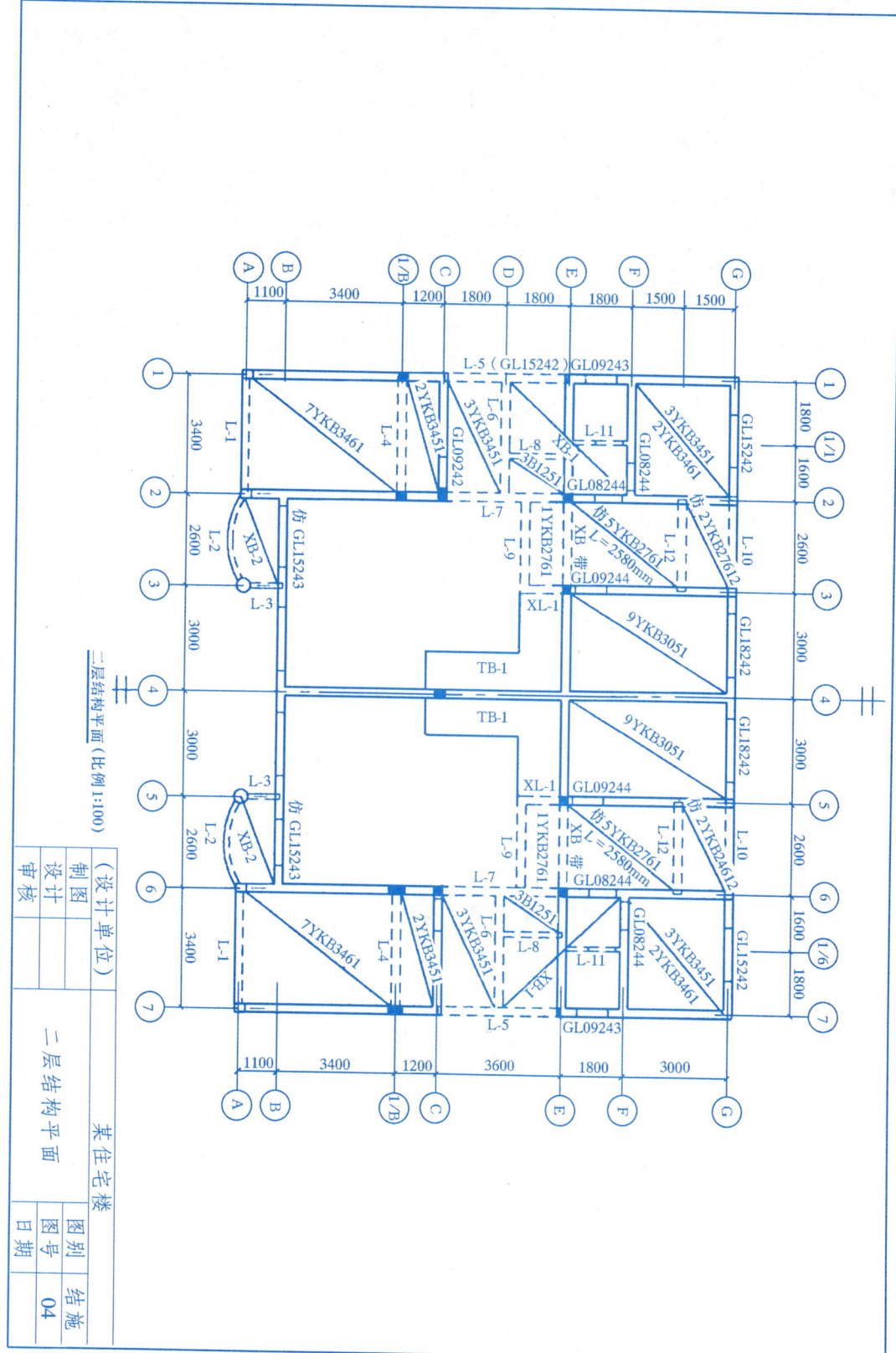

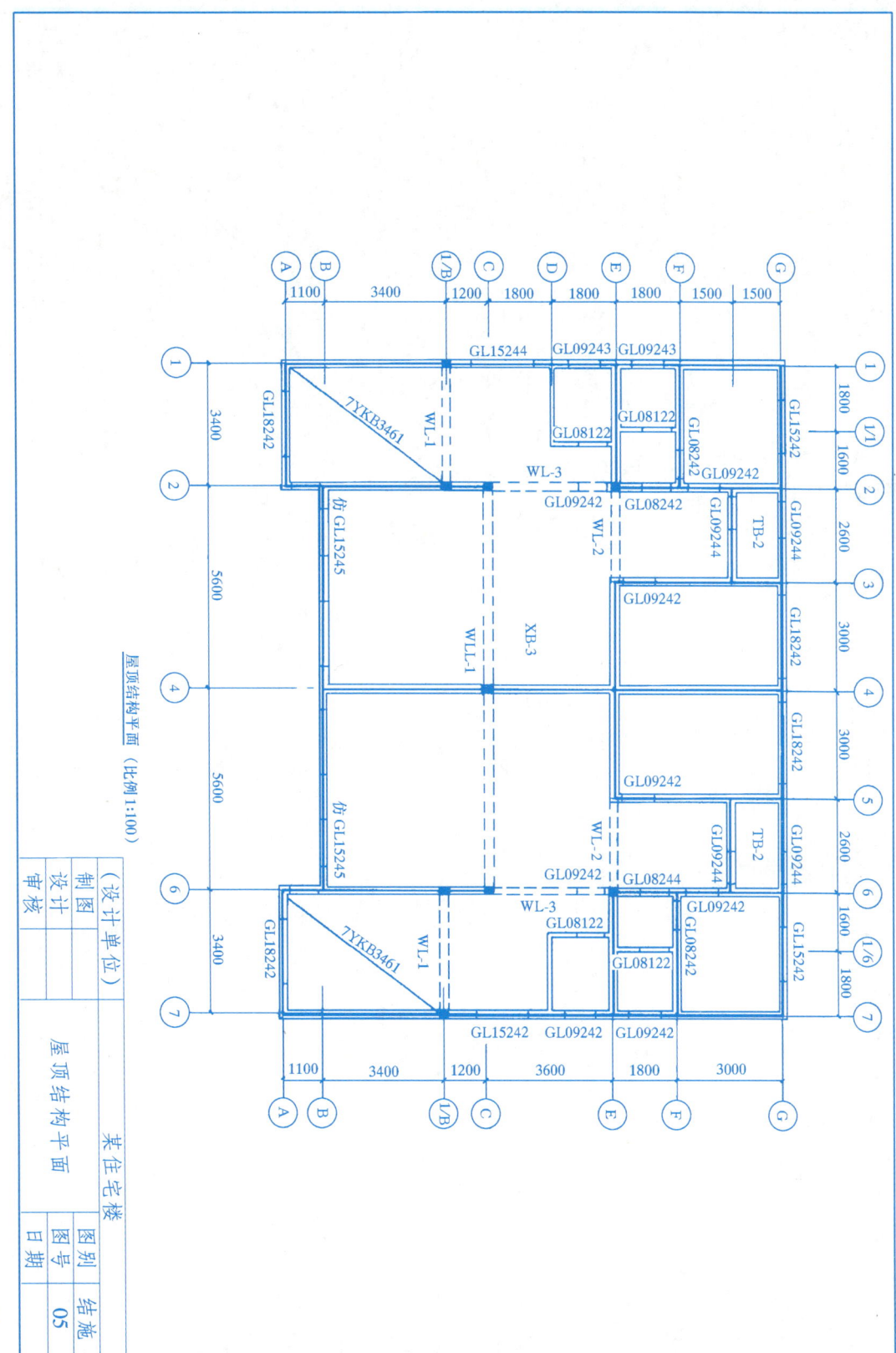

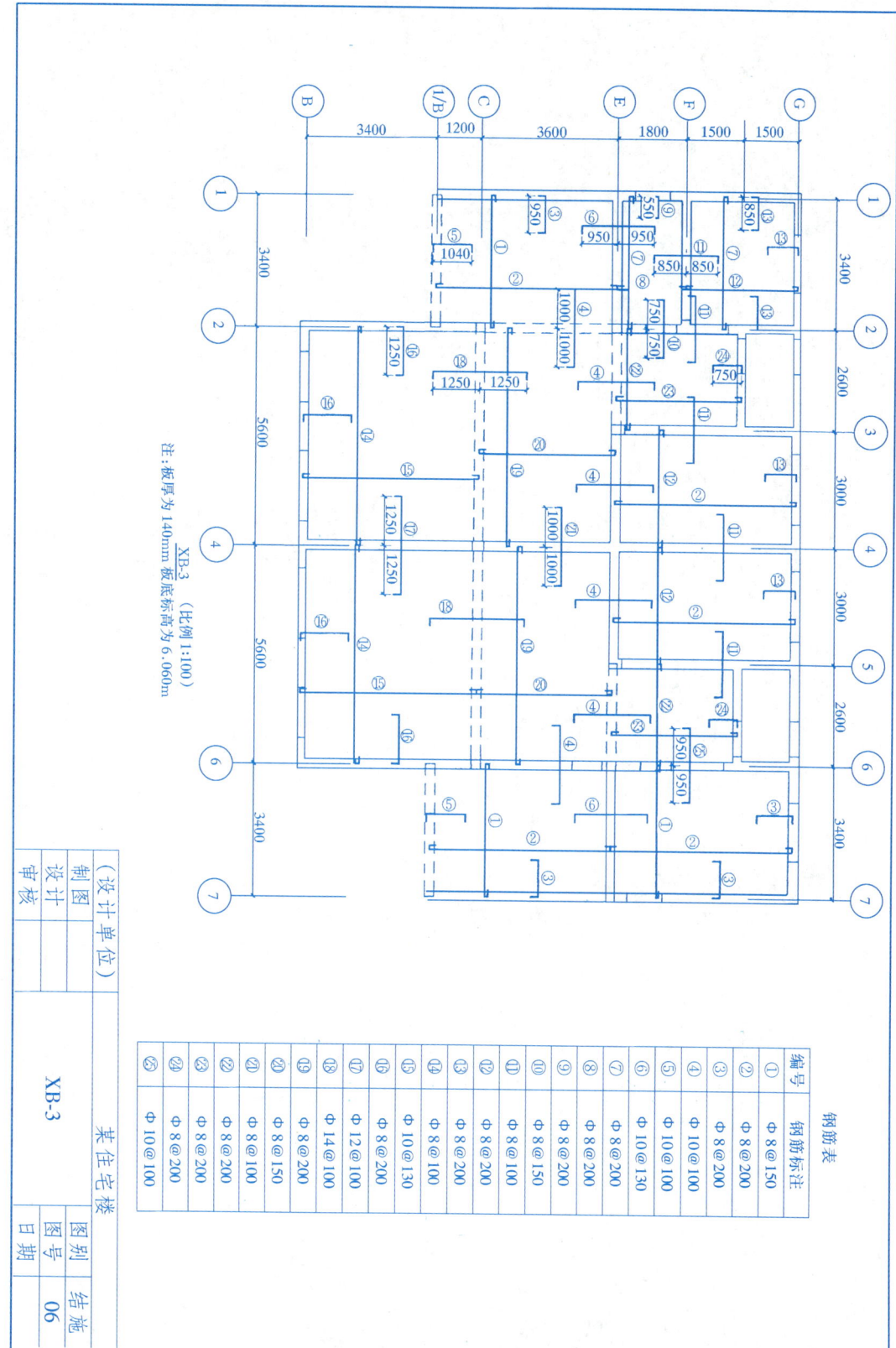

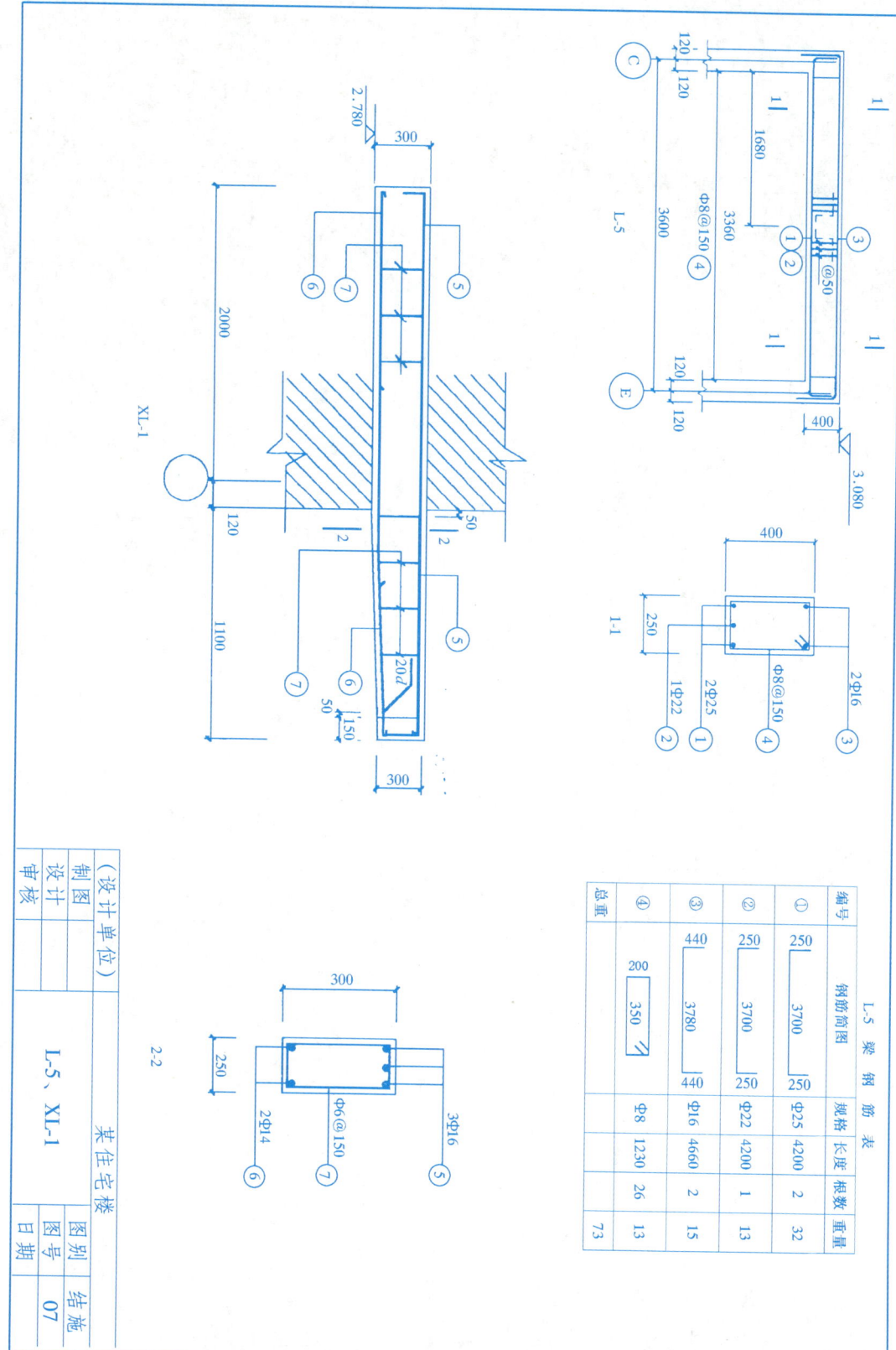

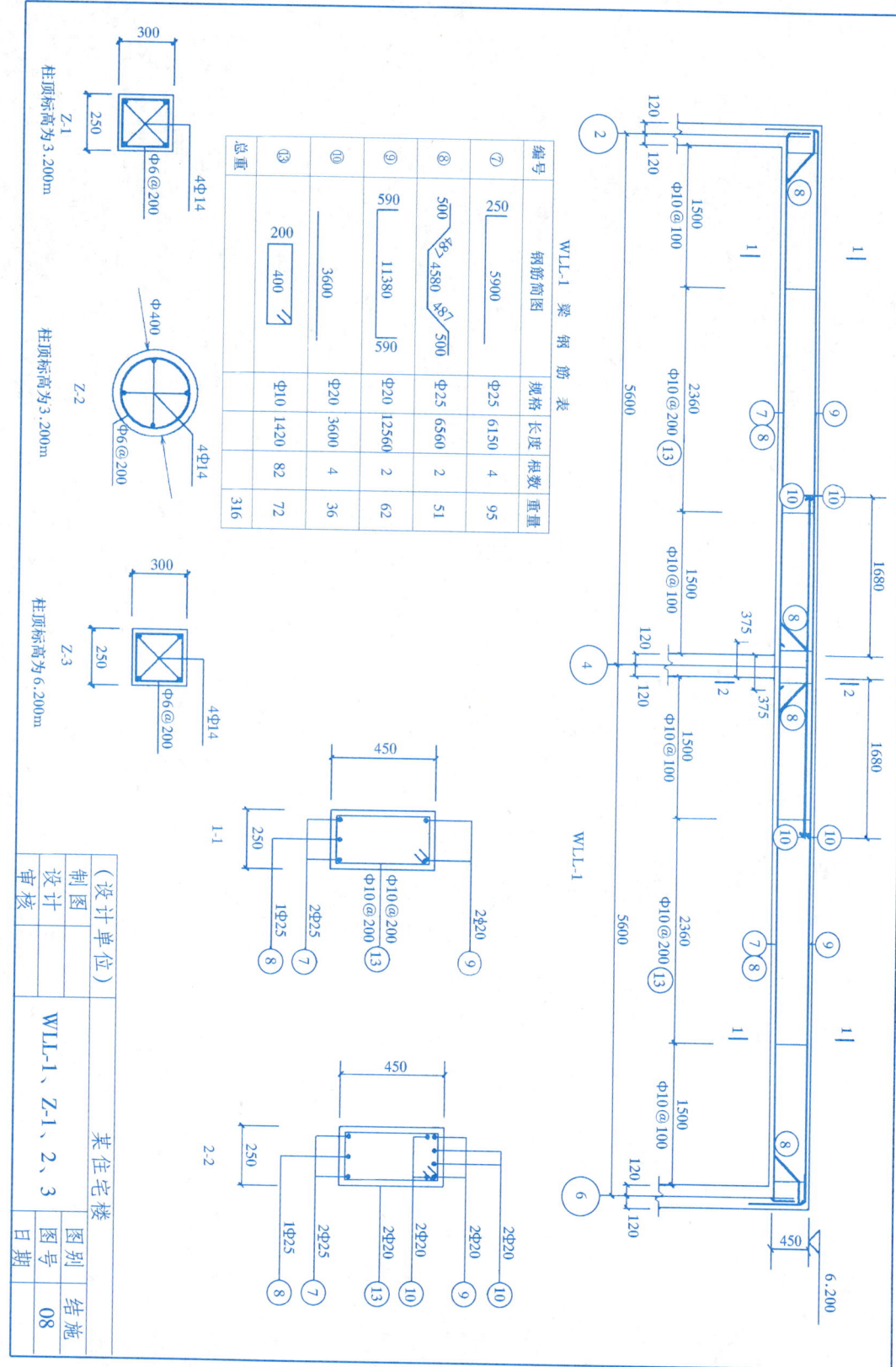

作 业 指 导 书

作业（九~十三）：房屋建筑及结构施工图

一、目的
1. 熟悉房屋施工图的组成、表达内容和绘制要求；
2. 掌握绘制房屋施工图的方法和步骤。

二、内容（见习题集）

教材编写建筑说明；

分题一：抄绘一层平面，①~⑦轴立面，对照图，1-1剖面图；

分题二：抄绘二层平面图，⑦~①轴立面图；

分题三：抄绘基础平面图，基础详图；

分题四：抄绘一层、二层、屋顶结构平面、结构设计说明；

分题五：抄绘 L-5、XL-1、WLL-1、Z-1、Z-2、Z-3、XB-3 及钢筋表。

三、要求
1. 图纸：用透明描图纸，A2 图幅；
2. 图名：见各分题；图别：分别为建施和结施；
3. 比例：图中有标注按图中要求，没有标注可根据常用比例及图幅大小自定；
4. 图线：墨线图，线条宽度 6 可取 1.0mm；
5. 字体：各图图名汉字及标题栏中校名和图名均写 7 号，拉丁字母和比例数字写 3.5 号或 2.5 号，尺寸数字写 2.5 或 3.5 号，其余汉字写 5 号。

四、说明
1. 按 A2 图幅的规格，采用绘图纸用绘图铅笔（H）先画图框、图标的底稿线，按照各图比例所占地应大小来布置图纸幅面，并考虑尺寸标注和文字说明所占的位置，绘底稿检查无误后，再用绘图墨水笔描图，完成全图；
2. 其他要求同前并参照书中说明及现行有关标准执行；
3. 此次分题作业较多，教师可根据课时情况适当选择。

作 业 指 导 书

作业（十四） 室内给水排水施工图

一、目的

1. 熟悉室内给水、排水施工图的图例及表达内容和要求；
2. 掌握绘制室内给水、排水施工图的方法和步骤。

二、内容

抄绘教材中图 6-3 (a)、(b) 架空层，一~五层给排水管道平面布置图以及图 6-5 (a)、(b) 给水排水管道系统轴测图。

三、要求

1. 图纸：用透明描图纸，A2 图幅；
2. 图名：给水排水管道平面布置图及系统轴测图；图别：水施；
3. 比例：1:50；
4. 图线：墨线图，线条宽度 b 可取 1.0mm；
5. 字体：各图图名及标题栏中校名和图名均写 7 号，各图图名比例数字写 3.5 号，尺寸数字写 2.5 或 3.5 号，其余汉字写 5 号。

四、说明

1. 按 A2 图幅的规格，采用绘图纸用绘图铅笔（H）先画图框、图标的底稿线，按照各图比例说明所占地位大小来布置图纸幅面，并考虑尺寸标注和文字说明所占的位置，绘完底稿检查无误后，再用绘图墨水笔描图，完成全图；
2. 其他要求同前并参照书中说明及现行有关标准执行。

作业（十五） 室内采暖工程图

一、目的
1. 熟悉室内采暖工程图的图例、表达内容和要求；
2. 掌握绘制室内采暖工程图的方法和步骤。

二、内容
抄绘教材中图 7-3 采暖平面图及图 7-4 采暖系统图。

三、要求
1. 图纸：用透明描图纸，A2 图幅；
2. 图名：采暖平面图，系统图；图别：暖施；
3. 比例：1:50；
4. 图线：墨线图，线条宽度 b 可取 1.0mm；
5. 字体：各图图名汉字及标题栏中校名和图名均写 7 号，拉丁字母和比例数字写 3.5 号，尺寸数字写 2.5 或 3.5 号，其余汉字写 5 号。

四、说明
1. 按 A2 图幅的规格，采用绘图纸用绘图铅笔（H）先画图框、图标的底稿线，按照各图比例所占地位大小来布置图纸幅面，并考虑尺寸标注和文字说明所占的位置，绘完底稿检查无误后，再用绘图墨水笔描图，完成全图；
2. 其他要求同前并参照书中说明及现行有关标准执行。

作 业 指 导 书

作业（十六） 室内电气照明施工图

一、目的
1. 熟悉室内电气照明施工图的图例，表达内容和要求；
2. 掌握绘制室内电气照明施工图的方法和步骤。

二、内容
抄绘教材中图 8-1 照明配电系统图及图 8-2 照明电气插座及灯具布置平面图。

三、要求
1. 图纸：用透明描图纸，A2 图幅；
2. 图名：电气照明平面图，系统图；图别：电施；
3. 比例：图中有标注按图中要求，没有标注可根据常用比例及图幅大小自定；
4. 图线：墨线图，线条宽度 b 可取 1.0mm；
5. 字体：各图图名及标题栏中校名和图名均写 7 号，拉丁字母和比例数字及汉字写 3.5 号，尺寸数字写 2.5 或 3.5 号，其余汉字写 5 号。

四、说明
1. 按 A2 图幅的规格，采用绘图纸用绘图铅笔（H）先画图框、图标的底稿线，按照各图比例所占地应大小来布置图纸幅面，并考虑尺寸标注和文字说明所占的位置，绘完底稿检查无误后，再用绘图墨水笔描图，完成全图。
2. 其他要求同前并参照书中说明及现行有关标准执行。

作 业 指 导 书

作业（十七、十八） 零件图及装配图

一、目的
1. 熟悉零件图及装配图的图示内容和特点；
2. 掌握绘制零件图及装配图的方法和步骤。

二、内容
分题一：抄绘教材中图9-34 泵体零件图；
分题二：抄绘教材中图9-36 齿轮油泵装配图。

三、要求
1. 图纸：用绘图纸，A3图幅；
2. 图名：见各分题；
3. 比例：见图中标注或根据图幅自定；
4. 图线：铅笔图线，线条宽度 b 可取 0.7mm；
5. 字体：各图图名汉字及标题栏中校名和图名均写 7 号，拉丁字母和比例数字写 3.5 号，尺寸数字写 2.5 或 3.5 号，其余汉字写 5 号。

四、说明
1. 按 A3 图幅的规格，采用绘图纸用绘图铅笔（H）先画图框、图标的底稿线，按照各图比例所占地位大小米布置图幅面，并参虑尺寸标注和文字说明所占的位置，绘完底稿检查无误后，再用绘图铅笔（B或2B）加深图线，并用HB绘图铅笔标注尺寸、注写图名、比例及文字说明。
2. 其他要求同前并参照书中说明及现行有关标准执行。

作业指导书

作业（十九） 计算机绘图

一、目的

作为一名工程技术人员必须掌握计算机绘图的基本知识和绘制图样的方法、步骤，为后续课程的学习和将来步入社会打下良好的基础。

二、内容

1. 见作业九～十六，建筑施工图、结构施工图、给水排水施工图，电气照明施工图；
2. 上述内容较多，应有选择，教师可根据课时情况及专业特点取舍；
3. 其他要求可参照教材及有关标准执行。